国家科学技术学术著作出版基金资助出版

建筑固废资源化与产业化

肖建庄　陈家珑　著

科学出版社

北　京

内 容 简 介

全书共 10 章，第 1 章从建筑生命周期角度阐述建筑固废资源化的重要性，指出与建筑固废资源化相适应的产业化运营是重要保障；第 2 章介绍国内外建筑固废资源化的发展历史和主要组织机构，指出我国建筑固废资源化面临的问题，并提出了"3R1H"建筑固废资源化原则；第 3 章提出了建筑固废资源化规划的概念和意义，着重说明了减量化的重要性，指出建筑固废要经过科学的前端处理，为后续资源化提供便利；第 4 章梳理了国内外成熟的建筑固废资源化工艺及装备，介绍了现行主要资源化处理模式，并提出了移动-固定混合模式；第 5～7 章分别从再生原料、再生建材和再生结构三个方面详细总结了"废料—原料"的基础研究及工程运用，详细论证了建筑固废资源化的经济性、安全性和可行性；第 8 章从产业链构建、产业化推广和产业化应用案例三个方面说明了建筑固废资源化产业链构成及运营机制，并提出了初步建议；第 9 章分析了建筑固废资源化全过程管理模式，并从管理角度给出相关建议；第 10 章讨论了建筑固废资源化产业化标准体系的架构，对建筑固废资源化技术的未来发展进行了展望。

本书可作为高等院校土木工程类、环境工程类以及工程管理类专业的科研、教学用书，也可供从事建筑固废资源化规划管理、设计施工单位和生产经营企业技术人员参考。

图书在版编目（CIP）数据

建筑固废资源化与产业化/肖建庄，陈家珑著.—北京：科学出版社，2024.6

ISBN 978-7-03-078084-3

Ⅰ.①建… Ⅱ.①肖… ②陈… Ⅲ.①建筑垃圾-废物综合利用 Ⅳ.①X799.1

中国国家版本馆CIP数据核字(2024)第042773号

责任编辑：刘宝莉 乔丽维/责任校对：任苗苗
责任印制：肖 兴/封面设计：图阅社

科 学 出 版 社 出版
北京东黄城根北街 16 号
邮政编码：100717
http://www.sciencep.com

北京盛通数码印刷有限公司印刷
科学出版社发行 各地新华书店经销

*

2024 年 6 月第 一 版 开本：720×1000 1/16
2024 年 6 月第一次印刷 印张：24 1/2
字数：491 000

定价：228.00 元
（如有印装质量问题，我社负责调换）

前　言

建筑固废资源化是建筑生命周期闭环的科学组成部分。以黏土和木材为主要建材的古代建筑本身具有拆解、重复利用、废弃物再生等属性，建筑固废环境危害性不大，资源化也简单易行。而现代建筑主要以混凝土、钢筋、红砖等工业化产品为建材，在设计之初没有考虑再生利用，因而建筑固废很难被自然消纳。据住房和城乡建设部提供的测算数据，我国城市建筑固废年产生量超过 20 亿 t。填埋处理方式不仅浪费土地资源，还存在安全隐患，对环境造成巨大威胁。欧美等国家的建筑固废资源化技术已经比较成熟，但我国建筑固废具有量大、面广、成分复杂的特点，不能完全照搬国外建筑固废资源化技术和经验。因此，需要探索符合我国国情的建筑固废资源化道路。

21 世纪以来，我国研究人员探究了建筑固废主要成分转化为再生产品的路径，开发了针对我国建筑固废复杂成分的前期处理技术，还开展了再生产品的基础研究。然而，过去建筑固废资源化研究主要集中在"废料—原料"领域，再生产品实际运用受阻，导致建筑固废资源化利用率低。温室气体排放量是当前我国建筑业可持续发展的另一大挑战，我国 CO_2 年排放量为 98.8 亿 t，其中建筑全寿命期内 CO_2 排放量为 49.97 亿 t，占比为 50.6%。因此，建筑业 CO_2 减排对降低总碳排放量有决定性影响，而建筑固废资源化被广泛认为是实现建筑业绿色低碳发展的重要途径。为持续提高建筑业的可持续性，我国建筑固废资源化利用率从原来不足 10% 提升到了 30%，但仍落后于 2030 年建筑固废资源化利用率不低于 55% 的战略目标，进一步提升我国建筑固废资源化效率已经迫在眉睫。

建筑固废资源化在"高品质、规模化、体系化"目标下存在一系列共性和个性问题，更应从市场需求出发，推动建筑固废资源化与产业化，以提高我国建筑固废资源化效率。当前我国建筑固废资源化基础研究已经基本完善，建筑固废前期处理技术及"废料—原料"设计理论已经基本构建，建筑固废产业化条件逐渐成熟。然而，当下尚无针对我国建筑固废资源化和产业化方面的指导性书籍，学界和业界对建筑固废产业化的意义、理论、管理及制度还不明确，这制约了建筑固废资源化和产业化的持续推动。

本书正是在上述建筑固废资源化和产业化的背景下撰写而成的，主要内容源于作者团队近二十年的基础研究、科技攻关和工程应用实践，并参考了国内外相关科学技术前沿及工程实践。本书具有鲜明的理论联系实际的特色，涉及建筑固废资源化和产业化链条各个主体和学科。开篇点明建筑固废资源化和产业化的关联及意义，指出建筑固废产业化是资源化的有效途径；接着介绍国内外建筑固废资源化发展历史和现状，基于国内典型案例强调基于"3R1H"（reduce, reuse, recycle, harmless）原则的建筑固废资源化技术；随后提出建筑固废资源化概念，介绍以装配式建筑及科学前端处理为核心的建筑固废减量化技术；同时，梳理国内外建筑固废资源化工艺、装备及处理模式，提出移动-固定混合资源化模式；然后，着重从再生原料、再生建材和再生结构三个方面系统阐述建筑固废资源化应用的基础理论及应用，详细论证建筑固废资源化的技术和经济可行性；在上述内容的基础上，本书进一步从产业链构建、产业化推广和工程化应用三个方面介绍建筑固废产业链的构成及运营机制，阐述产业化推广的设想，并从建筑固废全过程分析循环管理模式，给出具体的激励建议；最后，讨论建筑固废资源化与产业化标准体系架构，展望未来资源化技术的创新发展。

希望本书可以为我国建筑固废资源化技术发展、产业化进程推进和建筑行业转型升级提供助力。限于作者的水平和经验，本书难免有不足之处，恳请读者批评指正。

目　　录

第1章 绪 论

本章在土木工程发展回顾和建筑生命周期剖析的基础上，将建筑固废资源化确定为建筑生命周期的一个必需环节，提出相关的定义，分析建筑固废的来源、分类、数量及其危害；进一步提出循环利用产业化的观点，讨论其与可持续发展的关系，规划并点明整本书的内容和定位。

1.1 建筑生命周期

1.1.1 建筑与土木工程

建筑与土木工程是实现基本建设的重要手段，它作为人类社会文明的重要载体，不仅涉及区域与城市规划、工业与民用建筑物的组成部分设计，而且涉及各类工程设施与环境的勘测、设计、施工和维护。

土木工程是建造各类工程设施的科学技术的统称，它既指工程建设的对象，即建造在地上、地下、水中的各种工程设施，也指所采用的材料、设备和所应用的勘测、设计、施工、保养、维修等专业技术。建筑工程的物质基础是土地、建材、建筑设备和施工机具。借助这些物质条件，经济而便捷地建成既能满足人们的使用功能要求和审美要求，又能安全承受各种荷载的工程设施，是土木工程学科的总体目标。随着社会的发展，工程结构越来越大型化、复杂化，超高层建筑、特大型桥梁、巨型大坝、复杂的地铁系统不断涌现，这不仅满足了人们的生活需求，同时也演变为社会实力和繁荣程度的象征。土木工程需要解决的首要问题是如何保证工程的安全性，使结构能够抵抗各种自然或人为的作用力。任何一个工程结构都要承受自身重量，以及使用荷载、风荷载和温度变化等作用。在地震多发区，土木工程结构还应考虑承受地震荷载的作用。此外，自然灾害以及爆炸、振动等人为作用对土木工程的影响也不能忽视。

土木工程是一个系统工程，涉及许多方面的知识和技术，是运用多种工程技术进行勘测、设计和施工的成果。土木工程随着社会科学技术和管理水平的提高而发展，是人类文明的重要载体，是技术、经济、艺术统一的历史足迹与见证。影响土木工程的因素多样且复杂，使得土木工程对实践和理论的依赖性均很强。

1.1.2 建筑生命周期构成

从理论上说，建筑生命周期是指工程产品从研究开发、设计、建造、使用直到报废所经历的全过程。因考察的角度不同，可将建筑产品寿命分为物理寿命、技术(功能)寿命、经济寿命等。其中，物理寿命是指工程产品从开始建设到报废之间的全部时间，但鉴于各种原因的存在，在现实使用中，建筑产品往往不能够达到物理寿命的终点。技术寿命，又称为功能寿命，是指工程产品从开始建设到无法实现其功能目标之间的时间，即建筑工程产品发挥其使用价值的时间。经济寿命是从经济角度分析该设备最合理的使用期限，即根据产品的年平均使用成本核定出的最低使用年限。建筑生命周期与工程建设活动全过程的关系如图 1.1 所示。

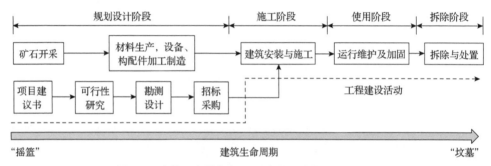

图 1.1　建筑生命周期与工程建设活动全过程的关系

建筑生命周期，即建筑产品生命周期，指建筑产品从规划设计到拆除的整个过程(从"摇篮"到"坟墓")，包括建材准备阶段、建筑产品形成阶段、建筑产品使用与维护阶段、建筑物拆除及处置阶段。

1. 建材准备阶段

建材准备阶段是建筑施工建造以及建筑在使用过程中新建、修缮、维护所需的建材，包括钢材、木材、砂石、水泥等所有原材料和成品材料的准备过程。这个阶段在建筑物生命周期中的时间不长，往往以高强度的能量、信息输入和物质迁移为主要特征。

2. 建筑产品形成阶段

建筑产品形成阶段包括建筑物形成的一系列活动，包括规划、立项、勘测设计直至建筑物交付使用。通常来说，此阶段历时也较短，伴随着高强度的物质、信息和能量的输入输出，直接影响建筑成品的使用与维护。

3. 建筑产品使用与维护阶段

建筑产品使用与维护阶段是建筑物整个生命历程中较为漫长的阶段，是建筑物作为产品满足其消费者用途的阶段。此阶段往往持续几十年甚至上百年，虽然物质、信息和能量的输入输出强度不大，但是由于时间漫长，在整个生命周期中仍然占比很大。

4. 建筑物拆除及处置阶段

建筑物拆除及处置阶段发生在建筑物无法继续实现其原有功能或是由于土地出让、拆迁等原因不得不被拆除之时，包括建筑产品的拆除及建筑固废的常规填埋和焚烧处理。因此，此阶段物质、信息和能量的输入输出强度都很小。

建筑生命周期也可分为建筑部品生产、建造施工、建筑运行维护与更新、建筑拆除处置四个阶段，这在工业化建造的建筑中尤为明显。其中，建筑部品主要包括建材(钢筋、水泥、砂石等)与预制品(砌块、门窗、节能保温一体墙、叠合梁板)以及建筑设备(空调、卫生器具、水泵等)，它们各有一个完整的生命周期，包括原材料开采、原料生产、产品生产、使用更新维护、回收、废弃处理等阶段。各种能源存在于建筑和建筑部品生命周期的各个阶段中，也有自己的生命周期，可分为能源矿石开采、能源生产、能源使用等阶段。此外，能源的输配和建筑产品的运输贯穿于建筑、建筑部品和能源生命周期的各阶段。由此可见，建筑生命周期同时涵盖建筑部品和能源的生命周期，同时包括与各阶段相关的所有运输过程，它们依次发生或同步进行、交错互联、纷繁复杂，如图 1.2 所示。

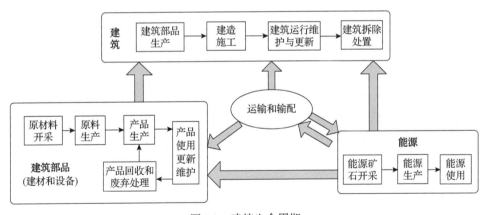

图 1.2　建筑生命周期

1.1.3　建筑生命周期拓展

建筑寿命依据考察角度的不同，可分为物理寿命、技术(功能)寿命和经济寿命，使建筑生命周期得以拓展、延续及重生，主要有建筑改造再利用和建筑固废的再生循环两种方式。

1. 建筑改造再利用

建筑改造再利用主要是针对技术(功能)寿命而言，且通常为整体建筑产品的改造再利用。建筑工程产品在其服役过程中，或因当时建造技术和材料所限，或因前期城市的不合理规划，或因随城市发展而进行区域规划的调整，建筑产品难以发挥其原有的功能和使用价值，以往一味简单地整体搬迁和拆除，不仅造成巨大的资源和能源的消耗与浪费，而且造成巨大的经济损失和代价，同时也是对城市发展历史的一种磨灭。如果能对原有建筑进行合理的改造设计，改变其使用功能，使其能自然和谐地融入新的城市区域环境中，这将使原有建筑的生命周期得以延续，在取得巨大经济、环境和生态效应的同时，也保留了城市发展变迁过程中的历史印记。

2010 年上海世博会园区建设项目是建筑改造再利用的典型案例。上海世博会园区所在地原本是一片重工业厂区，江南造船厂、南市发电厂、上海钢铁厂、上海港口机械厂等一批代表着中国近代民族工业发展和变迁的企业曾经林立于此，烟囱高耸、塔吊纵横。上海世博会的筹办，直接改变了这一区域历史发展的方向。随着工厂搬迁，遗存的二三十幢不同时期的工业建筑以及散碎的钢铁部件改头换面成各种不同的展示场馆和展品(图 1.3)，为上海世博会增添了工业和绿色融合的文化基因。园区内保存了 25 万 m² 的工业厂房，约有 30 万 m² 场馆是由老建筑改建而成的，废弃的机器零部件和生产废料则做成了 50 个大型雕塑。上海世博会主题馆之一的城市未来馆由废弃厂房改建而成，它综合应用了江水源热泵、太阳能光伏发电、主动式导光等多项科技元素，已经成为"三星级绿色建筑"。上海世博会对工业遗迹的保护和利用，开创了世博会历史的先河，也是人类旧城改建史上的一次创举。

(a) 百年电厂烟囱化身世界最高温度计　　　　　(b) 老厂房改造后的城市未来馆

图 1.3　上海世博会园区的旧工业建筑改造再利用

2. 建筑固废的再生循环

　　建筑产品由于不合理规划而难以改造再利用，或由于设计施工不合理，或由于自然灾害等原因，建筑产品或部件达到物理寿命的终点，需要拆除处置。废弃建筑的有序分类及科学拆除和处置，可以使建筑固废成为再生建材和再生制品，再生建材如再生混凝土骨料、再生微粉、再生钢材、再生玻璃等，再生制品如再生砌块、再生地砖、再生墙板等。在国家大力推进建筑工业化和住宅产业现代化的大背景下，因工业化建筑采用标准化部件工厂预制、施工现场机械化安装的制造模式，工业化建筑的部品更易于再生利用，尤其是工业化建造的钢结构构件。由此可见，建筑固废不是垃圾，而是"城市矿山"，建筑固废的再生利用，不仅具有极大的经济价值，而且使天然砂石、钢材及相应的部件获得了第二次生命，使建材形成了从"摇篮"到"摇篮"（Cradle to Cradle, C2C）的封闭环，建筑生命周期得以拓展，如图 1.4 所示[1]。

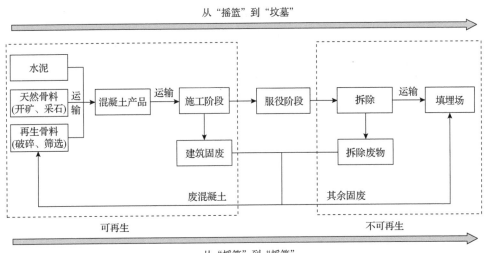

图 1.4　建材的 C2C 封闭环[1]

1.2　建　筑　固　废

1.2.1　建筑固废定义

　　建筑固废俗称建筑垃圾，不同国家、地区及不同时期对其有不同的定义。

1. 我国对建筑垃圾的定义

建筑垃圾属于建筑装修场所产生的城市垃圾。2005 年，建设部在《城市建筑垃圾管理规定》中对建筑垃圾做了更为详细的解释，即建筑垃圾是指建设单位、施工单位新建、改建、扩建和拆除各类建筑物、构筑物、管网等以及居民装饰装修房屋等过程中所产生的弃土、弃料及其他废弃物。《建筑垃圾处理技术标准》(CJJ/T 134—2019)[2]对建筑垃圾的定义为：建筑垃圾是工程渣土、工程泥浆、工程垃圾、拆除垃圾和装修垃圾等五类的总称，包括新建、扩建、改建和拆除各类建筑物、构筑物、管网等以及居民装饰装修房屋过程中所产生的弃土、弃料及其他废弃物，不包括检验、鉴定为危险废物的建筑垃圾。

中国香港环境保护署对建筑固废的定义为：建筑固废是指因建筑工程而产生，其间不管是否经过处理或储存，最终被弃置的任何物质、物体或东西。工地平整、掘土、楼宇建筑、装修、翻新装拆卸及道路等工程所产生的剩余物料，统称为建筑固废。

2. 美国国家环境保护局对建筑垃圾的定义

美国国家环境保护局对建筑固废的定义为：建筑结构(包括建筑物、道路以及桥梁等)在新建、翻修或拆除过程中产生的废物材料，主要包括砖、混凝土、石块、渣土、岩石、木材、屋面、玻璃、塑料、铝、钢筋、墙体材料、绝缘材料、沥青屋面材料、电器材料、管子附件、乙烯基、纸板以及树桩等。

3. 日本对建筑垃圾的定义

日本环境省对建筑垃圾的定义为：建筑垃圾是指伴随建筑工程所附属产生的物品；建筑弃土是指伴随建筑工程所附属产生的沙土(含疏浚土)；建筑材料废弃物是指成为废弃物的建材。

1.2.2　建筑固废来源、分类与成分

1. 建筑固废的来源

建筑固废的来源主要有以下几方面。

(1)土方开挖。由于高层建筑基坑的开挖、城市地铁建设、地下管廊等空间的利用等原因，土地开挖形成的工程渣土量与日俱增，约占建筑施工垃圾的 70% 以上。工程渣土主要分为三大类，分别为原状土、杂填土和泥浆。原状土又分为四类，分别为松软土、普通土、坚土和砂砾坚土。杂填土主要为过去填埋的建筑固废。泥浆是由于施工的需要而加入外加剂和水形成的。工程渣土如果处置不当，

将存在极大的安全隐患，如 2015 年 12 月 20 日深圳市光明新区某工程渣土受纳场的山体滑坡，造成 33 栋厂房倒塌，如图 1.5(a)所示。

(2)旧建筑物与构筑物的拆除及市政基础设施的改扩建。随着人类对物质生活需求的不断提升，房屋不断更新改造是必然趋势。特别在我国大力推进新型城镇化建设、加快城市化进程中，大量老旧建筑物和构筑物被拆除(如城中村改造，如图 1.5(b)所示)。同时大量道路、桥梁等市政基础设施的改扩建过程中(如上海某高架路段，如图 1.5(c)所示)，许多城市基础设施并未达到其物理寿命即被拆除，是由前期不合理规划导致的(如图 1.5(d)、(e)所示)，与此同时还产生了数目惊人的建筑固废，可分为砖和石头、混凝土、木材、塑料、石膏和灰浆、钢铁和非铁金属等类型，其中废混凝土占拆毁建筑固废的 10%～50%。

(3)建筑工地固废与建材生产过程中产生的固废。建筑工地固废与建材生产过程中产生的固废分为剩余混凝土(工程中或预制厂没有使用掉的混凝土)、建筑碎料(凿除、抹灰等产生的旧混凝土、各种制品及砂浆等矿物材料)以及竹木材、金属等其他固废类型。

(4)装修工程。建筑装修和装饰不仅能保护建筑主体结构，而且能完善建筑的物理性能、使用功能和美化建筑。随着人们生活水平的提高，人们对生活品质的追求也越来越高，建筑装修不断翻新，且越来越高档化，装修垃圾数量剧增，品类复杂。装修垃圾主要包含砖、混凝土及砂浆、木材、废陶瓷、废五金、废玻璃、废塑料、石膏板、涂料等废弃物，其中往往含有一定量的有毒有害物质，导致环境和水源污染，如图 1.5(f)所示。

(5)自然灾害或战争。自然灾害如火灾、风灾、地震以及海啸等，将造成大量建筑物、构筑物以及道路与桥梁等基础设施的破坏与倒塌，产生数量巨大的建筑固废。2008 年汶川地震产生近 6 亿吨的建筑固废，如图 1.5(g)所示。战争等人为因素更使城市成为废墟，如图 1.5(h)所示。

(a) 工程渣土受纳场的滑坡   (b) 西安某城中村改造形成的废墟

(c) 上海某高架路段   (d) 某大学教学楼

(e) 某体育场   (f) 某地装修垃圾

(g) 汶川地震废墟   (h) 叙利亚内战废墟

图 1.5 不同来源的建筑固废

2. 建筑固废分类

依据不同的分类标准，建筑固废主要可分为以下几类。

(1)按可再生利用的程度分类，建筑固废分为可直接利用的材料、可作为材料再生或可以用于回收的材料以及没有利用价值的废料。例如，在旧建材中，可直接利用的材料有窗、梁、尺寸较大的木料等，可作为材料再生或可以用于回收的材料主要是废旧钢筋、砖、混凝土等，没有利用价值的废料主要是化学涂料。

（2）按组分性质差异分类，建筑固废可分为惰性组分和非惰性组分。惰性组分和一般非惰性组分是建筑固废循环利用的主要对象，利用惰性组分制造的再生骨料可替代天然原材料，用于非结构混凝土甚至结构混凝土。有毒有害组分不属于建筑固废的定义范围，属于危险废弃物，一般不进行循环利用，由环保部门在采取一定的措施处理后进行填埋。

（3）按来源分类，建筑固废分为土地开挖废物、拆除废物、建筑施工废物、装修垃圾、自然灾害或人为因素造成的废物五类。土地开挖基本上会出现在所有的建筑活动中，尤其是地下工程和岩土工程，同时也会出现在自然灾害中，如山体滑坡、地震等。拆除废物成分相对复杂，但通过精细化的拆除完全可以做到分类收集，其中的整砖瓦、废金属、废塑料、废竹木、废玻璃等往往会被人为回收及利用，而大量的碎砖瓦、废砂浆、废混凝土等废弃物被丢弃，是资源化的重点。拆除废物的组成取决于建筑的类型、使用年限、形状、规模等，同时建筑所处的年代和区域也是影响其组成的因素。建筑施工废物是建筑固废的重要组成部分，同时也是建筑固废资源化的重点对象。装修垃圾成分异常复杂，几乎包含了建筑固废的所有组成成分。自然灾害或人为因素造成的旧建筑物损毁与拆除的废物组成基本相同。

3. 建筑固废的成分

常见建筑固废的成分包括：砖、混凝土、砂浆、灰土、木材、钢筋、塑料制品、纺织品、玻璃以及其他杂物。其中砖、混凝土、砂浆是建筑固废的主要成分，其占比通常超过 50%。

建筑固废中装修垃圾成分复杂，且含有一定量的有毒有害物质。装修垃圾各成分所占比例与建筑物的类型、新旧以及装修的精密程度有关。表 1.1 为新旧住房装修垃圾成分比较[3]。

表 1.1　新旧住房装修垃圾成分比较[3]

住房类型	垃圾成分/%						
	混凝土 >4mm	砖 >4mm	灰土 >4mm	陶瓷 >4mm	木块、刨花、胶合板	废五金	其他（塑料、玻璃、石棉等）
旧住房	18~25	19~24	10~18	7~19	10~16	3~9	6~12
新住房	16~30	11~25	10~20	6~10	14~19	3~8	4~9

装修垃圾的主要成分是砖、木块、刨花、灰土、陶瓷、废五金和废杂物等，各成分的值浮动较大，这主要与房子原状、业主的装修要求有关。旧房屋装修产生的垃圾量一般是新房屋的 1.4~3 倍。由于住房新旧的不同，各装修成分所占的比例不同，旧住房相比新住房产生的墙纸、破布、塑料等垃圾要高出 2%~5%。

从垃圾组成的总体来看，混凝土和砖仍占据总体的 50%以上，废五金占总体的 5%左右。

装修垃圾往往含有一定的危险废物，由于着色颜料如红丹、铅铬黄、铅白等的广泛使用，在装修微尘和垃圾中不可避免地含有铅、铬、镉、汞、砷等重金属。废弃物或剩余的装修材料如各类家具碎片、人造板、壁纸、卷材底板、地毯、地毯衬垫、木板、刨花等由于采用了有挥发性的树脂或塑料等材料，或在使用和遗弃过程中不可避免会粘上溶剂型木器涂料、内墙涂料、油漆等，因而会挥发甲醛、挥发性有机化合物、苯、甲苯、二甲苯、氨、甲苯二异氰酸酯、氯乙烯等。同时，各类涂料容器也被一起抛掷在装修垃圾中，如果不回收处置，会带来更多危害，但危险废物的处理不包括在建筑固废处置范畴之内，由环保部门专门处置与管理。

1.2.3　建筑固废产生的地域性特点与差异性

建筑固废的产生与城市发展息息相关，在城市发展到一定阶段，达到一定规模，建筑固废的产生与处置问题就会突出表现出来。地域性是指不同地域因所处的位置不同和社会经济发展水平的差异而导致的自然环境、经济社会等方面的地区差异。建筑固废的产生量和排放量具有明显的地域特点，由于不同地域的城市规模、GDP 和产业模式不同，建筑固废的产生量和排放量也差别较大。同时，建筑固废的产生具有阶段性、集中性。在城市发展的特定时段，如城市品质提升阶段，建筑固废产生量明显提升。北京市建筑固废正常年产生量为 4000 万 t，在拆违改造的两年，每年集中多产生 6000 万～7000 万 t。遇到特定的事件，如筹备举办特大型国际体育活动，建筑固废的产生量也会明显变化。表 1.2 为 2014 年我国部分城市建筑固废年产生量统计[4]。一般而言，城市的建筑固废产生量要高

表 1.2　2014 年我国部分城市建筑固废年产生量统计[4]

序号	城市	产生量/万 t	序号	城市	产生量/万 t	序号	城市	产生量/万 t
1	北京	3900	10	郑州	10000	19	海口	680
2	上海	14400	11	长沙	2550	20	昆明	760
3	重庆	4000	12	济南	4500	21	乌鲁木齐	835
4	石家庄	2400	13	广州	3600	22	南昌	150
5	太原	1500	14	沈阳	1000	23	西宁	600
6	西安	5500	15	长春	400	24	深圳	6000
7	南京	1500	16	哈尔滨	530	25	福州	2300
8	厦门	600	17	兰州	150	26	青岛	1200
9	武汉	2000	18	成都	3800	27	银川	150

于农村，GDP 较高地区的建筑固废产生量高于 GDP 较低地区。而且，对于大多城市，建筑固废与人均 GDP 更多表现为线性关系，并且就建筑固废增长趋势来看，现阶段仍处于环境库兹涅茨曲线的前半段，即处于上升阶段，但从理论上分析，当社会经济发展到一定水平后，会出现明显的下降趋势。

1.2.4　建筑固废产生及统计方法

　　随着我国经济发展和城镇化进程的推进，既有建筑拆除和新建工程建设总量不断加大，建筑固废的产生量亦在不断增大。从图 1.6 可以看出，1993～2022 年我国建筑固废年产生量呈增长趋势[5]。2000 年以前，我国建筑固废产生量较少，基本可以通过回填、调配使用等方式实现产生和消纳均衡；2000 年以后，旧城改造、新城建设产生的建筑固废快速增长；2010 年之后，在一些经济发展较快、用地较为紧张的城市，建筑固废围城的问题逐步凸显。虽然建筑固废产生量尚没有完全客观确实的官方统计，但多方调研结果表明，建筑固废产生量逐年上升，实际年产生量已超过 30 亿 t，预计到 2025 年我国建筑固废年产生量将达到 50 亿 t。从发达国家的经验看，我国在城镇建设高峰过后，建筑固废也会保持一定的数量持续产生。从一定历史阶段来预判，我国今后每年的建筑固废产生量就是我国城市和道路交通等基础建设所用所有基本建材量。因此，我们不能只考虑建设，还要考虑到若干年后建筑固废的产生量。

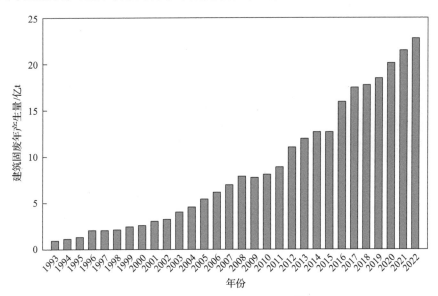

图 1.6　我国建筑固废年产生量[5]

　　本书依据大数据思维的相关性理论，在缺乏历史直接数据资源的实际情况下，寻求与建筑固废产生量相关的数据来进行换算预测，即从与建筑固废产生量存在相关关系的施工面积以及拆除面积的原始统计数据入手,以单位产生量法为计算原则,估算未来的建筑固废产生量情况。计算建筑固废产生量是制定建筑固废管理政策及资源化利用政策的基础参考数据,准确把握城市建筑固废产生量的发展变化规律,是对建筑固废资源化利用及管理的先决条件。预测建筑固废产生量的方法主要有以下几种。

1. 人均乘数法

人均乘数法是根据城市平均每人产生的建筑固废进行估算的方法,该方法可以针对区域层次的建筑固废进行预测。这种对建筑固废进行量化的方法主要分为以下几步:首先,通过调查,对某个特定区域特定时间段的公共填埋场的固废进出量进行统计,计算该区域在该时间段固废填埋总量;其次,根据当地的人口统计资料,对该区域的总人口数进行统计,从而得出该区域在本时间段的人均制造固废量;最后,结合该区域未来一段时间内人口数量变化趋势来预测未来建筑固废的排放量。由于该方法计算过程简单、影响因素单一,计算结果与实际的数字有较大差别。实际上,影响建筑固废产生量的因素不仅有人口数量这一项,还与建筑活动、经济发展以及科技发展等因素密切联系。

2. 现场调研法

现场调研法可分为直接测量调研法与间接测量调研法。直接测量是对现有建筑固废的堆放点所堆放的垃圾总量进行测量;间接测量是指采用统计与垃圾相关的工具(如车辆)的方式间接得出垃圾总量。直接测量调研法虽方便快捷并可以获得更加精确的测量结果,但其适用性有限,因为要获得大范围甚至整个国家的建筑固废产生量记录,定会消耗大量的人力及财力,且通常也是滞后的。关于间接测量调研法,作者课题组走访多个项目工地发现施工现场并没有相关的统计资料,因此采用间接测量调研法时机尚未成熟,很难应用和推广。

3. 单位产量法

单位产量法是应用最广的一类方法,可用于各类建筑固废产生量的估算,且应用方式较多,包括基于建设许可资金额的单位产量法[6]、基于统计数据的单位产量法[7]和基于分类系统的单位产量法[8]。单位产量法覆盖范围广,通过对建筑活动中每一细节量化估算,统计确定此建筑活动中产生的废物总量。

4. 材料流分析法

材料流分析法是由 Cochran 等[9]在研究建筑区域层面的固废排放量时提出的方法。这种方法是以总体建筑活动为研究对象,通过制定的分类标准,对在建筑活动中起不同作用的单元进行划分的分析方法。该方法基于以下假设：项目购买的建材(W)并非全部被使用，有一些材料在建设中是不会被使用的，预计转化为建筑固废(CM)，其余便构成总的建筑实体，是应伴随建筑寿命终结的材料，进行拆除改造时全部变为建筑活动的固废(RW)，即 RW=W–CM。

5. 系统建模法

系统建模法是将建筑固废量化看成一个复杂体系，对建筑模型中的每一个影响因素进行详细考量，其分析精确度高。陈家珑等[10]通过建立灰色-广义回归神经网络模型预测北京市建筑固废排放量；Bergsdal 等[11]利用蒙特卡罗模型来预测建筑固废产生量；Wimalasena 等[12]提出了基于工序的量化理论。系统建模法利于从全面出发，得到更为精确的量化估计，在实际工程实施中，为决策者提供从整体到局部的系统数据支持，引入工程计算模型进行衡量是今后发展的趋势。

1.2.5　建筑固废危害

随着城市化进程不断推进，建筑业进入高速发展期，大量的建筑固废随之产生，我国通常采用堆放、填埋及焚烧等较为简单的处理方式，不仅浪费了自然资源，还产生了诸多危害，如表 1.3 所示。

表 1.3　建筑固废对环境的影响

影响范围	主要内容
土地侵占	我国建筑固废的总产生量已经超过 200 亿 t，若采用挖坑填埋方式将占用大量土地资源
水污染	随意堆放，雨水渗透浸淋，有害物质渗入地下，导致地表水、地下水污染，危害水生物以及人类健康
大气污染	建筑固废中的石膏、废纸板和废木材在厌氧环境下会排放有害气体到空气中污染大气
土壤污染	建筑固废中的有害物质会改变土壤的物理结构和化学性质，破坏土壤内部的生态平衡，进而通过食物链关系影响生物、动物以及人类健康
市容与环境卫生	大多数建筑固废采用露天堆放或简易填埋方式处理，处理效率低，且在运输过程中造成固废遗撒、粉尘和灰砂飞扬，严重影响市容和环境卫生

1. 占用土地资源

中国大规模城市建设仍将持续 30～35 年，新建筑建设和旧建筑拆除均会产生大量建筑固废，按堆积高度 5m 计算，1 万 t 建筑固废占地约 1300m²，填埋堆放占用大量土地[13]。预计到 2050 年，中国的建筑固废产生将进入高峰期，并加剧城市化进程中的人地冲突，降低土地使用率，居住土地、房屋、城镇周边的耕地面积以及道路面积也将不断减少，进而影响到人们的基本生活。

2. 污染自然环境

我国建筑固废随处堆放和填埋，大多数未经任何处理，直接暴露于大自然中，在风、雨、光等因素影响下，建筑固废中会生成有害物质，污染自然环境，主要表现在水污染、土壤破坏和空气污染等方面。

（1）水污染。大量废混凝土和废砂浆中含有硅酸钙和氢氧化钙，经过雨水渗透浸淋，渗滤水呈强碱性，经过废金属的渗入，水中含有大量的重金属离子，经过建筑固废的雨水往往含有硫酸根离子。因此，建筑固废经过风吹、雨淋和阳光暴晒后会产生一系列有害物质，造成渗滤水酸碱失衡或其他污染，若未经处理和控制，这些渗滤水将会经雨水浸泡和稀释渗入地下或者流入江河小溪等，导致地表水和地下水的严重污染，进而直接或间接地影响和危害人类和生物所依靠和生存的水资源。

（2）土壤破坏。建筑固废最直接的接触者是土地，最直接的受害者是土壤，建筑固废本身以及已遭受污染的渗滤水会改变土壤的物理结构和化学性质。在外界作用下，过多杂质和有害物质将进入土壤，且难以分离，从而降低土壤的生产能力。

（3）空气污染。大量建筑固废被运往郊区堆放和填埋，在其清运、堆放和填埋过程中会产生粉尘、灰沙飞扬等空气污染问题；建筑固废经过雨水侵蚀、阳光照射、风化、封闭等作用，一些物质发生分解，产生有毒有害气体，如废石膏中的硫酸根离子在厌氧条件下会转化为硫化氢，废纸板、木料在厌氧条件下可溶出木质素和单宁酸并分解成挥发性有机酸；混杂的建筑固废经过长时间堆积，因细菌繁殖容易使物质被腐蚀。

3. 影响城市形象

随着经济快速发展，城市“新陈代谢”速度加快，大量建筑物拆除、改建和新建，建筑固废无形中成为阻碍城市发展的“代谢物”。城市绿化草坪成为建筑固废的临时存放点，固废运输车辆随意穿梭在城市道路中，与城市整体氛围极不协调，严重影响市容。距城市中心比较偏远的地点或城市郊区现已成为建筑固废主要的“生存之地”，因人少管理不便，成为许多固废制作者和运输者的偷倒之地，形成了建筑固废包围城市的恶劣局面。

4. 存在安全隐患

大多数施工单位和拆迁单位只重视自身经济利益，在施工过程中为方便和节约运输成本，选择在工地附近随意堆放建筑固废，并未采取任何防护措施。在外界因素的影响下，建筑固废有可能出现崩塌，冲向道路或者冲塌其他建筑物，威胁人身财产安全。同时，建筑固废中含有少量易燃物，容易引发火灾，导致灾害的可能性较大。

1.3 建筑固废资源化与可持续发展

1.3.1 建筑固废资源化定义

资源化是指将废物直接作为原料进行利用或者对废物进行再生利用。废物资源化是指采用各种工程技术方法和管理措施，从废物中回收有用的物质和能源，即可回收的废物再利用。

从资源和资源化角度分析，建筑固废并非垃圾，而是一种"放错了的资源"，需要采用先进技术、设备和管理等措施，才能再生利用的资源。因此，建筑固废资源化是指通过先进的技术、设备和管理等措施，把建筑固废的处理与利用结合起来的一种新型开发资源的方式。通过此方式实现建筑固废资源循环利用，变废为宝，减少资源浪费，提高自然资源利用率，降低对社会生态环境产生的影响。

一般而言，建筑固废资源化包括以下三方面内容。

(1)物质回收：指从建筑固废中直接回收可再次利用的物质，如废弃的木料、金属、塑料、纸板及模板等。

(2)物质转换：指利用某些建筑固废通过一系列加工工艺制作形成新形态的再生产品或者原材料。物质转换是对建筑固废进行资源化处理的重要部分，经过物质转换形成的材料占资源化材料的比例很大，如废弃混凝土、废弃砖制成再生骨料、再生微粉等。

(3)能量转换：指利用建筑固废焚烧或其他化学、物理反应处理产生的热能或电能等，如通过建筑固废中的可焚烧材料的焚烧处理转化成热能和电能。这种方式不仅能减少建筑固废的堆放体积，而且可以转化成新能源。例如，废弃的木材类、塑料类等建筑固废进行焚烧产生热能，也可以采取相应的技术手段在发电厂转化成电能。

1.3.2 建筑固废资源化意义

建筑固废资源化的意义可以从环境效益和经济效益两个方面考量。

(1)环境效益。建筑固废经资源化利用以后，排入外界的固废量减少，占用的土地面积减少，同时排入环境中的有害物质随之减少，相应对土壤的破坏力也会降低；建筑固废资源化利用另一个明显的效益就是节约固废填埋场空间，1t 可再生物将节约近 $0.6m^3$ 填埋场空间。以此类推，国际再生联合会(Fédération Internale du Recyclage，FIR，在欧洲是建筑固废再生企业的唯一代表)就指出建筑固废资源化利用每年将节约 6 亿 m^3 的填埋场空间。

而且，建筑固废资源化利用是解决建筑固废多样化危害、处置难度相对复杂的有效途径，不仅可有效减少或避免直接污染、降低 PM2.5 和 PM10 指标，还可减排 SO_2、CO_2 等有毒有害气体。北欧有关国家研究表明，废混凝土等建筑固废中含有大量的 $Ca(OH)_2$，经粉碎细化后可与 CO_2 发生化学反应，生成 $CaCO_3$，起到固化储存 CO_2 的效果；水泥制造过程中排放的 CO_2 的 $25\%\sim50\%$ 可被废混凝土的资源化利用过程重新吸收。与堆放或填埋方式相比，可减少 50% 的 N_2O、30% 的 SO_2、28% 的 CO 和 10% 的 CO_2 排放，研究证明再生物比大多数原材料都要对环境友好，潜在温室效应仅为原材料的 $1/2\sim1/3$。

(2)经济效益。建筑固废资源化不仅有着巨大的环境效益，还将产生显著的经济效益。按 2050 年我国建筑固废产生量达 40 亿 t 估算，这些建筑固废如果能够转化为生态建材，创造的价值可达到 1600 亿元（40 亿 t×40 元/t）。然而，我国目前年处理建筑固废 100 万 t 级的企业只有 200 多家，建筑固废资源化率仅为 10% 左右，而欧盟国家每年的建筑固废平均资源化率超过 75%，韩国、日本更是达到 97% 以上。因此，我国建筑固废的资源化利用空间及其产生的经济效益是巨大的。

1.3.3 建筑固废资源化核心与可持续发展内涵

建筑固废资源化的核心就是将过去传统的做法，即"使用→废弃"，转变为可持续的"使用→资源化处理→再利用"的闭合流通循环，其最终目的在于将建筑固废这种被人们遗弃的垃圾转变成一种可以使用的资源，实现建筑固废的减量化、资源化、无害化，减小环境负荷，提高资源的实际使用寿命。

建筑固废的资源化，一方面减少了对土地资源的占用及对水、空气和土壤的污染，保护了生态环境，实现了环境的可持续发展；另一方面实现了资源从"摇篮"到"摇篮"的闭合循环，提高了资源的利用率，减少了对自然资源的消耗和依赖，实现了资源的可持续发展；同时，建筑固废的资源化工艺、技术、设备、管理及标准的研究和产业化发展也促成了经济和社会的可持续发展。因此，建筑固废资源化不仅是建筑业可持续发展的重要组成部分，而且极大地推进了建筑业的可持续发展。

建筑业是以建筑产品为对象的物质生产部门，是从事建筑生产经营活动的行业，它由勘察设计业、施工安装业以及工程管理、监督及咨询业构成。自改革开放以来，建筑业在我国国民经济增长、解决人民就业、带动其他产业发展和改善人民居住环境等方面发挥了重要的作用。同时，建筑业消耗了大量的能源与资源，排放了大量的温室气体，产生了数目惊人的建筑固废，严重影响了行业及城市化发展。建筑业在世界范围内消耗了约 40% 的自然资源、约 40% 的总能量，产生的建筑固废占城市垃圾的 70% 以上。因此，绿色发展已成为《"十四五"循环经济发展规划》中的重要组成部分。

可持续发展是既满足当代人的需要，又不对后代满足其自身需要的能力构成危害的发展。可持续发展的主要内容涉及资源可持续、经济可持续、生态可持续以及社会可持续四个方面，要求通过合理开发利用资源，在发展过程中既要关注经济效率，更要关注生态环境和社会公平，最终达到人的全面发展。

建筑业可持续发展是"可持续发展"概念在建筑业发展领域的延伸，是一种全新的建筑业发展观和实施可持续发展战略的重要部分，是建筑界对建筑业传统生产模式进行反思后提炼、升华、综合而形成的一种新的发展模式。建筑业可持续发展是指在建筑业产品的规划设计、建造、运营维护和拆除或再使用的全寿命过程中，通过高新技术或先进技术的应用，降低资源和能源的消耗，减少建筑固废的产生和对生态环境的破坏，满足当代人对建筑业产品需求的同时又不对后代人的发展造成影响，最终实现其持续健康发展。

从可持续发展的内涵出发，结合建筑行业的特征，建筑业可持续发展的内涵主要表现在以下几个方面。

(1)建筑业经济效益的可持续发展。人类发展建筑业的最终目的是提高自身的物质和文化生活水平，而建筑业发展所需资源及能源的开发利用、先进技术的研究及推广、建筑业造成的环境污染的整治等都需要雄厚的经济基础作为保障，这些都依赖建筑业经济效益的稳定增长。经济发展是可持续发展的动力和基础，这是由可持续发展的发展性原则决定的，是建筑业可持续发展的重要标志。

(2)建筑业与资源的可持续发展。通过科学的规划设计及合理的优化布局，依靠先进的科学技术，减少建筑业的资源消耗和能源消耗，提高资源利用效率，注重开发可替代资源，保证建筑业可持续发展。

(3)建筑业与环境的可持续发展。建筑业传统的生产模式产生了大量的废弃物，严重破坏了生态环境。可持续发展的持续性原则要求人类的经济和社会发展不能超过环境的承载力，因此建筑业可持续发展要以保护自然资源和生态环境为基础，与资源环境的协调能力相适应。

(4)建筑业与社会的可持续发展。建筑业在为社会提供其发展所必需的建筑产品之外，还对解决社会就业、提高劳动者物质文化水平等方面有重要作用。可持续发展的共同性原则决定建筑业社会效益要与社会发展水平同步提高，共同发展。

1.4 建筑固废产业化与可持续发展

1.4.1 产业化定义

产业化是指某种产业在市场经济条件下，以行业需求为导向，以实现效益为目标,依靠专业服务和质量管理,形成的系列化和品牌化的经营方式和组织形式。产业化的概念是从产业的概念发展而来的,产业是居于微观经济的细胞与宏观经济的单位之间的一个集合概念,它是具有某种同一属性的企业或组织的集合,又是国民经济以某一标准划分的部分的总和。产业化的概念在英语里与工业化相同,即 Industrialization,狭义的产业化就是生产目的明确的工业化。

产业化具有以下几方面特点:①生产的连续性;②生产物的标准化;③生产过程各阶段的集成化;④工程高度组织化;⑤机械化;⑥生产与组织一体化的研究与开发。产业化也即产业形成和发展的过程,主要包括以下四个阶段。

1)产业形成期

产业形成期是指产业的技术研究开发和生产技术的形成阶段,主要包括三个阶段:研发阶段、产品化阶段及商品化阶段。产品设计处于起步阶段,制造工艺过程的组织是松散的,产品与工艺都经历相对频繁的大变动,整个产业基本处于人力、物力和财力的大量投入时期,主要依靠政府的投入、一些研究机构的科研及个别企业的加入。

2)产业成长期

产业成长期是指全面开展生产技术成果的商业运作的初级阶段,包括小批量生产和大规模生产两个阶段,这一时期,生产技术逐步改进,制造工艺过程趋于成熟,产品和工艺得到不断完善。在小批量生产阶段,产品开始投入市场,市场处于一种观望的态度,但市场的需求呈现快速增长的趋势,进入该产业的企业开始增多,但产业总体上没有实现盈利,行业规范不标准;在大规模生产阶段,生产工艺成熟,行业标准走向成熟(包括部件生产标准及检测标准等),市场走向成熟,产业开始全面盈利,大量企业涌进该产业,部分产品开始国际化道路。

3)产业成熟期

产业成熟期是指商业化运作成熟阶段,这一阶段整个产业全面盈利,生产规模依旧保持增长的势头,但是趋于稳定,有一定程度的下降趋势;技术成熟,分工专业化、区域化,形成了成熟的产业链及配套的产业集群,形成产业群链结合发展模式;产品多样化、差异化,国际化;行业标准系统化;市场成熟,趋于饱和状态,市场竞争激烈,有企业退出,也有企业进入。新的相关技术或是产业开始出现,但趋势不明显。

4)产业衰退期

新的相关技术或是产业开始崛起,旧的产业机制已经不适应市场,生产规模开始缩减,利润萎缩,企业开始收缩规模或是退出市场竞争,整个产业体系呈现在动荡之中。

1.4.2 建筑固废资源化与产业化关系

建筑固废资源化是指将处于萌芽阶段的产业雏形发展为一个成熟产业，它以市场作为导向，将政府统一负责的公益性行为逐渐过渡为由政府负责引导与监督、其他非政府企业参与的社会行为，把被分割成源头、中间和末端的废物处理产业链整合成一个完整的产业体系，遵循"源头消减、循环利用、填埋处理"的先后顺序，严把源头分类收集和运输，调节控制资本、技术和管理，以促进产业短板的修补，使其融入产业化中，保证废物全过程管理协调有序进行。建筑固废产业化就是形成一种特定模式，聚合与建筑固废处理有关的企业，分工合作，并集合成社会承认的规模程度。它改变了原有的"资源-产品-垃圾"的生产模式，将"垃圾"作为资源进行再生利用，形成"资源-产品-再生资源-再生产品"的循环经济模式，达到资源利用最大化、废物排放最小化的目的，从而从根本上解决建筑业发展与自然资源紧缺、环境保护等问题之间的矛盾，保证社会、经济和环境的可持续发展。

建筑固废资源化、产业化发展涉及土木工程科学、环境科学、机械设计与制造科学、管理科学等学科的理论和技术，具有多学科交叉融合的特点。建筑固废的资源化与产业化又是互相依存的，建筑固废资源化是产业化推广的最终目的，建筑固废产业化是资源化的有效途径，为推进建筑固废资源化与产业化，应优化建筑固废资源化技术手段，开拓资源化利用范围和途径，在保证全面再生利用的基础上生产高附加值资源化产品，从而推动建筑固废资源化产业链的构建。

1.4.3 建筑固废产业化的开展

建筑固废产业化指通过政府经济激励与政策扶持措施及市场经济运作，整合建筑固废回收、再生利用、无害化处理、设备制造、科研等企业和组织，使之形成一定规模的与建筑业配套的服务产业。建筑固废产业化首先进行产业化的规划，产业化规划是指综合运用各种理论分析工具，从当地实际状况出发，充分考虑国际国内及区域经济发展态势，对当地产业发展的定位、产业体系、产业结构、产业链、空间布局、经济社会环境影响、实施方案等做出一年以上的科学计划。

规划部门或科研机构在做产业规划时的考虑因素包括现状分析、发展战略、产业定位、产业体系、产业链条、建议项目、环境影响、实施方案等，但民众更关注空间规划和资质水准等。一个地区经济发展，其核心是产业，要解决做什么、为什么、怎么做三个问题。产业的空间规划只是产业在区域内的分布设计，是"怎么做"这一环节的部分内容。有资质的规划单位往往从工程、建筑等角度出发，是对产业规划实施过程中工程性内容的设计，要承担因设计不合理而导致的风险责任，因此必须有资质。正如行业对一个人发展的重要性一样，产业规划一定要明确该区域将做什么产业,从国内外产业发展趋势、市场容量、技术水平等多方面论证:必须而且只有做这些产业才有前途。方向是至关重要的,不能只埋头拉车,而且必须抬头看路。方向错了,越努力就错得越远。建筑固废的产业化方向是以资源化为途径全面解决建筑固废的处理问题。

产业化建设是整个产业规划的基础,也关系到产业化在生产上的可持续性。如何构建产业化生产、运行的模式和体系,最重要的是关注产业化发展的结构和框架。此外,可持续性对产业化的发展至关重要,这也是产业化长期发展将面临的根本问题。从长远来看,如果只是重视产业化的发展体系,对产业化的可持续发展将会产生很大影响,由产业化发展所带来的一系列问题也会逐步凸显出来。因此,如何扩大产业化发展规模,找到让其真正长期可持续发展的道路,是亟待解决的问题,应该从可持续发展的角度进行产业化规划。

参 考 文 献

[1] Ding T, Xiao J Z, Tam V W Y. A closed-loop life cycle assessment of recycled aggregate concrete utilization in China[J]. Waste Management, 2016, 56: 367-375.

[2] 中华人民共和国住房和城乡建设部. 建筑垃圾处理技术标准(CJJ/T 134—2019). 北京: 中国建筑工业出版社, 2019.

[3] 刘会友. 房屋装修垃圾的危害与处置探究[J]. 中国资源综合利用, 2005, 23(3): 24-27.

[4] 李金雪, 石峰, 崔树强. 我国建筑垃圾产生量的时空特征分析[J]. 科学与管理, 2015, 35(5): 50-56.

[5] 国家统计局. 中国统计年鉴[EB/OL]. https://www.stats.gov.cn/sj/ndsj/2023/indexch.htm[2023-05-23].

[6] Yost P A, Halstead J M. A methodology for quantifying the volume of construction waste[J]. Waste Management & Research, 1996, 14(5): 453-461.

[7] Kofoworola O F, Gheewala S H. Estimation of construction waste generation and management in Thailand[J]. Waste Management, 2009, 29(2): 731-738.

[8] Solís-Guzmán J, Marrero M, Montes-Delgado M V, et al. A Spanish model for quantification and management of construction waste[J]. Waste Management, 2009, 29(9): 2542-2548.

[9] Cochran K M, Townsend T G. Estimating construction and demolition debris generation using a materials flow analysis approach[J]. Waste Management, 2010, 30(11): 2247-2254.

[10] 陈家珑, 李颖. 北京市建筑废物产生量预测模型[R]. 北京: 北京建筑工程学院, 2007.

[11] Bergsdal H, Bohne R A, Brattebø H. Projection of construction and demolition waste in Norway[J]. Journal of Industrial Ecology, 2008, 11(3): 27-39.

[12] Wimalasena B A D S, Ruwanpura J Y, Hettiaratchi J P A. Modeling construction waste generation towards sustainability[C]//Construction Research Congress 2010, Banff, 2010: 1498-1507.

[13] 陈家珑. 我国建筑垃圾资源化利用现状与建议[J]. 建设科技, 2014, (1): 8-12.

第2章 建筑固废资源化发展历史与回顾

本章主要从建筑固废资源化的发展历史和现状出发，首先介绍国内外建筑固废资源化发展情况和国内外相关组织机构的工作；其次指出我国建筑固废资源化发展存在的问题和解决措施；随后提出建筑固废资源化过程中要注意控制二次污染的问题，并阐述未来建筑固废资源化发展的趋势，着重强调基于"3R1H"原则的建筑固废资源化技术；最后以国内几个典型城市为例，对其各自的建筑固废资源化发展历史和现状进行深入剖析。

2.1 国外建筑固废资源化发展历史及相关组织

2.1.1 国外建筑固废资源化发展历史

国外建筑固废资源化起步较早，从 20 世纪 50 年代开始，德国、美国、日本等发达国家就认识到建筑固废资源化的重要性，开始探讨建筑固废资源化的途径与方法，并把建筑固废资源化作为实现可持续发展的战略目标之一。经过数十年的不断发展和完善，这些国家在建筑固废资源化领域已经逐步形成了较为成熟和科学的管理模式，并实施了"建筑固废源头削减"策略，即在合理处理建筑固废的同时，又尽可能地削减建筑固废的产生。德国、美国、日本等国家的许多先进经验和处理方法值得借鉴。

1. 德国

第二次世界大战之后，德国百废待兴，大量破损严重的建筑物亟待重建。当时，德国一方面存在建材的巨大缺口，另一方面又需要处理拆除重建过程中产生的大量建筑固废。在这种背景下，德国把目光投向了建筑固废资源化，不但有效缓解了建材的短缺问题，而且实现了建筑固废资源化的处理。德国是最早针对建筑固废处理立法的国家之一，在 1978 年推出"蓝色天使"计划后制定了《废物处理法》等法规，之后陆续颁布了一系列法律对建筑固废进行管理，如《循环经济和废物清除法》对世界建筑固废资源化发展产生广泛的影响。此外，德国作为欧盟成员国，欧盟的一些有关废物循环利用的指令也具有直接约束力。德国的循环经济立法层次分明、体系完备。这些法律严格遵从建筑固废"谁生产谁负责"的原则，能有效地约束企业行为，以确保对建筑固废进行规范化处理。

除立法外，德国还采用了合理的经济措施来引导建筑固废的处理。在德国，建筑固废的处理方式主要包括填埋和再生利用两种。建筑固废产生者可以自由地选择两种方式中的一种，但必须缴纳相应的费用，选择再生利用缴纳的费用远远低于填埋的费用，而且缴纳费用的高低取决于建筑固废的分类程度，分类越好，所需费用越低。当然，如果建筑固废产生者不处理建筑固废，就违背了"谁生产谁负责"的基本原则，其后果将是面临高额的罚款和法律制裁。

从生产技术方面来看，目前德国已具备大规模处理建筑固废的能力。德国的各个地区都建有大规模的建筑固废资源化工厂，仅柏林地区就高达 20 多个。在利用建筑固废制造再生骨料的领域，德国处于世界领先水平，其建筑固废资源化厂生产的再生骨料累计约为 1150 万 m^3。这些再生骨料应用到建筑结构中，成功建造了约 17.5 万套住宅。以 2008 年为例，德国生产的再生骨料约 6000 万 t，占骨料总产量的 10.6%。世界上生产规模最大的建筑固废处理厂就在德国，每小时可生产 1200t 建筑固废再生原料。截至 2020 年，德国约有 200 家建筑固废消纳企业，年营业额达 20 亿欧元，生产的再生原料在节约了大量天然原料的同时，也避免了建筑固废堆积带来的社会和环境问题。

从推广方式来看，德国在 1998 年推行了环境标志，是世界上最早推行环境标志的国家。环境标志是一种图形标志，它一般出现在各类产品或外包装上，表明该产品不但质量合格，而且在生产、消费、使用及处理过程中均能满足环保要求，并具备再利用或者再回收的潜力。环境标志作为一种产品的标签，以其独特的影响力，左右着公众对商品的选择，其鲜明的环保性质，使得公众能迅速辨别同类产品中对环境较优的产品，从而鼓励大众购买。这种环境标志，把购买力作为一种环境保护的手段，通过市场选择产生经济效益，促进企业关注产品对环境的影响，引导企业自觉优化产业结构，改善技术工艺，使自己的产品更具有环保的特性。德国通过推广环境标志，促进大众树立环保的社会化意识，鼓励大众选择建筑固废资源化等环保产品，推动了相关行业和市场的发展。

2. 美国

美国是城市垃圾产生的大国之一，每年产生的城市垃圾高达 8 亿 t，其中建筑固废占 40%以上。美国的建筑固废资源化起步较早，在法规政策以及实际应用方面都已经形成了一套与国情相适应的独立体系。美国通过应用资源化技术，建筑固废再生利用率达到了 70%，剩下的 30%则采取集中填埋的方式处理。

就管理原则而言，美国对建筑固废实施"四化"管理原则，即减量化、资源化、无害化和产业化，其中减量化是美国建筑固废管理的重点。为了实现建筑固废的减量化，美国制定了一系列的法律法规，利用法律和政府行政手段，对企业进行管控，还大力提倡企业自律，要求建筑行业从设计到施工建造，尽可能减少建筑固废的产生，鼓励建筑固废实现"零排放"。

从发展历程来看，美国在建筑固废的管理政策方面，经历了"政府—市场—

政府加市场"三个过程的演变。第一阶段是由政府主导,通过行政手段对污染的产生进行控制;第二阶段是利用市场调节,通过经济手段奖励或惩罚相关企业,以减量化为原则,从源头对建筑固废的产生进行削减;第三阶段是将企业与政府相结合,一方面政府倡导积极减少建筑固废,另一方面加强企业自律,号召广大公众共同参与。此外,美国还建立了建筑固废运输准入门槛、建筑固废处置行政许可制度等一系列制度和规范。

从综合利用方式来看,美国对建筑固废的综合利用从低级至高级可以分为三个级别。

(1)低级利用,主要是采用一般性的回填、现场分拣利用的形式。

(2)中级利用,主要是将建筑固废作为建筑结构或者道路的基础性材料,经过资源化工厂的加工处理,制备为再生骨料,进而制成各种建筑用混凝土、再生砖等。

(3)高级利用,将建筑固废经过特殊工艺,加工成水泥、沥青等材料进行再利用。

美国每年将约 1 亿 t 混凝土废物加工成骨料,投入工程建设。再生骨料约占美国建筑骨料使用总量的 5%,其中 68% 的再生骨料用于道路基础建设,主要用于搅拌混凝土、搅拌沥青混凝土、边坡防护、回填基坑等方面,美国已经有超过 20 个州在公路建设中采用再生混凝土。美国在通过微波技术处理沥青建筑固废方面也有成效,建造再生混凝土路面的质量与新拌沥青路面相同,成本降低 1/3,同时节约清运和处理的费用,也减轻了环境污染。

美国住宅营造商协会正在推广一种"资源保护屋",如图 2.1 所示[1],其墙壁是用回收的轮胎和铁合金废料建成的,屋架所用的大部分钢材是从建筑工地上回收来的,所用的板材由锯末、碎末和碎木料加上 20% 的胶结剂制成,屋面的主要原料是旧的报纸和纸板箱。这种住宅不但有效利用了废弃的金属、木料、纸板,而且比较好地解决了住房紧张与环境保护之间的矛盾。

图 2.1　美国"资源保护屋"[1]

3. 日本

日本国土面积小，物质资源匮乏，因此更加注重资源的可持续利用。在日本，建筑固废被称为"建筑辅助产物"，主要分为再生资源和废弃物两种。再生资源主要包括通过特定加工技术后再生水泥、钢铁、木材等，废弃物则为危害环境且不可循环利用的垃圾。通过有效区分再生资源和废弃物，日本能最大化利用建筑固废中的再生资源，以实现资源的循环使用。

从立法来看，为了推动建筑固废资源化的发展，日本建立了一套行之有效的法律和标准体系，如表 2.1 所示。

表 2.1　日本建筑固废资源化相关法律政策和技术标准

法律政策和技术标准	发布时间
《废弃物处理法》(2010 年修订)	1970 年
《再生资源利用促进法》(2000 年修改为《资源有效利用促进法》) 《回收再利用原则化规则》(1992 年、2002 年、2006 年修改)	1991 年
《建设副产物妥善处理推进纲要》(1998 年、2002 年修改)	1993 年
《建设回收再利用推进规划 97》	1997 年
《建设回收再利用指南》	1998 年
《建设回收再利用法》(2002 年施行)、《绿色购买法》	2000 年
《建设回收再利用推进规划 2002》	2002 年
《有关建设中产生的土等的有效利用的行动计划》	2003 年
《混凝土用再生骨料(高品质)》(JIS A5021)	2005 年
《混凝土用再生骨料(低品质)》(JIS A5023)、 《建设污泥再生利用指南》《建设污泥处理土利用技术标准》	2006 年
《混凝土用再生骨料(中等品质)》(JIS A5022)	2007 年
《制定建设再利用推进规划》	2008 年
《再生骨料混凝土设计、制造、施工指南(方案)》	2014 年

从处理效果来看，通过政策和立法的推动，日本的建筑固废资源化利用率不断提高。1995 年，日本建筑固体废物的再生利用率达到 65%，2000 年，这一指标上升到 81%，2007 年的调查显示，日本建筑工地产生的废物总量有 6380 万 t，其中最终作为垃圾处理的仅有 402 万 t，再资源化的比例达 92.2%。日本的垃圾分类要求十分严格，设计并生产了具有较高分拣率的建筑固废成套设备，破碎、分离、筛选，甚至辐射监测都可一条龙完成。对于混凝土之类的建筑固废，或分离为骨

料重新利用，或破碎后用于道路工程、回填土和碎石料等的铺设[2]。

从处理原则来看，日本遵循的首要原则是防患于未然，争取从源头上解决污染，如选择可再生环保材料。其次是在施工建设过程中尽可能减少固体废物的产生，遵循减量化原则。根据这些原则，日本明确要求建筑设计时考虑建筑在 50 年或 100 年后拆除回收效率。施工人员在施工时采用可回收的材料和相关措施，追求施工"零排放"。在施工时采用延长建筑物寿命的技术和建筑结构，同时发展强化的建材技术，减少建筑固废产生。特殊的建筑固废可运至集中或分散的处理厂进行回收，保证建筑固废的处置效率和产品质量。

从技术来看，日本对于建筑固废采取分类收集，首先采用由人和机械组合进行的分选措施，然后采用振动筛、风选和磁选等机械分选设备，实现不同类别建筑固废的高效分离。分选后进行分类收集，通过破碎机破碎减小体积，最后送往有关场所进行再生处理。

4. 韩国

韩国是较早进行建筑固废资源化利用的亚洲国家之一，经过长期努力，基本实现了建筑固废资源化利用。在韩国，建筑固废不再是一种垃圾，而是一种资源，并且造就了韩国建筑固废再利用这一新兴产业。

从立法管理来看，2003 年，韩国颁布了《建设废弃物再生促进法》，随后两年内，又先后对其进行了两次修订。韩国交通运输部颁布了《建筑废物再利用要领》，根据不同功能使用的建筑固废，对其质量和施工标准做出了规定。韩国环境部颁布了《再生骨料最大值以及杂质含量限定》，对实际工程应用的废混凝土骨料的粒径、杂质含量均做了限定。

从处理效果来看，韩国建有大量的建筑固废资源化厂，像首尔附近的仁川市，该城市约有 300 万人口，建筑资源化厂数量达到 50 余家，超过当地的混凝土搅拌站数量。一些人口约为 50 万的小城市，也有 5 家建筑固废资源化厂。早在 2008 年以前，韩国已有建筑固废处理企业 337 家[3]。大量的建筑资源化厂为韩国建筑固废的处理提供了便利，建筑固废资源化利用率不断提高。2002 年，韩国的建筑固废量约为 12 万 t，而资源化利用量约为 10 万 t，资源化利用率达 83%。1998 年，再生骨料占建筑固废的比例为 76%，而到了 2006 年，该值高达 97%。在韩国，由建筑固废生产的再生利用产品，在道路建设中应用比例较大，其次是预拌再生骨料混凝土，只有少部分应用于高性能混凝土中，这主要是由韩国建筑固废来源和加工工艺决定的。韩国的建筑固废来源广泛，其中所含的废物种类繁多，处理难度大，而建筑固废处理厂规模较小，主要是对建筑固废进行钢筋和轻物质的分离，通过这种工艺，产生的骨料所含的杂质较多，而只有来源品质相对较优的建筑固废产出的骨料可用于预拌再生骨料混凝土[4]。

德国从第二次世界大战后恢复建设开始认识到建筑固废资源化的重要性，美国作为工业大国在法规政策以及实际应用层面形成了一套成熟的独立体系，日本通过制定完善的法律法规体系保障了建筑固废资源化程度，韩国通过立法管理和技术发展两方面努力形成了建筑固废再利用新产业。经过多年努力，上述国家的建筑固废资源化体系已较为成熟，并呈现出建筑固废再利用率高的特点。概括来说，国外成功的建筑资源化体系主要具有以下特点[3,4]。

(1)政策支持和完备的法律体系。这些建筑固废资源化利用率高的国家，在针对建筑固废处理上，均通过相关政策进行引导，明确奖惩原则，并制定了较为完备的法律体系，如德国的《循环经济和废物清除法》、美国的《固体废弃物处理法》、日本的《资源有效利用促进法》和《建设回收再利用法》、韩国的《建设废弃物再生促进法》等。这些政策和法律法规切实有效地保障了建筑固废资源化工作的顺利进行，并提高了社会各界对建筑固废资源化工作的参与程度。

(2)科学的管理原则。发达国家如美国对建筑固废的管理主要遵循减量化、无害化、资源化和产业化的原则，从源头到末端对建筑固废进行综合管理，并有配套的法律法规与之结合。日本遵循的防患于未然和减量化原则也与之类似，重视源头处理，尽可能减少建筑固废的产生及其对环境产生的危害。

(3)健全分类回收体系。建筑固废的成分复杂，这是阻碍建筑固废高效处理的主要问题之一。在建筑固废现场做好分类，对减少建筑固废再生利用成本、提高再生利用效率是至关重要的。上述国家均要求在拆除现场对废弃物进行分类，针对分类后的建筑固废按类别送至相应的再生产品生产企业。

(4)先进的技术工艺。发达国家十分重视建筑固废资源化的处理装备和相关工艺技术的研发，通过再生产品生产企业的加工处理，能高效地制备各种再生产品，能够满足相关质量标准，且能够适应市场需求。这些特点使再生产品能够得到推广，进而又促进了建筑固废资源化的发展，形成了一个良性循环。

(5)社会化的环保意识。发达国家在发展建筑固废资源化过程的同时，积极引导大众树立环保意识，促进建筑固废资源化行业的发展，如德国推行的环保标志制度、日本的鼓励垃圾分类。

(6)有效的经济奖惩措施。这些国家通过税收、差别性收费等真正落实了产生者负责的制度，让产生者为经济利益而重视，让回收利用者有利可图，使建筑固废资源化这个产业能持续发展。

(7)政府强制性推动。任何一个新事物的发展，开始都要一个推广和接受的过程，这些国家也经历了这个阶段，都是由政府发挥了强制性的推动作用。

2.1.2　国外建筑固废资源化相关组织

1. 国际再生联合会

国际再生联合会由部分欧盟成员国的资源回收协会创办于 1991 年，早年协会成员就认识到合作是拆建建筑固废回收产业发展的必由之路。在协会的影响下，建筑固废回收产业也开始在欧洲的一些非协会成员国渐渐发展起来。现在，大多数国家的建筑固废回收委员会都是国际再生联合会的成员。同时，国际再生联合会也引导着相关企业去帮助没有相关委员会的国家。国际再生联合会致力于促进建筑固废和生活垃圾炉底灰回收利用的相关工作，涉及在欧盟平台下的政治、环境和经济标准的讨论，同时帮助协会成员国建筑固废回收产业达到国际化的标准。

国际再生联合会的主要目标是：①为协会成员提供支持和建议，帮助他们在国际会议上表达有关建筑固废回收的想法和意见；②提高建筑固废回收产业商业化运作水平，促进产业化质量保证体系的发展；③在建材回收和生活垃圾炉底灰再利用领域积极调查研究，致力于编制标准化技术处理方案；④与欧洲政界和建筑固废回收公司保持联系、共同协作，以减少建筑固废的产生和堆放；⑤促进和维护各国贸易协会与企业的合作与交流。

2. 德国建筑垃圾协会

德国建筑垃圾协会是由德国各地建材行业的代表组成的。各协会成员追求的目标是保护自然资源、促进循环经济。通过协会的工作，实现建筑固废的回收和保护环境的目的。德国建筑垃圾协会期望达成的具体目标为：①发展和改善对建筑固废回收方面的管理模式；②探讨再生材料的质量标准和适用条件，以便于设计和应用；③促进企业和市场更多地选择使用再生材料；④确保建材回收利用率逐年提高。德国建筑垃圾协会通过多种方式发挥作用：①积极参与地区特定行业政策制定；②参与制定再生材料应用的规范与标准；③举办相关讲座，促进建筑固废回收与应用的研究；④与政府部门、研究部门、环保组织等积极沟通对话；⑤与其他行业和国外同行进行技术合作。

3. 再生混凝土结构行为与创新技术委员会

再生混凝土结构行为与创新技术委员会是国际材料与结构研究实验联合会下属的技术委员会之一，目标是提升建材与结构的合作，以推动建材和结构相关领域的发展。为了解决废物管理问题，特别是再生混凝土的处理问题，2014 年以"结构再生混凝土发展的前沿和趋势"为主题的国际研讨会在同济大学召开，会上筹建了再生混凝土结构行为与创新技术委员会。该委员会的研究内容包括再生混凝土材料的性能及再生混凝土结构和设计规范两方面内容，并确定了委员会的工作计划，达成重要的共识：①成员共享再生混凝土材料性能研究成果；②启动再生混凝土结构性能合作研究的工作；③将再生混凝土作为结构混凝土的关键理论和技术问题。

2.2　国内建筑固废资源化发展历史及相关组织

2.2.1　国内建筑固废资源化发展历史

回溯过去，远在我国近现代文明出现之前，我们的祖先在采用天然土、石、木建造建筑物的过程中就有过初步的建筑固废资源化意识。北宋著名科学家沈括撰写的《梦溪笔谈》曾记录丁晋公修复皇宫的故事，丁晋公建造皇宫时，采用沿街挖地取土的办法解决了建材泥土的来源问题，并引水到挖地留下的沟形成水渠，方便另一种建材即木材的远距离运输，建造过程产生的废弃瓦砾、石灰、土壤以及其他杂物用于填渠和修筑街道，这不仅解决了建筑固废处置问题，而且建筑固废还成为修筑街道的建材，在当时的建造技术条件下达到了建筑固废资源化的目的[5]。此外，北京的景山就是用故宫金水河的挖土堆建而成。

根据住房和城乡建设部提供的数据测算，我国城市建筑垃圾年产生量超过20亿t。根据部分行业协会组织测算，我国目前总建筑固废年产生量可达35亿t。国内针对建筑固废处理的方法主要包括以下几种。

(1)暂存堆放。建筑固废暂存堆场主要设在闲置的待开发用地上，待开发使用时，再运至其他堆放处，形成建筑固废来回搬家的现象，管理不到位也有可能造成长期堆放。

(2)填埋。建筑固废填埋场一般理应设置正规的建筑渣土填埋区和装修垃圾填埋区，但由于多数地区没有建筑固废填埋场的规划与建设，填埋场都是利用国家、集体或个人承包的低洼地、山谷、湖泊等地简单填埋，留下生态后患风险。无处填埋的就地随意乱堆，造成对环境的危害。

(3)回填利用。建筑固废回填利用是用于场地平整、道路路基、洼地填充等。用于场地平整、道路路基的建筑固废应根据使用要求破碎后回填，用于洼地填充的建筑固废可不经破碎直接回填。回填建筑固废通常以渣土、废砖等建筑固废为主，这也是资源化的一种方式。

(4)资源化利用。资源化利用是指将建筑固废中的可资源化原料，包括天然砂石、碎石等材料分离加工，形成骨料。再生材料包括废砖瓦、废混凝土、废木材、废钢筋、废金属构件等进行分类和再生利用。

总体而言，我国建筑固废的处置大部分是简单的堆放处理，回收利用水平低。我国对建筑固废资源化的认识时间不长，起步较晚。20 世纪 90 年代开始，中央和一些地方政府、科研院所、高等院校的科研人员和具有远见卓识的企业家已经逐步认识到，随着城市建设的高速发展，科学处置和综合利用建筑固废对于保护环境、节约资源的重要性，以及对于促进当地社会和经济可持续发展的深远意义，同时也看到了潜在的市场前景，相继开始对建筑固废的综合利用进行了许多探索性研究和深入实践。2008 年汶川地震，引起国务院开始重视建筑固废问题。中央机构编制委员会办公室发布了《关于建筑垃圾资源化再利用部门职责分工的通知》。之后，住房和城乡建设部、国家发展改革委、工业和信息化部等部门分别在各自的职责范围内积极出台相关文件推动工作开展，九三学社中央委员会、中国国民党革命委员会、国务院参事室也进行专题研究并提出提案。我国建筑垃圾资源化主要从以下几个方面逐步推进。

1. 法律法规与政策

我国尚没有制定关于建筑固废管理与资源化的专门法律，但在一些相关法律中有涉及与固体废物(含建筑固废)管理的相关内容，在政策方面也逐步明确提出了有关规定。

1989 年实施的《中华人民共和国环境保护法》规定：国家采取财政、税收、价格、政府采购等方面的政策和措施，鼓励和支持环境保护技术装备、资源综合利用和环境服务等环境保护产业的发展。国家鼓励和引导公民、法人和其他组织使用有利于保护环境的产品和再生产品，减少废弃物的产生。国家机关和使用财政资金的其他组织应当优先采购和使用节能、节水、节材等有利于保护环境的产品、设备和设施。

1995 年通过的《中华人民共和国固体废物污染环境防治法》规定：国家采取有利于固体废物污染环境防治的经济、技术政策和措施，鼓励、支持有关方面采取有利于固体废物污染环境防治的措施，加强对从事固体废物污染环境防治工作人员的培训和指导，促进固体废物污染环境防治产业专业化、规模化发展。国家鼓励、支持固体废物污染环境防治的科学研究、技术开发、先进技术推广和科学普及，加强固体废物污染环境防治科技支撑。国务院有关部门、县级以上地方人民政府及其有关部门在编制国土空间规划和相关专项规划时,应当统筹生活垃圾、建筑垃圾、危险废物等固体废物转运、集中处置等设施建设需求,保障转运、集中处置等设施用地。

2003 年,《中华人民共和国清洁生产促进法》(2012 年修订)颁布实施,提出所称清洁生产是指不断采取改进设计、使用清洁的能源和原料、采用先进的工艺技术与设备、改善管理、综合利用等措施,从源头削减污染,提高资源利用效率,减少或者避免生产、服务和产品使用过程中污染物的产生和排放，县级以上地方人民政府应当发展循环经济，促进企业在资源和废物综合利用等领域进行合作，实现资源的高效利用和循环使用，各级人民政府应当优先采购节能、节水、废物再生利用等有利于环境与资源保护的产品，国务院有关部门可以根据需要批准设立节能、节水、废物再生利用等环境与资源保护方面的产品标志，并按照国家规定制定相应标准。

2009 年实施的《中华人民共和国循环经济促进法》(2018 年修订)要求：建设单位对工程施工中产生的建筑固废进行资源化利用，不具备条件的，则可外包给具备条件的生产经营者进行资源化处置；地方政府可以根据各地经济社会发展状况实行垃圾排放收费制度，费用专项用于垃圾分类、收集、运输贮存、资源化利用等领域建设；政府要实行循环经济发展的采购政策，对于财政性资金出资进行采购的项目，节能、节水、节材及有利于保护环境的产品及再生产品应优先被采购。

2013 年 1 月 1 日，国务院办公厅转发了住房和城乡建设部的《绿色建筑行动方案》，提出将"推进建筑固废资源化利用"列为第十项重点任务，要求落实建筑固废处理责任制，按照"谁产生谁负责"的原则进行建筑固废的收集、运输和处理。推行建筑固废集中处理和分级利用，加快建筑固废资源化利用技术、装备研发推广，编制建筑固废综合利用技术标准，开展建筑固废资源化利用示范，研究建立建筑固废再生产品标识制度。地级以上城市要因地制宜设立专门的建筑固废集中处理基地。

2013 年 1 月 23 日，国务院印发了《循环经济发展战略及近期行动计划》，要求推进建筑固废资源化利用，推进建筑固废集中处理、分级利用，生产高性能再生混凝土、混凝土砌块等建材产品，因地制宜建设建筑固废资源化利用和处理基地。

2013 年 8 月 1 日，国务院发布《关于加快发展节能环保产业的意见》(国发〔2013〕30 号)，指出要推动再生资源清洁化回收、规模化利用和产业化发展；深化废物综合利用，推动资源综合利用示范基地建设，鼓励产业聚集，培育龙头企业；支持大宗固体废物综合利用，提高资源综合利用产品的技术含量和附加值。

2014 年 12 月 31 日，国家发展和改革委员会等六部委发布《重要资源循环利用工程(技术推广及装备产业化)实施方案》，提出研发建(构)筑物的拆除技术、建筑固废的分类与再生骨料处理技术、建筑固废资源化再生关键装备、新型再生建筑材料应用技术工艺，推广再生混凝土及其制品制备关键技术、再生混凝土及其制品施工关键技术、再生无机料在道路工程中的应用技术。

2015 年国家发展和改革委员会发布的《2015 年循环经济推进计划》中提出研

究起草《关于加强建筑垃圾管理及资源化利用工作的指导意见》《建筑垃圾资源化利用试点方案》。开展建筑垃圾管理和资源化利用试点省建设工作，鼓励各地探索多种形式市场化运作机制，创新建筑垃圾资源化利用领域投融资模式。

2016 年工业和信息化部、住房和城乡建设部联合下发的《促进绿色建材生产和应用行动方案》提出以建筑垃圾处理和再利用为重点，加强再生建材生产技术和工艺研发，提高固体废弃物消纳量和产品质量；推广大掺量掺合料及再生骨料应用技术；引导利用可再生资源制备新型墙体材料；依托建筑固废等资源建设新型墙体材料、机制砂石生产基地。

2016 年 1 月新修订的《中华人民共和国大气污染防治法》（1988 年颁布）明确规定了"工程渣土、建筑垃圾应当进行资源化处理"，同年《关于进一步加强城市规划建设管理工作的若干意见》《土壤污染防治行动计划》《关于促进建材工业稳增长调结构增效益的指导意见》《建筑垃圾资源化利用行业规范条件》和《建筑垃圾资源化利用行业规范条件公告管理暂行办法》等政策文件发布。

2017 年 1 月开始实施的《循环经济发展评价指标体系(2017 年版)》中提出了"城市建筑垃圾资源化处理率的指标"，同年 5 月国家发展和改革委员会等十四部委发布实施《循环发展引领行动》，提出了加快建筑垃圾资源化利用的 11 项具体政策措施。到 2017 年 11 月统计，全国有 32.3%以上的省级市发布了明确建筑固废资源化利用的政策，有 28.4%的地级市发布了要求建筑固废资源化的文件，其中有 15 个城市立为地方性法规。

2019 年 1 月，《国务院办公厅关于印发"无废城市"建设试点工作方案的通知》（国办发〔2018〕128 号）发布，全面统筹固废管理，提出开展建筑垃圾治理，提高源头减量及资源化利用水平，摸清建筑垃圾产生现状和发展趋势，加强建筑垃圾全过程管理。目的在于解决由于非法堆弃成本较低所带来的合法处置设施进料不稳定，以及末端资源化产品消纳不稳定所带来的需求风险。

2020 年 3 月 25 日，国家发展改革委等十五部门和单位联合印发《关于促进砂石行业健康有序发展的指导意见》（发改价格〔2020〕473 号），进一步提出鼓励利用建筑拆除垃圾等固废资源生产砂石替代材料，清理不合理的区域限制措施，增加再生砂石供给，积极推动建筑垃圾再生砂源等替代利用。

2. 应用技术研究

早期的应用技术仅限于材料研究方面，只是对原料的性能和制品的加工效果进行研究，处于实验室阶段，随着产业化发展，开始了工艺和装备的研究，为了打消人们对建筑固废再生产品应用的顾虑，目标主要集中在再生骨料的加工与应用技术方面。

　　1990 年，上海市第二建筑有限公司在上海市中心某工程的几栋高层建筑施工中，将在结构施工阶段所产生的道渣、碎砖、混凝土碎块等回收用于砌筑砂浆和抹灰砂浆，回收利用的废渣约 480t。

　　1992 年，北京城建一建设工程有限公司先后在 9 万 m² 不同结构类型的多层和高层建筑的施工过程中回收利用各种建筑废渣用于砌筑砂浆、内墙和顶棚抹灰、细石混凝土地面和混凝土垫层，使用面积为 3 万多 m²。

　　自"十五"国家科技攻关计划项目起，在科技支撑计划的逐步推动下，我国建筑固废资源化在处理设备、产品质量、生产技术、标准规范、使用示范等环节均有所突破，如表 2.2 所示。

表 2.2　我国建筑固废资源化研究发展

项目名称	时期	研究成果
建筑垃圾再生集料及其配制新混凝土的研究	"十五"	对比国内外研究成果找到了一种有效的物理强化技术，验证用再生集料配制混凝土是完全可行的；提出了对再生粗、细骨料的分类建议
地震灾区建筑垃圾再生混凝土制品生产技术及其示范生产线		在地震灾区建成建筑固废再生混凝土墙板、块材和构件三条制品示范生产线；研发"建筑固废再生混凝土墙体板材标准"与"建筑固废再生混凝土构件标准"；建成一座节能抗震示范办公楼
地震灾区建筑垃圾资源化与抗震节能房屋建设科技示范	"十一五"	建成并投产 2 个建筑固废资源化示范生产基地；集成了建筑固废资源化产品产业链生产工艺，制定了《建筑垃圾再生骨料品质控制指标》、《再生骨料配制混凝土和建筑砂浆技术》和《再生骨料应用技术指南》
建筑垃圾再生产品的研究开发		研发再生骨料、再生混凝土、蒸压制品、混凝土砌块和建筑固废在建筑地基基础中的再生利用
固体废弃物本地化再生建材利用成套技术	"十二五"	研发固定式建筑固废整体处理系统，是可将建筑固废完全分离的设备
建筑垃圾资源化全产业链高效利用关键技术研究与应用		针对建筑固废资源化全产业链关键环节，立足减量化和系统化，从全寿命期解决建筑固废产生、分类、再生处置及工程应用的关键技术问题，研发适于城镇化建设、符合建筑工业化发展方向、利于大规模利用的材料与制品、工艺与装备、技术与标准，进行工程示范
建筑垃圾源头减量化关键技术及标准化研究与示范	"十三五"	研究建筑固废源头减量化的规划、设计、施工技术与标准体系，建筑固废现场分类技术与装备
建筑垃圾高效分选、再生骨料高品质提升的工艺、技术和装备研究与示范		研究骨料应用品质提升的模块化工艺与新型装备，低成本连续稳定生产成套技术
再生混合混凝土构件制备与应用关键技术		研究再生混合混凝土性能与制备、大粒径粗骨料与普通粒径粗骨料的再生混凝土综合应用技术

续表

项目名称	时期	研究成果
装配式再生混凝土构件制备及结构应用技术研究与示范		研究高性能再生骨料混凝土标准化装配构件的制备及节点连接技术、装配式再生混凝土结构设计理论与关键技术
建筑垃圾再生高品质装饰混凝土制品的制备及应用关键技术研究与示范		研究再生高品质装饰混凝土复合保温墙板制备技术与工艺、与装配式结构的连接构造技术
建筑垃圾再生渗蓄功能材料的制备及应用关键技术研究与示范	"十三五"	研究砖混类再生骨料蓄水及吸附性能和高渗蓄功能性再生材料及制品制备技术、渗蓄功能材料在海绵城市设施工程中的综合应用技术
渣土类等大宗建筑垃圾资源化处置关键技术与应用研究		建立典型区域、不同类型渣土类建筑固废理化特性及资源化利用数据库,研究在道路工程中规模化应用技术
建筑垃圾精准管控技术与示范		研究建筑垃圾定量预测模型及对应精准处置技术、建筑垃圾类型/体量天地一体化快速识别技术与监测系统;研发建筑垃圾产生、运转、处理、资源化、再生产品应用全过程的实时监测与智能管控技术;研究建筑垃圾安全风险、环境影响评估技术体系及预警技术;开发建筑垃圾全过程管控平台,并开展城市级示范

　　2003 年,同济大学利用废弃混凝土再生骨料混凝土铺筑了一条"再生路"。该道路为淡灰色路面,20m 长、6m 宽,回收利用了原江湾机场跑道的废弃混凝土建成。

　　2005 年,北京建筑工程学院与北京元泰达环保科技有限公司建成了我国第一条 100 万 t 的建筑固废资源化处理生产线。同年,由邯郸市全有环保建材有限公司生产的建筑固废再生砖用在了邯郸市的标志性建筑中,沧州市政工程公司开始引进国外移动式破碎设备,在城市道路施工中应用现场加工的混凝土再生骨料用于底基层或基层。

　　2005 年,中国建筑材料科学研究院承担了国家科技攻关计划"固体废弃物在水泥混凝土工业的资源化利用研究",主要内容包括:确定了煤矸石替代黏土制备通用硅酸盐水泥熟料的适宜生产工艺参数,研究了炉渣作为水泥混合材时的适宜掺量及其对水泥性能的影响,研究了用赤泥作原料制备低热硅酸盐水泥熟料的适宜率值和煅烧温度等生产工艺参数,制备出了低热硅酸盐水泥。

　　2007 年,同济大学主编了我国第一本有关建筑固废的地方技术标准。同年,北京建筑工程学院作为第一承担单位进行了北京市重大科技攻关项目"建筑垃圾资源化关键技术与应用的研究",完成了包括北京市建筑固废管理规定政策研究,再生混凝土、砂浆及适用的外加剂等大部分内容的研究,完成了全国首座 1200m^2 全级配再生骨料现浇混凝土试验建筑(见图 2.2)的建设,至今质量稳定。

由同济大学、上海德滨环保科技有限公司、上海市建筑材料工业设计研究院等单位组成的建筑建材业技术创新联盟(上海 EF 生态环境材料产学研联合体)开发出封闭模块组合式建筑固废处理再生骨料回收系统,探索解决建筑固废资源化纯化技术、大型化技术、环保化技术三大技术瓶颈,建筑固废年处理能力为 100 万 t。

2011 年,南方科技大学联合深圳华威环保建材有限公司等公司,开创了在拆迁现场原地处理建筑固废的先河,成功处置建筑固废 100 万 t,资源化率高达 90%。

2013 年,陕西省交通控股集团有限公司、西安公路研究院有限公司等单位以陕西西咸北环高速公路工程为依托,开展"建筑垃圾在公路工程中规模化综合利用的关键技术研究",成功应用建筑固废再生材料 600 万 t。

2016 年,同济大学和上海城建集团合作,在上海建造了再生混凝土示范工程,并对再生混凝土结构的设计、施工进行了深入研究。该项目为全国首座从设计图纸开始就明确利用再生混凝土建造的再生骨料混凝土小高层商业办公用房,如图 2.3 所示。

图 2.2　再生骨料混凝土多层建筑　　　图 2.3　再生骨料混凝土小高层商业办公用房

2016 年,"十三五"国家重点研发计划"绿色建筑及建筑工业化"重点专项中专门列入了"建筑垃圾资源化全产业链高效利用关键技术研究与应用"和"建筑垃圾精准管控技术与示范"项目,项目统筹建筑固废资源化全产业链关键环节,利用大数据和信息化技术加强精准管控,立足减量化和系统化,解决建筑固废产生、分类、运输、堆存、再生处置及工程应用的关键技术和管理问题,研发适用于城镇化建设、符合绿色发展方向、利于大规模利用的材料与制品、工艺与装备、技术与标准、信息化平台,进行示范,引领行业发展。

3. 企业发展

随着我国的建筑固废资源化逐步发展,部分企业在政府支持下开始建立和运营相关建筑固废资源化厂,并将生产的再生制品应用在工程中,揭开了我国建筑固废资源化利用的产业化序幕。

截至 2017 年底，我国已建成或计划在建的公开运营的(以 100 万 t/年为主)相关企业有 150 家左右，但大部分不能满负荷运转。各种小企业(小于 25 万 t/年)或不规范企业估计有上千家，不在行业规范条件之列，多数处置水平较低，存在二次污染情况。大多数企业仅涉及建筑固废再生骨料和再生砖生产，其中一部分是把建筑渣土进行天然砂石加工获利，其余泥浆或土再任意倾倒或填埋。北京、上海等城市在建筑固废资源化利用方面的研究工作开展得相对较早，但由于土地等方面的限制，产业发展较慢。深圳的城市建设与发展代表了我国城镇发展的方向，建筑固废资源化相关工作启动早，并被列为住房和城乡建设部的试点城市，在进行政府管理与市场化结合方面做了大量的突破并取得一定的成绩，但资源化利用率也在 50%左右，与发达国家相比差距很大。总的来说，我国的建筑固废资源化已经被逐渐重视，被列入各级政府的议事日程，但产业化仍处于推广起步阶段，存在相关法律法规不完善、管理体制机制不健全、标准体系不配套、低成本高效率大规模应用技术不成熟、企业持续发展动力不足、社会认识接受程度不高、资源化利用率较低等一系列问题。相比发达国家，我国的建筑固废资源化亟待进一步发展。

2.2.2　国内建筑固废资源化相关组织

1. 中国土木工程学会再生混凝土专业委员会

混凝土的再生利用属于建筑固废资源化的重要环节，对推动建筑固废资源化的发展具有重要意义。早在 2008 年之前，再生混凝土技术已经成为我国学术界和工程界关心的热点和焦点之一。为了进一步推动建筑固废资源化利用，促进再生混凝土应用研究的科学发展，2008 年中国土木工程学会再生混凝土专业委员会在同济大学成立，它隶属于中国土木工程学会混凝土与预应力混凝土分会，其宗旨是为国内从事再生混凝土研究的专家、学者、工程和技术管理人员提供一个交流的平台。

该委员会汇聚了国内再生混凝土领域的 200 多位知名专家、学者，并成功举办了十次全国再生混凝土学术交流会，在国内颇有影响力。两年一度的全国再生混凝土学术交流会主要就再生混凝土骨料生产、再生混凝土材料制备、再生混凝土材料及构件性能、再生混凝土结构设计与施工、再生混凝土综合应用等新技术进行学术交流。在学术交流会的推动下，对再生混凝土结构设计规范的制定、建筑固废再生建材的推广和应用、再生混凝土建筑设计与施工等方面均产生了积极作用。学术交流会还成功搭建了全国各地高等院校、科研机构和再生建材生产企业互相交流学习的平台，有益于提高我国再生混凝土的研究与利用水平，从而推进了我国建筑固废资源化的发展。

2. 中国城市环境卫生协会建筑垃圾管理与资源化工作委员会

该委员会是经民政部批准,于 2013 年由原中国城市环境卫生协会渣土管理专业委员会(成立于 1993 年)更名成立的全国性社团组织,业务上接受住房和城乡建设部、工业和信息化部等部委指导。该委员会由从事建筑固废管理的相关政府部门和建筑固废资源化相关的企事业单位、个人组成,以推动我国建筑固废管理与资源化为宗旨,是开发城市矿产资源、保护环境、服务政府和企业的专门工作机构。委员会积极发挥政、产、学、研、用之间的桥梁纽带作用,加强行业自律与同行间的工作交流,研讨建筑固废管理与资源化方面的现状、政策、工艺、技术、装备、产品、标准等,努力成为政府管理行业的重要支撑、行业技术经济发展的重要平台、社会宣传的重要窗口、国外同行交往的重要桥梁,引导建筑固废管理与资源化工作积极科学、稳步、健康发展。

该委员会成立以来,多次配合相关部门进行全国建筑固废管理与资源化利用工作调研,形成调研报告,为住房和城乡建设部、国家发展和改革委员会、工业和信息化部等制定行业相关政策,提供政策建议和技术支持,指导制定《建筑垃圾资源化利用技术指南》,参与制定和实施《建筑垃圾资源化利用行业规范条件》和《建筑垃圾资源化利用行业规范条件公告管理暂行办法》,为住房和城乡建设部、工业和信息化部《绿色建材评价技术导则(试行)》提出相关考核指标,协助科技部编写"十三五"国家重点研发计划"建筑垃圾资源化全产业链高效利用关键技术研究与应用"和"建筑垃圾精准管制技术与示范"项目申报指南,承担河南省《建筑垃圾"试点省"工作成效第三方评估研究》,完成许昌市《建筑垃圾资源化利用规划(2016—2025)》。委员会作为全国建筑固废治理试点支撑工作的牵头单位,组织有关专家组建建筑固废治理支撑工作组和建筑固废治理专家组,研究制定《建筑垃圾治理支撑工作组工作计划》《建筑垃圾治理试点城市实施方案编制指南》《建筑垃圾治理专项规划编制框架》《建筑垃圾处理设施建设指南》《建筑垃圾治理试点城市监管平台建设指南》《建筑垃圾治理试点城市实施方案评价办法(试行)》《建筑垃圾治理试点城市中期检查工作规范》等文件,开展《建筑垃圾治理试点城市实施方案》评价工作,协助住房和城乡建设部组织召开了全国建筑固废治理试点工作推进会。

该委员会积极开展项目研究,承担完成了国家发展和改革委员会《建筑垃圾资源化利用体系构建及政策机制研究》《建筑垃圾和公路路面废料资源化利用模式研究》,工业和信息化部《建筑垃圾资源化生产关键问题的研究》《建筑垃圾回收和再生利用产业支撑体系研究》,亚洲开发银行《中国建筑垃圾管理和利用政策研究》,能源基金会(美国)《建筑垃圾资源化利用城市管理政策研究》《推进建筑垃圾回收和再生利用体系建立的实施路径及政策研究》,北京市住房和城乡建设委员会《北京市建筑垃圾再生产品推广使用政策研究》。

该委员会积极争取立项和参与编制建筑固废方面的标准规范,成立以来,共参与《混凝土用再生粗骨料》(GB/T 25177—2010)、《建筑垃圾处理与资源化利用工程项目建设标准》(制定中)、《建筑垃圾处理技术标准》(CJJ/T 134—2019)、《建筑垃圾再生骨料实心砖》(JG/T 505—2016)、《固定式建筑垃圾处置技术规程》(JCT 2546—2019)等十三项国家、行业和地方标准的制修订工作。

该委员会协助住房和城乡建设部组织了 3 期"全国建筑垃圾资源化利用与处理培训班"、2 届"中国城市建筑垃圾管理与资源化国际论坛"和 1 次"建筑垃圾资源化利用技术交流会",连续多年在"中国循环经济发展论坛""生态文明贵阳国际论坛""国际绿色建筑与建筑节能大会暨新技术与产品博览会"等会议上协办"建筑垃圾管理与资源化"分论坛。通过培训和交流活动的开展,为建筑固废管理与资源化利用行业培养了一批在政府管理、企业经营、标准规范、装备制造、资源化利用和技术研发等方面具有较高职业素养的专业队伍,为行业发展和技术进步奠定了坚实的基础。

该委员会先后为北京市、上海市、深圳市、河南省、贵州省、宁夏回族自治区等 25 个省(自治区、直辖市) 58 个城市的相关管理部门和企业进行了建筑固废管理与资源化利用政策咨询和技术服务,有力地促进了这些地区和部门建筑固废资源化利用工作的开展。

3. 建筑垃圾资源化产业技术创新战略联盟

建筑垃圾资源化产业技术创新战略联盟是由国内众多建筑固废资源化利用的企业、高校和科研机构组成的全国合作性组织,其主要宗旨是解决我国建筑垃圾资源化产业技术的主要瓶颈问题,整合本产业内优势资源,提升建筑固废资源化利用的实际工程经验与关键装备的国产化能力,加快我国建筑固废资源化利用产业发展速度,增强我国建筑固废资源化利用产业技术创新及成果应用。

该联盟以建筑固废的分类与再生、资源化利用技术研发和装备开发为技术基础,逐步形成优势联合体。联盟成员单位针对建筑固废资源化利用技术研发、应用、产业体系化各环节所需解决的问题和设备国产化问题进行联合,开发出的技术和设备优先在联盟成员内应用,联盟成员开发的技术和设备优先用于联盟建设的示范工程、试验平台上。

该联盟内部制定了建筑固废资源化的相关标准,如《建筑垃圾混凝土用再生矿物掺合料应用技术规程》《建筑垃圾再生骨料应用技术规程》《建筑垃圾再生混凝土配合比设计规程》《建筑垃圾回收轻物质回收技术规程》等,在建筑固废再生产品的分类和指标制定上工作成果显著。该联盟将生态环保产品分为九大系列和32 个规格，包括再生微粉、再生细骨料、再生粗骨料、再生种植土、再生预拌砂浆、轻质陶粒、再生预拌混凝土、再生沥青混凝土、再生预制构件制品等。

4. 中国硅酸盐学会固废分会建筑固废专业委员会

2016 年 7 月 15 日，中国硅酸盐学会固废分会建筑固废专业委员会成立，其目标是：汇聚全国建筑固废领域的管理、科研、企业、应用方面的同仁；在政策制定、废物回收、装备开发、再生产品研发和应用等方面开展全方位的资源化利用工作；力争构建"政产学研用"一体化的协同创新平台；形成建筑固废资源化利用的产业链；推动我国建筑固废的资源化利用；促进全国高等院校、科研院所和企业在建筑固废领域的全面合作和共同发展。

建筑固废专业委员会成功开展了多次国内外学术交流活动，召开了第五届中国国际固废处理与生态材料学术交流会。此外，委员会还组织代表团参加韩国建筑固废学会主办的"从废弃物到建筑材料的可持续发展"国际会议，并组团参加 2016 全国建筑垃圾资源化利用工艺技术及装备研讨会，产生了广泛的影响。

5. 中国砂石协会再生骨料分会

2015 年 7 月 22 日，中国砂石协会再生骨料分会成立，其宗旨是为再生骨料行业服务，在政府与企业之间起桥梁和纽带作用，维护企业合法权益，协助政府维护市场公平竞争秩序，进行行业管理，促进我国再生骨料事业的发展。中国砂石协会再生骨料分会的主要工作有：①再生骨料行业调查、技术交流；②帮助企业尽快掌握再生骨料发展的新技术、加强行业间合作；③提高企业竞争力、促进政府与企业沟通；④促进再生骨料产业的发展，积极开展海内外同行的联系与交流；⑤帮助企业开拓市场、组织编辑出版再生骨料分会刊物等相关资料等。

2.3　建筑固废资源化面临问题及发展原则

2.3.1　建筑固废资源化难题

虽然我国建筑固废资源化正逐渐被关注，但资源化水平与发达国家还有较大差距，主要体现在以下几个方面。

1. 认知问题

随着中国城镇化发展的迅速推进，大规模的拆除和建造活动产生了数量庞大的建筑固废，尽管建筑固废的处理问题已经引起相关政府管理部门、科研人员的注意，但总体而言，社会各界对建筑固废及其资源化的认知程度还不够。

建筑固废是城市建设和发展改造过程中产生的伴生物，充分认识和解决好建筑固废与城市发展的关系，可以避免、减少建筑固废的产生和加强循环利用，将建筑变成建材的银行，延长城市建设和运行周期，如果解决不好，则会减少城市发展空间，缩短城市可持续建设的时间，限制城市发展。就建筑固废产生的必然性而言，这是人类可持续发展和对物质生活无止境追求与有限的工程寿命及地理资源环境之间难以调和的矛盾。在有限的工程寿命及地理资源环境下，要追求符合当代人需求的生活条件就必然要不断改旧建新。由此，建筑固废的产生是不可避免的，只是产生得多与少、慢与快、能否循环利用的问题。从建筑固废在工程建设全寿命期的位置关注度来看，过去，人们只关心工程的建设，从建筑物的"出生"到建成维护，都进行了大量的研究和规定，而建筑物的"死亡"却研究较少，随意性很强，且对建筑物"死亡"后形成的建筑固废的出路考虑也不多，执行上更是任其自然。最后就建筑固废的理念而言，人们以往只关注产生的建筑固废及其对环境的影响和危害，却很少关注建筑固废是如何产生的，并没有意识到建筑固废也是一种资源，可以进行资源化利用。

从政府管理观念来看，缺乏正确的认识，即建筑固废的管理不仅是环境卫生部门的事，而是所有行政管理部门的事。建筑固废处理是城镇化发展过程中不能回避的问题，和道路、给排水、生活垃圾一样是城市基础建设的重要组成部分，是保证城市正常运行和健康发展的物质基础，而建筑固废资源化处理是城市发展到一定阶段必须利用的技术途径。解决好建筑固废的问题，对改善城市人居生态环境，增强城市综合承载能力，推动城市节能减排，促进城市可持续发展都有重要作用，不是临时的措施，而是新常态事务。

从处理途径来看，建筑固废的处理有多种途径。过去，由于认识不到位、准备不足、缺少规划和建设，当建筑固废堆积成灾时，多地应对很不得力，处理仍局限于传统的堆放或填埋，只要有地方能填，就放任去填，不管是湖泊还是沟壑，甚至就地填埋，带来诸多环境问题，而建筑固废资源化利用是最科学的处理方式。国内外的实践证明，建筑固废能变废为宝，资源化利用一举多得，是旧城改造和新城镇建设环境和资源的需要，但是过度地强调资源化的功能，并认为其完全可以市场化，将建筑固废资源化定为投资项目，提出很高的土地投资强度，致使处置企业高达几个亿的投资回收无期，多数不能持续发展。而为了生存，有些企业不得不追求高产值的产品，对建筑固废原料挑剔，处理量很小，失去了大量处理建筑固废的功能。失去了企业的处理能力，建筑固废资源化问题也无法得到解决。

从设计单位来看，设计人员在新建筑设计或老建筑改造设计时，往往缺乏对后期建筑固废产生和处理的考量，容易导致建筑固废量大、回收再利用困难。例如，对于新建建筑，设计人员大多仅考虑使用阶段建筑的性能，对建筑拆除以及拆除后的环节并未进行考虑，导致部分建筑拆除困难，无法回收有用构件，只能采取爆破的方式拆除。对于老建筑改造，盲目地对旧构件进行破坏，而非从材料、构件的再次使用方面考虑，直接增加了建筑固废产生量。事实上，设计单位作为建筑产业链的前端，对建筑固废的避免、减量和再利用最为有效，且成本也较低。日本明确要求建筑师在设计时要考虑建筑在 50 年或者 100 年后拆除的回收效率，建造者在建造时采用可回收的建材和方法，在设计中就考虑并争取建造"零排放"。在丹麦，已把建筑信息模型(building information modeling, BIM)技术应用于建筑固废的减量和再利用方面。

从建设方来看，建设方也很少考虑建筑固废的问题，缺少对工程项目绿色设计的要求。此外，对原设计方案的改动及"三边"工程均能造成大量不必要的建筑固废产生。从施工方来看，在建造过程中，施工便捷性成为主要考虑因素，没有多考虑施工产生的建筑固废部分，施工方式粗放，也产生不必要的建筑固废。对于施工产生的建筑固废，没有做好现场分类，大量建筑固废混合在一起，直接增加建筑固废资源化利用的难度和成本，降低再生产品的质量。

从城市居民来看，他们对建筑固废资源化和再生产品认识不够，对建筑固废堆放处理的危害缺少直观的感受，对再生产品的使用性能和安全性能持怀疑态度，也阻碍了建筑固废资源化产业的发展。

2. 技术问题

我国对建筑固废处理和再生利用技术研究起步较晚，投入的人力、物力不足，虽然有一定的成果，但缺乏新技术、新工艺的开发能力，且相对国外的设备仍旧不足[6]。科研机构和企业在市场选择原料时，建筑固废原料往往是干净和可控的，但在一个地区担负全面处理建筑固废时，特别是特许经营的企业，政府会把地区所有建筑固废都交由该企业处理，其原料的复杂性往往超出设计预期。相较于天然资源，建筑固废具有来源多变、成分复杂、数量不稳定等特点，且混有金属、木材、塑料、纺织品、土等，甚至还混有生活垃圾。建筑固废形状、尺寸变化很大，大到整个楼板，小到碎砖头，原料破碎强度高低也不一样。当前的建筑固废资源化利用的固定式处理设备绝大部分是在原先的砂石生产设备增加部分功能(如磁选、风选等)改进而来的，其处理能力有限。我国尚未能实行建筑固废的源头分类，因此处置工艺和设备必须考虑原料的分类分选、破碎机型、入料与破碎、出料与传输、钢筋与轻物质分离等问题。这些问题尚未能彻底解决，杂物分离十分困难，仅在初级破碎入口就经常发生堵塞，造成生产不畅，很多生产线不得不进行二次改造[7]。

目前，全国资源化处置建筑固废的企业经营普遍存在困难，究其原因，主要是建筑固废原料复杂和工艺不够成熟稳定。这方面的关键是开发建筑固废的分类技术与装备，解决在施工现场分类问题。分类问题严重制约了建筑固废的加工成本，有管理问题，也有技术问题。受能力范围的限制，资源化处置企业往往自行分类，这不是最好的办法，其效率和效果远不如源头分类。与此同时，研究低成本加工技术要与再生产品应用量结合起来，应用量大的产品才有可能降低成本，还要与现场就地回用结合起来，减少运输和装卸成本。

现有建筑固废资源化处置是照搬机制砂石的加工工艺与装备，实践中发现存在很多适应性问题，主要原因在于原料的差异。天然原料规格、尺寸、成分、硬度基本一致，无金属、木料等杂质，一般是先破后筛，三级破碎，而建筑固废要复杂得多，且原料常以砖为主。从国外和国内实践看，破碎层级也宜少不宜多。建筑固废强度比天然原料相对低，易破碎，同时也易产生粉尘，破碎层级越多，粉尘越多。另外，机制砂石中用于硬质原料加工的圆锥破碎机及用于整形和制砂的冲击式破碎机更不宜在一般再生骨料加工工艺中选用，能耗大、粉尘多，效果并不好。

从现有技术的分析来看，也存在诸多需要解决的问题，如再生混凝土制品技术，原料主要以砖骨料为主，生产的再生产品有再生普通砖、装饰砖、透水砖、再生广场砖、再生路缘石、再生挡土砌块、再生护坡砌块、再生连锁砌块等，存在的问题主要有消耗建筑固废量小，附加值不高，中小企业偏多。要实现建筑固废的资源化，必须从提高建筑固废的基础技术研究、标准体系建设、减量和分选水平、处理能力(包括工艺和装备)、再生骨料的低成本、高品质及稳定性、全面再生产品的开发及适用的应用技术等环节入手，提高产业的技术水平。因此，研究建筑固废资源化技术是人类保护地球家园的需要，也同时给广大科技工作者和致力于建筑固废资源化行业的同行提供了一个难得的机遇和广阔的创新舞台，可以大有可为。

3. 管理问题

目前，我国还没有形成切实有效的指导意见或者实施细则用于指导城市建筑固废资源化利用。省级行政区中只有 13 个具有建筑固废资源化的管理办法或规定，而且还有相当一部分规定是宏观的、原则性的，可执行性不强。作为建筑固废资源化实施主体的地级行政区虽然有一半对建筑固废资源化建立了规章制度，但是能够推动本区域建筑固废资源化发展的不多。主要存在的问题有以下几个方面。

(1)缺乏统一管理。建筑固废的处理和利用是一个系统工程,涉及产生、运输、处理、再利用各个层面,涉及地方住建、城管、市容、环保、工信、发改委、交通、公安、国土等多个行政管理部门。只有所有的环节统一管理、协同配合、有效联动,才能形成一个闭合的建筑固废处理链,真正实现建筑固废的资源化利用,目前这些链节间实际是孤立和碎片化的。按《城市建筑垃圾管理规定》,城市人民政府市容环境卫生主管部门负责本行政区域内建筑固废的管理工作,但这只是建筑固废产生后的管理。实际上,从整个社会层面讲,实现建筑固废的减量化、资源化、产业化,需政府、建设单位、设计单位、施工单位、研发单位和社会公众共同发力,涵盖建筑固废资源化全过程中的源头控制、产生、运输、再生处置和推广应用等各个阶段。要在建设项目立项决策、设计、施工、验收、运营和拆除等阶段加以控制。在资源化的过程中,运输阶段管理的内容需有其他如城管、交通、公安、路政、环保等部门的配合。对于再生处置阶段,主要由工业和信息化部、发改委等部门进行管理,推广应用仍需住房和城乡建设部门发挥作用。因此,单一的市容环境卫生主管部门很难高效地推动建筑固废的减量化和资源化发展。

(2)缺乏源头减排约束机制。多数发达国家均实行"建筑固废源头消减策略",效果显著,而我国在项目设计时无建筑固废资源化处理预算,产生的建筑固废无资源化处置费用,设计单位、建设单位、施工单位根据成本最低原则,不愿选择对建筑固废采取资源化利用的处置方式。发改委等部门在审批建设项目立项时,未提出建筑固废减排与综合利用处置方面的要求。建设行政主管部门在建设项目招投标文件中未对建筑固废减排与综合利用提出明确要求。城市规划和建筑设计缺乏远见,导致很多建筑还没到使用寿命就被拆除重建。拆除管理空白、方式粗放,产生者负责机制尚未建立。谁产生谁负责,既是政策规定,也是社会共识,但如何落实产生者负责是亟待解决的管理问题。

(3)法律法规亟待完善。虽然我国法律鼓励公民、法人和其他组织使用有利于保护环境的产品和再生产品,在一些部门和地方也将符合标准的再生产品列入绿色建材推荐目录和政府绿色采购目录,要求使用财政资金的建设项目优先使用建筑固废再生产品,但由于缺少具体措施,没有具体比例,强制性不够,这些要求只成为号召。如何采取相应的程序和办法,使其成为必须执行的条例,如何在设计、竣工验收环节强化落实,如何建立和实施建筑固废再生产品标识制度并落实再生产品推广使用机制,是深入开展建筑固废资源化利用的紧迫问题。

(4)欠缺统计数据。目前,我国有关建筑固废的种类、产生量、流向、储存、处置等的相关数据都是按建筑工程估算和限于局部调查得出的,很不准确。工业和信息化部及住房和城乡建设部进行的几次行政隶属部门的调查统计也缺少代表性，因为过去根本没有关于建筑固废统计体系，并缺少工程项目的基础支撑数据。由于缺少准确的数据，难以做出正确的判断和决策。如何建立从工程项目到地方政府、中央政府的三级或四级统计制度体系，也是我国建筑固废资源化利用产业需要解决的管理问题之一。此外，关于建筑固废资源化在主管行政部门及其系统的监管和考核体系还未建立，未与现行各种有关城市的名誉和荣誉授予挂钩。

　　规范、严格、完备的法律体系是建筑固废资源化管理有序开展的保障，然而就我国现有的法律体系而言，仍存在以下问题：一是立法规定过于抽象，缺乏可操作性。随着《中华人民共和国清洁生产促进法》《中华人民共和国循环经济促进法》的发布，"环境预防"的思想已在我国立法中初步确立，但这些立法中的规定较为概念化，可执行程度不高，甚至缺少责任条款的明确。例如，我国 2023 年实施的《中华人民共和国清洁生产促进法》第 38 条虽规定了违反国家标准使用建筑和装修材料的法律责任，但未明确责任的具体实现形式，使得追究责任时法律依据不清晰。二是专门性立法尚待确立。建筑固废作为我国城市单一品种排放数量最大最集中的固体废物，规范建筑固废的减排与回收利用行为需要针对性强的法律法规，但是我国尚未制定一部能够全面指导建筑行业清洁生产以及建筑固废综合循环、回收利用、无害化处置等各个环节工作的专门性法律。《城市建筑垃圾管理规定》作为我国仅有的一部关于建筑固废的部门规章，效力层级偏低，发挥作用有限。三是配套法规的实施细则缺少。我国的《中华人民共和国循环经济促进法》《中华人民共和国清洁生产促进法》中的规定多为授权性规定，在没有相关配套法规和实施细则的保障实施下，法律对建筑固废循环利用的规范也难以真正发挥效用[8]。

　　此外，我国发展建筑固废资源化发展的道路必须要在政府支持和鼓励下才能顺利进行。虽然我国在建筑固废资源化方面发布了一些相关政策和制度，但由于上述管理问题的存在及具体操作流程和标准并不完善，各种优惠鼓励政策并未落实。例如，财政部、国家税务总局"关于印发《资源综合利用产品和劳务增值税优惠目录》的通知"中规定了相应条件及优惠政策，但由于没有制定可操作的办法或指南，再生产品的产品原料百分比在实际操作中难以界定，原料没有发票难以抵扣，很多资源化企业并未享受得到。政府的专项补贴不落实（关键是产生者负责制不落实，收费制度未建立）、信贷优惠力度不够，使得企业发展陷入困境。针对以上问题，要促进我国的建筑固废资源化发展，进一步打开再生产品的市场。

2.3.2　建筑固废资源化二次污染控制

　　建筑固废资源化利用这一举措可以在很大程度上解决建筑固废带来的环境

问题，是对"绿水青山就是金山银山"理念的努力践行，对建设环境友好型社会和资源节约型社会都有重要意义。然而，建筑固废转化为可利用资源，需要经过专业化的工艺加工才能实现，且建筑固废的堆放、储存、运输、加工等过程都有可能会产生二次污染。二次污染是指原污染物在物理、化学等作用下，原有性质发生改变，产生的新污染。二次污染在减少环境负荷上起到了相反的作用，与建筑固废资源化的初衷也南辕北辙。因此，尽可能减少建筑固废回收利用时产生的二次污染，不仅对保护环境具有重要意义，还能使资源化效益最大化，在很大程度上能够激发社会对建筑固废资源化的关注，推动建筑固废资源化的迅速发展。

1. 二次污染产生的原因

建筑固废资源化过程产生二次污染的原因有很多[9]，可以从环保意识，技术、设备和管理方式，资源化方式三个方面加以考虑。

（1）建筑固废资源化环保意识落后。建筑固废资源化在我国起步较晚，属于推广阶段，国内部分小企业对建筑固废资源化的关注主要集中在利用率上，忽视了资源化过程中可能会产生二次污染。事实上，建筑固废实现资源化过程中，各环节都可能产生二次污染，如建筑固废处理前的堆放，时间过长可能会由于物理、化学作用，产生新的污染物；建筑固废运输过程产生的污染排放；加工建筑固废产生新的粉尘、噪声等。

（2）技术、设备和管理方式的差异。技术、设备和管理方式对建筑固废资源化有着重要的影响，直接决定着资源化过程中二次污染的产生。

（3）资源化方式的选择不当。建筑固废包含废弃的混凝土、砖瓦、土、钢筋、木材、玻璃等多种建材，这些建筑固废资源化的途径并不是唯一的。废弃混凝土、砖瓦可以经过简单破碎直接作为道路的填埋材料，也可以制备成再生骨料，但需要经过清洗、除杂、多次破碎等环节。回收利用的目标产品决定着资源化工艺的复杂程度，也必然影响加工过程带来的二次污染的排放。回收利用得到产品的品级越高，往往需要经过更多次加工，带来的二次污染也必然更多。若资源化的方式选择不当，片面追求再利用产品的等级，将会带来更多的二次污染。

2. 控制措施

针对建筑固废资源化二次污染产生的主要原因，可以从提高环保意识、建立生命周期评价方法、合理选择资源化方式以及改善技术管理方式等角度对二次污染问题加以控制。

（1）提高建筑固废资源化过程的环保意识。减少建筑固废资源化过程的二次污染，必须从提高相关企业、人员的环保意识入手，使相关企业、人员从思想上认识到控制二次污染的重要性，并且在建筑固废回收利用过程中，对可能产生二次污染的环节进行评估。只有从思想意识方面对环境保护有了充分的认识，才能在工作中渗透环保理念，从而对建筑固废回收利用过程的各个环节进行改善，有效减少二次污染。

(2) 建立生命周期评价方法。从意图来看，建筑固废资源化主要是为了减少建筑固废带来的环境污染，实现资源的再利用。因此，建筑固废资源化必然涉及二次污染和资源回收的利益关系，且应当考虑到再生产品的环境效益。控制二次污染，必须对建筑固废资源化过程进行科学的评价，考察资源化取得的环境效益。对于资源化得到的产品，应从生命周期的角度出发，追溯原料获取、运输、加工等各环节，分析产生的二次污染。通过生命周期的评价方法，不仅能得到产品最终的环境效益，而且有利于发现各环节中二次污染控制的重点，寻求改善途径。

(3) 合理选择资源化方式。合理选择建筑固废资源化方式是建立在对产品的环境负荷与取得的环境效益权衡基础上。例如，为了改善再生骨料的性能，可以通过碳化处理、热加工、水玻璃溶液浸泡等多种手段对再生骨料进行处理。其中，热加工处理虽然能有效改善再生骨料性能，但能耗过大，产生了较多的二次污染，而相比热加工处理，碳化处理不仅可以改善骨料性能，而且具有固碳作用，具有较高的环境价值[10]。

(4) 革新技术、设备，改善管理方式。我国对建筑固废资源化的技术、设备等方面的研究还不充分，因此，需在引进国外有关先进技术、设备的同时，立足我国国情，不断开拓创新，开展技术设备的研究，尽可能地减少二次污染。此外，也要注重建筑固废管理上的改善，对建筑固废源头收集、运输、加工等环节进行科学的管理，建立全局统筹、顺应发展、协调配合的动态体系，从管理上保证二次污染控制。

2.3.3　建筑固废资源化发展原则

建筑固废资源化主要内容是将建筑固废通过技术加工，重新制备为可再利用的材料，属于循环经济发展的重要内容之一。循环经济发展的本质是一种生态经济，它要求经济发展遵循生态规律，合理利用自然资源，禁止破坏环境，达到物质的不断循环利用，最终使经济发展系统和谐地融入生态系统的物质循环过程中，形成"资源—产品—再生资源"组成的闭环反馈式经济发展系统。建筑固废资源化的发展逻辑就是先从源头限制建筑固废的产生量，然后对产生的建筑固废进行资源化处置，生产再生制品投入工程领域使用。建筑固废资源化发展原则如表 2.3 所示。

表 2.3　建筑固废资源化发展原则

发展原则	主要内容
坚持政府引导/主导原则	法律法规、规章制度、规范以及标准
市场资源配置	"无形之手"
坚持规模发展	鼓励、扶持规模化，多渠道、多途径等综合利用，形成产业链
坚持因地制宜原则	根据地区行业资源的差异性、特殊性，采用切合实际的技术、模式、分类有序推进
坚持技术促进原则	加快引进、研制、开发出新技术、先进工艺设备，提高利用效率，源头控制，防止二次污染
减量化、资源化、无害化原则	《中华人民共和国固体废物污染环境防治法》确立的我国固体废物污染防治法的"三化"原则
3R1H 原则	1992 年，联合国环境与发展大会在巴西的里约热内卢举行，此次会议首次提出了 3R1H 这一开创性的概念

建筑固废资源化作为循环经济的重要组成部分，发展趋势就是在更高水平上遵循循环经济的"减量化、再利用、再循环、无害化"原则，即"3R1H"原则[11]。

1. 减量化原则——加强建筑固废源头削减

它是指在经济活动过程中，做到从源头控制和减少进入生产和消费流程的建筑固废产生量，属于输入端控制，重点是要求节约资源、减少废物排放。强调在原料和能源输入端，控制不可再生资源和对环境有害的资源的输入量，目的是对建筑固废产生的环境问题进行前端预防而不是末端治理。

2. 再利用原则——提高建材重复利用率

它是一种过程性控制方法，是指产品在使用过程中，能够尽量延长其使用寿命，做到初始形式的多次重复利用。建筑产品在设计过程中注意遵循再利用原则，避免设计成一次性用品，应当设计成可重复使用的产品，防止其过早成为废物，产品和包装的设计都应该遵循再利用原则。使用寿命长的建筑产品应该鼓励投入市场，而使用次数少、使用寿命短的建筑产品应该限制使用。

我国建筑固废资源化要实现源头削减，必须实现以下几点：建立建筑物生命周期管理、建立建筑固废排放检测和评估指标、完善相关法律法规。首先，对于建筑物建立生命周期的管理模式，从建筑物的整个生命周期出发，充分考虑建筑结构设计、施工、拆除、回收等各个阶段之间的联系，改变以往建材—建筑物—建筑固废的直线型模式，形成建材—建筑物—建筑再生资源可实现循环经济的建筑物生产管理模式。根据生命周期管理要求，从设计之初就应当考虑建筑固废的回收利用问题，通过设计降低建筑物的资源消耗，减少不可再利用的建材使用，并考虑到后续建筑物施工、拆除等过程中建筑固废的回收问题；在后续施工、拆除等各个环节制定合理的方案，尽可能地减少建筑固废的产生；同时加强各环节的管理，保证施工质量，提高建筑物的耐久性，降低建筑物的维修费用，从而达到建筑固废减量化的目的。其次，有必要建立建筑固废排放评估指标，对相关企业建立考核制度，强化地方政府的管理责任。对于建立的建筑固废排放评估指标，一方面应反映对建筑固废排放总量的控制，另一方面还应体现出对实现建筑固废再利用、再循环的鼓励。政府部门和相关科研机构应牵头研究并制定建筑固废排放评估方法规范，以科学有效的方式加强对建筑固废排放量的控制，同时促进建筑固废的再生利用。最后，任何管理模式和手段都需要相关的法律法规进行约束和规范，才能保证其长久实施，建筑固废要实现减量化，必须尽快完善、修订相关法规。例如，从源头上规定建筑固废必须进行分类和存放，禁止填埋可利用的建筑固废；对超量排放建筑固废的企业进行处罚；明确各方在建筑固废减量化中的责任等。

要想实现建筑固废资源化率的提高，必须进一步提高建材直接或者间接重复利用的能力。建筑在达到使用寿命后，往往部分构件或者材料还具备可以继续使用的性能，可以进行再次或者多次使用。例如，砖混结构拆除的砖头、砌块、木材等都是可以重新使用的。装配式建筑的部分梁、柱、板等构件可以完全拆卸下来，评估其损伤性能和再使用性能，根据需要纳入新建建筑使用。再利用原则要求在处理建筑固废过程中，注重这些材料、构件的重复利用，而不是作为建筑固废直接处理。提高建材重复利用率，必须注意以下两方面内容。

从生命周期的管理来看，设计人员首先考虑到建材的可重复使用，一方面，需要从待拆除建筑结构中寻找可直接再利用的材料或构件。这需要对材料或构件的损伤和使用情况进行评估，以便于应用在其他待建工程中。另一方面，对于新结构，要求设计人员将容易破损的部位与一般部位加以区别，并优先选择日后可再利用的材料、构件，设计易于拆卸替换的连接形式。再利用的材料、构件的获取与结构的拆除过程息息相关，拆除不恰当或者拆除过程过于烦琐，都将产生直接影响，应选用利于材料、构件再使用的拆除方式，保证材料或者构件在拆除后仍具有适用性。一般的爆破拆除不可取，这会使有用的资源受到破坏，同时各种建筑固废碎片混合在一起，分类处理难度大。

3. 再循环原则——推动建筑固废再生产品的技术研发和推广

为实现再利用和资源化的目标，在产品达到其使用期限之后应当重新回收再利用，将其转化成可以利用的资源，而不是作为不可回收的废物排放到大自然。遵循再循环原则，也就是采取输出端控制方法。在再循环过程中，通常将它分为两种形式：一是原级再循环，是指废物在再利用过程中生产成统一类型的新产品，如利用废弃混凝土生产的再生骨料等；二是次级再循环，是指废物不能做到原级再循环的，可以将其转化为其他产品生产过程中需要的原料。

　　虽然国内具备一定的能够将建筑固废转化为再生产品的能力，但存在转化能力有限、技术不够成熟、法律法规不够完善、产品市场较小等诸多问题。实现建筑固废再循环，未来必须加大对再生产品的技术研发和推广，包括建筑固废的收集、运输、再加工的成本和技术，企业运营模式探索，建筑固废再生产品推广和产品规模化等。从经济的角度看，如果当地建筑固废处理、填埋费用低于建筑固废运往建筑固废处理厂的运输费用，建筑原材料的价格低于再生材料价格，对建筑固废再生产企业来说，根本无利可图，但建筑固废的循环利用和资源化带来的公众或者社会效益是巨大的。因此，实施建筑固废资源化一般需要政府介入，为建筑固废收集、运输企业制定相应的减免税收、补贴等政策性的扶持。一方面，政府可以邀请行业内企业、主管部门、消费者和环境组织的代表参与政策制定，灵活使用税收杠杆，除"谁污染谁付费"外，可以根据废物的种类和数量实施"差别税率"，减少建筑固废的最终处理量，从而促进废物的回收再利用。另一方面，政府部门应当与相关高校和科研单位一起，以企业为主体研发技术、解决难题，提高建筑固废的资源化技术。

4. 无害化原则——确保建筑固废资源化运营基础

　　虽然在上述三个原则的基础上，物质循环过程中产生的负面影响会大大降低，但是不可能做到完美的循环，环境污染的罪魁祸首就是排放到自然生态中的各种废物。因此，无害化原则就成为改善环境问题的必要原则，对于最终无法循环的物质，必须做无害化处理，它也是一种末端治理控制方法。我国的建筑固废资源化起步较晚，仍属于发展阶段，存在的问题也较为突出。结合发达国家的成熟经验以及循环经济的发展理念，我国在推进建筑固废资源化发展的进程中，必须坚持"3R1H"原则。根据"3R1H"原则，逐步完善对建筑固废的管理制度，使建筑固废资源化朝着高效、科学的方向发展。

　　循环经济倡导经济发展必须在生态允许的范围内运行，这就要求应当实现经济活动对生态系统的无害化。建筑固废资源化的初衷是实现资源的循环利用，降低建筑固废堆积对人类社会和环境的不利影响。在建筑固废处理的过程中必须尽可能地降低对环境的危害，控制二次污染。在资源化处理过程中实现无害化是建筑固废资源化运营的基础。实现无害化主要包括两方面内容：①就已有技术条件来看，建筑固废中必然存在无法进行无害化处理或者再循环使用代价过大的物质，这些组成物质必须与可以回收利用的物质加以区分，使其不再进入资源化过程，并通过其他合理方式进行处理，从而避免资源化过程中带来不必要的污染；②必须对建筑固废处理的全过程进行管控，在建筑固废回收、生产、流通、消费、废弃、处置等各环节的过程中都应确保无害。

2.4　国内典型城市建筑固废资源化回顾

随着我国对建筑固废资源化的逐渐重视，在各地政府的积极支持下，部分地区已经建立相关建筑固废处理厂，并开始探索适合我国国情的建筑固废资源化道路。本节选取北京、邯郸、常州三个城市，对其建筑固废资源化现状进行介绍。这些城市结合当地的建筑固废处置现状，建立了有利于建筑固废资源化的管理制度，具有一定的典型性，可供参考。

2.4.1　北京市建筑固废资源化现状

北京是我国首都、国际城市和历史名城，是全国政治、文化、国际交往、科技创新中心。伴随着近年来大力发展经济，加快世界城市建设步伐，以构建和谐社会、建设宜居城市为目标，管理者需要在更高层次、更高标准、更高水平上谋划和推动城市规划、建设、运营、管理、服务等方面的发展。近年来，随着北京市人口的急剧膨胀，新建建筑和旧城改造相互实施，每年排放的建筑固废约4000万 t，一直高居全国各城市建筑固废排放量前列。科学处置城市建筑固废成为北京市各级政府和主管部门面临的重要课题。

近年来，通过不断健全法规政策，进一步完善管理措施，北京市建筑固废管理的科学化、规范化和制度化有了一定的提高，建筑固废的管理工作取得了一定的成绩，但是随着北京城市化进程的加快、中国特色世界城市的建设、社会对城市环境要求的提高，北京市建筑固废管理工作还面临新的机遇和挑战。北京市建筑固废分类、回收和资源化率较低，主要原因除对建筑固废环境危害认识不足、技术不完善、人才队伍匮乏外，运输成本高、政策宣传不够、管理与执法混乱等也导致北京市建筑固废资源化发展遇到很大阻碍。

为加强建筑固废管理和资源化利用，2014年以来，北京市相继颁布了《关于全面推进建筑垃圾综合管理循环利用工作的意见》《关于转发市住房城乡建设委等部门绿色建筑行动实施方案的通知》《关于调整本市非居民垃圾处理收费有关事项的通知》等政策文件，着力加大对建筑固废资源化的推广力度。

在这些管理法规中，重点是关于建筑固废的源头分类、运输定位和产品标识的监管、信息平台的建设，以及资金、税收的政策优惠支持等。北京市《"绿色北京"行动计划(2010—2012 年)》[12]在废弃资源化利用的工程中明确指出,要完善废旧资源分类收集体系,对垃圾分类标准需做进一步细化及规范,以增强对资源化利用的引导力度;对密闭式清洁站垃圾分类配套设施予以建设、改造。同时,发布再生资源分拣中心的规划方案,引导资源化利用市场改造升级,扶持发展专业化垃圾分类运输队伍。

经过长期的发展,北京市在建筑固废综合管理上取得了很大的成功,并获得了很多经验,可以总结为四个特点。

(1)源头治理,规范施工现场渣土车清运管理。施工现场渣土运输车辆使用的管理主要由北京市住房和城乡建设委员会负责,并明确了几项具体措施:一是要求建设单位要对所管项目的渣土运输工作负总责,施工总承包单位和分包单位要加强施工现场管理;二是要求施工现场安装视频监控系统,利用远程视频监控系统开展非现场执法检查工作;三是加大对扬尘治理违法违规行为的处罚力度。

(2)科技保障,更新改造运输车辆实现全程监控。针对建筑固废运输车辆具有昼伏夜出、点多面广的管理难点,管理部门决定从改车入手,对车辆进行监控,包括运行路线轨迹、倾倒地点定位。

(3)联合执法,齐心合力杜绝管理漏洞。从 2014 年 7 月 1 日开始,北京市市政市容管理委员会、市住房和城乡建设委员会、市交通运输局、市环境保护局、市公安交通管理局、市城市管理综合行政执法局等相关部门轮流牵头,成立联合执法督导组,开展了为期一年的"每周行动日"专项行动。各部门依据行政许可互相配合,共享信息,杜绝了管理交叉中的漏洞,实现全环节无缝隙的管理目标。

(4)社会参与。企业、协会成为治理中坚力量,融合地方政府、行业协会和参与企业三方力量,从规范市场入手,赢得行业认可和企业支持是北京市建筑固废综合管理的成功经验。

首钢建筑固废资源化再利用项目是北京市建筑固废资源化项目的典型案例,如图 2.4 所示[13]。2014 年,首钢项目建成并投入运营,成为北京市首个落地的建筑固废资源化处理项目。首钢自行研发并集成创新式建筑固废资源化处理完整的工艺技术,实现了石景山区及周边城区建筑固废的就地拆除、就地处理、就地利用一体化处理方案,并且成功开创了首钢集团建筑固废资源化处理的"闭路循环"模式,从而充分发挥了北京市重点园区重点项目的示范作用。项目设计年处理建筑固废 100 万 t,每年生产各类再生骨料 80 余万 t。项目生产研发的建筑固废再生骨料、再生路基混合料经中国工程建设标准化协会绿色建筑节能推荐产品专家委员会审定、评定,被授予"绿色建筑节能推荐产品证书",在工程建设领域推荐使用。

图 2.4　首钢建筑固废资源化再利用项目[13]

2016 年，首钢集团积极践行首钢环境产业发展战略，围绕着保护生态环境总体目标开展工作，成立了建筑固废再生产品市场开发攻坚小组，不断跟踪城市建设，尤其是首钢园区范围内的施工项目。经过近两个月的技术交流、商务谈判以及施工方、监理方严格的资质审核及验厂后，公司主打产品——绿色再生无机混合料成功打入北京市重大基础设施工程——长安街西延道路工程第二标段。在建筑固废资源化发展过程中，北京市在源头减量化、运输规范化、再生产品规模化、管理综合化等方面均有所成效，并积极支持首钢建筑固废资源化项目落地，该项目的成功实践充分发挥了北京市重点园区重点项目的示范作用。总体而言，北京市正逐渐担当起作为一个国际化大城市对建筑固废资源化事业发展的责任。

2.4.2　邯郸市建筑固废资源化现状

邯郸市属河北省省辖市，位于晋冀鲁豫四省交界处，是一座以发展能源、矿产为重点的工业城市。近年来，粉煤灰、煤矸石、冶金渣等工业废渣年均排放量超过 2000 万 t，建筑固废量逐年增加，占用大量土地资源，并造成了严重的环境污染，和国内许多同类型城市一样，邯郸深受建筑固废围城之困。建筑固废不仅在城郊大量堆放，甚至在市区内也随处可见。邯郸市每年产生的 40 万 t 拆迁类建筑固废随意倾倒，成为居民投诉的焦点、领导关注的热点和城市管理的难点。为了解决建筑固废处理难题，政府从实际出发，首先找准矛盾的焦点所在[14]。

此外，邯郸市政府大力扶持民营企业开展建筑固废资源化项目，并加强推广应用。在政府扶持下，邯郸市首家利用建筑固废转化为生态建材的企业——全有生态建材有限公司建成投产，同时它也是当时全国规模最大的建筑固废转化生态建材企业。该公司有制砖生产线 6 条，再生骨料混凝土搅拌站 1 座 2 站，设计年产量 3.6 亿块标准砖，年处理建筑固废 120 多万 t，在全国率先形成减量化、无害化、资源化的生产模式[15]。

全有生态建材有限公司自 2004 年开始，一直致力于建筑固废的循环利用工作，并借鉴国内外的先进经验，开发出新型节能环保墙体材料——建筑固废砖。建筑固废砖是将建筑固废经过两级破碎，再与粉煤灰、水泥等配料按一定比例混合，直接压模成型为各种不同型号的多孔砖、标准砖、混凝土砌块（见图 2.5）。该产品在生产过程中既不需要燃煤加温，也不产生任何污水、烟尘和废气，可达到清洁生产的要求。与黏土实心砖相比，同样生产 1.5 亿块标准砖，使用建筑固废制砖可以减少取土 24 万 m^3，节约耕地 12 万 m^2，同时可以消纳建筑固废 40 万 t，节约堆放占地 10.7 万 m^2，两项合计可节约土地 22.7 万 m^2。此外，生产 1.5 亿块标准砖还可消纳粉煤灰 4 万 t，节约标准煤 1.5 万 t，减少烧砖时排放的二氧化硫 360t。尽管建筑固废制砖价格和黏土实心砖相当，但它的社会和环保效益是黏土实心砖无法比拟的。用建筑固废制砖不仅破解了建筑固废围城的难题，还可以节约大量的土地和资源[16]。

图 2.5　邯郸市建筑固废制标准砖和多孔砖

　　2006 年，国务院发展研究中心来邯郸市调研时指出，邯郸市建筑固废循环利用项目形成了"建筑固废建材化"的新亮点，并总结其特点为"三节""三洁"和"三化"。"三节"即节地、节水、节煤，"三洁"即环境洁、空气洁、生产洁，"三化"即减量化、无害化、资源化。邯郸市建筑固废制砖项目健康运营，在社会上引起了强烈反响，称为"邯砖"经验。2012 年，全有生态建材有限公司建成添加再生粗骨料的混凝土搅拌站，并在 2013 年建成添加再生细骨料的砂浆站。预拌砂浆作为新型绿色建材，在当今甚至未来的建筑施工中将带来更大的经济效益。据测算，每使用 1t 预拌砂浆，可节约水泥 43kg、石灰 34kg、标准煤 9kg、粉煤灰 85kg，减少二氧化碳排放 90kg，减少粉尘排放 7kg[17]。

2.4.3　常州市建筑固废资源化现状

　　常州是江苏省地级市，地处长江之南、太湖之滨，处于长江三角洲中心地带。早在 2015 年，常州市区建筑固废年排放量约为 720 万 t，其中建筑渣土 300 万 t，装修垃圾 50 万 t，拆建垃圾 370 万 t。随着常州市地铁一期工程开工，每年产生了大量隧道开挖土[18]。在过去相当长的时期，常州市每年数百万吨的建筑固废除少数铺垫城市道路外，大部分随意倾倒或者填埋，造成环境污染和社会问题。同时作为长江三角洲经济活跃地区，常州市每年还要依靠江西、湖北等地利用水路供应各类建设用砂石骨料，这样不仅建材长途运输耗费大量人力、财力和能源，还对原料开采地生态造成破坏。

为坚持城市绿色发展理念和解决建筑固废处理问题，常州市出台了《关于加强我市建筑垃圾处理与利用的议案》，常州市城市管理行政执法支队联合城市管理局、住房和城乡建设局等多部门负责对常州市建筑固废处理过程的监管，贯彻"疏堵结合、标本兼治"的工作原则，对建筑固废产生、运输和处置的全过程进行监督管理，如制定建筑固废清运行业准入门槛。目前，常州市区拆建的建筑固废大约 1/3 在建筑固废综合利用厂进行资源化利用，其余部分由项目建设单位寻找消纳场处理。常州市建筑渣土大部分用于建设工程，如道路工程、绿化工程、农田复垦、湿地公园等。建筑渣土的产生方、运输方和用土方由市场调节，基本可实现供需平衡。装修垃圾由于成分复杂、利用途径匮乏，由物业或街道统一负责清运处理。对于拆建建筑固废，常州市政府深刻认识到它是重要的"城市矿产"，并选择武进绿色建筑产业集聚示范区作为建筑固废资源化利用的试点区域。

通过建筑固废资源化发展与武进绿色建筑产业集聚示范区城市改造工作的结合，探索一体化产业链的运营模式，并积极发挥绿建区集聚示范的优势，大力推进材料、工艺、技术和设备的研发和推广，其中围绕"绿色建材""海绵城市"等热点新兴产业开发新型再生建材和原料，探索扩大循环利用途径和提高再生产品附加值的办法。常州市武进区特许经营授权江苏武进绿和环保建材科技有限公司进行建筑固废无害化处理（见图 2.6）。该企业是由住房和城乡建设部（武进）绿色建筑产业集聚示范区按照公私合营的模式建立的国有控股企业，已拥有年处

(a) 再生工厂　　　　　　　　　　(b) 再生制品示范应用——绿博园

图 2.6　常州市武进区建筑固废资源化利用

理 60 万 t 建筑固废的进口移动式破碎筛分设备一套、年处理 100 万 t 建筑固废的固定式分类分级生产线一条、年产 30 万 t 预拌砂浆生产线 1 条、年产 80 万 t 无机混合料生产线 1 条、年产 10 万 m^3 水泥制品生产线 3 条，年处理建筑固废可达 160 万 t，建筑固废资源化率达到 90% 以上。每年可以节约土地资源 25 万 m^2，节约煤 2.7 万 t，减少二氧化碳排放量 1.3 万 t，实现年销售收入 1.8 亿元。自 2015 年 5 月正式投产以来，已处理建筑固废近 50 万 t，生产标准砌块砖 6.25 万 m^3、预拌砂浆 9.4 万 t、水泥稳定碎石 12.5 万 m^3、再生骨料 12.5 万 t。

建筑垃圾再生产品广泛应用于常州及周边城市的市政、交通、园林、水利工程等建设中，形成了良好的社会影响并得到较高的行业评价。江苏省绿色建筑博览园、中国科学院常州绿色科技产业园等成功应用了建筑垃圾再生产品；武进区水利护坡建设中，大量使用生态式水工挡墙砖。《新华日报》《中国环境报》等多家媒体机构先后报道了常州市建筑垃圾资源化利用项目。项目被列为节能、循环经济和资源节约重大项目 2015 年中央预算内投资计划，所创技术获得 2015 年江苏省住建厅科技成果鉴定二等奖，项目被收录到《江苏省尝试创新实践案例集》。

2.5　本　章　小　结

本章介绍了国内外建筑固废资源化发展历史及相关组织，从认知、技术、管理、法律、政策等角度分析了我国现阶段建筑固废资源化存在的问题，强调了资源化过程中要注意控制二次污染的问题，结合循环经济发展的要求，对我国建筑固废资源化发展趋势进行了详细阐述，最后选取了国内典型城市，对各自建筑固废资源化发展现状进行了分析。从本章内容可以看出，在政府、企业以及科研单位等社会多方面力量的推动下，我国新建了一批建筑固废资源化生产企业，成功建设了许多示范性项目，为我国建筑固废资源化和产业化发展打下了基础。但总体而言，我国建筑固废资源化起步较晚，与发达国家存在差距，因此必须结合我国国情，探索出适合我国建筑固废资源化发展的道路。

参 考 文 献

[1] 钜塑环境服务集团. 欧盟、美国、日本等国建筑垃圾技术体系与推广方式分析[EB/OL]. https://www.sohu.com/a/250275727_100186207[2018-08-27].

[2] 周文娟, 陈家珑, 路宏波. 我国建筑垃圾资源化现状及对策[J]. 建筑技术, 2009, 40(8): 741-744.

[3] 张一伟, 王章琼, 石钊, 等. 国内外建筑垃圾资源化利用现状及对策分析[J]. 山西建筑, 2022, 48(16): 173-176, 188.

[4] 谢曦, 滕军力. 日韩建筑废弃物再生利用经验值得借鉴[J]. 建筑砌块与砌块建筑, 2012, (2): 4-6, 45.

[5] 胡道静. 《梦溪笔谈》校证[M]. 上海: 上海古籍出版社, 1987.

[6] 陈茂林. 我国建筑垃圾资源化现状及对策[J]. 经济技术协作信息, 2013, (29): 84.

[7] 陈家珑. 建筑垃圾资源化利用若干问题的再认识[J]. 建设科技, 2015, (7): 58-59.

[8] 范卫国. 建筑废弃物资源化管理: 域外经验与中国路径[J]. 当代经济管理, 2014, 36(10): 92-97.

[9] 朱辉. 浅论资源回收利用中的二次污染及防范措施[J]. 商, 2015, (26): 298.

[10] 史才军, 张家科, 李亚可. 利用二氧化碳强化再生骨料性能的研究[C]//中国硅酸盐学会水泥分会第五届学术年会, 柳州, 2014: 43-44.

[11] 赵亮. 基于循环经济的 3R 理念看我国城市垃圾处理的生命周期管理[J]. 知识经济, 2007, (11): 8, 18.

[12] 前线编委会. "绿色北京" 行动计划(2010—2012 年)[J]. 前线, 2010, (7): 11-20.

[13] 北京首钢资源公司. 首钢万余吨建筑垃圾再生品应用于长安街西延工程[J]. 建材发展导向, 2016, 14(16): 82.

[14] 董燕. 邯郸市新型墙材生产节能潜力探讨[J]. 山东省农业管理干部学院学报, 2013, 30(3): 161-163.

[15] 张红心. 邯郸市实现建筑垃圾 "资源化、建材化" 的几点启示[J]. 砖瓦, 2008, (7): 9-11.

[16] 王景建. 邯郸市建筑垃圾管理与资源化利用[J]. 建设科技, 2014, (1): 13-15.

[17] 任琳娟. 破解建筑垃圾围城的 "邯郸样本" [EB/OL]. https://mhuanbao.bjx.com.cn/mnews/20160224/710648.shtml[2016-02-04].

[18] 刘魁. 一个变废为宝的地方: 记常州武进年处理 160 万吨建筑垃圾资源化利用示范项目[J]. 中国建材, 2015, 64(9): 103-104.

第3章　建筑固废资源化规划及前端环节

本章提出建筑固废资源化规划的概念和意义，主要包括基于区域特色的区域产业规划以及基于产业现状及特点的专项产业规划两方面，着重介绍建筑固废减量化的概念。从建筑的生命周期看，不仅仅是在施工与拆除阶段，上溯至规划和设计阶段也能够通过多项措施实现建筑固废的减量化，从而进一步实现建筑固废资源化的目标，而装配式建筑作为国家大力推行的建筑设计和建造方式，十分契合建筑固废减量化的要求。同时，介绍位于建筑固废资源化利用前端的拆除、运输与堆放过程。新型高效的拆除技术，科学、有序、无二次污染的运输与堆放，能够为后续的建筑固废资源化利用提供更大的便利。最后，对混凝土、废土及废泥浆等建筑固废的资源化利用途径提出建议。

3.1　建筑固废资源化利用规划

3.1.1　资源化规划的重要性

产业规划是整个产业发展的战略性决策,是实现长远发展目标的指导性纲领。产业规划编制的过程就是在产业基础、资源条件、要素条件等多重约束下，确定发展战略，进行目标最优化的过程。产业规划的编制对整个产业的发展意义重大，是推进全产业前进的重要环节，对优化生产力布局、构建现代产业体系、提升行业整体竞争力具有重大意义。

当前，整个建筑资源化行业依然处于新兴阶段。作为资源化过程具体的实施主体，企业虽然有成套的技术，但受制于生产经营中的诸多问题，如建厂的土地规划审批问题、政府配套政策问题、政府在场地周边的规划问题、社会的宣传推广问题等，这就使得企业很难发挥自身的自主性，而企业的发展受限就成为整个行业发展的短板。因此，由政府部门出台完整的资源化产业规划已经迫在眉睫。产业规划要依据建筑固废专项规划进行，是专项规划的组成部分，由于我国绝大多数城市过去没有建筑固废专项规划，少数城市只是在环境卫生规划中简单提及，因此做好建筑固废专项规划是资源化产业规划的前提。而且，成熟的建筑固废处置技术规程的制定和实施为其资源化规划提供了技术建议[1]。

目前，在试点城市中的 6 大任务中，第一项任务就是做好建筑固废专项规划。建筑固废专项规划要紧紧围绕城市发展规划和土地利用核心，并与其同步同时段开展。今后，政府不仅要抓城市建设与发展，也要关注城市建筑固废出路，做好城市发展的"大土方平衡"。

3.1.2 区域产业规划

建筑固废的资源化具有很强的地域性特点，各个地区在废物类别、数量上都不尽相同，甚至在一个城市中，如果不能有效利用各个区域本身的区位优势，就会很大程度上限制区域内的产业发展。区域产业规划应当具备以下内容。

1. 统筹区域产能需求与规模

政府作为建筑固废资源化的主导者，具有先天的统筹管理责任与能力，对区域内产能需求与规模的统筹工作也应是整个规划的重要前提工作之一。基于统计方法粗略估算建筑固废产量的方法有很多，而随着信息技术日新月异的发展，结合高效智能的物联网与云计算，精确统筹区域内建筑固废的种类与数量将不再是难题。

在对产能需求充分统计与预测的基础上，紧接着需要对资源化企业的资源化产能进行相应的评估与预测。只有这样，才可以厘清供给与需求的基本关系，奠定整个行业有序发展的基础。

2. 产业整体布局

当前很多资源化企业面临的问题是：厂区选址并不是经过政府详细规划的，而是哪里有空闲土地就只能去哪里建设。这虽然给资源化企业以暂时的栖身之地，却并不利于它们的发展，如交通运输压力、周边居民环保投诉压力等都限制着企业的发展。与此同时，还应该注意到建筑固废资源化是一个由多个重要环节组成的完整产业链。因此，在进行整个区域的资源化企业空间整体布局时，需要考虑以下因素：

(1)交通区位。建筑固废资源化产业由于技术上的限制，本身就具有较高的成本。如果交通规划不当，运输路线过长，不仅带给企业方很高的运输成本和管理难度，同时也很难控制运输过程中对周边环境产生的二次污染。

(2)生态保护与环境评价。建筑固废资源化的目的就是对资源进行再利用和减少对环境的破坏，不允许在该过程中对环境造成新的污染或潜在污染。尤其需要控制的是生产过程中的噪声、粉尘和废物污染，不仅需要评估生产过程对环境及周边居民的影响，同时也要注重评价资源化企业对难以再生使用的建筑固废的处理方式。

(3)基础设施建设。建筑固废资源化利用产业与其他产业相比，对各类基础设施的依赖性更高，包括城市道路、水电管网在内的其他基础设施的分布是影响整个区域内产业布局的重要因素。

(4)企业分工的优化程度。中国建材市场中资源化产品多以再生砌块和再生骨料为主，与发达国家相比缺少更细化的产品分类。同时在处理过程中，往往是一家企业承担收集、运输、处理、再生、销售多个环节的工作，其专业性往往偏于处理或销售环节，而在收集、运输和初加工等环节的运营管理中存在短板，不能形成全社会参与的专业、高效的资源化途径。在今后的规划中，需要全面统筹发展某区域内产业链中各环节企业的数量，真正实现该区域建筑固废资源化利用全过程的专业化与精细化。

3.1.3　专项产业规划

资源化规划的区域产业规划针对的是区域特色，着眼于区域内的整体统筹。相比之下，资源化规划的专项产业规划则是立足产业当前处境，考虑产业独有的特点所带来的问题，如厘清产业发展次序、产业发展重点方向、产业发展急需解决的关键技术等问题。

1. 厘清产业发展次序，明确当务之急

一个产业的发展不是能够在短时间内一蹴而就的，在资源有限的条件下，针对区域具体情况合理有序发展整个产业显得尤为重要。当前我国大部分地区的建筑固废资源化工作还处在较为初级的阶段，大量未经分拣和预处理的建筑固废只能堆填在建筑固废受纳场，甚至还有建筑固废无处可去只能和生活垃圾混杂堆放的情况，这些问题极大地阻碍了整个产业发展。拆除 $1m^2$ 建筑约产生 1t 的建筑固废，体量巨大。如果不能为几千万吨建筑固废找到出路，整个资源化产业就得不到重视和支持。因此，从规划角度看，实现规模化、解决"量"的问题是建筑固废资源化产业发展的当务之急。有些地区和企业尝试将建筑固废应用于道路工程中，取得了可喜的效果。例如，西安市某环线高速公路建设中将建筑固废应用于临时建筑、地基、路堤、路床、路面、预制构件中，总处置量达 600 万 t；河南省某高速公路二期工程中进行建筑固废填筑桥、涵洞(通道)台背施工，技术应用效果良好，使用建筑固废在 150 万 t 以上。考虑到公路建设中大量需求防渗、防污染、防沉降等措施，且对建材性能需求不高，因此将建筑固废大规模应用于公路工程中是产业发展的一个主要方向。此外，建筑固废再生骨料在海绵城市蓄水层、污水净化和市政填充用混凝土等应用技术方面也大有作为，是可以大量处置建筑固废途径的重要补充。

2. 产业发展关键技术

仅仅将建筑固废大规模应用于低附加值的道路市政工程中并不是长久之计，

可以低成本规模消纳的建筑固废技术是解决整个产业面临困境的重要环节。结合科学技术发展的最新动态，解决更为前沿的产业发展关键技术，才能使整个资源化产业获得源源不断的前进动力。建筑固废资源化成套技术的主要内容包括建筑固废高效破碎技术、轻质物高效分离技术、建筑固废再生骨料高性能优化技术、再生混凝土及其制品生产技术、再生骨料高效利用技术、再生混凝土高效利用技术。除此之外，还有分选装备的制造与应用技术、移动式资源化装备制造技术、高质量和高附加值再生制品的提升技术、适宜再生骨料特点的再利用技术、弃土泥浆再生利用技术、利用大数据互联网进行建筑固废管理和资源化生产控制技术等。

3. 聚集科技研发力量

建筑固废资源化利用涉及多个学科门类，同时很多关键环节都离不开具体的专业设备支撑。在专项产业规划时，应从资源化工作的前半程即拆除、运输、堆放过程入手，逐步提高建筑固废在到达资源化厂前进行分类和预处理的比例，降低资源化厂进行再利用的难度。应能做到针对重点难点的关键技术，统筹各个类别的科技研发力量，包括高校、资源化企业、专业设备企业等，实现研发资源的高效利用以及技术难点的快速突破，为产业发展扫清障碍。

3.1.4 规划保障措施

1. 研究出台相关法律，健全建筑固废管理创新机制

由于建筑固废形成和处理环节比较多、程序比较复杂、市场化程度又不是很高，应当尽快研究出台我国相关法律法规，解决目前行业无专用法规、约束的状态。除立法外，建筑固废资源化的开展还需要创新机制的调节。首先，应将建筑固废回收利用的相关考量嵌入建设项目可行性论证、设计审批、施工许可、施工验收等各个环节；其次，要将有关建筑固废的管理内容纳入合同文件并实行预留金返还制度，待项目竣工验收时，根据建筑固废回收利用的实际情况和有关规定，裁定返还预留金或予以处罚；再次，加快完善建筑固废资源化利用基础性工作，如确立统计渠道、收集相关数据、建立数据库等信息平台，最终实现精细化管控。

2. 完善建筑固废再生建材质量标准体系和准入管理制度

应参照 ISO 14000 国际质量认证体系的标准，尽快建立我国建筑固废再生建材的标准体系，使我国再生建材生产技术与国际接轨，从而获得更广泛消费者的认可。应对投入使用的再生建材建筑进行后续的跟踪和检测，记录再生材料长期应力情况下的徐变、自然气候条件下的抗冻融情况和材料后期放射性等理化性能；

建立数据库用于为产品、技术和标准等升级提供支撑。在完善本国标准体系的基础上，积极参与制定国际标准，实现整体产业与国际接轨、同步。

3. 全方位促进资源化产业发展、形成政策扶持

(1)金融政策。加大对符合要求的企业和项目的信贷支持力度，重点扶持生产线改造、升级；建立财政投入与银行贷款、社会资金的组合使用模式；鼓励符合条件的地方融资平台公司进入产业拓宽再生企业投资融资渠道和社会多渠道建立建筑固废资源化发展基金。

(2)价格政策。对资源化企业实行水、电、气、热等费用评价制度；对资源化产品消费实行价格贴补；加大建筑固废填埋的收费力度，对实施资源化处理的运输、回收进行补贴。

(3)财政政策。将建筑固废资源化列入各级财政预算并逐级递增；增加地方政府对建筑固废资源化管理系统的创建和升级费用。

(4)税费政策。征收环境保护税、生态保护税、原材料税等，对建筑固废再生利用的单位和个人给予一定时期的所得税优惠。

(5)用地政策。减少堆放场用地，并将其提供给资源化企业，实行减免等地价优惠。

(6)其他政策。将建筑固废资源化科目列入环境保护综合名录，简化进入建筑固废资源化行业的程序。

(7)绿色采购。各地政府将建筑固废资源化产品列入政府采购名录，面向政府投资的公共建筑工程、市政工程和国有企业建筑工程实施再生产品示范。

4. 加强对社会大众的宣传教育

社会对建筑固废资源化产品的态度是该产业能否顺利运行推广的关键环节，这主要表现在，在市场经济条件下，社会大众对资源化产品的认可程度直接影响着建材使用者对资源化产品的需求量，而需求量又是决定资源化产业发展的关键环节。对此，政府要加大宣传和教育力度，让社会大众消除对建筑固废资源化产业与产品的畏惧和抵触心理，消除他们对建筑固废资源化产品的误解。在具体操作上，定期进行宣传教育活动，发放宣传材料，普及建筑固废资源化产品和建筑固废危害性知识，或者组织参观建筑固废资源化企业。

5. 强化技术创新

目前，建筑固废资源化技术从实验室到规模化生产仍有很多问题需要解决。技术创新的动力来源于创新能力的培养，因此要通过机制创新和科研体制改革两种途径来实现建筑固废资源化的创新。

（1）机制创新。推行科研单位和资源化企业合作研发，鼓励建筑固废资源化企业的自主技术创新，形成有利于科研成果转化的机制，如将建筑固废资源化技术的发展列入各级政府产业发展和科研攻关计划，以纳入财政预算的方式，增加科技研发资金。可采取两种方案：一种是将政府建筑固废处理技术经费与有研发能力的企业联合开发，联合攻关，有关部门依据双方合作完成的研发成果数量和质量，拨付科研经费，以此达到共同开发新产品、新技术、新工艺，推进科技进步的目的；另一种是政府与大型龙头企业联合成立研究中心，将该中心以政府入股方式归入企业，对中心的公共研发成果实行政府采购制，专利归政府所有并向社会公开。

（2）科研体制改革。推动科研机构企业化发展，支持科研院所、高等院校与企业结成战略联盟，允许科研单位或个人以技术专利权作价入股。打破科研单位、生产企业与高等院校分割的局面，形成专业化联合攻关、搭建以成果的有偿使用为核心的科技研发平台，减少低效重复劳动，提高科技创新能力。

3.1.5　规划实施主体

建筑固废资源化处置是一个系统工程，涵盖产生、运输、处理和再利用各个环节，涉及发展改革、建设、环保、工信、财政等多个部门。由于政策的侧重点不同，资源化政策的导向、力度和控制目标各不一致。因此，只有所有的环节统一管理、协同配合、有效联动、政策支持，才能使建筑固废回收利用形成闭合回路，真正实现建筑固废资源化处置。建议由住房和城乡建设部牵头，成立由国家发展和改革委员会、工业和信息化部、生态环境部、财政部等部委参加的建筑固废资源化组织机构，加强组织领导和统筹协调。各有关部门根据职能分工制定本部委工作计划和配套政策措施，确保完成规划提出的各项目标任务。有关地区要按照规划确定的目标、任务和政策措施，结合当地实际制定具体落实方案，切实抓好组织实施以确保实际效果。

与此同时，应大力发展资源化产业的公私合营（public-private-partnership，PPP）模式。从以往的产业发展情况看，单纯依靠政府的力量或仅凭民营企业自身的影响，很难保证充裕的资金供给和资源化项目的高效运营。一方面，面对诸如建筑固废处理厂这样动辄上千万元的建设投入，政府投入的资金有限，资金往往捉襟见肘，采用民间其他投资方入股方能排解政府的资金难题；另一方面，资源化项目需要专业的处理技术、高效的运营管理，而政府部门对项目管理缺少经验，与私营企业合作则能有效解决这些问题，为项目的如期开展提供保障。

因此，如果把 PPP 模式引入建筑固废资源化产业领域，达成政府与民营企业联手，则能顺利排除产业发展中的一系列障碍，弥补财政资源不足、分担项目风险、提高运行效率，这不失为一个理想的途径。建筑固废资源化事业进入中国较晚，我国政府对于资源化的认识还有待提高，建筑固废资源化作为一项新生的事业，无论是技术研发、产品应用还是行业规范和管理手法，均存在不成熟的因素；民营企业在处理微观经济事务时有其自身优势，它们能够利用自身的优势引入低消费、高效能的技术和产品，同时还具有专业优势，更加熟悉建筑固废资源化产业的发展规律。因此，基于上述两方面考虑，引入 PPP 模式，与国内外有经验的合作者联合，民营企业合作者较为丰富的经营理念、管理经验、有效的技术工艺和资金使用可以为我国建筑固废资源化事业注入新的活力，对整个项目的运行效率和服务质量加以保证，有效弥补政府在公共事业发展中经验不足和缺乏效率的短板。

3.2　建筑固废源头减量

3.2.1　建筑固废减量化定义

从建筑的生命周期出发，探寻建筑固废产生的环节所在，建筑固废产量的源头管控比拆除后资源化处置有显著的经济性。具体来说，建筑固废的减量化就是从用地规划、工程设计、施工管理和材料选用等源头上控制和减少建筑固废的产生量和排放量。简单而言，设计阶段要对结构进行优化设计，降低变更频度，选用建筑固废产量少的设计方案，且应便于将来的维修、改造和拆除。同时推广建筑工业化，扩大使用标准化构件，有利于节约建材原料，可有效减少施工阶段的建筑固废。设计中宜采用绿色、高性能材料，减少材料用量，促进建筑固废再生产品的应用价值。

同时，设计阶段也需要改进施工管理和技术。首先要优化施工组织和管理，将建筑固废减量化与绿色施工要求相结合，编制建筑固废减量化的专项施工组织设计；强化图纸会审和技术交底工作，减少由此导致的施工错误，减少不必要的返工、维修、加固甚至重建工作；提高新工艺采用率，提高施工效率；还需加强建材管理，认真核算施工用料，减少材料余量，对各类施工余料进行统筹再利用。

3.2.2　建筑固废减量化规划

除某些临时使用或重要性不高的建（构）筑物外，现有建筑结构的设计使用年限都达到 50 年甚至 100 年，同时经科学合理的结构鉴定与加固改造可延长其使用寿命。然而在现实生活中，大多数被拆除的建筑都不是因为结构无法继续使用而被迫拆除的。

2007 年，西湖边高达 67m 的浙江大学湖滨校区教学主楼被爆破拆除，这座设计使用年限为 100 年的极其牢固的建筑物仅仅服役了 13 年，被拆原因之一正是影响了西湖景观。为了杭州西湖的申遗工作，杭州拆除了西湖周边 50 多万 m² 违章建筑，搬迁了 2000 多户居民，减少常住人口 7000 余人，恢复 1800 多处自然景观。无独有偶，2016 年武汉大学工学部第一教学楼这栋仅仅服役了十多年的建筑因为相似原因被爆破拆除。毫无疑问，这种不必要的拆除不仅造成各种资源的极大浪费，更无端产生大量建筑固废。

建筑固废的减量化规划实际上是要在规划阶段认识到过早拆除将产生的巨大浪费和巨量建筑固废。从保护耕地、组织交通、功能区划等多个因素入手实现合理的功能布局，在规划时一定要经过科学论证和民主听证环节，尤其是核心风景区周边的规划。同时要保证规划的刚性和严肃性，真正在最源头实现建筑固废的减量化。

3.2.3 建筑固废减量化设计

1. 当前存在的问题

建筑施工各阶段持续不断的建筑固废排放与设计阶段的设计不当有着密切的关系。国外的土木工程从业者较早认识到了这个问题，并相应采取了很多措施。以英国为例，英国皇家建筑师协会在其继续职业发展的材料中指出：降低建造中的材料消耗，同时减少成本和废物产生的最好时机是在整个建造过程的初始阶段，因此促使设计者在设计过程中考虑减少建筑固废的产生很有意义。英国从 20 世纪 90 年代起发布了涉及建筑固废减量化的法律法规，出版了一系列与建筑固废最小化设计相关的指导手册，而且政府及相关组织还建立了网站，为设计者、生产者和开发者提供这方面的最新信息并进行相应的宣传。然而在国内，设计阶段的建筑固废减量化问题尚未得到足够重视，建筑固废的产生通常被认为是由施工阶段的建设不当造成的。在对涉及国内直辖市以及省会城市（包括北京市、上海市、天津市、广州市、成都市和沈阳市等）甲级建筑设计院的 61 位建筑师的问卷调查（见表 3.1）中，针对国内建筑固废减量化设计现状，主要存在以下问题。

（1）认识方面。仍有不少建筑师认为现今我国并没有足够的经济和管理水平来实施建筑固废的减量化设计，并且建筑师缺少这方面的专门培训，无法在设计中系统考虑建筑固废减量化设计。更有少数建筑师认为建筑固废是建造过程中的必然产物，而和设计策略本身无关，同时由于在整个工程中设计改动很大，建筑固废的产生根本无法避免，而且建筑固废减量化设计实施起来较为困难且回报率低。

此外，我国虽然推出了《中华人民共和国固体废物污染环境防治法》《城市固体垃圾处理法》《城市建筑垃圾管理规定》《绿色施工导则》等相关法规，但广大建筑师并不普遍了解。同时在大多数建筑师受过的教育中，并不包含与建筑固废减量化设计相关的课程及设计。可以说，法规政策的推广宣传缺失以及相关基础教育的缺失一定程度上造成了建筑师对建筑固废减量化设计认识的不足。

(2)设计需求方面。甲方要求导致最后的设计改动、图纸的修改和整理导致的拖延、细节设计错误、绘图信息的缺失、不明确的规范等。其中"甲方要求导致最后的设计改动"被建筑师认为是建筑固废产生的最主要原因，同时"甲方缺少兴趣"也成为影响建筑固废减量化设计的重要不利因素，对于建筑固废减量化设计的要求频率，有68.9%的建筑师表示甲方"从未"要求过。

表 3.1　我国建筑师对建筑固废减量化设计的认识

调查项目及内容		调查结果				
对建筑固废减量化设计概念的了解程度		从未听说 (60.7%)	偶尔听说 (21.3%)	听说过一些 (13.1%)	经常听说 (4.9%)	十分经常听 说(0)
对建筑固废减量化设计重要性的认识		一点不重要 (0)	不太重要 (13.1%)	比较重要 (26.2%)	重要 (37.8%)	十分重要 (23%)
对相关法律法规的了解程度	《中华人民共和国固体废物污染环境防治法》	完全不知道 (34.4%)	不太知道 (41%)	知道 (21.3%)	了解 (3.3%)	非常了解 (0)
	《城市固体垃圾处理法》	完全不知道 (37.7%)	不太知道 (41%)	知道 (21.3%)	了解 (1.6%)	非常了解 (0)
	《城市建筑垃圾管理规定》	完全不知道 (37.7%)	不太知道 (45.9%)	知道 (16.4%)	了解 (1.6%)	非常了解 (0)
	《绿色施工导则》	完全不知道 (39.3%)	不太知道 (39.3%)	知道 (16.4%)	了解 (4.9%)	非常了解 (0)
对绿色建筑评估系统的使用		从来没有 (63.9%)	偶尔 (19.7%)	一般 (8.2%)	经常 (6.6%)	十分经常 (1.6%)
与建筑固废减量化设计相关的大学教育	相关课程的数量	没有 (86.9%)	比较少 (9.8%)	一般 (3.3%)	比较多 (0)	非常多(0)
	相关课程设计的数量	没有 (78.7%)	比较少 (18%)	一般 (3.3%)	比较多 (0)	非常多(0)

2. 建筑固废减量化设计措施建议

(1)加强对业主或甲方的管理和约束。在项目审批中，加入对建筑固废减量化设计的考核，使得甲方成为建筑固废减量化设计的重要监督力量。同时，应在设计合同签订时，约束甲方频繁的设计改动行为。

(2)可拆解设计策略。①在设计阶段给出建筑各类材料、构件、节点详细的设计图、图片类描述，并给出相关的生命周期清单，从而促进材料、构件、节点在建筑拆解过程的有效辨识，包括储存信息、材料类型、构件特性、原产地、是否有毒等各类信息。②在设计阶段，将拆解设计加入设计书中，并对部分回收建筑构件和全部可回收构件加以划分，给出建筑拆解的具体实施步骤方案，对建筑拆解过程中所需的相关设备支持做出预期。③在设计中对建筑实行分层。对不同寿命层次的建材、构件给出相区别的设计策略,例如,结构层,30~100年,通常使用年限为60年;表皮层,约20年,应按不同厂商或工艺有所区别;设备层,7~15年。通过建筑分层使得建筑拆解或功能变更的费用下降,从而达到整体上的经济效益和能源节约、环境保护的目的,也减少了对爆破拆除等传统手法的需求。④尽量选用单一材料标准构件。为保证结构的可再利用,最佳选择为一级和二级的单一材料构件。一级单一材料是指以原始状态被使用的同质材料,二级单一材料则是指同质的混合材料,如混凝土、玻璃等。使用单一材料,通常更易确认及检查其材料品质是否符合,进而便于拆解和资源化利用。

(3)BIM在高层超高层建筑减量化设计中的应用。以天津市周大福金融中心为例,设计图纸涵盖建筑、结构、机电及幕墙等多个专业,BIM在各专业设计纠偏中起到了明显的效果。例如,在结构设计图纸中,不可避免会出现不同构件位置重叠、连接构件未相连、吊柱(见图3.1,结构柱底部悬空)等一系列问题,据统计,该工程中类似设计问题多达3000处,这些问题均在BIM建模中有所体现,有效地避免了施工中的返工及材料、人工浪费。此外,超高层建筑功能齐全,涉及专业繁多,多专业之间各自设计,最终往往会出现碰撞问题(见图3.2)。最常见的是机电专业内部碰撞及机电与其他专业碰撞,包括给排水、暖通、弱电、强电、消防等众多子专业。据统计,该工程中类似的设计模型碰撞达12000多处,若未进行多专业前期BIM碰撞试验,工程在后期施工中将产生大量建筑固废。

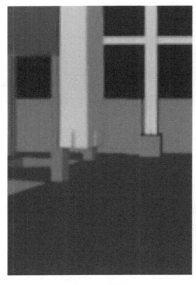

图 3.1 吊柱

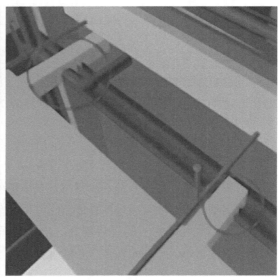

图 3.2 管线碰撞

（4）选择绿色建材。我国建筑业大量采用混凝土、砖、瓦、砂浆等传统的、回收利用率低的材料，其产生的建筑固废重量比高达 70%。与这些传统建材相比，使用绿色建材不仅可以节约材料生产中所用的天然原料，减少建材生产过程中的污染和能耗，同时在工程使用中有助于改善生态环境、不损害人体健康，建筑拆除时也可以再循环、再利用，减少对生态环境的污染。使用绿色建材的工程比使用传统建材的工程少产生 50% 以上的建筑固废。因此，建筑选材中优先使用绿色建材，既利于实现建筑固废源头减量，又迎合发展生态型建筑业生产的需要。图 3.3 表示在一个逐步升级的建筑生态系统中，通过高效利用绿色建材和能源来实现建筑业生产的完全再循环。

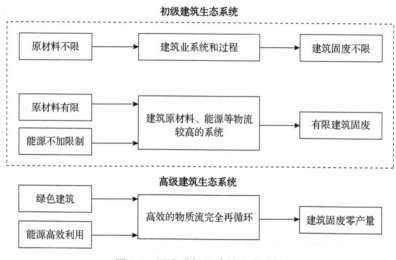

图 3.3　逐步升级的建筑生态系统

建筑设计选材中采用通过对建筑固废再利用或集中资源化处理形成的再生绿色建材，具有减少建筑固废处理成本、加速建筑固废资源化产品的市场转化等作用。例如，美国赛克林公司以建筑固废资源化再生材料为主，建造了一栋绿色办公大楼，其建筑面积为 6.2 万 m^2，大量采用绿色建材的同时节约天然原料，提高了资源的利用率。

（5）提供建筑固废减量化设计信息。英国的经验可以适当借鉴，如成立专业团体、提供培训课程，并且通过网络传播国内外最新的案例、研究成果和商业机会等。

（6）制定和完善相应的规章制度。政府层面的法律法规和技术标准具有强制性，对设计阶段的建筑固废减量化起到强有力的规范约束和减量促进作用，而企业的规章制度和技术标准能对建筑固废减量化设计实施起作用，使废物的减量化设计得以切实实施。此外，政府相关部门还应该建立废物减排激励机制、加强监督，完善相应的评价体系，为建筑固废减量化的实施营造良好的外部制度环境。

　　(7)加强减量化设计培训与教育。一方面,建筑设计单位应该定期或不定期地对建筑设计师进行减量化设计方面的技术培训,建立减量化设计措施数据库,帮助建筑设计师理解各种设计对建筑固废减量化所产生的影响,提高其实施减量化设计的水平。另一方面,应该对建筑设计师进行节约建材、减少建筑固废产生方面的教育和宣传,提高其实施减量化设计的意识。

3.2.4　建筑固废减量化施工

　　施工过程因其自身的特殊性以及管理的复杂性,成为建筑固废产生的重要环节。施工过程是除建筑主体拆除过程外,直接产生建筑固废最多的过程。表 3.2 为施工过程可能产生建筑固废的六种情况。可以看出,不同施工阶段产生的废物具有种类多且杂的特点,若不进行有序的分类管理,势必将不利于后期的资源化利用。表 3.3 为国内常用结构类型中建筑固废数量及组成。对比砖混结构,更常用的框架结构及框剪结构单位面积产生的垃圾量要更小,与此同时,三种结构的主要废物种类均集中在碎砖(砌)块、混凝土、砂浆以及包装材料几方面。这也是施工过程中要着重进行控制的部分,需要引起重视。

表 3.2　施工过程可能产生建筑固废的六种情况

主要施工过程		可能产生的建筑固废
地基	开挖	土方、淤泥、沙子、石头、桩头、树根、草、碎砖
	桩基	土方、泥浆、散落的混凝土
	降排水	地下水、雨水
混凝土工程	钢筋	短钢筋头、金属网、废机油、废水
	模板	锯末、废木方、废木板
	混凝土	洒落的混凝土、水泥袋、塑料薄膜、草袋、凿毛的混凝土屑
砌体	砖砌体、空心砌块、填充墙、石砌体	碎砖、落地灰、水泥袋、废灰桶
墙与地面	抹灰	落地灰、水泥袋、废灰桶
	饰面砖	边角料、包装盒、包装袋、塑料泡沫、废灰桶
	涂饰	油漆桶、涂料桶、废弃小桶、废刮板、废滚筒、废油漆刷、废砂纸、废纸绷带
	楼、地面工程	落地灰、水泥浆、地砖边角料
屋面		废弃卷材边角料、废沥青、废刮板、包装纸、废料桶
预应力		废预应力筋、废塑料皮、废油、废塑料管、剩余灌浆料、预留孔洞塑料泡沫、塑料膜、张拉端清理的混凝土渣

表 3.3　国内常用结构类型中建筑固废数量及组成

固废成分	建筑固废组成比例/%		
	砖混结构	框架结构	框剪结构
碎砖(砌)块	30～50	15～30	10～20
砂浆	8～15	10～20	10～20
混凝土	8～15	15～30	15～35
桩头	—	8～15	8～20
包装材料	5～15	5～20	10～20
屋面材料	2～5	2～5	2～5
钢材	1～5	2～8	2～8
木材	1～5	1～5	1～5
其他	10～20	10～20	10～20
合计	100	100	100
废物产生量/(kg/m^2)	50～200	45～150	40～150

1. 影响施工阶段建筑固废产生量的组成因素

1)个体因素

个体因素主要指单个建设项目内部情况的不同对建筑固废产生量的影响差异,主要体现在单个工程项目的内部规章、管理情况、施工技术水平、施工机械水平等。个体因素是四个因素中能够通过个体努力影响最多的一个因素,也是作为项目方或施工方能够控制的最重要因素。

(1)从业人员素质。从业人员素质指从业人员对从事其工作所掌握的知识和技能,在一些大型建筑企业中,技术工人应具备的与职业相关的能力主要包括独立完成工作的能力、与同事合作协调的能力、主动改进工作质量的能力、无人监督下保证工作质量的能力、与同事交流工作的能力、阅读技术文件的能力、准确做好工作记录的能力、学习应用新技术的能力、提出合理化建议的能力等。

(2)从业人员环保意识。从业人员的环保意识对在垃圾减量中他们担负的具体行动有主观引导作用。同时,积极行为也将对意识的提高起到正向作用。环保意识在单个建设项目中主要体现在以下几个方面:施工现场管理人员对建筑固废减量的意识,如认为建筑固废是不可避免的副产品;对传统施工工序、方法的惯性,体现在操作层对传统施工工艺和技术的习惯,如使用木模板以及湿作业等都会导致大量废物的产生;废物管理的培训和教育的缺乏,由废物减量化方面的培训和教育的缺乏引起的施工人员相关方面知识和技能的匮乏,使得减量化行为难以执行。

（3）管理系统。在建设项目的废物减量方面，施工管理系统也是影响废物减量化的重要因素之一，管理系统的漏洞具体包括以下几方面：缺乏规范、有效的建筑固废管理规章、制度；相关的权利责任划分不清晰，缺乏责任主体；在计划及目标层面，建筑固废管理缺乏优先权；其他主体的不配合，如业主单位；监管缺失，监理活动没有同时顾及社会效益和环境效益。

（4）施工条件。施工条件主要包括施工技术、工艺水平以及施工装备。施工技术是为了达到质量、工期、成本和设计要求而针对具体施工环节的一种施工方法，往往直接影响到材料的种类、需求量和废料率；工艺水平则体现了施工的精细化程度，也会造成相同施工方法下个人因素导致的废物产生情况的不同；施工装备是为生产配备的各类设备仪器，其性能的优劣、管理系统完善程度的高低对完成工程计划目标有直接影响，也对施工技术、工艺产生影响。

（5）建材。建材是建筑固废产生的源头，建材的选择一方面与工程本身要求有关，另一方面与成本相关。然而，建材的质量直接关联到建筑项目本身的质量，把好材料这一关是施工单位一直以来的重点。同时，建材在场内存放、运输的过程中不可避免会产生一些损耗，这一部分连同建材的外包装也是建筑固废的重要来源之一。这些损耗部分及外包装本身不能直接进入建筑物整体构造中，伴随着建材的使用，其包装必然成为废物，如何妥善处理这一部分废物也是应当关注的重点。

（6）成本。各方追逐的成本作为建设项目的控制目标之一，是与自身利益息息相关的重要一环。建筑固废的控制和管理之所以推动多年却很难落地，很大一部分原因正是对相关利益的触动，建筑固废的管控往往被认为会使建设总成本增加，同时业主、政府方面也缺乏相关的支持，没有建立有效的激励机制。

2）社会因素

社会因素作为外部因素对建筑固废产出的影响主要体现在：社会道德规范、法律规章的全面性，政府方面是否缺乏建筑固废管理的政策法规使其对建筑固废的排放、处理进行规定；建筑行业的内部技术标准和规范是否全面、清晰，对于建筑技术层面的行业标准，是否充分考虑了建筑固废的减量，是否有效地对废物回收、再利用、减量化进行控制及指导；市场环节是否充分运行，废物的回收利用离不开市场环节，建筑固废的市场化运作是保证建筑固废充分循环的前提，市场的充分参与使建筑固废循环也同样符合市场经济规律。不难看出，三大方面的影响因素并不孤立存在，而是具有辩证统一的关系。发展水平较高的地区，一方面因为内在因素，大规模的建设使建筑固废产生量增加；另一方面由于社会因素影响，通过相对健全的地方性法规控制建筑固废减量，提高回收利用效率，降低建筑固废的产生量。

2. 施工阶段建筑固废减量措施

1)混凝土工程

混凝土工程是建筑固废产生的最主要阶段，想要减少最终的废物需从管理系统出发，从整体废物循环的管理入手。从设计阶段对混凝土尤其是水泥材料的选择，到商品混凝土的运用，再从对混凝土余料的现场回收利用，到最终参与社会循环充分再利用，如图 3.4 所示。

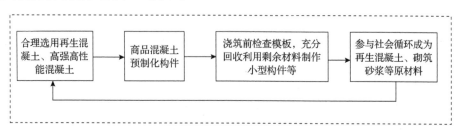

图 3.4　混凝土工程废物管理循环

混凝土工程的现场减量管理宜采用动态管理的方法控制混凝土的消耗量。根据施工进度安排和实际施工节奏适时调整当日所需混凝土量，对相关材料准确计算采购数量、供应频率、施工速度等，在施工过程中动态控制。注意控制楼板的平整度和厚度，减少由浇筑不平整造成的浪费。注意及时对施工和振捣过程中散落在周边的混凝土进行回收利用。还应对各阶段产生的剩余预拌混凝土和不合格混凝土进行合理再利用，降低损耗率。

混凝土工程中建材的改进和控制是减少建筑固废的重要方面，绿色施工要求应利用粉煤灰、矿渣、外加剂等新材料降低混凝土和砂浆中的水泥用量；粉煤灰、矿渣、外加剂等新材料掺量应按供货单位推荐掺量、使用要求、施工条件、原材料等因素通过试验确定。这要求各工程施工时需有妥善计划、安排，一定要根据现场实际情况在施工前做试验，以确定配合比。这样，既可以保证工程质量，又节约水泥，达到从源头减量的目的。施工现场应采用预拌混凝土和预拌砂浆，未经批准不得采用现场拌制，现场拌制混凝土易造成水泥、砂石等材料的浪费，也容易因人为操作失误导致损耗，因此减少现场制作混凝土也是从源头减少此阶段建筑固废的重要措施。

2)模板工程

模板工程是建筑固废中木材的主要来源，要做到从源头对木模板的废物进行减量，首先需要做好模板工程的图纸会审和测量放线工作，根据不同工程的特点，配合工期和现场实际情况，做好各分部分项工程的模板设计、模板配料，避免因人为看图失误、测量偏差等造成模板浪费。同时，工程施工中对工人要加强教育，避免不规范的拆模施工操作，要做好拆除后的保养工作，及时清除残留的其他杂物，涂刷脱模剂后妥善集中存放。《绿色施工导则》也指出，优先选用制作、安装、拆除一体化的专业队伍进行木板工程施工，避免因为操作不规范带来的不必要的材料损耗，同时减少了模板垃圾的产生。与此同时，随着技术的进步，模板的材料种类也逐渐变得多样起来，应采用工具式模板和新型模板材料，如铝合金模板，可以多次使用并再生利用。通过新材料、新技术达到节能减排的功效。

3) 钢筋工程

由于钢筋材料本身在社会循环中回收率较高，钢筋工程中产生的废钢筋通常能够完全进入社会循环。但是，在施工现场对废钢筋等进行场内消纳，是对资源最充分的利用，也是节材环保的初衷，故这里主要探讨在施工现场源头减量和余料利用的手段。在施工现场钢筋下料前根据工地的材料情况做好计划，确保钢筋品种、规格、尺寸、外形准确无误，符合设计图纸要求，避免浪费和因长期存放导致的损耗。《绿色施工导则》也在结构材料中指出，钢筋及钢结构制作前应对下料单及样品进行复合，无误后方可批量下料。同时，现场应确保半成品的调直、切断、弯曲、连接等质量都符合相关规范要求；焊接环节注意采用同级别、同直径的钢筋焊接以避免错误导致浪费；掌握好"长料长用，短料短用"的原则，合理截断钢筋使断头长度最小；在楼板钢筋施工中可采用塑料马镫代替传统钢筋马镫，保证质量的同时节约钢筋、降低成本；模板及脚手架施工应及时回收散落的铁钉、铁丝、扣件、螺栓等材料。在施工环节要尽量避免因返工和错误使用产生废物。总体来说，要从钢筋进场检验开始，到施工制作工艺、绑扎安装的改进，以及对施工操作的要求各方面来实现废物产出减少；此外，钢材回收价值较高，对于无法在场内消纳的钢筋废弃材料要做好分类和回收工作，以提高参与社会循环的效率。

4) 砌体工程

在施工前明确砌筑方式并明确材料使用规划；在砌筑材料存放、运输、装卸过程中注意避免损害砌块结构产生碎块或损坏外观导致报废，根据砌块强度确定堆放的高度；严禁使用龄期小于 28d 或含水率超标的砌块，避免返工造成资源浪费；砌块砌筑时应按照排块图进行；砌体上设计规定的洞口、设备留槽孔、沟槽孔、预埋件等应在砌筑时提前预留、预理，严禁砌筑完成后再在墙体上剔凿，损坏砌体的完整性，同时产生不必要的砌体废物；按照规范制备稠度适宜的砂浆，应随砌筑过程同时进行清扫灰缝和收集落地灰工作。施工剩余的少量砌块和废弃碎块可以在现场做其他用途。

5) 地基与基础工程

对深基坑施工方案进行优化，是减少土方开挖回填量和废弃土方量最直接有效的手段，与此同时减少对土地的扰动，也对保护周边自然生态环境有着重要意义。对于现场堆放、现场直接裸露土体表面和集中堆放的土方采用临时绿化、喷浆和隔尘布遮盖等抑尘措施。在废弃土石方场外堆填时应尽量使用荒地、废地，少破坏农田、耕地，使用完成后按"用多少，垦多少"的原则，恢复原有地形、地貌。在可能的情况下，应利用弃土造田，增加耕地或适当予以绿化以防水土流失，还需在编制施工计划时对弃土这类固体废物寻找更多使用途径，如桩头混凝土用于临时道路、车间等的铺设等，提高再利用率。《绿色施工导则》第四章的建筑固废控制小节中同时有针对碎石类、土石方类建筑固废，提出可采用地基填埋、铺路等方式提高再利用率，力争再利用率大于50%。对于桩基工程，除固体废物外，还有很重要的一部分是废水，对此有专门的基坑施工降水回收利用技术和雨水回收利用技术。

6) 屋面工程

屋面工程中主要会产生一些屋面防水材料的余料、废物等，如防水卷材、沥青、铁皮桶等。与保温材料管理一致，首先也是要对相关防水材料的存放、保管进行控制，避免材料的不必要损耗，其次就是对废弃材料回收再利用的管理。

(1) 废弃沥青。屋面防水工程中会产生一定量的废弃沥青材料，一般有两方面再利用途径：作热拌沥青路面材料和冷拌材料。对于废旧沥青屋面材料的回收，首先要使用专业机械和人员对其中的塑料、钉子、石渣及其他杂物进行清除，以确保其清洁度，而后进行回收。作为热拌沥青路面材料时要注意掺入比例，冷拌材料可填补路面坑槽，修补桥梁、匝道，还可用于养护停车场。

(2) 废防水材料桶。利用现场废弃的防水材料铁桶，通过搭设好的脚手架，将铁桶彼此焊接连成一个上下贯通的通道，形成一个连续的垂直使用通道，再在每层设置一个和整个通道相联系的入口，用来作为各层的垃圾倾倒入口，通过通道将建筑固废直接倾倒至首层垃圾指定堆放处。此举不但利用废旧物资，而且室内建筑固废垂直清理通道的使用，贯彻了绿色文明施工要求，封闭的垃圾通道体也进一步解决了扬尘问题，值得借鉴学习。

7) 附属工程

由于大气治理与施工现场环保的需要，各地都有建立围挡、地面硬化等强制性规定。为满足要求，施工企业做了大量工作，但也由此增加了建筑固废的产生量。例如，施工用的临时路面或地面多采用现浇混凝土的做法，施工后期还要再清理这些建筑固废。如果采用可重复使用的装配式混凝土板，既满足要求，又减少建筑固废产生。此外，采用以永久路代替临时路的做法也可以实现减量。总之，要树立减量的意识，深入研究创新。

3.2.5 装配式建筑与建筑固废减量化

多年来，现浇钢筋混凝土结构一直在建筑结构设计中占据较大比重并以此成为较为传统的建筑施工模式。从结构安全性出发，建筑现浇式结构具有整体稳定性好、抗震性好等优点，但其所产生的建筑固废数量也是相当可观的。表 3.4 为现浇式与装配式建筑结构对建筑固废产生的影响[2]。装配式结构以最终建筑产品为对象，包括主体工程、维护工程、装饰工程、建筑设备工程四大结构体系。装配式结构体系相比于传统结构体系，在节约资源和环境保护方面具有三大优势。

表 3.4　现浇式与装配式建筑结构对建筑固废产生的影响[2]

现浇式建筑结构	对建筑固废的影响	装配式建筑结构	对建筑固废的影响
现场制备结构所需混凝土或砂浆	混凝土、砂浆等建材资源浪费严重，建材在使用或存放中往往造成不必要的消耗，增加建筑施工废物量	采用工厂生产的预制标准、通用的建筑构配件或预制组件，如预制梁板柱等	节省建材资源，建材损耗小，消除建材现场二次切割产生的废料，减少建筑施工废物量
现场浇筑混凝土构件的手工化、湿作业较多	建筑施工现场比较杂乱，不符合清洁施工的要求，建筑固废现场收集率不高	施工设计中机械化作业、干作业较多	建筑施工现场有条不紊，各类构配件按施工先后顺序安放，较符合清洁施工的要求，利于施工废物现场回收利用
设计时未能充分考虑未来建筑拆除	现浇式旧建筑物更倾向破坏性拆除，增加拆除建筑固废量	设计中可以预先考虑建筑未来拆除	为未来的建筑物选择性拆除或解构拆除提供先决条件，减少旧建筑拆除废物量

3.3　建(构)筑物拆除

3.3.1　建(构)筑物拆除方法与存在问题

1. 建(构)筑物传统拆除方法

在建(构)筑物拆除过程中，目前使用较多且技术较为成熟的拆除方法有以下几种[3]。

(1) 人工拆除。人工拆除是工人徒手利用破碎锤、凿子、风镐、滑轮等工具将建筑物解体的方法。这种拆除方法对周围环境无较大影响，同时还能充分回收砖、钢筋等建材，给拆除施工企业带来明显的增收节支效益。但是，人工拆除过程耗时较长，如果拆除的是强度较高的钢筋混凝土建筑，所需时间会更长，且对拆除工人具有一定的危险性。此方法适用于强度低、楼层少的建筑物，如砖结构的平房。

(2) 机械拆除。机械拆除即工人操纵起重装置、大型液压冲击锤等机械将建筑物拆除的方法。这种拆除方法对建筑物周围环境也无较大影响，并可回收部分有用材料，而且由于机械的破碎能力远强于人工破碎能力，其拆除速度比人工拆除快。受所用机械的能力限制，其拆除高度也有一定的限制。当使用大型机械时，可适用于高度在15m以下的建筑物。

(3)爆破拆除。爆破拆除是在建筑物的主要承重部位布置炮孔、装药，利用炸药爆破释放的能量破坏建筑物的主要承重部位，使其失去承载能力而逐渐倾斜。在倾斜过程中，建筑物获得一定速度，最后触地解体，在此过程中对倒塌方向、破坏范围、破碎程度及爆破危害进行控制。这种拆除方法劳动强度低、施工进度快、成本低、经济效益好，但技术含量高，需要钻眼装药，并且爆破过程中伴随五大公害，即爆破振动、噪声、空气冲击波、飞石和有毒气体，如果处理不当，则有一定危险性。当然，在当前的实际拆除过程中，往往并不只采用单一的拆除方式，例如，可首先用人工拆除和机械拆除进行预处理，然后用爆破拆除使待拆建筑物坍塌，再进行二次机械破碎。这种联合拆除的方法虽然通过预处理在一定程度上实现了材料的分类回收，但由于爆破过程的巨大破坏性与材料分解分类的不可控性，这种拆除方式依然存在较大弊端。

(4)建筑群拆除方法的选择。人工拆除适用于强度低、高度低的建筑物，多用于拆除砌体结构或砖混结构的平房以及两三层高度的楼房。而钢筋混凝土结构、钢结构或钢骨建筑物以及高层建筑物最好采用机械拆除、爆破拆除或联合拆除方法等。人工拆除和机械拆除与爆破拆除相比，由于没有爆破振动、爆破飞石、粉尘、有毒气体等，对建筑物周围环境影响较小。而采用爆破拆除需充分考虑建筑物周围环境，确定建筑物倒塌方向、安全距离，选择合理的爆破施工方案，爆破前要做好充分的安全保障措施。如果对安全保障没有较大把握，最好采用人工拆除或机械拆除。此外，从块度方面考虑，人工拆除或机械拆除后废渣的块度大小较一致，而爆破拆除后废渣的块度大小悬殊，有时还需二次破碎。

2. 传统建筑物拆除方法存在的问题

建筑物的拆除过程是直接产生建筑固废的重要环节，也因此成为实现建筑固废减量化的关键环节。针对多层与高层建筑，国内目前采取的主流拆除方法是爆破拆除。虽然其拆除速度快，满足了业主对拆除工期的要求，但是其也存在如下弊端[4]。

(1)振动危害。拆除爆破过程将不可避免地对周边环境产生振动危害，爆破拆除引起的地面爆破振动可能导致周围房屋砂浆地面出现裂纹、房屋门窗玻璃等部件损坏、地下坑道局部塌方、涵洞伸缩缝和地下管道接头位移，甚至造成混凝土结构开裂与破坏等一系列危害，对人民群众的生产生活造成较大威胁。

(2)飞石危害。爆破拆除的对象多为钢筋混凝土结构，以柱状体为主，临空面多，飞石危害主要体现为飞散速度高和飞石数量大。高速飞行的小尺寸飞石如果击中人，则可能穿透人的皮肤，造成人员伤害，大尺寸飞石的打击可以直接造成人员伤亡。若飞石击中建(构)筑物或者设备，可能导致结构体系破坏或者设备损坏；若飞石击中交通、通信、供水、供电、供气等关键线路与管路，则可能造成整个城市瘫痪。

(3)霾尘危害。爆破拆除在拆除准备与爆破实施阶段将产生大量的烟尘，其危害表现在对人体健康与环境污染两大方面。霾尘可随呼吸进入呼吸道，沉积在呼吸道内，若从事爆破施工的工人长期吸入霾尘，可引起不同类型的尘肺或肺部疾病。爆破霾尘还将污染环境，例如，爆破霾尘可与空气作用形成气溶胶，若气溶胶在空气中长期漂浮，将影响采光和降雨的清洁度；沉降后附着在爆破区周围建筑物上的霾尘将影响其清洁和美观；当爆破霾尘浓度较高，且处于有精密、复杂仪器设备的地方时，可能导致仪器电路短路与设备工作异常。在民众对空气质量日益关注的今天，爆破拆除的霾尘危害不容忽视。在爆破后，各类建筑固废混合在一起且多为碎片状，这为后续的建筑固废资源化工作带来了很大的不便。因此，摒弃爆破拆除，发展基于资源化、减量化的新型拆除方法势在必行。

3.3.2 建(构)筑物拆除一般规定

拆除过程作为建(构)筑物建设施工的逆过程，从方案的规划设计到具体实施都需要有严格的规定作为安全拆除、文明拆除、减量拆除的保证。当前针对建(构)筑物拆除的流程还没有统一的国家标准进行规定，以下结合《建筑物、构筑物拆除技术标准》(DGJ 08-70—2021 J 12367—2021)[5]，从不同角度入手，给出部分针对现有常规建(构)筑物拆除方法施工过程的一般规定。

1. 对拆除施工企业与技术人员的规定

拆除施工企业与技术人员作为拆除施工作业的主体与实施者，是实现拆除工程高效高质的关键，因此拆除施工企业与技术人员应满足下列规定。

(1)拆除施工企业应取得相应等级的资质许可，并在其资质等级许可的范围内承接拆除工程；拆除施工企业从业人员应经过培训、考核合格、持证上岗。

(2)拆除工程施工前，拆除施工企业的项目经理和技术人员必须对建设单位提供的图纸和资料进行认真研究和分析，深入现场和周边区域进行详细查勘，然后对拆除工程施工过程制定全面规划，编制拆除工程施工组织设计；施工中应严格按拆除工程施工组织设计实施，不得擅自变更。

(3)拆除施工作业前和拆除过程中，技术人员应对参加作业的人员进行详细的技术交底。技术交底的主要内容应包括拆除技术要求、作业危险点与安全措施；

每次技术交底应有书面记录，并由交底人和被交底人双方签字确认。

2. 对安全施工作业的相关规定

(1)施工人员进入施工现场应戴好安全帽、扣紧帽带；登高作业时应系好安全带，安全带应高挂低用，挂点牢靠。

(2)施工现场危险区域应设立警戒隔离带等隔离设施，设置醒目的安全警示标志，并设专人警戒；除规定的作业人员外，其他人不得进入施工现场。

(3)施工区域毗邻道路、建筑物，应搭设安全架等安全防护设施，必要时应设置防护隔离棚。

(4)施工现场作业区内的洞口、临边等处应设置安全防护设施和安全警示标志。

(5)施工现场的办公、生活区应与作业区、易燃易爆物品临时堆放点分开放置；氧气、乙炔气瓶、油漆等危险品仓库应设置在施工场地、生活办公区 25m 外。

3. 对文明施工与减量化施工作业的规定

(1)施工现场应做到材料堆放整齐，建筑固废及时外运，若 24h 内不能清运完毕，应采取遮盖措施；建筑固废堆放高度不得超过围挡高度，渣土堆放的底部边沿到围挡距离不应小于 1m。

(2)人工拆除应采用施工脚手架，同时采取绿色密目式安全网或开孔型绿色不透尘安全网布等控制扬尘措施。

(3)机械拆除、爆破拆除或破碎产生的构件、翻渣、建筑固废清运时，必须采用洒水或喷淋措施，控制粉尘飞扬。

(4)施工企业未经环保部门审批不得夜间施工。

(5)工程拆除前应首先清理防护区内的杂物(如废木材、废塑料、废布、油毡等轻质物)。

(6)拆除建(构)筑物应遵照二次利用原则，先拆除门窗、雨棚、隔热层、防水层等非混凝土和砖瓦类的物体，并分类堆放，运输出拆除防护区，将防护区内非混凝土和砖瓦类物质及碎片清理干净后再进行主体结构拆除。

3.3.3　建(构)筑物拆除新技术

1. 分类拆除

建(构)筑物有多种分类方法：按照用途不同可分为民用建筑与工业建筑；按照建筑结构的材料不同可分为砖木结构、砖混结构、钢筋混凝土结构、钢结构等；按照建筑结构形式的不同又可分为框架结构、剪力墙结构、排架结构、门式刚架结构等。之前的建筑物拆除方法过于笼统和简单暴力，并没有针对某种建筑物发展单独的拆除方法。若考虑到各类建筑的材料特点和受力特点（如框架结构以梁板柱为主要传力体系的受力特点），拆除工作反而会变得更加简单有序，同时为后续的建筑固废资源化工作提供了便利。此外，不仅各个建（构）筑物之间具有不同的特点，每个建（构）筑物内部也包含具有不同特点的组成部分，如装饰装修材料、各类管道、各类非结构构件等。这些组成部分在材料特性、拆除难度、可再生利用价值等方面都各具特点，如果能够在拆除方案制定时更有针对性地对待上述组成部分，那么在之后的筛选分类、运输及再利用过程中就会避免很多麻烦。

2. 两种国内新兴的机械拆除技术[6]

(1)共振法用于机械拆除。国内采用共振法进行建筑物的机械拆除，先在待拆除墙体上安装共振器，测出墙体的自振频率，然后利用共振激振器使墙体振动，当施加的外荷载频率与墙体达到一致时，引起墙体的共振，破坏墙体，导致墙体脱落。在共振法的使用过程中，钢筋和墙体能够轻易分开，这给废旧建材的回收带来极大的便利。共振器在工作中能够多次重复使用，成本能够多次少量分摊到拆除过程中。不过，共振法拆除建筑物处于实验室的理论阶段，大规模商用还有待进一步的研究。共振法与传统的机械拆除、爆破拆除相比，不会产生粉尘，也不会产生噪声。系统达到共振时，激励输入机械系统的能量最大，墙体达到最大的位移变化，能够充分利用共振器释放的能量，能量的利用效率达到最高。

(2)气切法用于机械拆除。气切法原理是采用氧-乙炔或者氧气通过燃烧产生的高温熔化、切割混凝土。虽然气切法目前主要广泛应用于金属切割，但经过改进也可以用于切割砖石、混凝土等（乙炔燃烧中心温度能够超过混凝土的熔点）。气切法采用高温熔化进行切割，不会产生噪声，也不会产生烟尘，属于可持续发展的拆除工艺，但是这种技术只是在小范围内应用，如果未来有大量采用这种技术的拆除实例，有可能改变国内拆除作业方法的现状。

3. 国外智能拆除机器人

机械拆除属于建筑工程，也是高危作业，因此通过机器人实现高效和安全的拆除一直是科学家和工程师努力的方向。国外经过多年发展，最早研究出智能拆除机器人，能够用于拆除工程、冶金工程等行业。

瑞典 Brokk 公司开发研制出多功能机器人，各项技术处于世界领先地位，是世界上最大的拆除机器人供应商之一，其最新产品 Brokk 400D（见图 3.5）能够实现无须电缆自由行走、同时低排放的柴油驱动装置以及噪声控制系统能够最大限度实现环保。智能拆除机器人的优势在于能够节能、安全地完成拆除作业中的危险工作，能够适应砂土地面、泥泞地面以及坎坷不平的废墟地面等各种地形。

　　瑞典于默奥设计学院的 Omer Haciomeroglu 设计了一款名叫 ERO 的混凝土拆除机器人(见图 3.6)，它可以让整个拆除过程变得更加环保。ERO 机器人进入建筑物内部以后，它们会用一套由大阪大学研制的全方位跟踪系统确保机器之间

图 3.5　瑞典 Brokk 400D 拆除机器人

图 3.6　ERO 混凝土拆除机器人

的协调工作。对单个机器人来说，它会先扫描整个墙面，算出清除路径，然后开始相应的拆除工作，使用高压水枪将混凝土破坏和粉碎，混凝土像被逐层擦掉一样，而钢筋得到了保留。与此同时，机械头还有强大的吸力回收装置，能够在击穿墙面的同时把废水废料吸到体内，随后这些废水废料会被机器里的离心系统分类，水泥废料会被包装起来，并送到附近的水泥厂进行处理，废水则循环再利用。

相信在不远的未来，智能机器人将发展到能够自动根据工程情况合理选择拆除方案与工作路径的新高度。

4. 两种新型的高层建筑拆除方法

1）TECOREP 系统方法[7]

TECOREP 系统利用现有建筑的顶层，通过搭建脚手架建立一个"帽子"，在"帽子"中进行拆除作业，通过千斤顶控制"帽子"的升降，来实现安全、环保、经济的拆除作业。结构组装如下：为了利用现有的建筑顶层结构，需从屋顶向下搭设脚手架和隔音板，隔音板采用透光设计，保证施工的采光和拆除时建筑外观不受影响。临时柱子贯穿到当前拆除层以下的三层空间，每一层都用导向框架来固定，以应对风荷载和突发地震等水平作用。柱子内嵌千斤顶，梁 A 与千斤顶连接，在拆除过程中对整个系统进行承重控制。

如图 3.7 所示，TECOREP 系统拆除步骤包括：

（1）TECOREP 系统组装完成后，梁 B 通过临时柱子支撑，此时与千斤顶相连的梁 A 收缩到顶端，随后可对 n 层进行拆除。

（2）对 n 层拆除后，千斤顶带同梁 A 下降至 $n-1$ 层，此时梁 B 的末端部件收缩，梁 A 通过千斤顶支撑整个 TECOREP 系统。千斤顶收缩，末端部件收缩后的梁 B 通过楼板上的孔与临时柱子一起下降。

（3）当下降即将结束时，梁 B 打开末端部件进行承重，梁和千斤顶重新缩回到临时柱子的顶端。

（4）重复（1）～（3）步，直至降到底层完成拆除工作。

TECOREP 系统环保技术包括：

（1）抑制扬尘，降低噪声污染。整个施工区域封闭，有效抑制了扬尘和噪声的扩散，施工噪声降低了 20dB（见图 3.8）。

（2）电力再生。TECOREP 系统中垂直输送系统配有再生制动系统，每次升降所节省的电力通过不同的重量情况来测量，重量越大，节省的电力也越多。

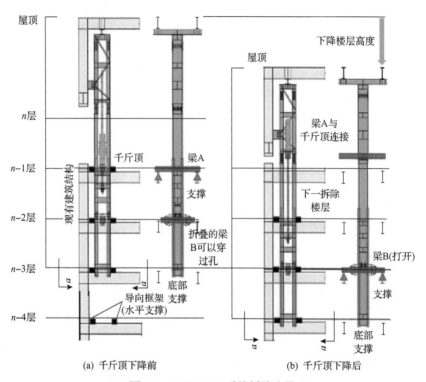

(a) 千斤顶下降前　　　　　　　　　(b) 千斤顶下降后

图 3.7　TECOREP 系统拆除步骤

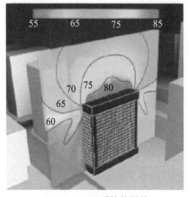

(a) TECOREP系统使用前　　　　　　　(b) TECOREP系统使用后

图 3.8　TECOREP 系统的噪声控制效果

2) 削底施工法[8]

削底施工法又称鹿岛工法,利用建筑底层建立施工区域,在地面完成高层建筑拆除工作,人员和废料无须上下移动,安全性高。结构组装如下:利用一层空间,首先架设脚手架和隔音板,将现有的底层空间内部拆除,只保留主体结构,方便器械搬运和机械进出；然后置入核心墙和负载传达梁，核心墙需贯穿地下一层至地上三层，通过负载传达梁与建筑连接、固定，抵抗拆除过程中建筑物受到地震、风荷载等水平作用；最后千斤顶逐一插入建筑结构框架中。每个千斤顶可支持高达 1500t 的质量。

如图 3.9 所示，削底施工法拆除步骤如下：

(1)框架柱的切割，解除单个框架柱与千斤顶的固定构件，切割框架柱约700mm，将切割部分移除。

(2)千斤顶上升并固定。

(3)使用该方法依次将所有框架柱切除。

(4)解除负载传达梁与核心墙的固定，所有千斤顶同时下降 700mm，下降后将负载传达梁和核心墙重新固定。

(5)重复步骤(1)～(4)完成拆除工作。

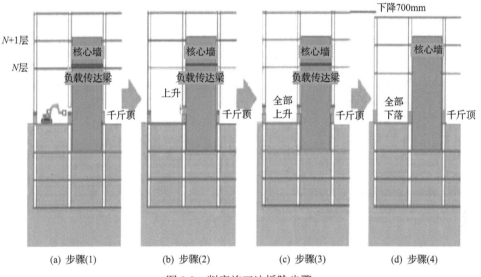

(a) 步骤(1)　　　　(b) 步骤(2)　　　　(c) 步骤(3)　　　　(d) 步骤(4)

图 3.9　削底施工法拆除步骤

削底施工法的环保技术包括以下几种。

(1)抑制扬尘。施工区域从敞开的楼顶移至地面，可降低 10% 的粉尘飞散量。"微 EC 雾"的使用让喷雾中的水粒子带电，相对于普通喷雾，可实现两倍以上的吸附下落效果，通过对气流的模拟计算优化围墙的形状，最大可降低 49% 的粉尘飞散量，如图 3.10 所示。

(2)降低噪声和振动。地面施工，减少屋顶噪声扩散，不必将废料高空抛下，降低了设备发动机产生的噪声。

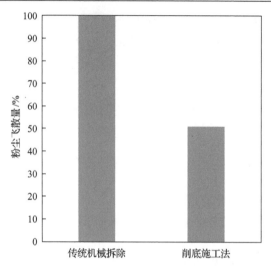

图 3.10　削底施工法和传统机械拆除的粉尘飞散量对比

(3) CO_2 排放量的削减。在拆除过程中，大部分 CO_2 的排放量来自机械燃料的燃烧，削底施工法的地面施工在提高施工效率的同时，可降低 8.5% 的 CO_2 排放量。

(4) 装修材料回收利用。削底施工法逐层进行装修解体并分类回收，装修材料回收率高达 93%。

3.4　建筑固废的运输与堆放

3.4.1　建筑固废的运输过程管理

城市建筑固废违法倾倒现象产生的主客观原因众多。在流程中，由于运输车辆在运营过程中多为"计量取酬"，超载、超速、中途倾倒等违法现象屡禁不止，同时在建筑固废的运输过程中还存在以下问题[9]：①拖欠工资，建设项目业主经常不能按时支付清运企业费用，导致后者拖欠司机工资；②恶性竞争，建筑固废运输的准入门槛很低，引发清运企业之间的恶性竞争，使得行业不能良性发展；③监控缺失，运输环节多，行业自律性差，加上很多建筑固废在夜间运输，使得政府部门难以进行有效监管。

2014 年，北京市以 APEC 会议保障为切入点，落实空气清洁行动计划。针对扬尘产生的重要环节——建筑固废运输，提出多项新举措，形成了齐抓共管、标准先行、技术支撑、制度保障、社会参与、联合执法等一整套值得学习的北京经验。本小节以北京市的成功经验为依据，从运输管理的责任主体、参与主体、运输车辆、处罚制度等多方面入手，给出对建筑固废运输过程管理的一般规定。

1. 运输管理的责任主体

建筑固废运输,或者再具体细化到渣土运输,至少牵涉到住建、交通、城管、公安、环保、市政市容等六个部门,这六个部门各自为政就会出现多种不协调、不合拍、不顶事的结果,施工扬尘、道路遗撒、路面塌陷、垃圾成山等都是具体体现。针对这一问题,北京市由市政市容管理委员会牵头举行了建筑固废管理联席会议,落实了齐抓共管的体制,运行效果良好,印证了综合管理的有效性。

2. 运输源头的管理

(1)落实建设(拆除)单位主体责任。建立建筑固废、土方、砂石运输招投标制度,严格限制交通违法或交通事故多的运输企业参与建筑固废、土方、砂石运输招投标。建筑拆除单位开工前要制定建筑固废、土方清运和处置作业方案,与取得建筑固废运输经营许可的企业签订清运合同,与建筑固废处置场所签订处置合同或直接利用协议,依法办理建筑固废消纳许可证。住房和城乡建设部门要加强监督检查,对不按要求执行的建筑拆除单位依照有关规定予以处理。

(2)强化出土拆除工地现场监控。住房和城乡建设部门应对 5000m² 以上的建筑施工工地出入口和建筑固废、土方、砂石堆放区安装视频在线自动监控设备,并与城管执法部门联网,新开工工地应安装完成视频在线自动监控设备后方可施工。城管执法部门应充分利用视频监控和现场执法等手段,加大对扬尘污染的监管执法力度。住房和城乡建设部门、城管执法部门要采取有效措施,对进出施工工地的运输车辆进行检查,对不按要求落实的施工工地责令整改直至达标。

(3)落实项目经理责任追究制度。加强施工工地源头监管,将建筑固废、土方、砂石运输管理纳入项目经理责任制,严格运输车辆管理,施工工地要做到"三不进、两不出",即无准运许可证的车辆不许进入施工工地,密闭装置破损的车辆不许进入施工工地,排放不达标的车辆不许进入施工工地,超量装载的车辆不许驶出施工工地,遮挡污损号牌、车身不洁、车轮带泥的车辆不许驶出施工工地。对违反要求者,住房和城乡建设部门要对施工企业和项目经理依法严肃处理。

(4)推行专用账户管理。建设施工单位将建筑固废、土方、砂石运输费和处理费预存至专用账户,专用账户开户银行根据建设施工单位、运输单位、处置场所三方签字和盖章后的结算单拨付费用。专用账户的开户银行应相对集中,便于统计和结算。

3. 运输企业的从业管理

应严格建筑固废、土方、砂石运输市场准入条件,建立建筑固废、土方、砂石运输市场退出机制。建筑固废、土方、砂石运输企业应具有工商营业执照，取得道路运输经营许可和建筑固废运输企业经营许可。市政市容部门要制定建筑固废、土方、砂石运输企业从业管理办法，规范运输企业从业行为，对符合从业管理要求的运输企业及所属车辆建立目录，定期向社会公布，为建设拆除单位选用规范的运输企业提供服务。严禁未达到本市建筑固废、土方、砂石运输专用车要求的车辆参与运输，凡发生重大及以上或者上个月内发生两起较大及以上责任事故的建筑固废、土方、砂石运输企业，依法责令停业整顿，停业整顿后符合安全生产条件的，再准予恢复运营。

4. 对运输车辆的管理

1) 规范运输专用车辆

北京市发布了地方标准《建筑垃圾运输车辆标识、监控和密闭技术要求》(DB11/T 1077—2020)[10]，该标准对运输专用车辆的外观、功能模块等做出了详细的规定，具体包括：车身及车厢颜色统一为苹果绿色，驾驶室上方安装"建筑垃圾运输"顶灯，驾驶室两侧车门喷涂运输企业名称，车辆后箱板喷涂大幅反光号牌，车厢顶部加装纵向开启的柔性篷布，安装北斗车载兼容终端，综合管理信息平台可对车辆运行轨迹、装卸情况实时监控，对特定的违规运输行为强制限速。北京市统一使用的新型建筑固废运输车辆样式如图 3.11 所示。

图 3.11　北京市统一使用的新型建筑固废运输车辆样式

建筑固废运输车辆的两大技术要点如下[11]。

(1) 在车厢结构和密闭上，对车厢底部密封，漏水量≤0.5L/min，解决了含水量高的泥浆类建筑固废运输过程中的遗撒问题；采用纵向开闭柔性结构篷布覆盖密闭装置限定了装载量，解决了超载和遗撒的问题；顶盖纵向开闭装置彻底限制了无节制装载，避免了超载超限运输行为；通过加装密闭感应装置，如果顶盖关闭不到位, 将限制车速不超过 30km/h, 从技术上实现了车辆必须按要求装载运输, 有效防止了遗撒的问题; 如果建筑固废运输车辆行驶中车厢密闭装置未闭合, 车辆将被强制限速行驶。

(2) 通过加装北斗导航车载终端, 对运行轨迹实现了有效监控。通过加装举升定位传感器, 车辆倾倒建筑固废位置清晰可见, 实现了对建筑固废倾倒站点位置的监控。北斗车载兼容终端与发动机直接相连, 人为拔掉或拆除可引发系统对发动机的直接控制, 强制限制车辆速度不超过 30km/h, 迫使车辆不能逃脱监管。同样, 若运输车辆发生未按指定区域倾倒等异常情况, 车载兼容终端将向综合管理信息平台自动报警, 系统将采取强制限速直至报警条件解除, 这是一个核心的技术防控手段。

2) 运输车辆审验管理

公安交管部门要加强建筑固废、土方、砂石运输车辆管理, 摸清建筑固废、土方、砂石运输车辆及驾驶人数量, 逐车逐人建立台账。要严把建筑固废、土方、砂石运输车辆审验关, 对不符合建筑固废、土方、砂石运输专用车辆规范要求的, 一律不予核发检验合格标志并督促整改。要定期对建筑固废、土方、砂石运输车辆及驾驶人的交通违法、交通事故以及驾驶证记分等情况进行清理, 并将情况通报住房和城乡建设、市政市容部门。凡建筑固废、土方、砂石运输车辆发生致人死亡且负同等以上责任的道路交通事故, 以及存在故意遮挡或者污损号牌、违反交通信号灯通行、高速公路及城市快速路超速、超载运输、不按规定装载、不按规定时间和路线行驶等同一违法行为被查处两次以上情况的, 由市政市容部门收回该车的准运许可证。

5. 各部门基于自身职能的常态执法管理

公安交管、城管执法等部门要定期组织开展联合执法和专项整治行动, 采取定点检查与动态巡查相结合的方式, 对拆除工地现场和重点地区、重点时段、重点路段开展常态执法检查, 从严查处违法违规驾驶行为。城管执法等部门要制定有效措施, 落实执法点位和执法人员, 对建筑固废、土方、砂石运输车辆泄漏遗撒、乱捣乱卸、无证运输等违法违规行为依法查处, 并会同市政市容、交通运输管理部门依法追究运输企业责任, 对违法违规运输企业给予曝光、停业整顿、吊销建筑固废运输企业经营许可证和道路运输经营许可证的处理。公安交管部门要制定具体措施, 对建筑固废、土方、砂石运输车辆涉及违法、超载、超速、闯红灯、违反禁限规定等交通违法行为开展日常设卡执法检查。城管执法、公安交管部门要综合运用监控系统、卫星定位系统等技术手段, 加大对建筑固废、土方、砂石运输车辆行驶时间、路线、速度的核查力度。公安部门要做好执法保障工作,对阻碍执法和暴力抗法等各类违法犯罪行为，依法严厉打击。环保部门要深入运输企业和拆除工地，对建筑固废、土方、砂石运输车辆开展现场执法，查处尾气排放超标的车辆。

6. 基于管理责任主体的联动处罚制度

利用道路、工地视频监控系统，加大对建筑固废、土方、砂石运输车辆非现场监控力度，依据车辆行驶轨迹，追查违法违规运输源头，依法查处建筑固废、土方、砂石运输违法违规行为。城管执法部门要安排专人定期到公安交管部门调取违法违规运输车辆信息并依法查处，住房和城乡建设部门要将施工工地视频监控中发现的违法违规行为资料定期提供给相关部门，由其依法查处。城管执法和环保、住房和城乡建设、公安交管、交通运输管理等单位的执法部门，对日常巡查中发现的不属于本部门查处的违法违规行为，应将检查记录、相关证据移转给相关执法部门，实施联动处罚，接受移送材料的部门要将处罚结果及时反馈给移送部门。

3.4.2 建筑固废的集装箱运输

与日俱增的建筑固废总量逐渐成为城市发展的阻力，拥堵的交通和昂贵的运费使得建筑固废的运输处理成为城市管理的重点和难点。我国南方较多大型城市如上海市、南京市、武汉市、广州市等都有着得天独厚的地理优势，丰富的水域资源为废物的转运提供了快捷的交通方式。因此，在这些城市通过水上运输转运建筑固废是既满足经济利益又符合环境利益的最佳选择，不仅可以最大限度地改善生态环境，而且有利于新型城市化建设的发展。

然而，当前我国建筑固废的水上运输环节还存在很多弊端，以广州市为例，截至 2018 年，参与广州市建筑固废运输的船舶有 200 艘左右，均为散装干货船，主要以船舶底部密闭的密底船为主，有少部分是可打开船舶底部卸货的开底船。近年来，为更低成本处理急剧增加的建筑固废，建筑方权衡多种处理方式后，最终选择了把大部分废物通过水上运输转运到外地，直接倾倒到低洼区进行填埋的方式。从 2010 年开始，珠江沿岸开始有设施简陋的中转码头转运建筑固废走水路到回填区，这些码头未经批准设立，没有相关的建筑固废处置证，码头上随意堆放建筑固废，转运建筑固废的运输车发出轰轰隆隆的噪声，马路上尘土飞扬，等待装运废物的货船随意停靠岸边，直接接受运输车辆运送过来的废物。更有甚者，直接在夜间将废物倾倒在河流中以节约成本快速获利。

面对这种问题，集装箱运输是既能利用水运优势又能加强废物运输过程管理的一种解决途径。从运输角度来看，集装箱本身的封闭性、大容量性使得建筑固废能够在整个运输中转过程中保持较高的中转效率，同时避免了建筑固废在运输过程中的二次污染。从管理角度来看，集装箱目标体积大、管理难度低，很大程度上避免了私装私运私卸的情况发生，便于监管部门进行全过程监管。

3.4.3 建筑固废堆放的基本要求

1. 建筑固废受纳场的基本管理

(1) 填埋作业管理。①受纳单位应当控制受纳场区作业面，对填埋完毕的区域应当先行复绿，作业区以外禁止裸露土层。②填埋区作业单元应当控制在较小的面积范围，减少扬尘污染，并配置必要的应急作业单元。③填入填埋区的建筑固废应当及时进行推平、碾压等处理，建筑固废推平后，填埋厚度每达到 1m 应当碾压 1 次，并符合施工设计的密实度要求。④填埋作业区填埋高度不得高于设计标高，边坡坡度应当符合设计要求，在必要的区域应当设置标高指示杆。⑤受纳单位对于含水量较高的弃土应当采取晾晒及混合干土填埋碾压等措施，按设计要求分片区填埋。在非水源保护区，可采取与混凝土、砖渣和碎石等无害建筑固废混合分区填埋的方式。对于含水量较高的弃土处理能力达到饱和时，受纳单位应当停止受纳含水量较高的弃土，避免出现安全隐患。

(2) 设备设施及安全管理。①受纳单位应当在受纳场配备如下设施：进场道路、冲洗槽、截洪沟、排水沟、沉砂池等基础设施，生活和管理设施，消防和安全防护设施，通信、监控设施，停车场及其他必要的设施。主管部门应当定期抽查配套设施状况，督促受纳单位按要求定期检查维护。②主管部门应当定期对受纳单位开展安全生产检查，对于存在的安全隐患及时督促受纳单位整改。③挖掘机、推土机等特种机械的操作应当执行国家有关规定，电器、机电设备、电器控制柜的操作和检修应当执行电工安全有关规定。④受纳单位应当制定安全事故应急处理预案，并定期组织员工教育培训和安全演习，场区发生安全事故时应当立即启动应急处理预案。

2. 从深圳市"12·20"事故中看规范化管理的重要性

当前建筑固废最主要的去处依然是建筑固废受纳场，然而诸多城市仅仅停留在对受纳场的规划阶段，并不注重受纳场的具体管理，将建筑固废随意堆放在受纳场。2015 年 12 月 20 日发生在广东省深圳市光明新区的渣土收纳场特别重大滑坡事故，使得建筑固废收纳场规范化管理得到重视。调查表明，"涉事企业无视法律法规，建设运营管理极其混乱"以及"有关部门违法违规审批，日常监管缺失"是建筑固废受纳场管理中极为突出的两个问题，这两个问题的解决都急需更为强有力的法律与监管制度[12]。

3.4.4　城市矿产相关概念

　　"城市矿产"的概念最初来源于 20 世纪 80 年代的日本,当时进入工业化后期的日本国内废旧家电日益增多,为应对金属资源特别是稀贵金属资源匮乏的问题,回收废旧家电中的有价金属成分变得极具资源战略性和环保紧迫性。1988 年,日本学者南条道夫[13]从金属资源回收的角度首次定义了"城市矿产"的概念。他提出,把地上积累的工业制品资源看成可再生资源,可称为"城市矿产"。2006 年,白鸟寿一等[14]提出"人工矿床"的设想,把可回收的资源蓄积均视为"矿床"。2010 年,山末英嗣等[15]将电器、汽车、建筑物等固废称为"城市矿石",并提出从资源高效利用的角度来看"城市矿石"的概念对资源贫乏的国家十分关键。从这些概念的定义来看,"城市矿产""城市矿石"等概念更加强调可循环利用的资源本身,而"人工矿床"等概念更加强调蓄积资源的场所。

　　在我国,国家发展和改革委员会、财政部于 2010 年下发《关于开展城市矿产示范基地建设的通知》后,"城市矿产"概念得以广泛使用。"城市矿产"指的是工业化和城镇化过程产生和蕴藏在废旧机电设备、电线电缆、通信工具、汽车、家电、电子产品、金属和塑料包装物以及废料中可循环利用的钢铁、有色金属、稀贵金属、塑料、橡胶等资源,"城市矿产"是对废弃资源再生利用规模化发展的形象比喻。

　　王昶等[16]认为,并不是所有的固体废物在现有的技术条件下都能转变为"城市矿产"资源进行开发利用,但是随着科学技术的进步,越来越多的固体废物可以转化为"城市矿产"。建筑固废主要包括淤泥渣土、废旧混凝土、废沥青、废砖瓦、砂浆、废金属、玻璃、塑料、木材等,大部分为固态、半固态,具有较高的可回收利用价值。因此,要实现资源的再利用,"城市矿产"不能只局限于废旧家电及贵金属等,还应该将建筑固废纳入"城市矿产"的范畴进行开发利用。鉴于当前对建筑固废的资源化利用研究还处在初级阶段,将不能实现高效再利用的建筑固废科学合理地堆放起来以待它们以后发挥更大价值,对于我们来说,这未必不是另一种意义上的"矿山"。

3.5　本 章 小 结

　　建筑物的拆除过程就是建筑固废的直接来源过程,当前较为粗糙甚至暴力的拆除方式给建筑固废的再生利用带来很大不便。若追根溯源,在建筑设计施工阶段实际上就已经在图纸上、在施工过程中产生了建筑固废。因此,从建筑固废的来源入手,减量化的设计、施工、拆除显得尤为重要。实际上,不同建筑固废的资源化利用过程是一个随材料科学发展而不断进化的过程。在这个过程中,建筑固废是具有巨大利用价值的"城市矿产",科学有效地组织和管理建筑固废的运输、堆放，使其在未来具有更大的利用价值，就显得十分重要。

本章涉及的另一关键问题是建筑固废资源化产业的规划，从一个更全面的角度为这个新兴的、蓬勃发展的产业提供了发展的推力。同时应清楚地看到，建筑固废资源化不仅仅是政府、企业、科研院所的职责所在，这个产业唯有社会各界广泛参与，才能蒸蒸日上，才能真正实现"变废为宝，点石为金"。

参 考 文 献

[1] 中华人民共和国工业和信息化部门. 固定式建筑垃圾处置技术规程(JC/T 2546—2019)[S]. 北京: 中国建材工业出版社, 2019.

[2] 王家远, 康香萍, 申立银, 等. 建筑废料减量化管理措施研究[J]. 建筑技术, 2004, (10): 732-734.

[3] 叶洲元, 周志华. 建筑物拆除方案选择与实例分析[J]. 山西建筑, 2010, 36(16): 129-130.

[4] 谢冰. 拆除爆破的典型危害与安全防护技术浅析[J]. 建筑安全, 2012, 27(7): 49-51.

[5] 上海市住房和城乡建设管理委员会. 建筑物、构筑物拆除技术标准(DGJ 08-70—2021　J 12367—2021)[S]. 上海: 同济大学出版社, 2021.

[6] 周洲. 建筑机械拆除施工方法研究[J]. 山西建筑, 2016, 42(20): 81-83.

[7] Makoto K, Yozo S, Takenobu K, et al. 最新高层建筑拆除系统[C]//世界高层都市建筑学会第九届全球会议, 上海, 2012: 632-637.

[8] 郝赤彪, 苏楠. 建筑拆除过程中的可持续措施初探[J]. 中外建筑, 2015, (2): 114-116.

[9] 赵宇晗, 史一凡, 娄坚, 等. 基于现代信息技术的渣土水陆联运系统[J]. 物流技术, 2013, 32(21): 402-404, 408.

[10] 北京市市场监督管理局. 建筑垃圾运输车辆标识、监控和密闭技术要求(DB11/T 1077—2020)[S]. 北京: 中国建材工业出版社, 2020.

[11] 北京市市政市容管理委员会. 科技辅助解决管理难题——北京市建筑废物运输车辆更新改造标准与技术[J]. 城市管理与科技, 2014, (5): 70-71.

[12] 中国应急管理杂志编辑部. 广东深圳光明新区渣土受纳场"12·20"特别重大滑坡事故调查报告[J]. 中国应急管理, 2016, (7): 77-85.

[13] 南條道夫. 都市鉱山開発-包括的資源観によるリサイクルシステムの位置付け[J]. 東北大學選鑛製錬研究所彙報, 1988, 43(2): 141-152.

[14] 白鳥寿一, 中村崇. 人工鉱床構想-Reserve to Stock の考え方とその運用に関する提[J]. 資源と素材, 2006, (122): 325-329.

[15] 山末英嗣, 南埜良太, 沼田健, 等. 都市鉱山に含まれる元素素材の関与物質総量を用いたリサイクル性評価手法の開発～都市鉱石 TMR の枠組み構築～[J]. 日本金属学会誌, 2010, 74(11): 718-723.

[16] 王昶, 徐尖, 姚海琳. 城市矿产理论研究综述[J]. 资源科学, 2014, 36(8): 1618-1625.

第4章 建筑固废资源化工艺与装备

本章针对建筑拆除废物(废混凝土、废砖瓦等)工艺及装备进行阐述,梳理目前国内外在建筑固废资源化领域较为成熟的相关工艺及装备,同时对建筑固废处理模式的类型、选择、布置及相关要求进行介绍。我国绝大部分建筑固废采用混合收集,在回收利用率、资源化利用技术水平及无害化处理能力方面均较为落后。为提高处置效率,本章着重介绍固定式和移动式两种资源化模式,并在此基础上提出移动-固定混合模式。

4.1 建筑固废资源化工艺

近年来,随着城市建设的发展,大量建筑固废的产生和自然资源日趋枯竭,使建筑固废尤其是废弃混凝土的可循环利用成为科研的热点。纵观国内外建筑固废资源化行业的现状,其工艺多数都是针对废弃混凝土的,与常见的天然砂石骨料的破碎筛分工艺不同,废弃混凝土中不可避免地存在钢筋、木块、塑料碎片、玻璃、建筑石膏等各种杂质,为满足国家产品质量标准要求,建筑固废资源化工艺在破碎筛分的基础上,必须充分考虑分选除杂的相关工艺,并根据再生骨料产品的用途,确定骨料整形、强化及微粉去除工艺。因此,建筑固废资源化的工艺一般可划分为储存、预处理、传送、分选、破碎、筛分、降尘、骨料整形、强化等环节。

建筑固废资源化的工艺对再生制品的性能有显著影响,因此需要对再生骨料的生产工艺进行深入研究,得出一种合适的生产工艺。目前,工艺中存在的主要问题为:①再生骨料品质低,不能最大限度地发挥再生骨料应有的性能;②生产效率差、生产工艺不合理导致生产效率低、生产废物增多;③生产过程污染大,包括粉尘污染、噪声污染、生化污染;④能源消耗大、生产成本高。不同的设计者和生产厂家在生产细节上也略有不同。下面将从国外和国内两个方面介绍相关的建筑固废资源化工艺。

4.1.1 国外建筑固废资源化工艺

1. 俄罗斯

俄罗斯是较早进行建筑固废分选系统工艺研究的国家,其设计流程比较典型。

鉴于废弃混凝土中往往混有金属、玻璃及木材等杂质,在俄罗斯的工艺流程中设置了磁选和风选工序,以除去铁和轻物质,其工艺流程如图 4.1 所示[1]。

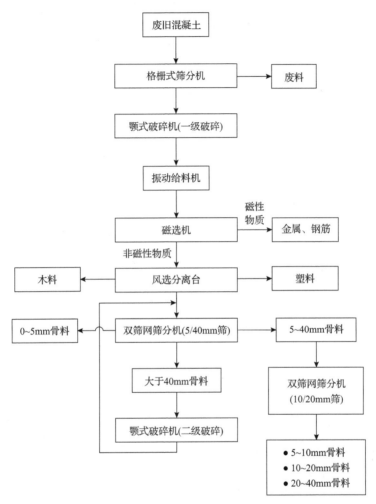

图 4.1 俄罗斯建筑固废资源化工艺流程

该生产工艺流程中配备有 2 台颚式破碎机,分别进行混凝土的一级破碎和二级破碎。该生产工艺流程使用了双层筛网筛分机,筛分效率较高,初次筛分采用 5mm 和 40mm 筛网,将骨料分为 0～5mm、5～40mm、40mm 以上三种粒径。在普通配合比的结构混凝土中,骨料粒径一般不大于 40mm,因此为充分利用废弃混凝土资源,将 40mm 以上的碎石再次破碎,使粒径达到 0～40mm。二次筛分采用 10mm 和 20mm 两种筛网,将骨料分为 5～10mm、10～20mm、20～40mm 三种粒径。该工艺流程分选效果良好,各级别颗粒分离细致,其主要缺点是加工设备繁多,导致初期投资规模较大,不利于其在短期内或者中小企业推广。

2. 日本

日本十分重视建筑固废的再生利用，将建筑固废视为"建设副产品"，其再生材料被广泛用于建材的原材料、道路路基、扩展陆地、围海造田的填料等。日本对于处理建筑固废的主导方针是尽可能不从施工现场运出废物，建筑固废要尽可能重新利用，其建筑固废利用率可达90%以上。

日本的建筑固废处理技术已经较为成熟，从建筑工地运来的垃圾经称重后，采用机械分拣和人工分拣方法，按木材、纸片、混凝土、塑料、金属等进行分类，分为粗选和细选两个过程。粗选过程比较简单，主要是人工分拣出大块的木材及包装纸箱等，用铲车等挑选出大块混凝土，将粗选后的建筑固废混合物用铲车送入机械流水线进行细选，其工艺流程如图4.2所示[2]。

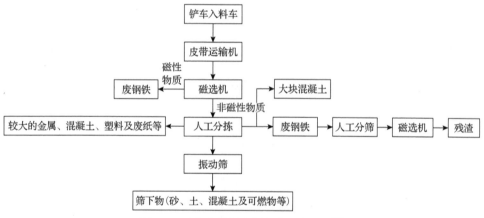

图 4.2　日本建筑固废资源化工艺流程[2]

在该生产工艺流程中，一般是用抓斗将大块混凝土敲碎，回收其中的钢筋，混凝土用破碎机进行破碎，经筛分除去砂土，清洗干净的碎混凝土可作为路基填料，也可作为混凝土的骨料。建设污泥经过脱水处理后，添加水泥和石灰等固化材料进行稳定化处理，保证其符合一定的品质标准后，可作为回填的土质材料再利用。分离后的残渣进行焚烧处理，以进一步减小建筑固废的体积。可用的废纸、金属及成块木材可直接出售给有关企业作为原料再利用。碎木材由皮带输送机送至破碎机进行破碎，经磁选除金属后，经过多级筛分机进行筛分，筛分为造纸原料、木板原料及燃料原料等，将不同原料放入不同的储库内，供应给有关企业。除此以外，利用废弃木材发电，将建筑固废转化为沼气用于能源处理在日本也逐渐增加。

日本还利用先进的工艺来提高再生骨料的质量，将其用于高质量的混凝土中，主要技术包括加热磨损工艺、偏心研磨工艺等。

　　(1)加热磨损工艺。再生骨料加热磨损工艺由 Shibatani[3]提出，如图 4.3 所示，在该生产工艺中，首先将废弃混凝土通过一级破碎和筛分装置处置成最大粒径不超过 40mm 的废弃混凝土块，然后将这些废弃混凝土块在加热装置中加热到 300℃，再将加热过的废弃混凝土块送入二级破碎装置中，对其进行机械磨损，将

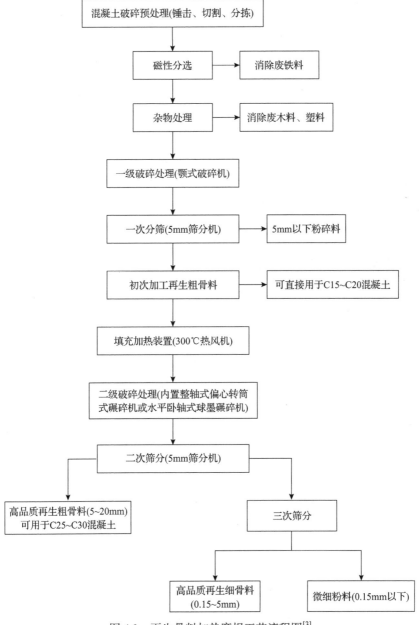

图 4.3　再生骨料加热磨损工艺流程图[3]

附着的水泥砂浆与废弃混凝土块分离，最后将水泥砂浆与废弃混凝土块的混合物进行二级和三级筛分，获得再生粗骨料（5～20mm）、再生细骨料（0.15～5mm）和微细粉料（<0.15mm）。根据该生产工艺得到的再生粗骨料、再生细骨料和微细粉料的质量比分别为35%、30%和35%。与其他生产工艺相比，该工艺中增加了加热和机械磨损两道工序，可以将水泥砂浆有效分离。

（2）偏心研磨工艺。Yanagibashi 等[4]通过理论分析和试验研究的方式论证了二级破碎、进一步处理再生骨料可以改变材料的微观形貌，并提高骨料的品质，清水建设公司和东京电力公司研究开发了废旧混凝土砂浆和石子的分离技术，两家公司和大阪城市大学共同研发了高性能再生骨料的生产工艺流程。这种高性能再生骨料生产过程包括三个阶段：①预处理阶段，除去废弃混凝土中的其他杂质，用颚式破碎机将混凝土破碎成 40mm 直径的颗粒；②研磨阶段，混凝土块在偏心转筒内旋转，使其相互碰撞、摩擦、研磨，除去附着于骨料表面的水泥浆和砂浆；③筛分阶段，最终的材料经过筛分，除去水泥和砂浆等细小颗粒，最后得到的即为高性能再生骨料。第二阶段的偏心研磨工艺是一种典型的骨料强化工艺。该高性能再生骨料生产工艺流程如图 4.4 所示。

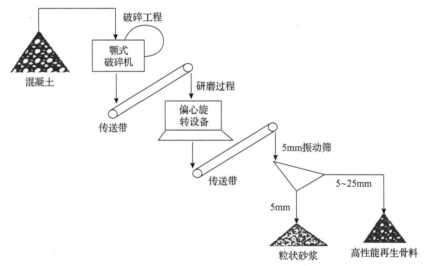

图 4.4　高性能再生骨料生产工艺流程[4]

3. 美国

美国建筑固废资源化生产工艺流程与日本基本一致，其差异在于分选工艺[5]。对于轻物质，美国一般使用空气压缩机产生的高压气流将建筑固废中的木料、灌缝料、塑料等杂质吹出。而为了将混凝土中的钢筋除去，美国一般采用在破碎设备和筛分设备中间增加电磁铁设备，设置 2 套电磁铁，这样能够较彻底地除去钢材。第 1 套电磁铁一般安装在一级颚式破碎机和振动筛分装置中间以除去钢筋传力杆、拉杆等体积较大的钢材，第 2 套电磁铁一般安装在二级颚式破碎机和振动筛分装置之间以除去绑扎钢筋的钢丝和二级破碎过程中产生的体积较小的钢材碎屑等。

4. 欧洲国家

在建筑固废资源化工艺领域，欧洲国家经过长期的实践累积，已经形成了先进科学的建筑固废资源化成套工艺和设备，实现了较高程度的建筑固废资源化。以德国为例，其建筑固废资源化工艺主要包括物料输送、前破碎、分选、后破碎、筛分、贮藏和分级分类、配量终端，如图 4.5 所示。

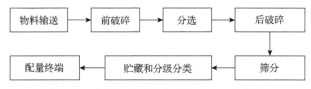

图 4.5　德国建筑固废资源化工艺流程图[1]

其中，物料输送工序是指建筑固废被输送到指定地点后进行称重，记录相关的数据，并将垃圾中含有的大尺寸物件(如木块和铁)挑选出来。前破碎工序是指建筑固废被翻斗车或者轮胎式装载车输送到前破碎机中破碎，此工序中建筑固废被破碎的粒径是 0～150mm。分选工序是将被"前破碎"的建筑固废通过传输带输送到分选车间，其中含有的杂物如塑料、木块、纸张及其他杂质在此被手工分拣，并且存放在底部一个分选的容器中。进行后破碎工序时，分选后的建筑固废相对来说粒径均匀，将再次被输送到后破碎机中再一次被破碎，然后被输送到下一道筛分工序。

筛分阶段建筑固废被分为两个范围：粒径 0～56mm 和粒径大于 56mm。粒径大于 56mm 的部分将被堆积到固定的地方，或者根据需要重新返回到后破碎机中，粒径在 0～56mm 的部分则进入下一个贮藏和分级分类流程，随后进行贮藏和分级分类工序，物料在两个筛分设备按照粒径 0～4mm、4～8mm、8～16mm、16～56mm 分离出来，其中粒径在 0～4mm 的可以直接装入贮存仓，其余颗粒被风选分离器再一次将轻的物料(如纸张、塑料或者木板)除掉，装入另一个贮存仓。在后续的资源化利用阶段，颗粒在一个微处理器的控制下添加水做配料进行搅拌和装运，从而实现根据需求加工不同建材的目标。

德国的废弃混凝土资源化工艺流程主要由两个破碎机组成，分为前破碎机和后破碎机。在生产过程中，经破碎的石料需烘干，最终通过破碎机的加工，再生骨料的级配被筛分为四个粒径范围。由于该工艺整个处理流程需安装 2 台破碎机及 4 台筛分机，投资费用巨大且工程占地面积大。这种工艺已不被采用，多用移动式一段式破碎机+筛分+分选等，根据产品需要进行灵活组合，固定式破碎机也改为单段反击式破碎机。

图 4.6 为荷兰建筑固废资源化生产工艺流程，该工艺主要采用了湿处理法。传统的建筑固废资源化生产工艺大都采用干处理法，即直接对自然状态下的再生骨料进行破碎、筛分处理。干处理法具有操作简单、造价低等特点，但是不能有效分离废弃混凝土中的杂质，当废弃混凝土中含有的杂质较多时，利用干处理法进行混凝土回收利用十分低效，仅能用于路面用混凝土的配制。因此，采用干处理法往往只能实现低效的废弃混凝土回收利用。

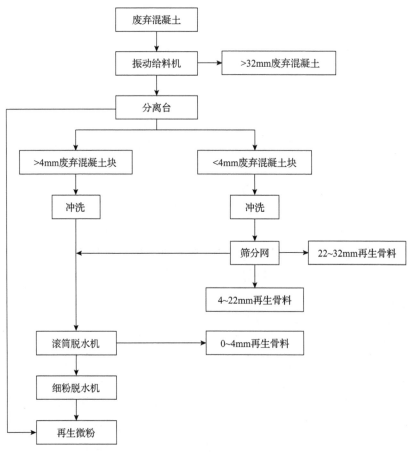

图 4.6　荷兰建筑固废资源化生产工艺流程[1]

该工艺流程的参数如下：处理废弃混凝土的粒径范围为 0~32mm；水的消耗量为 290m³/h。与传统的干处理法相比，该方法可以有效消除废弃混凝土中的泥屑、有机物质以及碎砖等杂质。该工艺具有以下优点：

(1)该生产工艺获得的再生骨料中所含杂质较少,且在生产工艺中采用的真空风选技术可有效地减少粉尘排放。

(2)该生产过程采用了智能破碎的工艺技术,即可根据砂、碎石和硬化水泥的抗压能力不同,设计输出一个确定的功率等级,以破碎和研磨的方式将废弃混凝土破碎成确定的粒径,并分离出砂、碎石和硬化水泥并尽可能减少对它们的破坏。

4.1.2　国内建筑固废资源化工艺

1. 国内典型建筑固废资源化工艺流程

国内建筑固废资源化工艺主要有:再生粗、细骨料生产工艺,以及基于前者基础上的再生微粉生产工艺,具体根据建筑固废资源化的需求选用,其中再生粗、细骨料生产工艺可分为固定式和移动式两种。

1)固定式再生粗、细骨料生产工艺

图 4.7 为典型的固定式再生粗、细骨料生产工艺流程。该工艺流程包括:废物进入一级破碎设备之前,通过人工分选去除大块杂质,如废弃木板等。一级破碎设备采用颚式破碎机,一级破碎后的产品通过皮带输送到二级破碎设备,在输送过程中仍然采用人工分选去除小块杂质,如废弃纸板、塑料杂质等。二级破碎设备采用反击式破碎机,进料过程中尽可能将物料均匀分配。破碎后产品经过磁力分选设备输送至颗粒整形设备,之后进行水洗,去除产品表面泥灰。筛分后分四级输送到料堆,并使用除尘设备在破碎过程中进行除尘。

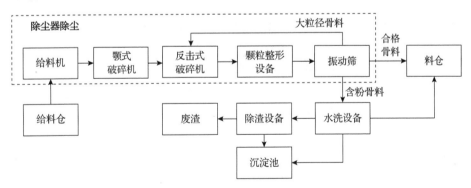

图 4.7　固定式再生粗、细骨料生产工艺流程

图 4.8 和图 4.9 分别为固定式再生骨料生产工艺的堆料仓库和生产线。该生产线破碎工艺布置于地下,利用土壤吸声性,大大降低了噪声污染;空间密闭且采用了除尘设备,降低了粉尘污染。而建筑固废资源化产品由于其来源复杂,一般含泥量较高,并含有大量粉尘,严重影响产品品质,因此该示范线加入水

洗工艺，降低产品的含泥量、含粉量。水洗工艺中，将冲洗后含有大量泥土的浆体回收，经过沉淀池沉淀后取其上层清液重复利用。针对建筑固废中避免不了的钢筋和金属连接件，该生产工艺采用磁力分选设备在皮带输送过程中去除铁磁性杂质，在保证产品质量的同时也提高了设备的使用效率和使用寿命。

图 4.8　固定式再生骨料生产工艺的堆料仓库

图 4.9　固定式再生骨料生产工艺生产线

2) 移动式再生粗、细骨料生产工艺

典型的移动式再生粗、细骨料生产工艺采用"筛分—破碎—筛分"的工艺流程，改变了原来的一级破碎加一级筛分工艺，即增加了一台重型筛分机，可以增加 40% 的产量。采用一台每小时 300t 的履带移动反击式破碎机和一台每小时 300t 的履带移动式三层筛分机，可以达到每小时 300t 的建筑固废处理能力。在前端增加一台每小时 500t 的重型二层筛分机，能把建筑固废中约 200t 在 0~10mm 和 10~32mm 的粒径直接筛分出来用作再生骨料，剩下 300t 的 32mm 以上粒径的建筑固废进入反击式破碎机，就可以达到每小时 500t 的建筑固废处理能力。

移动式再生粗、细骨料生产工艺流程如图 4.10 所示。①将建筑固废送入重型筛分机，0~10mm 和 10~32mm 粒径的建筑固废被筛分出来，32mm 粒径以上的建筑固废通过皮带输送进反击式破碎机，同时进行轻质物的分选。②建筑固废破碎后，掺杂其间的废金属被除金属物装置分选出来，建筑固废经皮带送入筛分机。③通过筛分机不同粒径的出料口，生产出 0~5mm 粒径的再生细骨料以及 5~10mm、10~20mm 和 20~32mm 粒径的再生粗骨料。

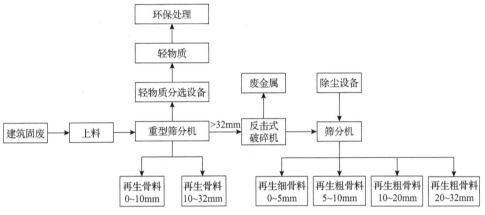

图 4.10　移动式再生粗、细骨料生产工艺流程

图 4.11 为移动式再生粗、细骨料生产工艺的生产线。采用移动式设备的再生骨料生产线具有以下优点：

图 4.11　移动式再生粗、细骨料生产工艺生产线(许昌市建筑固废资源化利用项目)

(1)搭接方式灵活，降低处理成本。可以根据建筑固废资源化所需要的再生骨料对设备采用多种搭接方式进行生产，从而提高产量，降低处理成本；如果需要连续级配骨料，只需要将重型筛分机和破碎机搭接即可满足所需要的骨料生产要求，从而减少一台筛分机的运行成本。需要再生骨料的规格比较多时，用重型筛分—破碎—筛分工艺可以同时完成 6 种规格骨料的生产需求，大大提高了生产效率。

（2）减少投资，转场方便。由于建筑固废处理不同于其他产品的生产，在某一个地方某一个时期，建筑固废的产生数量不可能均衡，如果采用移动式处理设备，可以在不同地区、不同时段对设备进行调配，增加设备利用率，降低设备投资。可以实现在建筑固废产生地就地处理，也可以到处理厂集中处理。

（3）节省建筑固废装运费用。移动式设备在处理建筑固废时可以随时移动，无论现场处理还是集中处理都会减少建筑固废的短途装运费用。如果按照短途装运费用 5 元/t 计算，每年处理 100 万 t 建筑固废就可节约费用 500 万元。

图 4.12 和图 4.13 为再生骨料的应用及应用效果。

图 4.12　再生骨料的应用（施工现场）

图 4.13　再生骨料的应用效果

3）再生微粉生产工艺

再生微粉生产工艺流程如图 4.14 所示。通过自卸车或装载机加料，先将物料通过自动给料机输送进入一级破碎设备，一级破碎设备采用颚式破碎机。一级破碎后的产品通过皮带输送到人工分选平台，分选剔除大块钢筋、废弃木板、塑料等并堆料，随后进行二级破碎，二级破碎设备采用反击式破碎机。二级破碎后产品经过磁力分选设备、去泥筛、分选机、筛分机输送至半成品料库，同时进行水洗，去除产品表面泥灰。随后一部分直接销售，另一部分和炉渣一起进入三级破碎粉磨，三级破碎粉磨采用联合粉磨系统，产品进行筛分后分别装入相应的料库。其中，使用除尘设备在生产过程中进行除尘。

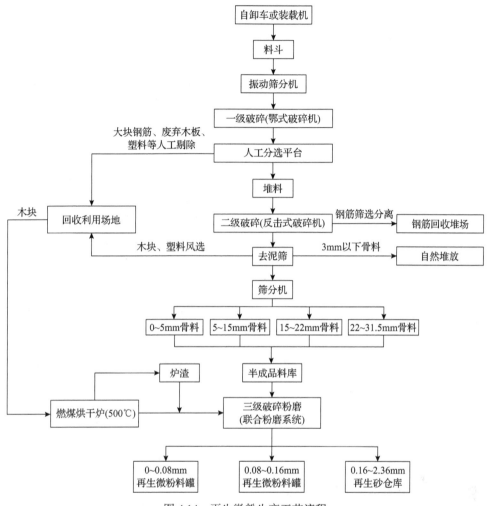

图 4.14 再生微粉生产工艺流程

该生产工艺可分为五大部分:①预处理堆放区,完成对建筑固废的初级破碎、人工分选、原料堆放工序;②破碎分拣区,为将建筑固废处置成为骨料的主工作区,承担了建筑固废细碎和杂质分离的任务;③分级储存区,半成品物料分为四个规格进入封闭式地笼半成品料库储存,给联合粉磨系统连续供料和半成品单独装车销售;④联合粉磨区,再生微粉生产的工作区,关键设备为烘干型锥腔磨机;⑤工厂化系统控制,包括无二次扬尘环保控制、生产流水线智能化程序控制和关键设备智能诊断控制。

在该生产工艺中,通过中央控制室可以实时监控再生骨料示范生产线和再生骨料制品示范生产线的生产状况,并随时做出必要的工艺参数调整,达到生产过程的高效能管理,也大大提高了操作人员劳动过程的环境质量。

该生产工艺的核心技术为联合粉磨系统,具有效率高、能耗低、磨耗少、无粉尘噪声污染等诸多优点,可用于混凝土建筑固废资源化深加工,回收高品质再生粗骨料、再生细骨料和再生微粉。其中关键设备是烘干型锥腔磨机,它综合了球磨、搅拌磨、冲击磨、振动磨、气流磨等的研磨机理,集粉碎、研磨、烘干、除铁于一体。生产过程中,通过偏心挤压粉碎剥离水泥石,回收高品质再生粗骨料。剥离出来的水泥石通过环辊磨机研磨,回收再生超细粉等再生微粉,从而实现科学的生料与熟料分类回收、分类再生、分类利用。层压粉碎工艺使砂石生料成为研磨介质,将强度较低的黏土烧结砖颗粒、水泥石颗粒研磨成粉,经过联合辊压粉碎回收高品质再生粗骨料和高品质再生砂,所生产的再生超细粉属于机械力化学活化的再生微粉。与此工艺相比,传统石料破碎线即颚式破碎机+反击式破碎机+筛分机属于粗处置工艺,所回收的混凝土再生粗骨料通常裹着水泥石,并且石料破碎前没有粉体分选回收装置,其生产的再生砂粉体含量超标。

4)建筑固废资源化全利用技术

建筑固废资源化全利用技术(construction waste full resource recycling complete technology,CRC)是国内多家单位联合开发的建筑固废资源化利用技术项目,实现了混凝土建筑固废、砖混建筑固废等建筑固废资源化全利用,其技术路线如图 4.15 所示。

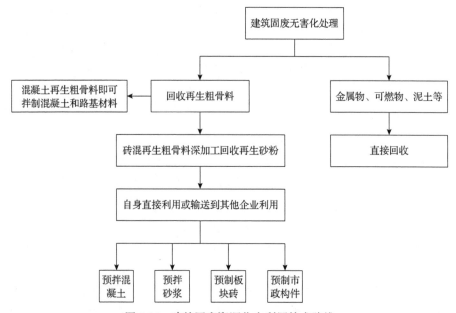

图 4.15　建筑固废资源化全利用技术路线

在 CRC 资源化工艺中,依据建筑固废的性状分为砖混建筑固废和混凝土建筑固废。其中砖混建筑固废有如下特点:①通常大块砖墙较少,这是由于钢筋混凝土梁柱含钢筋,在施工现场由冲击钻破碎;②杂质较多,含有一定量的轻质混杂物;③通常有小型预应力多空楼板。而混凝土建筑固废有如下特点:①通常大块混凝土较少,这是由于钢筋混凝土梁、柱的钢筋含量大,在施工现场由车载冲击钻破碎;②由于构筑物建筑固废装车等原因含有挖掘土。对于两种建筑固废,分别有对应的两步法、三段式处置工艺流程。

房屋建筑固废处置工艺流程如图 4.16 所示。该处置工艺分为两步。第一步无害化处理:装修或拆房建筑固废一段式破碎截辊破(类似剪齿破撕碎机)剪切和辊压复合破碎至粒径为 50~100mm,进入二段式狼牙齿辊破辊压粉碎,产生选择性粉碎,其中混凝土、碎砖等脆性材料大多被压碎至粒径 30mm 以下,而木块、织物等韧性材料被压扁不过碎(粒径大多在 30mm 以上),然后进入轻质混杂物回收系统,剥离金属、轻物(粒径大于 30mm 物质)、渣土(粒径小于 5mm 物质),回收粒径为 5~30mm 的为较干净的再生粗骨料,从而基本实现无害化处理。第二步资源化再生:再生粗骨料进入三段式破碎高压辊压机层压粉碎,产生选择性粉碎,实现建筑固废分类再生,即黏土烧结砖成为粉体,砂石成为粗细砂,而细小轻质物被压扁(粒径大多大于 5mm),再通过打散整形机回收粒径小于 5mm 的再生砂粉和剥离粒径大于 5mm 的细轻质物。

混凝土建筑固废处置工艺流程如图 4.17 所示,同样分为两步。第一步无害化处理:首先将混凝土建筑固废放入强力反击式破碎机,把废混凝土破碎至 31.5mm 粒径以下,然后磁选设备回收金属物,再经过 31.5mm 和 5mm 两层筛选设备,将粒径大于 31.5mm 物料重新放回强力反击式破碎机再次破碎,并除去粒径小于 5mm 的渣土,回收粒径为 5~31.5mm 的再生粗骨料,从而实现混凝土建筑固废剥离金属物和泥土无害化处理。第二步资源化再生:将再生粗骨料进行偏心辊压破粉碎,剥离混凝土石子上裹着的水泥石;然后物料进入砂粉分离机,分别回收粒径大于 5mm 粗骨料、小于 5mm 细骨料、小于 0.16mm 粗粉;粗粉通常为水泥石粉、粉煤灰、矿渣粉混合物;最后进入三段式超细磨研磨,实现机械力化学活化。超细研磨是研磨分选一体机,可以根据市场需求再生微粉细度要求回收再生超细粉、再生普通粉体等。

2. 建筑固废资源化相关工艺

国内部分建筑固废资源化工艺借鉴了矿山开采的经验,部分技术工艺介绍如图 4.16 和图 4.17 所示。

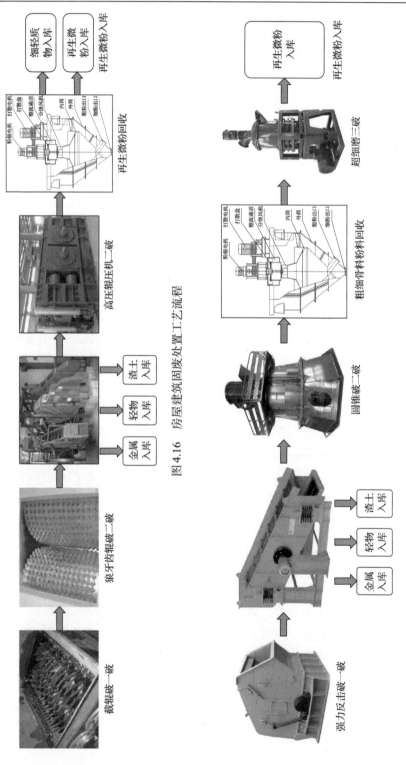

图 4.16　房屋建筑固废处置工艺流程

图 4.17　混凝土建筑固废处置工艺流程

1) 预均化工艺

结合水泥生产的经验，建筑固废用于水泥原料在破碎之前需进行预均化，可以保证产品的质量和稳定性。预均化技术包括预均化库和预均化堆场。预均化堆场的预均化效果最好，但是对厂址的规划要求较大，从投资、生产工艺和环保等角度来看，普通的建筑固废资源化利用厂不适合选用这种技术。

预均化工艺中堆场的布置形式有矩形料场和圆形料场两种[6]。圆形预均化堆场原料由上料带式输送机送到堆场中心，由可以围绕中心作 360°回转的悬臂式带式堆料机堆料。取料一般用桥式刮板取料机，主梁的一端接在堆场的中柱上，另一端架设在料堆外围的圆形轨道上，可以回转 360°，将取出的原料经刮板送到堆场底部中心落料斗，卸在地沟内出料带式输送机上并运走。一般来说，同储存容量的圆形堆场比矩形堆场占地面积减少 30%左右。有时由于风大，物料飞散，尘土飞扬，出于环境保护目的而加盖料棚，但主要还是避雨雪而加盖料棚。通常堆场占地面积很大，一般在 10000m² 以上，造价较高，所以是否加盖料棚应根据客观需要而定。

2) 有色金属分选工艺

结合矿石分选的经验，采用有色金属分选技术可从建筑固废中分选出铜、铝等有色金属[7]。有色金属分选技术对多种非铁金属有较好的分选效果，并具有适应性强、可调控的特点。有色金属分选工艺原理示意图如图 4.18 所示。其原理是利用导体在高频交变磁场中会产生感应电流。首先分选磁辊的表面会产生高频交变的强磁场，当金属块进入强磁分选区时会在内部感应出涡电流，从而产生相互排斥的作用力；然后利用这个排斥力把金属块向前抛出，从而实现有色金属分离的目的。

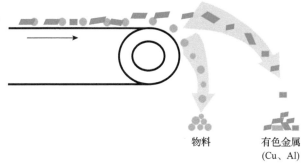

物料　　　有色金属
　　　　　(Cu、Al)

图 4.18　有色金属分选工艺原理示意图[7]

一般情况下，有色金属分选工艺会和磁选工艺相结合，具体工作原理如图 4.19 所示[7]。利用该种结合工艺，能有效地分离出建筑固废中的铁金属和非铁金属，为后续的利用打下基础。

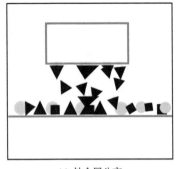 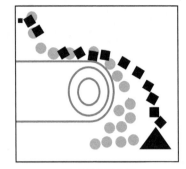

(a) 钛金属分离　　　　　　　　　　　(b) 非铁金属分离

图 4.19　有色金属分选工艺和磁选工艺相结合原理示意图[7]

3) 砖混分离工艺

国内有一种分离砖和混凝土的工艺，称为砖混分离工艺，这是一种基于重力和形状分选理论，实现建筑固废再生料中黏土砖物料与混凝土物料分离的方法，利用黏土砖与混凝土的比重和形状差异，借助合理的运动参数、适当的人工辅助手段实现建筑固废中黏土砖物料和混凝土物料的分离。但对于每小时要处理 300t 的建筑固废生产线，要工业化生产还存在一定困难。

与之相类似的还有一种比色分选的工艺，可以有效分离砖和混凝土。鉴于常见的黏土砖为红色，而废弃混凝土多为灰色，比色分选工艺主要利用两者颜色的不同加以区分，在传送带的末端设置弹出装置将砖或混凝土击飞，以保证两者落到不同的储存区域，这种工艺想法不错，在其他行业也有使用。但由于建筑固废的日处理量过大，难以实现工业化生产，而且使用这种工艺生产成本与产出效益不匹配，同时在分选时底板很快被染红，使比色功能失去效果。

4) 前端分选工艺

前端分选作为建筑固废处理过程中的初级分类手段，其目的是将可回收的大块木料、纸板和塑料进行分离回收，主要针对不规则性状的织物、废橡胶、生活垃圾等一般机械手段难以分离的杂物，是整个生产工艺流程中不可或缺的环节。前端分选一般采用人工分选方式，将人工分选与机械分选结合起来，这样既可保证建筑固废处理量的需求，也可保证分选的精度。前端分选一般包括源头分类和皮带拣选，其中源头分类主要在拆除现场或者进入生产工序前依靠人力对杂物进行初步分选，皮带拣选是在一级破碎后设置一条慢速带式输送机，人工在带式输送机两侧二次拣选未被机械分选去除的杂物。

4.1.3　装修垃圾资源化工艺

由于装修垃圾中存在一些有害物质，发达国家对于装修垃圾的科学化处置已非常重视，在处理技术方面的研究也甚多，如德国西门子公司研发的干馏处理工艺，可使装修垃圾中的各种可再生材料十分干净地分离出来，再回收利用，每吨垃圾经干馏燃烧处理后仅剩 2～3kg 的有害重金属，节省了用于填埋而占用的大片土地。下面就目前国内已有的装修垃圾资源化工艺做简单介绍。

　　"分选+安全填埋"是有效控制装修垃圾污染的方法之一，它能最大限度地将污染物与生物圈隔离。王艳等[8]结合北京市实际情况提出装修垃圾处置工艺，如图 4.20 所示。在该生产工艺流程中，人工分选是十分重要的组成部分，一方面，装修垃圾中成分较多，用机械很难进行彻底分离；另一方面，由于相关设备价格较高，而我国大部分地区人力费用较低，采用人工分选能有效降低成本。目前，国内外装修垃圾回收厂也普遍采用人工分选的方式。

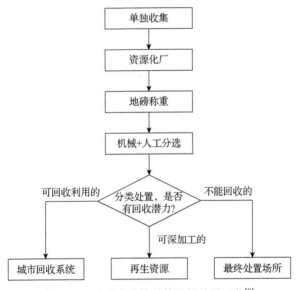

图 4.20　北京市装饰装修垃圾处置工艺[8]

　　图 4.21 为国内建筑装修垃圾处理工艺流程。其中采用剪切式除袋破碎设备既可以除袋又能剪破轻物质，减少后面搅拌轴被堵塞的情况。在此工艺流程中，还设置了多次风选工序，能够有效分离轻重物质。该工艺流程经过先筛后破、多段分选等阶段，制备的再生原料品质稳定。

　　段顺伟[9]还提出一种多功能分级机（见图 4.22），能有效地处理建筑装修垃圾，包括双联重锤锁风阀、分散室、粉尘仓、筛分室、集料斗，双联重锤锁风阀固定设置在分散室的上方，筛分室通过管道与分散室密封连接，筛分室内设置有筛分筛，筛分室上设置有出料口，集料斗与筛分室固定连接，分散室内设置有散料机构和集料机构，分散室的一侧设置风机系统，另一侧设置除尘系统。该结构简单、设计合理，采用全封闭结构设置，具有防尘、除尘效果，还可有效降低噪声，防

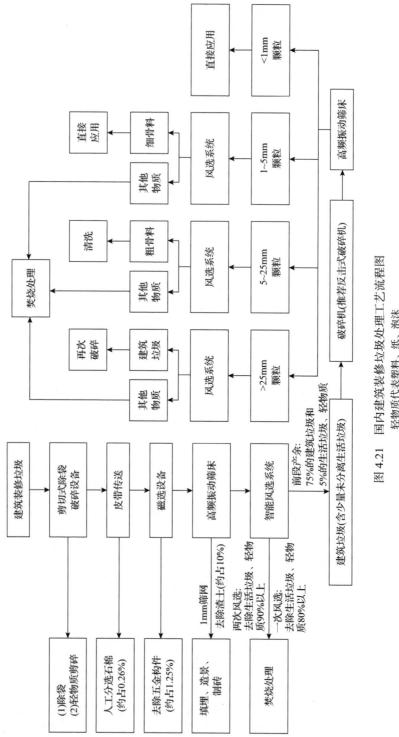

图 4.21　国内建筑装修垃圾处理工艺流程图

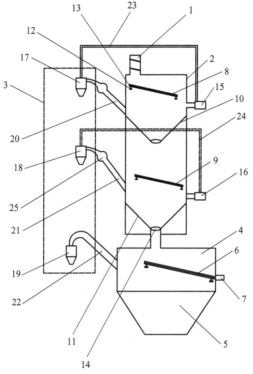

图 4.22　多功能分级机的结构示意图[9]

1. 双联重锤锁风阀；2. 分散室；3. 粉尘仓；4. 筛分室；5. 集料斗；6. 筛分筛；7. 出料口；8. 第一散料筛；
9. 第二散料筛；10. 第一集料斗；11. 第二集料斗；12. 弹簧固定座；13. 弹簧；14. 重锤锁风阀；15. 第一风机；
16. 第二风机；17. 第一旋风除尘器；18. 第二旋风除尘器；19. 布袋除尘器；20. 第一管道；21. 第二管道；
22. 第三管道；23. 第一回风管；24. 第二回风管；25. 分级室

止空气污染；通过设置的第一旋风除尘器、第二旋风除尘器及分级室，实现多次
分离粒径为 0～160μm 的物料，确保粒径为 0～160μm 物料的分离效果好，产量
高；采用各部件组合设置，可有效降低生产成本，节约场地占用面积。

4.2　建筑固废资源化装备

与建筑固废资源化工艺相对应的是设备，建筑固废的资源化就是合理地将破
碎设备、筛分设备、传送设备及除杂设备等组合在一起进行生产的过程。建筑固
废资源化的基本硬件包括但不限于存储设施(储存不同类型的废料和再生产品)、
预处理设备(振动锤等，用于破碎大块废料)、初步筛分装置(在破碎前去除土、石
膏、砂等杂质)、初步破碎机、分选设备(从碎石中分离出铁、轻物质等杂质)、筛
分设备(用于分离较小粒径的骨料)、二次破碎和筛分设备(分别将骨料破碎成需要
的粒径和分成不同的部分)。表 4.1 为我国建筑固废处置主要设备。

表 4.1　我国建筑固废处置主要设备

设备大类	设备小类
分解设备	混凝土切割设备
	液压分解设备
	高压脉冲电流分解设备
传送设备	皮带输送机
	振动给料机
破碎设备	挤压型破碎机
	冲击型破碎机
	剪切型破碎机
分选设备	惯性分选设备
	磁力分选设备
	风力分选设备
	水力浮选设备
除尘设备	洗涤式除尘设备
	过滤式除尘设备
	静电除尘设备
	机械力除尘设备
筛分设备	固定筛
	振动筛
	滚筒筛
	棒条筛
整形强化装备	卧式回转研磨设备

4.2.1　分解设备

现在国内拆除建筑物的方式大多较为粗糙,如爆破拆除,这就造成建筑固废中往往会有较大体积的废弃混凝土。这些废弃混凝土一般采用振动锤等破碎设备进行初步破碎,下面介绍几种较为新颖的分解混凝土的设备。

1. 混凝土切割设备

钢筋混凝土切割技术就是一种新兴的静力拆除技术[10]。作为一项新型的施工技术,钢筋混凝土切割技术受到了众多建筑业人士的关注,而且在建筑改造工程中的应用也越来越多。钢筋混凝土切割技术主要分为碟式切割法和钻石钢线切割法。两者相比，钻石钢线切割法具有更快的切割速度、更大的操作灵活性和更小的施工噪声。碟式切割设备以带有金刚石颗粒的切割碟片为主要切割部件，配上液压装置、定位轮等，施工切口整齐、平直，无须事后加工处理，不受施工场地、环境保护、工期、安全原因等条件限制，被广泛应用于各类大型建筑物的结构改造以及切割施工中。钻石钢线切割设备由大功率油压机、传动定位滑轮及带有金刚石锯齿的钢线组合而成，油压马达通过传动滑轮带动钢线围绕被切割物体高速旋转进行切割，具有施工作业速度快、噪声低、无振动、无粉尘废气污染等优点，而且切口平直光滑，无须做善后加工处理。

如图 4.23 所示，液压混凝土切割机包括液压供给源、电控箱、导轨组件、走刀组件、旋转组件、减速组件、底座组件、液压马达等；在导轨支撑架上固定有导轨组件，底座组件与走刀组件分别安装在导轨组件的两侧；旋转组件、减速组件互成垂直角度连接并固定于底座组件上方，液压马达在旋转组件一端，并与液压供给源通过液压油管相连通；电控箱通过控制线缆控制切割机运行。

图 4.23　液压混凝土切割机

此外，液压混凝土切割机还可以与车辆组合，形成一种用于切割混凝土路面的车载切割机[11]。该车载切割机可利用来自车辆的液压动力，其中刀片锯电动机、轨道电动机与控制转锯的液压缸相连接。利用控制液压流体流速的控制箱，操作者可以调节台车的运行速度和转锯深度。

钢筋混凝土切割技术适用于一些对施工过程有特殊要求的工程，如工期紧迫、环境要求高，一级一些大型混凝土结构拆卸、切割的工程。

2. 液压分解设备

液压分解技术主要利用液压机将混凝土压碎分解，与普通的混凝土压力机不同，由于无须测定混凝土的强度，液压机上没有配设压力传感设备。与其他方法相比，液压分解技术具有较高的分解效率，且分解颗粒较为均匀，但由于成本等问题，目前只在部分建筑固废资源化厂有所应用。液压机是一种以液体为工作介质，根据帕斯卡原理制成的用于传递能量以实现各种工艺的机器，一般由本机（主机）、动力系统及液压控制系统三部分组成。

液压动力岩石分裂机结构示意图如图 4.24 所示[12]。其主要由机头固定座、开石机、钻具、液压泵、钻具液压泵、吹嘴、气泵、丝杠螺母机构等组成。其中机头固定座的两侧分别安装有开石机和钻具，钻具与钻具液压泵相连接。该液压动力岩石分裂机能通过自带的液压源在废弃混凝土上进行钻孔，然后利用一个小型的气泵通过吹嘴将钻出的碎石和粉尘吹走，有效提高了设备的可靠性和耐用性。

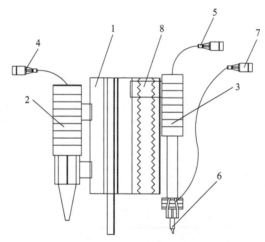

图 4.24　液压动力岩石分裂机结构示意图[12]

1. 机头固定座；2. 开石机；3. 钻具；4. 液压泵；5. 钻具液压泵；6. 吹嘴；7. 气泵；8. 丝杠螺母机构

3. 高压脉冲电流分解设备

高压脉冲电流分解混凝土技术借鉴了一种非机械碎岩方法——脉冲放电碎岩[13]，相对于传统分解混凝土的方法，其具有分解率高、环境污染少等优点，因此受到了业内人士的广泛关注。脉冲放电碎岩是通过施加合适的脉冲电压在电极上，在很短的时间内将电能转化成热能再转化成机械能，产生电爆破的效应。由于岩石和混凝土之间有很多相似之处，可以借鉴脉冲放电碎岩技术来分解混凝土。

高压脉冲电流分解混凝土原理示意图如图 4.25 所示[13]。其工作过程为在废弃混凝土表面覆盖一层绝缘液（常为水或者绝缘油，一般选择自来水即可），然后将电极置于废弃混凝土表面，当电极上施加合适的脉冲高压时，会在废弃混凝土内部形成等离子体通道，瞬间膨胀导致废弃混凝土破碎。

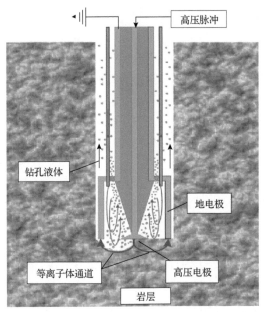

图 4.25　高压脉冲电流分解混凝土原理示意图[13]

4.2.2　传送设备

传送设备负责将建筑固废连续均匀地输送到破碎设备中，一般包括皮带输送机、振动给料机。

1. 皮带输送机

皮带输送机如图 4.26 所示，它具有输送量大、输送距离长、运行平稳、物料与输送带没有相对运动、噪声较小、结构简单、维修方便、能量消耗少、部件标准化等优点，被广泛应用在建筑固废资源化行业，用来输送松散物料。皮带输送机一般采用筒体式偏心轴激振器及偏块调节振幅，使用维修方便；采用钢网或冲

图 4.26　皮带输送机

孔筛板，使用寿命长，不易堵孔；同时采用橡胶隔振弹簧，使用寿命长、噪声小、过共振区平稳。

有些皮带输送机工作时，首先用称重架对经过的物料进行称重，以确定皮带上的物料重量，同时装在尾部的数字式测速传感器连续测量给料机的运行速度，该速度传感器的脉冲输出正比于给料机的速度；速度信号与重量信号一起送入给料机控制器，控制器中的微处理器进行处理，产生并显示累计量/瞬时流量。该流量与设定流量进行比较，由控制仪表输出信号控制皮带输送机，从而达到定量给料的要求。

2. 振动给料机

一般在建筑固废资源化过程中，破碎机是连续工作的，而建筑固废的给料是间断的，如果直接给破碎机进料，会对破碎机的工作装置造成冲击，使其结构受力不连续，易对设备造成冲击破坏，所以需要在破碎机前面加一个振动给料机。振动给料机的主要任务是保证连续均匀地给碎破机提供物料，在生产流程中，可把块状、颗粒状物料从贮料仓中均匀、定时、连续地给到受料装置中，并对物料进行粗筛分，提高破碎机处理能力。广泛用于建筑固废资源化行业的破碎、筛分联合设备中。目前常用的振动给料机有双偏心轴系列振动给料机和合成激振系列振动给料机。

双偏心轴系列振动给料机如图 4.27 所示。双偏心轴系列振动给料机采用双偏心轴激振器的结构特点，保证设备能承受大块物料下落的冲击，给料能力大。在生产流程中，可以把块状、颗粒状物料从贮料仓中均匀、定时、连续地送到受料装置中，从而防止受料装置因进料不均而产生死机的现象，延长了设备使用寿命。给料机可分为钢板结构和箅条结构，钢板结构的给料机多用于砂石料生产线，将物料全部均匀地送入破碎设备；箅条结构的给料机可对物料进行粗筛分，使系统在配置上更经济合理，此系列设备在破碎筛分环节中已不可或缺。因此，该系列设备广泛应用于冶金、煤矿、建材、化工、磨料等行业的破碎、筛分联合设备中。

图 4.27　双偏心轴系列振动给料机

双偏心轴系列振动给料机产品特点与技术优势在于直线运动轨迹,振动平稳;特殊栅条设计,可防止物料堵塞;栅条间隙可调。该系列振动给料机运行可靠、噪声低、耗能小、无冲料现象、寿命长、维护保养方便、重量轻、体积小、设备调节安装方便、综合性能好。当采用封闭式结构机身时,可防止粉尘污染。双偏心轴系列振动给料机由给料槽体、激振器、弹簧支座、传动装置等组成。槽体振动给料的振动源是激振器,激振器由两根偏心轴(主、被动)和齿轮副组成,由电动机通过三角带驱动主动轴,再由主动轴上齿轮啮合被动轴转动,主、被动轴同时反向旋转,槽体振动,使物料连续不断流动,达到输送物料的目的。

合成激振系列振动给料机主要以一对性能参数完全相同的振动电机为激振源,当两台振动电机以相同的角速度做反向运转时,其偏心块所产生的惯性力在特定的相位重复叠加或抵消,从而产生巨大的合成激振动力,使机体在支承弹簧上做强制振动,并以此振动为动力,带动物料在料槽上做滑动及抛掷运动,从而使物料不断前移,达到给料目的。当物料通过槽体上的筛条时,较小料可透过筛条间隙而落下,不经过下一道破碎工序,起到筛分的效果。

4.2.3　破碎设备

建筑固废的破碎作业是建筑固废处理过程中的重要辅助作业之一。破碎作业的对象主要是废旧混凝土和砖等,目的是减小颗粒尺寸,增加其形状的均匀度,以便后续处理工序的进行。例如,破碎作业能使建筑固废的粒度变小、变均匀,使垃圾物料间的空隙减小,容量增加,因而节省储存空间,运输时增加运量;对破碎后的建筑固废进行筛选、风选、磁选等分离处理时,由于建筑固废的粒度均匀,流动性增加,能显著提高分选效率和质量,破碎处理后的建筑固废还有利于高密度的填埋处理,节省填埋场空间。破碎方式主要有压碎、磨碎、劈碎、冲击,可以用某一种方法单独进行破碎,但一般是采用两种以上联合作业的破碎机。破碎机按其破碎物料的作用方式大致可分为挤压型破碎机、冲击型破碎机、剪切型破碎机。

1. 挤压型破碎机

挤压型破碎机主要包括颚式破碎机、旋回破碎机、圆锥破碎机、光面或槽型齿面的辊式破碎机等,其工作原理为:物料在破碎机的固定齿板和可动齿板之间受到挤压、劈裂和弯曲作用而被破碎。该种破碎机对破碎腔内的物料混杂破碎,极易形成过粉碎,且容易形成大片状产品,不能保证产品粒度,功率消耗大,主要用于坚硬物料的破碎,在金属矿山和碎石料领域内应用广泛。

2. 冲击型破碎机

冲击型破碎机主要包括反击式破碎机、环锤式破碎机等。该种破碎机是以高速运动的锤头打击物料，每次打击后，物料加速飞向冲击板，冲击、反冲击，反复受到同样的作用，同时被打击物在破碎腔内受到相互破碎冲击，还有一部分在打击刃和冲击板作用下被剪切。这种方法比较适合粉碎作业，对于硬度不高且脆性很高的材料，易产生较多粉尘，不适合岩石的粗、中碎作业。

3. 剪切型破碎机

剪切型破碎机主要是通过对物料的剪切、拉伸、弯曲、刺破、折断、劈裂等作用实现破碎的目的，利用岩石具有抗压强度>抗剪强度>抗拉强度的强度特性，该机型破碎原理先进。

具体来说，常见的破碎机有颚式破碎机、圆锥破碎机、反击式破碎机、立式冲击破碎机、环锤式破碎机等，下面在上述原理介绍的基础上做详细介绍。

(1) 颚式破碎机(见图 4.28)。颚式破碎机在矿山、建材和基建部门应用历史最长，也最为坚固，主要用作粗碎机和中碎机。按照给料口宽度大小，分为大、中、小型三种，给料口宽度大于 600mm 的为大型机，给料口宽度在 300～600mm 的为中型机，给料口宽度小于 300mm 的为小型机。颚式破碎机的工作部分是两块颚板，一块是固定颚板(定颚)，垂直(或上端略外倾)固定在机体前壁上，另一块是可动颚板(动颚)，位置倾斜，与固定颚板形成上大下小的破碎腔(工作腔)。破碎机的可动颚板绕悬挂轴或可动轴对固定颚板做周期性的往复运动，当可动颚板靠近固定颚板时，位于两颚板间的物料受以挤压为主的作用力而破碎；当可动颚板离开固定颚板时，已破碎的物料在重力作用下由破碎机排料口排出。建筑固废破碎工艺中，颚式破碎机是建筑固废破碎常用的设备之一，尤其适合破钢筋混凝土、楼板等，通常可用于初级破碎，具有入料粒度大、生产能力高、破碎效率高、损耗低等优点。

(2) 圆锥破碎机(见图 4.29)。圆锥破碎机工作时，借助旋摆运动的圆锥面，周期地靠近固定锥面，使夹于两个锥面间的物料受到挤压和弯曲达到破碎目的。圆锥破碎机可破碎中等及以上硬度的各种矿石和岩石，破碎比大、效率高、能耗低、产品粒度均匀。圆锥破碎机在不可破异物通过破碎腔或因某种原因超载时，其弹簧保险系统实现保险，排矿口增大，异物从破碎腔排出，如果异物卡在排矿口，可使用清腔系统使异物排出破碎腔。圆锥破碎机在弹簧的作用下，排矿口自动复位，圆锥破碎机恢复正常工作，破碎腔表面铺有耐磨高锰钢衬板，排矿口大小采用液压或手动进行调整。建筑固废破碎工艺中一般不采用圆锥破碎机，如果必须使用，可用于中级破碎和细碎。

(3) 反击式破碎机(见图 4.30)。反击式破碎机是利用板锤的高速冲击和反击板的回弹作用，使物料受到反复冲击而破碎的机械。它利用冲击作用进行破碎，由带有打击板且做高速旋转的转子以及悬挂在机体内的反击板组成。进入破碎机的

图 4.28　颚式破碎机

图 4.29　圆锥破碎机

图 4.30　反击式破碎机

物料在转子的回转区域内受到打击板的冲击，并被高速抛向反击板，再次受到冲击，又从反击板反弹到打击板上，继续重复上述过程。物料不仅受到打击板、反击板的冲击而破碎，还因物料之间的相互撞击而破碎，当物料的粒度小于反击板与打击板之间的间隙时即可被卸出。建筑固废破碎工艺中，反击式破碎机常被用于单段式破碎或与颚式破碎机联合使用，其优点是入料粒度大，破碎比大、破碎效率高，产品粒形好，可减少破碎级数，简化生产流程，但存在损耗高、产品粉料率高、噪声大等问题，是目前国内外建筑固废破碎的主要选用设备之一。

（4）立轴冲击式破碎机（见图 4.31）。立轴冲击式破碎机安装有独特的轴承与先进的主轴设计，使得物料在破碎腔中具有高达 70～80m/s 的线速度，使石料颗粒在破碎腔中互相高速撞击得以粉碎，并在破碎腔中产生自然堆积形成保护层，保护周壁护板不受磨损。在冲击式破碎机中，周壁护板由易损件变成等同于机器寿命的结构件，避免了在冲击破碎中每月必须更换的缺陷，从而大大降低了用户的

图 4.31　立轴冲击式破碎机

使用成本。立轴冲击式破碎机分料器将物料分成两部分，一部分物料直接进入高速旋转的叶轮内，在离心力的作用下，与另一部分以伞状形式分流在叶轮四周的物料进行撞击，由此物料在叶轮和机壳中形成涡流式多次相互撞击、摩擦而粉碎。建筑固废破碎工艺中，立轴冲击式破碎机具有细碎、粗磨功能，可用于细碎或骨料整形，优点是破碎效率高，通过非破碎物料能力强，受物料水分含量影响小，产品粒形优异，针片状颗粒含量极低，但也存在能耗大、粉尘多、产能小等不足，不适合建筑固废的破碎。

4.2.4　分选设备

　　建筑固废分选是实现其资源化、减量化的重要一环，通过分选将有用的成分选出来加以利用，将污染物分离出来进行处理，还有一个重要功能是将建筑固废分成不同的粒度级别，供不同的再生利用工艺使用。分选除杂一般可分为人工分选和机械分选两种，人工分选主要针对无磁性金属、玻璃、陶瓷等一般机械手段难以分离的杂物，前面已经介绍过，这里不再赘述，本小节主要介绍机械分选的相关设备。机械分选除杂的基本原理是利用物料物理性质或化学性质上的差异，将其分选开，如利用垃圾中的磁性和非磁性差别进行分离、利用粒径尺寸差别进行分离、利用比重差别进行分离等。根据不同性质，可以设计制造各种机械对固体垃圾进行分选。分选一般包括惯性分选、风力分选、磁力分选、浮力分选、粒度分选等，在建筑固废处理过程中，因其所含杂质种类繁杂，除杂过程往往是多种分选方法并用。下面分别解释并介绍相关设备。

　　1. 惯性分选设备

　　惯性分选又称弹道分选，是用高速传输带、旋流器或气流等水平方向抛射颗粒,由于密度、粒度不同,颗粒的运动轨迹及落点也不同,这一性质促使不同颗粒分离。普通的惯性分选器有弹道分选器、旋风分离器、振动板以及倾斜的传输带、反弹分选器。图 4.32 为一种常见的惯性分选器,在分选器的筒内有一由弹性纤维细丝制成的旋转刷子,当物料从进料口加入后,较重的物质由于本身的重力把细纤维压弯而往下掉,纸张、塑料等较轻的物质被细纤维顶在上方而被输送到另一通道,从而完成分选。这种装置可以选用不同强度的细纤维,并采用多机组合就可以分选小而重、小而轻、大而重、大而轻的四种物质。对于纸张、塑料薄膜类等大而轻的物质,该机则能以极高的回收率集中,同时可分出块状塑料、橡胶、木片和金属类等大而重的物质,对厨房垃圾等颗粒较小的物质也能进行较好的分离。

图 4.32　惯性分选器

2. 磁力分选设备

建筑固废中的磁性物几乎全部为混凝土建筑结构中的钢筋,建筑物拆除后,裸露的废钢筋、较大体积的钢板、钢梁、地脚螺栓等可在切割处理后进行人工分选,包裹夹杂在混凝土块中的废钢筋则需要经过破碎处理后,通过磁选的方法实现分选[14]。建筑固废磁选工艺一般安排在各级破碎工序之后,用传送带式磁选机与永磁滚筒磁选机相配合的磁选工艺最为常见。磁力分选是利用固体废物中各种物质的磁性差异在不均匀磁场中进行分离物料的一种方法,通常采用的设备是磁选机(见图 4.33),磁选机工作时,物料从进料口落到磁筒上,随着磁筒的转动,物料进入磁筒的磁场作用区,非磁性矿物质受惯性和重力的作用,在进入磁选区的前端切线方向便被离心力抛出,再通过分隔板的适当隔离,便可以得到除铁后的产品。在磁场力作用下,铁及铁的氧化物随着磁筒逐渐离开磁场作用区,落入

图 4.33 磁选机

收集料斗，从而实现除铁的全过程。磁选机中常用的磁铁有两类：电磁，用通电方式磁化或极化铁磁材料；永磁，利用永磁材料形成磁区。其中永磁较为常用，最常用的几种磁选设备介绍如下：CTN 型永磁圆筒式磁选机可回收建筑固废中的铁和粒度簇 0.6mm 的强磁性颗粒；磁力滚筒主要用于建筑固废的破碎设备之前，以除去废物中的铁器，防止损坏破碎设备；悬吊磁铁器是用来除去建筑固废中的铁器，保护破碎设备。

3. 风力分选设备

风力分选工艺简单，作为一种传统的分选方式，将建筑固废中以可燃物为主的轻组分和以无机物为主的重组分分离，以便分别回收或处置。风力分选是重力分选的一种常用方法，以空气为分选介质，在气流作用下使固体废物按比重和粒度大小进行分选，也叫竖向气流分选和水平气流分选。水平气流分选机构造简单，维修方便，但分选精度不高，一般很少单独使用，常与破碎、筛分、上升气流风力分选机组成联合处理工艺。风力分选工艺按气流作用的方向可分为吸风式和鼓风式两种，吸风式风力分选原理与除尘器类似，在建筑固废输送或筛分过程中设置吸风口，利用负压实现轻质物、细微颗粒等的分离，再经过旋风除尘器、布袋除尘器等实现杂物捕集。鼓风式风力分选基本原理是气流能将较轻的物料向上带走或水平方向带向较远的地方，重物料则由于上升气流不能支持它们而沉降，或由于惯性在水平方向抛出较近的距离，被气流带走的轻物料再进一步从气流中分离出来。根据目标分离物的不同，吸、出风口风速一般控制在 15～50m/s[14]。在风选工艺中，垃圾的粒度分布越均匀、密度差异越大，分选效率越高。图 4.34 为常见的风力分选机。

图 4.34　风力分选机

4. 水力浮选设备

建筑固废中混杂的废塑料、废木材、废纸张、加气混凝土等轻质物的比重小于水，利用其在水中的可浮性与混凝土、砖瓦等分离。进入浮选工艺的建筑固废原料应进行初级破碎及渣土预筛分。区别于选矿行业的浮选工艺，建筑固废浮选并不需要添加浮选药剂改变可浮性，通过自然可浮性的差别即可实现分选。建筑固废从浮选设备中部进料，不可浮的重质物沉入浮选设备底部的输送装置上，由该输送装置向一侧运出，输送过程中一并沥水；轻质杂物浮于水面上，由上部的桨叶装置从浮选设备另一侧刮出。建筑固废浮选的特点是处理能力大、分选效率高、除杂效果好，但由于建筑固废中含有一定量的渣土，需配套水循环系统，定期清除水中的泥沙。为避免泥沙快速堆积，进入浮选工艺的建筑固废原料中渣土含量不宜过高，且粒度适中，因此浮选前应进行初级破碎及渣土预筛分。同时，浮选应与人工分选、风力分选、磁力分选等除杂工艺相配合，不宜承担过高的除杂负荷。水力浮选设备原理如图 4.35 所示[14]。

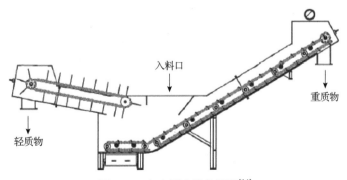

入料口

重质物

轻质物

图 4.35　水力浮选设备原理[14]

4.2.5　除尘设备

建筑固废再生骨料在破碎、筛分、强化及整形等工艺处理时，会产生一定量的微粉，再生骨料用于制备混凝土或砂浆时，微粉含量过多会影响再生混凝土的强度及耐久性。我国再生骨料标准将其定义为粒径小于 75μm 的细微颗粒，并对微粉在再生骨料中的含量有严格限定。常见的除尘设备包括洗涤式除尘设备、过滤式除尘设备、静电除尘设备、机械力除尘设备等。

1. 洗涤式除尘设备

洗涤式除尘又称湿式除尘，主要设备包括喷淋式除尘设备、泡沫式除尘设备、水膜式除尘设备等。喷淋式除尘设备（见图 4.36）是在除尘设备内水通过喷嘴喷成雾状，当含尘烟气通过雾状空间时，因尘粒与液滴之间的碰撞、拦截和凝聚作用，尘粒随液滴降落下来。这种除尘设备构造简单、阻力较小、操作方便，其突出的优点是除尘设备内设有很小的缝隙和孔口，可以处理含尘浓度较高的烟气而不会导致堵塞。又因为它喷淋的液滴较粗，所以不需要雾状喷嘴，这样运行更可靠，喷淋式除尘设备可以使用循环水，直至洗液中颗粒物质达到相当高的程度，从而大大简化了水处理设施，因此这种除尘设备至今仍有不少企业采用。它的缺点是设备体积比较庞大，处理细粉尘的能力比较低，需用水量比较多，所以常用来去除粉尘粒径大、含尘浓度高的烟气。

图 4.36　喷淋式除尘设备

2. 过滤式除尘设备

过滤式除尘设备包括袋式除尘设备和颗粒层除尘设备等。利用袋式除尘设备进行除尘作业时，相对而言，滤料材料的空隙是比较大的，而粉尘粒子的直径是比较小的，因此仅靠滤料的筛滤作用很难达到要求的清灰效果。袋式除尘设备的过滤主要依靠的是扩散作用、惯性作用以及拦截作用等。袋式除尘设备如图 4.37 所示。

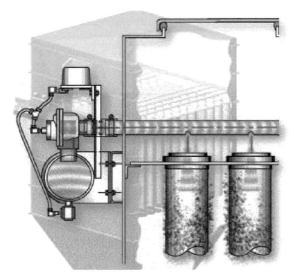

图 4.37　袋式除尘设备

3. 静电除尘设备

静电除尘设备(见图 4.38)的功能是将燃灶或燃油锅炉排放烟气中的颗粒烟尘加以清除,从而大幅度降低排入大气层中的烟尘量,这是改善环境污染、提高空气质量的重要环保设备。它的工作原理是烟气通过电除尘设备主体结构前的烟道时,使烟尘带正电荷,然后烟气进入设置多层阴极板的电除尘设备通道。由于带正电荷烟尘与阴极电板的相互吸附作用,烟气中的颗粒烟尘吸附在阴极上,定时

图 4.38　静电除尘设备

打击阴极板，使具有一定厚度的烟尘在自重和振动的双重作用下跌落在电除尘设备结构下方的灰斗中，从而达到清除烟气中烟尘的目的。静电除尘设备的主体结构是钢结构，全部由型钢焊接而成，外表面覆盖蒙皮(薄钢板)和保温材料。由于静电除尘设备要求较高，消耗能源较多，目前在建筑固废资源化行业中应用不是很广泛。

4. 机械力除尘设备

机械力除尘设备主要包括重力除尘设备、惯性除尘设备、离心除尘设备等，其中惯性除尘设备是使含尘气体与挡板撞击或者急剧改变气流方向，利用惯性力分离并捕集粉尘的除尘设备。当气体在设备内的流速在 10m/s 以下时，压力损失为 200~1000Pa，除尘效率为 50%~70%。在实际应用中，惯性除尘设备一般放在多级除尘系统的第一级，用来分离颗粒较粗的粉尘。它特别适用于捕集粒径大于 10μm 的干燥粉尘，而不适宜于清除黏结性粉尘和纤维性粉尘。

常见的惯性除尘设备包括气力分级机与振动风筛等。气力分级机原理如图 4.39 所示[14]。气力分级机可有效去除再生细骨料中的微粉，利用重选和气力分级相结合的原理，物料因重力下落，下落过程中受到一次风力作用，使得骨料与微粉分离，风力带动细小颗粒经过筛网，大于 75μm 的颗粒被截流，微粉随同空气一并被后续的除尘系统收集；在重力下落的末端，有二次风力作用于物料，使得细小颗粒在蜗壳型腔室内形成旋流，进行二次分离，使得微粉去除更加彻底。振动风筛原理如图 4.40 所示[14]。振动风筛利用振动筛分和气力分级相结合的原理，物料在下落过程中受到垂直于料层的气流作用，微粉被夹带进气流；骨料继续下落，与筛网接触进行振动筛分，其间微粉进一步分离，继续被夹带进气流；气流夹带微粉有组织地进入后续除尘系统而被收集；清洁骨料被筛分成不同的粒级，可根据需要调整筛网的数量及孔径。

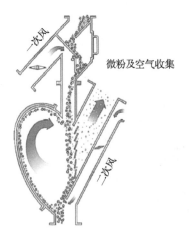

图 4.39　气力分级机原理[14]

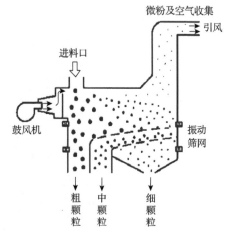

图 4.40　振动风筛原理[14]

4.2.6　筛分设备

筛分是利用筛子将物料中小于筛孔的细粒物料透过筛面，而大于筛孔的粗粒物料留在筛面上，完成粗、细物料分离的过程，该分离过程可看成由物料分层和细粒透筛两个阶段组成。在建筑固废再生骨料生产技术中，筛分的功能一般体现在两个方面：一是用于建筑固废中渣土等杂物的分离，二是用于破碎后骨料的分级。常用设备主要包括固定筛、振动筛、滚筒筛、棒条筛等。

1. 固定筛

筛面由许多平行排列的筛条构成，可以水平安装或倾斜安装，其特点是构造简单、设备费用低、维修方便，故在分选过程中广泛运用。固定筛又可分为格筛和条筛两种。格筛一般安装在粗碎机之前，作用是确保入料粒度适宜。条筛用于筛分粒度大于 50mm 的粗粒废物，一般用于粗碎之前，安装时倾角应大于废物对筛面的摩擦角，一般为 30°～35°，以确保物料沿筛面下滑。条筛筛孔尺寸为要求筛下物料粒度的 1.1～1.2 倍，其筛条宽度应大于固体废物中最大粒度的 2.5 倍。

2. 振动筛

振动筛是在工业部门应用广泛的一种设备，具有结构简单、处理能力大、筛分效率高、机械性能好等优点。它的特点的是振动方向与筛面垂直或近似垂直，振动次数为 600～3600 次/s，振幅为 0.5～1.5mm，物料在筛面上发生离析现象，密度大而粒度小的颗粒进入下层达到筛面。振动筛的适宜倾角一般为 8°～40°，倾角太小会使物料移动缓慢，倾角太大又会使物料移动过快。振动筛由于筛面强烈振动，消除了堵塞筛孔的现象，有利于湿物料的筛分，可用于建筑固废粗、中、细粒的筛分。按照振动轨迹的不同，可分为直线振动筛(见图 4.41)和圆振动筛(见图 4.42)，相较于圆振动筛，直线振动筛的加速度较大，更适用于水分较高、粒度

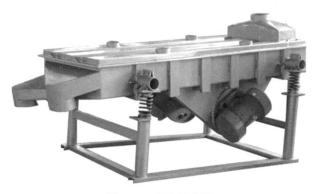

图 4.41　直线振动筛

图 4.42　圆振动筛

较细物料的筛分。

3. 滚筒筛

滚筒筛也称转筒筛，当物料进入滚筒装置后，由于滚筒装置的倾斜与转动，筛面上的物料翻转与滚动，从而实现筛分功能。滚筒筛具有处理能力大、运行平稳、结构简单、噪声较低、维修方便、筛分效率高等特点。但对建筑固废的进料粒度有一定要求，一般限定进料粒径在 300mm 以下。通常为一缓慢旋转(一般转速控制在 10～15r/min) 的圆柱形筛分面，筛筒轴线倾角一般为 3°～5°，最常用的筛面是冲击筛板，也可以是各种材料编织成的筛网，但不适用于筛分线状物料。筛分时，物料由稍高一端送入，随即跟着转筒在筛内不断翻转，细颗粒最终透过筛孔面透筛出来，把不同粒径的物料分开。适用于建筑固废的滚筒筛还具备风力分选功能，通过风力分选把轻物料分离出来。滚筒筛的倾角决定了物料的轴向运行速度，而垂直于筒轴的物料行为则由转速决定。某滚筒筛如图 4.43 所示[14]。

4. 棒条筛

棒条筛又称棒条振动给料机，振动电机为激振源，使机体在弹簧支撑上做强迫振动，并带动物料在料槽上做滑动及抛掷运动，从而使物料不断前移以达到给料的目的。当物料通过槽体出料端的棒条时，小于棒条间隙的物料可透过棒条间隙直接落下，实现细物料筛分的效果，起到预筛分的作用；大于棒条间隙的物料继续前进，由出料端进入下道工序，保证均匀给料。棒条筛如图 4.44 所示。

图 4.43　某滚筒筛[14]

图 4.44　棒条筛

4.2.7　整形强化装备

破碎工艺生产的再生骨料针片状颗粒较多、表面粗糙且包裹水泥砂浆，再加上混凝土破碎过程中在内部产生大量微裂纹，性能劣于天然骨料。因此，如果需要，可对破碎后的骨料颗粒进一步进行整形强化处理。再生骨料整形强化有化学强化法和物理强化法两种方法，化学强化法利用酸液实现骨料强化，处理成本过高，同时存在二次污染风险，尚不具备工业化应用条件。国外广泛采用物理强化法，使用机械设备，通过骨料之间的相互撞击、磨削等机械作用除去表面黏附的水泥砂浆和颗粒棱角。

物理强化法主要有立式冲击整形法、卧式回转研磨法、加热研磨法等。立式冲击整形法采用立轴式冲击破碎机通过"料打料"的方式有针对性地破坏针片状颗粒及表面水泥砂浆。如图 4.45 所示，卧式回转研磨设备类似于回转窑，机壳内壁上布置有大量的耐磨衬板及锥形体，物料通过不断与机身以及物料相互间的研磨作用，表层附着的砂浆等被去除，强化后的骨料比较洁净[14]。

图 4.45 卧式回转研磨设备[14]

4.3 固定式资源化厂建设

目前，我国建筑固废处置方式主要有固定式和移动式两种。固定式建筑固废处置生产线一般规划比较完善，占地面积较大，设施比较齐备，可以集中、大规模和深入处置建筑固废。然而，由于建设及规划使用周期较长，投资比较大，目前国内关于建筑固废处理法律法规以及执行标准较为缺乏，政府的扶持力度不够，加上建筑固废原料量无法得到充足保证、建筑固废原料差异性较大、产品销路不畅等原因，国内不少固定式建筑固废处置生产线面临亏本经营的压力，但随着政策的完善、上下游产业的成熟、收费补偿机制的建立，固定式生产线还是重要的资源化处置方式。建设固定式资源化厂的优点具体如下[15]。

(1)可以实现建筑固废高效、全面资源化处理。分选出建筑固废中的不同组分，将其归类再进行相应处理，可以有效解决建筑固废组分复杂、难以分选的问题，为建筑固废高效、全面的资源化处理利用提供条件。

(2)可以有效保证建筑固废资源化产品的质量。便于综合管理，有完整的生产、生活设施体系，对保护环境有综合治理条件，易于控制生产成本。

(3)可以成为建筑固废消纳及资源化产品的调节器。当建筑固废大量产生而无法及时进行资源化处理时，建筑固废暂存区可以作为临时堆场及时清除城市建筑固废。当城市建设对建筑固废资源化产品需求量较大时，可以通过调整工作基数、提高工作效率等方式增加产量，利用资源化处理建筑固废暂存区储备的建筑固废，满足市场需要。

（4）一次安装调试。既可连续生产，又节省了因移动场地所花费的调整时间；有充足的备品、备件库，能满足连续生产的需要。

目前，国内建筑固废资源化以固定式处理方式为主。北京市发布了《固定式建筑垃圾资源化处置设施建设导则》。建筑垃圾资源化处置设施建设规模按日处理量分为四档，如表 4.2 所示。

表 4.2　建筑垃圾资源化处置设施分类

级别	日处理量/t	每吨投资额/万元	建设用地/亩	日处理量/t	每吨投资额/万元
I	>4500	4	>140	>30000	>200
II	3000～4500	4	100～140	25000～35000	100～150
III	1500～3000	4	60～100	15000～25000	50～100
IV	<1500	4	<60	10000～20000	<50

注：1 亩 $\approx$ 666.7m^2。

4.3.1　总体要求

固定式建筑固废资源化厂应符合以下要求：

（1）固定式建筑固废资源化厂应符合所在地区总体规划。

（2）固定式建筑固废资源化厂的规模应根据所在区域建筑固废存量、增量等因素综合确定。大型建筑固废资源化项目年处置生产能力不低于 100 万 t，中型建筑固废资源化项目年处置生产能力不低于 50 万 t，小型建筑固废资源化项目年处置生产能力不低于 25 万 t。

（3）固定式建筑固废资源化厂布局应根据区域内建筑固废存量及增量估算情况、运输半径、建材市场等，统筹协调、因地制宜，进行技术经济分析比较确定。

（4）改建、扩建固定式建筑固废资源化厂应合理利用原有建筑物、生产工艺与装备及辅助设施。

（5）固定式建筑固废再生处置工艺与资源化利用产品方案应结合建筑固废原料特点、区域建材产品市场需求确定。

（6）固定式建筑固废资源化厂应执行行业环境保护、噪声控制、安全卫生等规定，采取切实可行的治理措施，严格控制污染。污染物的排放应达到国家和地方的有关标准，符合环境保护的有关法规，保护环境和职工健康，确保安全生产。

（7）固定式建筑固废资源化厂应逐步建立建筑固废组分检测制度，依据建筑固废来源和成分特点，进行放射性、氯离子含量、其他化学污染风险等的抽样检测。

（8）固定式建筑固废资源化厂的辅助设施应与主体设施相适应，以保证建筑固废资源化处置设施的正常运行。在建设时应因地制宜，充分利用社会协作条件。

4.3.2　选址要求

建筑固废资源化厂的建设是城市市政建设较为关注的项目之一，因而首先要有一个统筹的规划。资源化厂选址应符合城市总体规划和市容环境卫生专业规划，在选址前应收集土地规划、地形地貌、水文、气象、道路、交通运输、给排水及供电条件等基础资料，应具备良好的交通条件，并综合考虑运距、运费等要素。建筑固废资源化厂选址应符合下列要求。

（1）所选厂址应符合当地城乡建设总体规划要求。

（2）厂址选择应综合考虑项目的服务区域、交通、土地利用现状、基础设施状况、运输距离及公众意见等因素。

（3）厂址选择应结合建设规模、新增建筑固废来源、再生产品设计与流向、场地现有设施、环境保护等因素进行综合技术经济比较后确定。

（4）可优先考虑在既有建筑固废消纳场内建设固定式处置厂，或与其他一般固体废物处理处置设施、建材生产设施等同址或联动建设。

（5）厂址应在行政区域（或跨行政区域）范围内合理布局，20km 半径内宜布局一个。

（6）厂址与机关、学校、医院、居民住宅、人畜饮用水源地等的距离应符合表 4.3 的规定。

表 4.3　厂址卫生防护距离

生产规模 /(万 t/年)	距离/m		
	<2m/s*	2～4m/s*	>4m/s*
<100	400	300	200
≥100	500	400	300

*所在地区近 5 年平均风速。

（7）交通方便，可通行重载卡车，满足通行能力要求，运输车辆不宜穿行居民区。

（8）厂址应选择在土石方开挖工程量少、工程地质和水文地质条件较好的地带，应避开断层、断层破碎带、溶洞区，并应避开山洪、滑坡、泥石流等地质灾害易发地段，以及天然滑坡或泥石流影响区。

（9）厂址应根据长期规划要求与城市建设特点，不仅满足近期处置功能与模块设计所需的场地面积，还应适当留有发展的余地。

（10）禁止选在自然保护区、风景名胜区和其他需要特别保护的区域。

(11)厂址应位于城镇和居住区全年最小频率风向的上风侧,不应选在窝风地段。

(12)在建筑固废资源化厂建设的项目应对封场平台的地质沉降情况进行评估。

4.3.3　场地规划

建筑固废资源化厂场地规划应充分考虑经济建设与科学技术的发展需求,按不同区位和不同建设规模,统筹规划,远近结合,合理确定,做到技术先进、经济合理、安全可靠,保证建筑固废处置的无害化、减量化和资源化,提高当地城市建筑固废处置工程项目的建设水平,保护城市环境,推进技术进步,充分发挥投资效益。

同时,需要注意的是,建筑固废资源化厂场地规划应与现有建筑固废收运系统相协调,充分利用当地城市相关改、扩建工程和原有设施。建筑固废资源化厂虽然是和建筑固废打交道,但也应十分重视自身的环境保护和建设,应该通过合理的厂址规划布局,力求营造一个良好的建筑环境。以日本札幌市的厚别垃圾处理场为例[16],其主体建筑自然居中,垃圾进料在西北角,办公楼及员工住宅布置在东南角,尽量远离垃圾的污染。此外,进入垃圾处理场的垃圾车设有自动开闭系统,厂运输车辆出口处有车辆冲洗池以防止污染道路。垃圾处理场完全实行自动化管理,中央控制室、化验室、资料室等一应俱全,大大改善了垃圾处理场的自身环境及员工的工作和生活条件。

具体来说,建筑固废资源化厂场地规划应符合以下几点要求。

(1)总占地面积应按长期规模确定,各项用地指标应符合国家工程项目建设用地指标的有关规定及当地土地、规划等行政主管部门的要求,宜根据处理规模、处理工艺和建设条件进行分期和分区建设的总体设计。

(2)主体设施包括围挡设施、计量设施、再生处理系统、资源化利用设施、原料及成品储存区、环境保护配套设施、厂区道路和地基处理等。辅助设施构成应包括进厂道路、供配电、给排水设施、生活和行政办公管理设施、设备维修、消防和安全设施、车辆冲洗、通信及监控、应急设施等。竖向设计应结合原有地形,做到有利于雨水导排和减少土方工程量,并宜使土石方平衡。

(3)总平面布置应根据场地条件、施工作业等因素,经过技术经济比较确定。应有利于减少建筑固废运输和处理过程中的安全、粉尘、噪声等对周围环境的影响,且应减少场外场内转运,并应依据地势,充分利用势能差,减少运输能耗。

(4)厂区人流、物流通道分开设置,做到出入口互不影响。各作业区应合理分隔,应组织好场内人流和物流线路,避免交叉。分期建设项目应各期联动考虑,预留分期工程场地。

(5)总平面应以固定式资源化厂房为主体进行布置,其他各项设施应按建筑固废处理流程、功能分区合理布置,做好辅助设施与主体设施的接口设计和管理,并应做到整体效果协调、美观。建筑固废原料堆场占地面积宜按堆高不超过 6m、容纳能力不宜低于 15d 的再生处理量进行设计。根据再生产品方案设置相应的资源化利用生产线、再生材料及资源化利用产品仓储区，仓储区需预留足够的空间，宜按不低于各类产品的最低养护期储存能力设计。

(6)辅助设施的布置应以使用方便为原则。生活和行政办公管理设施宜布置在夏季主导风向的上风侧，与主体设施之间宜设绿化隔离带；各项建(构)筑物的组成及其面积均应符合国家相关标准的规定。厂区雨水导排管线应全面安排，做到导排通畅；管线布置应避免相互干扰，应使管线长度短、水头损失小、流通顺畅、不易堵塞和便于清通。各种管线宜用不同颜色加以区分。

(7)固定式建筑固废资源化厂总平面布置及绿化应符合国家标准的有关规定，并可根据需要增设配套资源化利用设施。

4.3.4　资源化设施

建筑固废资源化设施应包括接收储存与预处理、再生处理、再生骨料储存等功能单元，且应具备连续工作制生产条件，年可利用工作时间不应低于 6000h。建筑固废资源化设施设计应充分分析预测服务区域内建筑固废的特性，适应不同种类建筑固废的处理要求。其工艺与设备选择应成熟可靠，以实现连续稳定生产，降低二次污染，提高机械化、自动化水平，保证安全高效、环保节能。

应合理布置生产线各工艺环节，减少物料传输距离，并合理利用地势势能和传输带提升动能，设计生产线工艺流程。其再生骨料综合能耗应符合表 4.4 中能耗限额限定值的规定。建筑固废资源化设施的设计服务期限不应低于 20 年。进厂建筑固废宜以废旧混凝土、碎砖瓦等为主，物料粒径宜小于 1m，进厂建筑固废资源化率不应低于 95%。

表 4.4　单位再生骨料综合能耗限额限定值

自然级配再生骨料产品规格分类(粒径)	标煤耗/(t 标准煤/万 t)
0～80mm	≤5.0
0～36.5mm	≤9.0
0～5mm，5～10mm，5～20mm	≤12.0

1. 接收储存与预处理

(1)建筑固废进厂接收计量系统的设置应符合下列要求：计量系统应具备称量、记录、打印、数据处理、数据传输等功能；汽车衡数量应综合兼顾建筑固废及其他原料进厂计量、再生材料及资源化产品出厂计量要求；汽车衡规格按最大进出厂车辆最大满载重量的 1.3～1.7 倍配置，称量精度不大于 20kg；根据场地条件设置车辆等候区。

(2)建筑固废进厂卸料储存系统的设置符合下列要求:卸料区域应满足建筑固废运输车辆与其他生产机具顺畅作业的要求;建筑固废应按废旧混凝土、碎砖瓦、混合分类存放;建筑固废储存堆体放坡宜小于45°;应配备安全防护、扬尘控制、卫生防护、采光照明、交通指挥等辅助设施;有条件的地区宜采用封闭式原料棚。

(3)建筑固废预处理系统的设置符合下列要求:建筑固废预处理区域应与卸料储存区域统筹规划布局,配备专业机具,满足建筑固废杂物初选、大块初破等处理要求;应设置作业区,大块硬质垃圾破碎处理设施宜采用液压锤,易拣出的轻质物、钢材等垃圾可采用人工分选,并应配备小型物料运输车;具备建筑固废原料预湿处理的条件。

2. 处理生产线

(1)建筑固废处理生产线应包括供料受料、除土、破碎筛分、分选除杂、输送等系统,结合原料特点和骨料品质要求,可增设骨料强化系统和再生微粉制备系统,各系统能力要相互协调并与设计处置能力相匹配。

(2)建筑固废处理生产线的系统设计应进行物料平衡计算,包含下限工况、正常工况、上限工况条件下各组成系统的物料输入、输出量化关系。

(3)受料给料系统的设置符合下列要求:受料斗的进口宽度与容积应满足供料机具车辆的卸料要求,整体设计应适应建筑固废原料下料要求,充分考虑粒径、杂物等因素,防止堵料;给料设备的给料能力可在一定范围内进行调整,宜具备筛分功能;受料斗宜配备喷雾、集尘、收尘设施;受料口应具备在线监测和及时疏堵能力。

(4)除土系统应符合下列要求:受料供料系统设置预筛分环节的,除土系统应结合预筛分进行设计;未设置预筛分环节的,除土系统可结合给料或初级破碎出料进行设计。除土设备宜选用筛分设备,筛网孔径应根据除土需要和再生骨料回收设计进行选择,除土后物料中泥块含量应满足再生骨料应用的质量标准要求。

(5)破碎筛分系统的设置应符合下列要求:根据建筑固废原料特性与资源化利用产品对再生骨料的性能要求,合理制定破碎与筛分工艺组合,满足处理产能与效率、骨料粒度与粒形、平稳可靠、节能环保、安全、易维护检修等要求;预期处理的建筑固废中细料较多时可设置预筛分工艺,设备宜选择重型筛分机。初级破碎设备可采用颚式破碎机或反击式破碎机,二级破碎设备可采用反击式破碎机或锤式破碎机。成品破碎宜通过闭路流程使大粒径的物料返回破碎机再次破碎。主体设备使用寿命不应低于10年,年可利用工作时间不应低于6000h。

(6)初级破碎机的最大允许进料粒径不应小于600mm,排料尺寸可调,具有过载保护功能;筛分宜采用振动筛,筛网孔径选择应与再生骨料规格设计相适应,筛网宜采用耐磨材质;设备空负荷运转时,噪声声压级值不应超过相关标准规定的限值；宜设置在线监控系统及检修平台。

（7）分选除杂系统的设置应符合下列要求：分选除杂系统应满足建筑固废中渣土、废钢筋、轻质杂物、废木块、废轻型墙体材料、废有色金属等杂物的有效分离；分选宜以机械分选为主、人工分选为辅。分选工艺根据原料纯净程度，可采用单级或多级串联方式，也可采用并联方式；废钢筋分选应采用具有自动卸铁功能的除铁设备，悬挂式除铁设备的额定吊高处磁感应强度不宜低于 90mT；轻质杂物分选宜采用气力分选设备，宜以正压鼓风式设备为主，低处理负荷、低含杂量工况可采用负压吸风式设备，高处理负荷、高含杂量工况可采用正压、负压设备联合除杂。宜设置人工分选平台，将不易破碎的大块轻质杂物及少量金属选出。人工分选平台宜设置在预筛分或初级破碎后的物料传送阶段，人工分选输送机运行带速应不高于 0.6m/s，并配备安全与卫生防护措施；废木块、废轻型墙体材料分选宜采用水力浮选设备，并配备水循环系统；建筑固废中废有色金属含量较高的，宜考虑采用涡电流分选设备实现废有色金属的分选；杂物分选率不应低于95%。分选出的杂物应集中收集、分类堆放、及时处置。

（8）输送系统的设置应符合下列要求：块状物料宜采用皮带输送；应充分考虑短时冲击负荷及废钢筋等杂物对输送设备的影响；主进料及各产品的输送设备应配备计量模块，称量精度小于±3%；输送设备应配备符合相关规范要求的安全保护装置；输送设备应考虑充分密封，防止漏料及扬尘。带式输送机的最大倾角应根据输送物料的性质、作业环境条件、胶带类型、带速及控制方式等确定，非大倾角带式输送机的最大倾角应符合上运输送机不宜大于 17°、下运输送机不宜大于 12°的要求；大倾角输送机、管状输送机等特种输送机最大倾角可适当提高。

（9）根据再生骨料的应用要求，可设置微粉去除、砖混凝土分离、骨料整形、骨料表面水泥浆去除等再生骨料性能强化系统。

（10）烧结砖瓦类建筑固废，根据市场需求，可设置再生微粉制备系统。

3. 再生材料储存

再生材料储存应与资源化利用生产设施统筹规划布局。有条件的项目再生骨料宜采用封闭式料棚或料仓，再生微粉应采用密闭式储仓。再生骨料储存库容应不低于设计日产生量的 7 倍，再生微粉储存库容应不低于设计日产生量的 15 倍，并满足不同种类、不同规格再生骨料与微粉分类储存的要求。

4.3.5　生产质量控制

固定式建筑固废资源化厂应建立生产质量控制制度，成立生产质量控制领导小组，并有完善的质量问题应急预案。在建筑固废再生处理和资源化过程中，应制定明确的质量控制点和完善的质量控制方案。固定式建筑固废资源化厂应建立生产质量控制台账制度,根据处理量、产品批次、连续生产时间等定期记录生产质量情况,宜建立企业生产质量数据库。应设置实验室,具备建筑固废原料、再生骨料、再生微粉、资源化利用产品的常规性能检测和技术研发能力。具体来说,应符合以下几点要求。

(1)建筑固废原料应分类堆放,大类可按废旧混凝土、碎砖、混合类区分,其中废旧混凝土类占比≥80%、碎砖类占比≥80%,其他为混合类。

(2)同一类别建筑固废原料可成批处理,再生材料材性应动态检测。

(3)定期检查运输、加料、筛分、破碎、除杂、水洗、吸尘等处理设备,建立设备运行情况记录。

(4)根据《混凝土和砂浆用再生细骨料》(GB/T 25176—2010)[17]和《混凝土用再生粗骨料》(GB/T 25177—2010)[18]的要求,对再生处理后的再生细骨料和再生粗骨料进行出厂检验和形式检验。

(5)除建筑固废再生材料外的原材料进场时,要求供方按规定批次提供质量证明文件。质量证明文件应包括形式检验报告、出厂检验报告与合格证等,各类外加剂还应提供使用说明书。

(6)原材料进场后,应分类堆放并采取必要的防潮、遮雨、避杂措施,按产品说明书要求进行储存和使用。

(7)定期检查运输、加料、成形、养护等设备,建立设备运行情况记录。

(8)根据相关国家或行业标准要求,控制资源化利用产品的生产质量,再生混凝土制品进行形式检验和出厂检验,其他产品进行出厂检验和交货检验。

4.3.6　配套设施

建筑固废资源化厂建设时除主体厂房的建筑结构外,还需要相应的配套设施,如供配电设施、消防设施、空气污染监测设施、给排水设施、采暖通风设施、自动化设施、检化验设施等。按照建筑固废资源化厂的规模,具体有以下三个方面的要求。

1. 厂内外运输

(1)固定式建筑固废资源化厂内外运输的对象包括建筑固废、再生产品及生产用其他原料等,其运输形式需根据运输规模、运输距离、沿线地形、工程地质和气象条件进行多方案技术经济比较确定,可采用带式输送机、公路、水路、索道的运输方式。

(2)建筑固废运输应采用封闭方式,不得遗撒、不得超载,运输车各项技术指标需满足国家及地方相关标准的要求。

(3)建筑固废水上运输宜采用集装箱运输形式。集装箱的环保措施应符合下列要求:集装箱后盖门应能够紧密闭合、防止垃圾散落;集装箱内壁应保持平整,减少垃圾残余量，便于清洁。建筑固废采用散装水上运输形式时，应在运输工具表面有效苫盖，垃圾不得裸露和散落。建筑固废转运码头宜与生活垃圾转运码头合建，并宜根据船舶运输形式选择装卸工艺及配置设备。

(4)厂外道路设计。厂外道路设计应符合《厂矿道路设计规范》(GBJ 22—1987)[19]的有关规定，并应符合下列要求：工厂通往城镇或居住区的道路，可按三级道路标准设计，其路面宽度不宜小于 8m。

(5)厂内道路设计。厂内道路类型的划分及技术标准的采用应按《厂矿道路设计规范》(GBJ 22—1987)[19]的有关规定制定；厂内道路的布置应符合《工业企业总平面设计规范》(GB 50187—2012)[20]的规定；道路行车路面宽度不宜小于 6m，建筑固废处理厂房外应周围环形消防车道应符合《建筑设计防火规范》(GB 50016—2014)[21]的要求；在需要计量的物流干道进出车道上均需设置汽车衡。

2. 建筑结构

(1)建筑结构设计应满足相应的国家标准、规范和规定。固定式建筑固废资源化厂的建筑风格、整体色调应与周围环境相协调，厂房的建筑造型应简洁大方、经济实用，厂房的平面布置和空间布局应满足工艺设备的安装与维修要求。

(2)建筑固废处理厂房宜采用包括屋顶采光和侧面采光在内的混合采光，其他建筑物宜利用侧窗天然采光。厂房采光设计应符合《建筑采光设计标准》(GB 50033—2013)[22]的有关规定。控制室应布置在便于观察设备运行的部位，应设置固定观察窗，室内允许噪声不应高于 60dB(A)。

(3)墙体宜选用轻质隔声材料，各工艺车间应减小外墙上的门、窗洞口面积。有设备出入车间的大门高、宽应分别大于设备 0.6m，人行门宽不应小于 0.9m。地沟、地坑应设置集水坑；车间内敞开式地坑、地沟的深度大于 0.5m 时，地面应加设盖板。

(4)固定式建筑固废资源化厂房通风方案的选择应根据建厂地区气象条件、厂房布置、工艺和控制要求及环保要求经技术经济比较后确定，且应符合《工业建筑供暖通风与空气调节设计规范》(GB 50019—2015)[23]的相关规定。

(5)宜采用单层厂房，根据跨度采用钢结构或钢筋混凝土结构。有温度变化的破碎机、养护窑等的基础，应计入轴向的温度伸缩力。破碎机、板喂机等设备基础宜与厂房基础分开布置，基础宜采用大块式、墙式、框架式钢筋混凝土结构。输送廊道的纵向应设置抗纵向力的结构或构件。支撑在相邻厂房上的输送廊，应在廊道一端设置滑动支座，设置滑动支座处应同时设置伸缩缝和抗震缝。

3. 给排水

(1)给排水设计应满足生产、生活和消防用水的要求，并应符合下列规定：给水水源应根据水资源勘察资料和总体规划的要求，通过技术经济比较后确定。给排水系统设计应贯彻零污水排放及低影响开发理念，采取循环用水、一水多用、中水回用等措施。排水工程设计应结合当地规划，综合设计生活污水、工业废水、洪水和雨水的排除，并应符合《室外排水设计标准》(GB 50014—2021)[24]的有关规定。

(2)生产、生活用水量的确定应符合下列规定：生产用水量应根据生产工艺的要求确定；厂区生活用水量、浇洒道路、冲洗车用水量、公共建筑生活用水量及绿化用水量应符合《建筑给水排水设计标准》(GB 50015—2019)[25]的相关规定；生产用水水压应根据生产要求确定。车间进口的水压宜为 0.25~0.40MPa，部分设备水压要求较高时，可局部加压。车间和独立建筑物的给排水系统应与室外给排水系统协调一致。

4. 采暖通风

(1)供热、通风与空气调节设计方案的选择应根据建厂地区气象条件、总图布置、工艺和控制要求、区域能源状况及环境保护要求通过技术经济比较后确定。

(2)供热、通风与空气调节设计应符合《水泥工厂设计规范》(GB 50295—2016)[26]和《工业建筑供暖通风与空气调节设计规范》(GB 50019—2015)[23]的有关规定，其中未列出的计算参数可采用地理和气候条件相似的邻近气象台站的气象资料。

(3)采用自然通风的建筑物，车间内工作地点的夏季空气温度应符合《工业企业设计卫生标准》(GBZ 1—2010)[27]的相关要求，当空气温度超出规定值时，应设置机械通风。

(4)事故通风的设计应符合下列规定：总降压变电站、配电站的高压开关柜室、电容器室、汽车保养间的充电间、燃油附件间等辅助生产厂房应设置事故排风装置。当事故排风与排热、排湿系统合用时，通风量应根据计算确定，但换气次数不应小于 12 次/h。事故排风机开关应分别在室内、外便于操作的地点设置。事故排风机应设置在有害气体或有爆炸危险物质散发量最大的地点，并应采取防止气流短路措施。排除有爆炸危险物质的局部排风系统，通风机的电机应采用防爆型。电缆隧道应设置事故排风，排风量应按隧道断面风速 0.5~0.7m/s 计算，并应采用自然补风。风口距室外地面的高度，进风口不应低于 2m，排风口不应低于 2.5m。

(5)空气调节房间的布置及维护结构应符合《工业建筑供暖通风与空气调节设计规范》(GB 50019—2015)[23]的有关规定。

5. 自动化控制

(1)工厂的自动化控制系统应满足生产工艺的需求。工厂的管理信息系统应包括综合布线系统、系统配置与编程功能，系统对生产过程的监视和管理应通过作业计划处理，生产数据收集应综合处理，并应保证生产管理者合理调度。

(2)工厂的综合布线系统设计应符合《综合布线系统工程设计规范》(GB 50311—2016)[28]的规定，工厂的管理信息系统配置应符合《水泥工厂设计规范》(GB 50295—2016)[26]的规定。

6. 供配电

(1)电气及自动化设计必须满足生产工艺的要求，满足节能、降耗、保护环境和保障人身安全的要求。电气及自动化设计中应采用先进、实用及节能的成套设备和定型产品，严禁选用落后的生产设备。电气及自动化设计应符合《水泥工厂设计规范》(GB 50295—2016)[26]的规定。

(2)电力负荷分级应符合下列规定：中央控制室重要设备电源、保证生产安全的消防水泵、重要或危险场所的应急照明、工艺要求的其他重要设备应作为一级负荷；主要生产流程用电设备、重要场所的照明及通信设备等应作为二级负荷；不属于一级和二级负荷者应作为三级负荷。

(3)供电电源应根据工厂规模、供电距离、工厂发展规划、当地电网现状和发展规划等条件，经过技术经济比较后确定。供配电系统，两个主电源供电时，应采用同级电压供电；同时供电的两个回路，每个回路宜按用电负荷的 100%设计；中压配电宜采用 10kV 电压，中压电动机宜采用 10kV 电压等级的电动机。厂区 35kV 总降压站宜采用户内布置。采用 GIS 组合电器的 110kV 开关设备宜采用户外布置。

(4)低压配电系统应符合下列规定：车间用电设备的交流低压电源宜由设置在电力室或车间变电所的变压器提供。车间低压配电宜采用 380/220V 的 TN 系统。对拥有一、二级负荷的电力室或车间变电所，宜设置两台及以上变压器，采用单母线分段运行。当只设置一台变压器时，应设置低压联络线，且备用电源应由附近电力室或车间变电所提供。同一生产流程的电动机或其他用电设备宜由同一段母线供电，多条生产工艺线的公用设备宜由不同母线上的两路电源受电，并应设置电源切换装置。车间的单相负荷宜均匀地分配在三相线路中。

7. 检化验

实验室所用仪器的规格、数量及化验室的面积应根据固定式建筑固废资源化厂的运行参数、规模等条件确定。

4.3.7 环境保护和安全管理

一般而言，资源化厂的环境保护和安全管理应符合下列基本要求。

1. 大气粉尘控制

场(厂)区环境空气质量应达到《环境空气质量标准》(GB 3095—2012)[29]要求，且符合企业所在地的相关地方标准和环境影响评价要求。生产区应对破碎处理系统进行封闭处理，破碎过程应采取定向集尘和收尘装置，宜在破碎机进出料口和筛分机械上安装集尘设备，并利用风机以负压方式将含尘气体输送到除尘装置中进行除尘，在破碎机的下料口可增加喷雾设备进行降尘。建筑固废原料卸料、上料点应设置局部抑尘措施，可采用喷雾方式。再生骨料及其他产品宜采用半封闭式料仓堆放，再生微粉应密闭式堆放，避免自然风吹起扬尘。生产厂区路面应采取硬化处理，并配备场地洒水、冲洗设备，定时冲洗，保持路面湿润清洁不起尘，道路两旁和生活区应设置绿化带隔离。对进入生产场地的建筑固废运输车辆要求采用专用加盖板车辆，防止遗撒。同时设置限速 5km/h 交通标志牌，所有进出车辆慢行通过，避免产生扬尘。

2. 噪声与振动控制

生产厂区环境噪声排放应符合《工业企业厂界环境噪声排放标准》(GB 12348—2008)[30]的相关要求。生产系统宜采用缓冲装置对建筑固废破碎处理系统设备进行减振处理，采用包封或降噪材料处置，以降低破碎筛分设备的振动和噪声。机修人员要定期巡检处理设备，及时更换磨损件，对易出现振动和噪声的设备做好定期润滑保养记录。

3. 水处理

生产场地应建设规范的生产废水处理设施，生产废水经处理后循环使用，废水重复利用率应达到90%以上或实现零排放。建筑固废堆放区地坪标高应至少高于周围地坪标高 15cm，硬化后周围设置排水沟，防止渗漏污染地下水，并满足场地雨水导排要求。地表径流水经沉淀处理后用于车辆冲洗、场地洒水、绿化，符合《污水综合排放标准》(GB 8978—1996)[31]达标排放。生活污水经化粪池或其他污水处理设备处理后排入市政管网，不可与生产用水混合使用。

4. 固体废物处置与综合利用

生产厂区的固体废物应有专用堆场，处理后产生的弃土宜用于回填、稳定层、园林土等方面，处理后产生的废金属、废木料、废塑料应送至相应领域的资源化处置企业。

5. 节能措施

固定式建筑固废处理企业应建立完善的能源管理办法，严格执行国家、地方及行业的能耗和环保标准。必须进行能源消耗审核和环境影响评价，采用有利于节能环保的新设备、新工艺、新技术，不准引进不符合节能环保要求的落后生产设备。制定并严格执行生产管理控制程序，杜绝生产中的跑、冒、滴、漏现象。严禁生产现场出现能源浪费现象，如长流水、长明灯等。积极开展技术创新试验研究，优化处置工艺，开拓应用方向，提高建筑固废资源化利用率。

6. 消防

消防设计应符合《建筑设计防火规范》（GB 50016—2014）[21]、《水喷雾灭火系统技术规范》（GB 50219—2014）[32]和《消防给水及消火栓系统技术规范》（GB 50974—2014）[33]的有关规定。

4.3.8　运行与维护

处理厂应根据职责和具体要求制定相应的规章制度并严格执行，按时准确地填写运行记录，处理厂应具有完备的事故应急系统和应急处理方案。

1. 运行

应制定设备的维护保养计划，计划应包括设备、仪器、固定资产卡，部件记录，维修保养时间表。专业维修人员应熟悉机电设备、处理设施的维修保养计划及检查验收制度。设备启动前应做好全面检查和准备工作，确认无误后方可开机运行。生产线运行过程中，应监视并保持给料下料正常、搅拌装置搅拌时间正常、成型系统开启正常，若发现故障，应立即关闭相应设备电源并检修。每班作业结束前，应检查相关的电源、水源，并清理作业设备和工具内的积灰，清扫作业现场。

2. 维护保养

应建立日常保养、定期维护和大修三级维护保养制度。建筑固废处理生产线应该配有专门的日常维护保养人员。再生利用生产系统中有搅拌装置的应每天进行清理，有制品成型设备的应每周进行清理。应保持各种设施、设备表面清洁，避免积水、积灰。应按设备使用要求定期检查或更换安全和消防等防护设施、设备。应定期检查、更换设备易损件，定期检查、紧固设备连接件，定期检查电动阀门的控制元件、手动与电动的联锁装置。应定期清理排水沟渠等，确保排水畅通。实验室应保持清洁，设备应定期进行维护和标定，设备或仪器的附属工具、部件和资料应妥善保管。应对运输车辆定期检查，防止物料泄漏或抛撒。

4.4　移动式资源化设施

移动式破碎是一种新型建筑固废处置方式,与传统的固定式破碎相比,移动式破碎可以在拆迁现场将废混凝土、废砖破碎成再生骨料,在拆迁区域附近若有原料加工厂或砌块制备厂,则可进一步深加工,可以将现有社会资源整合进入建筑固废资源化领域,逐步建立起建筑固废资源化产业链。此种模式具有如下优点。

(1)就地资源化处理,就地使用,避免了从拆迁区域到处理厂的远距离运输,降低了运输成本。

(2)可减少因固定式处理基地的选址、规划、环保、土地等手续带来的建设周期长等问题。

(3)便于建立临时性建筑固废资源化产业链。

(4)无须装配时间,设备一到作业场地即可投入工作。

(5)此设备可到达工作场地的任意位置,这样可以减少对物料的运输操作,并且方便全部辅助机械设备的协调,生产效率高。

(6)可以任意组合和增加功能。

(7)设备残余价值高。移动式资源化设施也存在一定劣势,移动破碎车搭载的颚式破碎机、反击式破碎机和圆锥破碎机等破碎设备基本是中小型的,所以移动式破碎工艺设备的处置量相对较小,不适用于有稳定建筑固废来源且需要持续大规模化处理的情况。

移动式资源化设备处理工艺如图 4.46 所示[5]。建筑物经爆破拆除后产生的建筑固废经预处理达到能够进入破碎机的粒度后,由运输车送至振动给料机,细小废料经振动料机预筛分后排出,大料进入反击式破碎机破碎,出料皮带输送机上方放置除铁器,分离出建筑固废中的钢筋,之后物料进入移动式筛分站进行筛分,大料返回反击式破碎机循环破碎,小料经皮带输送机输送至各成品料堆。移动式建筑固废处理生产线在国外是主要的资源化处理方式,也已在国内开始得到应用。

4.4.1　移动式资源化设备

1. 移动式破碎站结构组成

移动式破碎站是当前最普遍的移动式资源化设备,它是集给料、破碎、杂物分拣、输送、筛分等设备于一体的建筑固废破碎装备,同时给该设备配以行走机构,使其成为一个移动的建筑固废生产线,其结构组成如图 4.47 所示[34]。

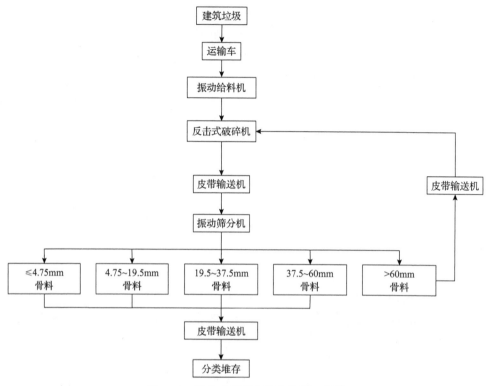

图 4.46　移动式资源化设备处理工艺[5]

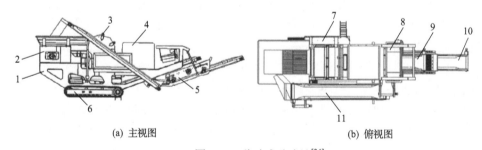

(a) 主视图　　　　　　　　　　　　　　　　(b) 俯视图

图 4.47　移动式破碎站[34]

1. 船型支架；2. 振动给料机；3. 破碎机；4. 动力机构；5. 振动筛；6. 行走机构；7. 护栏；8. 除铁器；
9. 主输送带；10. 循环机构输送带 1；11. 循环机构输送带 2

2. 移动式破碎站分类

移动式破碎站按主破碎机配置的不同可分为颚破移动式破碎站、圆锥破移动式破碎站、反击破移动式破碎站、立轴冲击破移动式破碎站，可针对具体要求，应用于物料的粗碎、中碎、细碎整形等生产作业中，对于建筑固废，主要用颚破移动式破碎站和反击破移动式破碎站。

(1)履带移动式破碎站。履带移动式破碎站一般配有给料系统、破碎机、磁选机和高效的筛分系统,在作业现场以粗破碎为主要目的。其中两轴辊扎破碎机装有特殊型的强有力的破碎齿,保证能够破碎混有钢筋的混凝土。而附在滚筒上的钢筋通过滚筒的正转和反转运行在破碎腔内就能简单地除去,而颚破移动式破碎站和反击破移动式破碎站通过磁选机去除钢筋。装有两层格栅的振动给料机起到较好的粗筛效果;内部输送空间大,防止堵塞;减少摩擦以降低零部件的磨损。满足粒度要求的物料通过破碎机直接至出料溜槽,提高了生产线效率;通过破碎机的可移动进料板,主动液压可使物流畅通无碍。履带移动式破碎站按照其中破碎机的类型不同,又可细分为履带移动反击式破碎站、履带移动颚式破碎站、履带移动圆锥式破碎站、履带移动立轴冲击式破碎站等,如图 4.48 所示,处理建筑固废还是以颚式和反击式破碎站为主。

(a) 履带移动反击式破碎站

(b) 履带移动颚式破碎站

(c) 履带移动圆锥式破碎站

(d) 履带移动立轴冲击式破碎站

图 4.48　履带移动式破碎站

(2)轮胎移动式破碎站。轮胎移动式破碎站在建筑拆除工地现场具有机动性强、生产效率高等特点,并且能根据原料情况设定供料量,给料机给料稳定、噪声低、振动小,采用橡胶轮胎,运行平稳,保护地面。同样地,轮胎移动式破碎站按照其中主破碎机的类型不同,又可细分为轮胎移动颚式破碎站、轮胎移动圆锥式破碎站、轮胎移动反击式破碎站、轮胎移动立轴冲击式破碎站等,如图 4.49 所示。

在轮胎移动式破碎站处理建筑固废的过程中,物料经给料机均匀输送到主破碎机内,主破碎机做初步破碎后,通过圆振动筛实现物料的循环破碎,成品物料由皮带输送机输出,可进行连续破碎作业。轮胎移动式破碎站可以根据实际生产

(a) 轮胎移动颚式破碎站　　　　　　　　　(b) 轮胎移动圆锥式破碎站

(c) 轮胎移动反击式破碎站　　　　　　　　(d) 轮胎移动立轴冲击式破碎站

图 4.49　轮胎移动式破碎站

需要去除圆振动筛,对物料直接进行初步破碎,同时可与其他破碎设备配套使用。此外,轮胎式移动破碎站也都配置有磁选和风选设备,用来分离建筑固废中的钢筋、废铁以及木块、纸屑等杂质。

3. 移动式破碎站特点[35]

(1)自行走功能。移动式破碎站是集破碎、筛分和杂物分拣于一体的高性能、自动化的新型物料破碎装备,它把传统的固定式生产线集成到一个移动平台上,使其具有更好的机动性,能实现原地的移动、转向,同时还可实现在较近距离内的自行走。

(2)结构模块可重构。移动式破碎站是利用模块化的设计方法进行设计的,因此可以灵活更换模块实现重构。由于我国的建筑固废所含成分差异明显,同时对再生产品有不同的要求,还可根据作业现场、物料粒型等方面的要求,为移动式破碎站配置不同的建筑固废处理设备,向客户提供更加适合生产需要的设备,实现产品的定制化生产。

(3)工作过程自动化。移动式破碎站配备有先进的控制系统,可以实现对设备各个部分的精确控制,还可以实现设备的远距离遥控操作,既能保证操作人员的人身安全，也使操作简单可行。

4. 移动式破碎站的关键技术

(1)减振降噪技术。设备在工作过程中受到各种力的不断作用(主要包括随机性激振力和周期性激振力)产生振动，随机性激振力来自所破碎物料的不均匀性和破碎机转子的不平衡振动，设备中激振器的周期性振动引发周期性激振力。这些不利的振动不仅会引起设备的共振，破坏设备，降低设备的使用寿命，还会产生噪声，对环境造成污染。移动式破碎站当前主要采取被动方式，寻找引起随机性振动的震源，减小或消除其影响。对于周期性的振动，采取被动的隔振方式减小其对设备的影响。例如，通过软连接及隔振材料将振源与其他设备隔离，避免振动传递；同时对一些回转设备进行动平衡试验，减少振动源。还有一种方式就是主动消除设备的振动，并把设备上无用的振动能进行利用，实现能量的循环再利用，但是当前还没有有效的手段实现这一目标。通过降低设备的振动，可减小设备工作过程中的噪声。

(2)模块划分。要实现设备的模块化设计，就需要对其进行模块划分。模块划分的方法众多，一般选用比较成熟的基于功能分析的模块划分方法，这种方法首先对产品进行功能分析，把设备的总体功能进行分解，得到一系列基本功能单元，然后根据各功能单元间的相关性，重新组合成模块。模块划分的关键问题为产品总功能的分解程度以及功能单元相关程度的衡量，这是实现设备可重构的基础。当对设备进行模块划分后，需要评定是否能够满足设备的功能要求和客户的个性化需求。

4.4.2 场地要求

移动式破碎站移动性强，可以在普通公路上及作业区内灵活行驶，但在实际生产过程中，由于场地缺乏相应的配备设施，往往会在建筑固废资源化的生产过程中产生一系列问题。为了更好地发挥移动式破碎站的优点，对工作场地提出以下要求。

(1)对于设备清洗及生产过程中产生的污水，场地应建立专门的污水处理设施，污水处理后应成为达到一级标准的中水，或可直接用于生产用水，实现污水的循环利用。

(2)对于生产过程中产生的粉尘，应该加上专门的降尘工序，利用设备自带的防尘装置或在场地中设置各种除尘设备实现粉尘的达标排放；对建筑固废应进行适当的喷淋处理；最后应根据风向、周边环境等因素，合理布局生产流程。

(3)对于机器设备运作产生的噪声，应根据周边环境等因素，合理布置移动式破碎站的位置，或利用设备自带的降噪设施进行降噪。

（4）对场地的平整程度有一定要求，防止移动式破碎站出现翻车入坑等安全事故。

（5）现场应配备引导员，引导移动式破碎机在场地内进行安全作业。

4.4.3　维修养护

移动式破碎站运行中，要经常注意设备的噪声情况及振动情况，出现过大的噪声或振动时，应迅速停机检查。排除故障后，应按启动顺序进行空载重新启动；还要注意观察产品的质量和产率，当质量与产率不正常时，有可能发生破碎机、筛分机的堵塞或筛面破损等故障。移动式破碎站应按要求进行润滑，中小型设备主要用润滑脂和润滑油定期润滑。大型设备中，若使用了圆锥破碎机和大型颚式破碎机，一般有强制润滑系统，这时应经常注意观察油温、油压、流量等参数，紧固出现松动的紧固件。

为使移动式破碎站保持良好的工作性能，除正常的维护外，设备还要按计划进行小修、中修与大修。移动式破碎站的检修计划是按照所用各部分机械的检查要求提出来的，由于各机械的检修计划有所差异，在条件允许时，可更换部分机械进行检修，这样可减少停机检修时间，提高设备的利用率。

4.4.4　移动式和固定式的组合

目前国内提出移动式和固定式组合的模式，即可以根据建筑固废排放情况及处置工艺要求，采用移动式初步破碎装备（见图 4.50）和固定式精细化破碎装备（见图 4.51）。移动式初步破碎装备适用于小规模的现场处置，可以对建筑固废进行初步的简单破碎，但是生产出的再生原料一般含有轻物质等杂质，而固定式精细化破碎装备适用于大规模精细化的生产，资源化再生原料具有较高的品质。

图 4.50　移动式初步破碎装备

图 4.51　固定式精细化破碎装备

该模式一方面能充分发挥移动式资源化装备的优点，结合人工分选的手段，实现建筑固废资源化源头处理，有效解决了建筑固废组分复杂的问题，降低了建筑固废杂质含量，为后续高效全面的资源化处理利用奠定了基础；同时也有效解决了移动式破碎工艺设备处置量相对较小的难题，防止出现建筑固废大量产生而无法及时进行资源化处理的问题。另一方面也能为固定式资源化设施提供稳定的高质量原料来源，能满足连续生产的需要，且能减少固定式资源化厂场地大小和机械设备的需求，降低固定式资源化厂的建设成本和运营成本，同时可有效保证建筑固废资源化产品的质量。

综上所述，移动式和固定式组合的模式能充分发挥两者的优势，规避两者带来的问题，是我国今后在建筑固废资源化利用方面重要的发展途径。

4.5　本 章 小 结

当前，国内建筑固废资源化行业发展迅速，随着对建筑固废资源化认识和对建筑固废资源化技术研究的不断深入，特别是在建筑固废回收处理工艺方面，总结先进且可行的实践经验，引进和研发先进的生产装备，这对建筑固废资源化行业的发展具有很大的促进作用。可以说，大力推行建筑固废资源化是实现可持续发展战略的重要环节，而工艺及装备是建筑固废资源化处置的关键。不能将建筑固废资源化的工艺简单等同于矿产业的破碎筛分工艺，而是应广泛借鉴吸收国外先进工艺技术和装备，并针对中国建筑固废基本无源头分类、组分复杂的国情，同时充分考虑分选除杂、筛分工艺，选择合适的装备。通过渣土筛选、人工分选、风力分选、磁力分选、水力浮选、降尘等手段，严格控制产品中的微粉含量、泥块含量、杂物含量等，配合颗粒整形强化等工艺，保证建筑固废资源化的品质符合相关国家标准要求，为后续进一步提升工艺技术打下良好的基础。国内建筑固废资源化利用主要分为固定式和移动式两种模式，两者各有优势，需要根据当地实际情况选择合适的模式，其中固定式资源化厂需全方面考虑好选址规划、场地规划、配套设施等问题，移动式资源化处置则需要考虑装备对场地的一些要求以及移动式装备维修保养的问题。移动式和固定式相结合的混合模式，即移动式现场粗破处理、固定式工厂精破处理，将会是我国建筑固废资源化利用今后的重要发展趋势。

参 考 文 献

[1] 肖建庄. 再生混凝土[M]. 北京: 中国建筑工业出版社, 2008.

[2] 李南, 李湘洲. 发达国家建筑垃圾再生利用经验及借鉴[J]. 再生资源与循环经济, 2009, 2(6): 41-44.

[3] Shibatani K. 再生细骨料的生产方式[P]: 日本, JP2006320814A. 2006-11-03.

[4] Yanagibashi K, Yonezawa T. 再生骨料的生产工艺[P]: 日本, JP2002087857A. 2002-03-27.

[5] 王香治. 城市建筑垃圾资源化利用探讨[J]. 环境卫生工程, 2012, 20(2): 49-52.

[6] 刘红卫, 李海洋. 原料预均化堆场的工艺发展及对比[J]. 矿山机械, 2016, 44(7): 101-103.

[7] 罗程亮, 袁靖, 陈明. 一种高频涡流有色金属分选机[P]: 中国, CN104888955A. 2015-06-17.

[8] 王艳, 王长桥, 殷伟强, 等. 北京市装饰装修垃圾处置现状及对策[J]. 环境卫生工程, 2006, 14(4): 34-36.

[9] 段顺伟. 多功能分级机[P]: 中国, CN204470100U. 2015-07-15.

[10] 谢颖平. 钢筋混凝土切割工艺概述及应用[J]. 山西建筑, 2007, 33(7): 163-165.

[11] 特洛伊·D·希尔斯根. 车载液压混凝土路面切割机[P]: 中国, CN101495280A. 2009-07-29.

[12] 许连海, 刘梦瑶, 尹元昊. 一种液压动力劈山机[P]: 中国, 201520522873.9. 2015-12-09.

[13] Pronko S, Schofield G, Hamelin M, et al. Megajoule pulsed power experiments for plasma blasting mining applications[C]//Proceedings of the 9th IEEE International Pulsed Power Conference, Albuquerque, 1993: 15-18.

[14] 梁勇, 李博, 马刚平, 等. 建筑垃圾资源化处置技术及装备综述[J]. 环境工程, 2013, 31(4): 109-113.

[15] 陈宁, 韦佳. 建筑废弃物再生工艺及设备[C]//建筑废物资源化利用技术交流会暨委员会2016年年会, 上海, 2016: 111-114.

[16] 蒲云辉, 唐嘉陵. 日本建筑垃圾资源化对我国的启示[J]. 施工技术, 2012, (41): 43-45.

[17] 中华人民共和国住房和城乡建设部. 混凝土和砂浆用再生细骨料(GB/T 25176—2010)[S]. 北京: 中国标准出版社, 2010.

[18] 中华人民共和国住房和城乡建设部. 混凝土用再生粗骨料(GB/T 25177—2010)[S]. 北京: 中国标准出版社, 2010.

[19] 中华人民共和国交通部. 厂矿道路设计规范(GBJ 22—1987)[S]. 北京: 中国计划出版社,

1987.

[20] 中华人民共和国住房和城乡建设部, 中华人民共和国国家质量监督检验检疫总局. 工业企业总平面设计规范(GB 50187—2012)[S]. 北京: 中国计划出版社, 2012.

[21] 中华人民共和国住房和城乡建设部. 建筑设计防火规范(GB 50016—2014)[S]. 北京: 中国计划出版社, 2014.

[22] 中国建筑科学研究院. 建筑采光设计标准(GB 50033—2013)[S]. 北京: 中国建筑工业出版社, 2012.

[23] 中华人民共和国住房和城乡建设部. 工业建筑供暖通风与空气调节设计规范(GB 50019—2015)[S]. 北京: 中国建筑工业出版社, 2015.

[24] 中华人民共和国住房和城乡建设部, 中华人民共和国国家质量监督检验检疫总局. 室外排水设计规范(GB 50014—2021)[S]. 北京: 中国计划出版社, 2021.

[25] 华东建筑集团股份有限公司. 建筑给水排水设计标准(GB 50015—2019)[S]. 北京: 中国计划出版社, 2019.

[26] 中华人民共和国住房和城乡建设部. 水泥工厂设计规范(GB 50295—2016)[S]. 北京: 中国计划出版社, 2016.

[27] 中华人民共和国住房和城乡建设部. 工业企业设计卫生标准(GBZ 1—2010)[S]. 北京: 人民卫生出版社, 2010.

[28] 中华人民共和国住房和城乡建设部. 综合布线系统工程设计规范(GB 50311—2016)[S]. 北京: 中国标准出版社, 2016.

[29] 中国环境科学研究院, 中国环境监测总站. 环境空气质量标准(GB 3095—2012)[S]. 北京: 中国环境科学出版社, 2012.

[30] 中华人民共和国生态环境部. 工业企业厂界环境噪声排放标准(GB 12348—2008)[S]. 北京: 中国环境出版集团, 2008.

[31] 国家环境保护总局. 污水综合排放标准(GB 8978—1996)[S]. 北京: 中国标准出版社, 1996.

[32] 中华人民共和国住房和城乡建设部. 水喷雾灭火系统技术规范(GB 50219—2014)[S]. 北京: 中国计划出版社, 2014.

[33] 中华人民共和国住房和城乡建设部. 消防给水及消火栓系统技术规范(GB 50974—2014)[S]. 北京: 中国计划出版社, 2014.

[34] 张玉军, 马腾, 陈俊田. 移动式破碎站[P]: 中国, CN106423515A. 2017-02-22.

[35] 任虎存, 张进生, 王志. 建筑垃圾处理技术与移动式破碎装备分析[J]. 工程机械, 2013, 44(2): 42-45.

第5章 再生原料

本章将再生原料分为再生骨料、再生微粉以及其他再生材料。再生骨料细分为混凝土用再生粗骨料和再生细骨料，不同类型和用途的再生骨料性能和技术指标也不同。近年来，国内外对再生骨料的改性问题研究较多，从传统的物理、化学改性方法逐渐向新型骨料改性方向转变。再生微粉的基本性能有别于再生骨料，通过精细化资源化处置技术可以使再生微粉具有较高的细度和活性，进而可以作为胶凝材料。其他再生材料主要包括钢材、木材、玻璃、塑料、装修垃圾、废旧轮胎纤维等，它们是建筑固废资源化过程中的副产品。不同再生材料的性能差别较大，其资源化应用方式应因地制宜，区别对待。

5.1 再生粗骨料和再生细骨料

本节主要介绍混凝土用再生粗骨料、混凝土和砂浆用再生细骨料、砌块和砖用再生细骨料，以指导工程应用为目的，分别对各自的主要性能指标进行分析，同时给出部分规范的参考数据供大家参考，最后详细讨论一个再生骨料工程应用案例，希望对今后相关研究及工程应用起到指导和借鉴作用。

再生原料是指从建筑固废中获得并可以制备其他建筑产品的原料，包括再生粗骨料、再生细骨料和再生砂粉等。再生原料作为中间产物，是制备再生建材必不可少的原料。

与天然骨料是从自然中开采得来相比，再生骨料由建筑固废中的混凝土、砂浆、石或砖瓦等加工而成。再生粗骨料分成不同等级，各个等级只能用来制备相应等级的混凝土。Ⅰ类再生粗骨料可用来制备各种强度等级的混凝土；Ⅱ类再生粗骨料宜用来配制 C40 及以下强度等级的混凝土；Ⅲ类再生粗骨料宜用来配制 C40 及以下强度等级的混凝土，不宜用于配制有抗冻性要求的混凝土。同理对于再生细骨料，Ⅰ类再生细骨料宜用来配制 C40 及以上强度等级的混凝土；Ⅱ类再生细骨料宜用来配制 C40 及以下强度等级的混凝土；Ⅲ类再生细骨料不宜用于结构混凝土。再生骨料不得用于配制预应力混凝土。

5.1.1 建筑用再生粗骨料

《混凝土用再生粗骨料》（GB/T 25177—2010）[1]规定了混凝土再生粗骨料的分类规格、要求、试验方法、检验规则以及标志、储存和运输。混凝土用再生粗骨料定义为由建(构)筑废物中的混凝土、砂浆、石、砖瓦等加工而成,用于配制混凝土的、粒径大于 4.75mm 的颗粒。混凝土用再生粗骨料按性能要求可分为 I 类、II 类和III类。

1. 再生粗骨料的颗粒级配

再生粗骨料的颗粒级配应符合表 5.1 的规定[1]。

表 5.1　再生粗骨料颗粒级配[1]

公称粒径/mm		累计筛余/%							
		2.36mm	4.75mm	9.50mm	16.0mm	19.0mm	26.5mm	31.5mm	37.5mm
连续粒级	5～16	95～100	85～100	30～60	0～10	0	—	—	—
	5～20	95～100	90～100	40～80	—	0～10	0	—	—
	5～25	95～100	90～100	—	30～70	—	0～5	0	—
	5～31.5	95～100	90～100	70～90	—	15～45	—	0～5	0
单粒级	5～10	95～100	80～100	0～15	0	—	—	—	—
	10～20	—	95～100	85～100	—	0～15	0	—	—
	16～31.5	—	95～100	—	85～100	—	—	0～10	0

2. 技术指标及要求

再生粗骨料的技术指标包括微粉含量、泥块含量、吸水率、针片状颗粒含量、有害物质含量、杂物含量、质量损失、压碎指标、表观密度、空隙率、碱骨料反应,相应指标应符合表 5.2 的要求[1]。

表 5.2　再生粗骨料技术指标及要求[1]

技术指标	I 类	II 类	III类
微粉含量(按质量计)/%	<1.0	<2.0	<3.0
泥块含量(按质量计)/%	<0.5	<0.7	<1.0
吸水率(按质量计)/%	<3.0	<5.0	<8.0
针片状颗粒含量(按质量计)/%	<10	<10	<10
有机物含量	合格	合格	合格
硫化物与硫酸盐含量(折算成 SO_3,按质量计)/%	<2.0	<2.0	<2.0
氯化物含量(以氯离子质量计)/%	<0.06	<0.06	<0.06
杂物含量(按质量计)/%	<1.0	<1.0	<1.0
质量损失/%	<5.0	<10.0	<15.0

续表

技术指标	I 类	II 类	III 类
压碎指标/%	<12	<20	<30
表观密度/(kg/m³)	>2450	>2350	>2250
空隙率/%	<47	<50	<53
碱骨料反应	经碱骨料反应试验后，由再生粗骨料制备的试件无裂缝、酥裂或胶体外溢等现象，膨胀率应小于 0.1%		

　　混凝土用再生粗骨料单项试验的最小取样数量应符合表 5.3 的规定[1]。进行多项试验时，如果能确保试样经一项试验后不致影响另一项试验的结果，可用同一试样进行几项不同的试验。

表 5.3　混凝土用再生粗骨料单项试验取样数量[1]

序号	试验项目	各最大粒径下的最小取样数量/kg				
		9.5mm	16.0mm	19.0mm	26.5mm	31.5mm
1	颗粒粒径	10	16	19	25	32
2	微粉含量	8	8	24	24	40
3	泥块含量	8	8	24	24	40
4	吸水率	8	8	24	24	40
5	针片状颗粒含量	8	8	16	16	20
6	有机物含量	按照试验要求的粒级和数量取样				
7	硫化物与硫酸盐含量	按照试验要求的粒级和数量取样				
8	氯化物含量	按照试验要求的粒级和数量取样				
9	杂物含量	15	15	30	30	50
10	坚固性	按照试验要求的粒级和数量取样				
11	压碎指标	按照试验要求的粒级和数量取样				
12	表观密度	8	8	88	8	12
13	空隙率	40	40	40	40	80
14	碱骨料反应	20	20	20	20	20

5.1.2　建筑用再生细骨料

　　《混凝土和砂浆用再生细骨料》(GB/T 25176—2010)[2]规定了混凝土和砂浆用再生细骨料的术语和定义、分类和规格、要求、试验方法、检验规则、标志、储存和运输。该标准是基于混凝土对所用粗骨料的技术性能要求,在总结国内外近年来对再生粗骨料研究和应用的基础上,参考当时《建筑用卵石、碎石》(GB/T 14685—2001)[3]相关内容而制定的。混凝土和砂浆用再生细骨料定义为由建(构)筑废物中的混凝土、砂浆、石、砖瓦等加工而成,用于配制混凝土和砂浆的粒径不大于 4.75mm 的颗粒。与再生粗骨料相同,再生细骨料按性能要求分为 I 类、II 类、III 类。

1. 再生细骨料的颗粒级配

再生细骨料的颗粒级配应符合表 5.4 的规定[2]。再生细骨料的实际颗粒级配与表 5.4 中所列数字相比,除 4.75mm 和 600μm 筛孔外,可以略有超出,但是超出总量应小于 5%。

表 5.4　再生细骨料颗粒级配[2]

筛孔尺寸	累计筛余/%		
	1 级配区	2 级配区	3 级配区
9.50mm	0	0	0
4.75mm	10～0	10～0	10～0
2.36mm	35～5	25～0	15～0
1.18mm	65～35	50～10	25～0
600μm	85～71	70～41	40～16
300μm	95～80	92～70	85～55
150μm	100～85	100～80	100～75

2. 技术指标及要求

再生细骨料的技术指标包括微粉含量、泥块含量、云母含量、轻物质含量、有机物含量、硫化物及硫酸盐含量、氯化物含量、质量损失、压碎指标、再生胶砂需水量比、再生胶砂强度比、表观密度、堆积密度、空隙率、碱骨料反应,相应指标应符合表 5.5 的要求[2]。

表 5.5　再生细骨料技术指标及要求[2]

技术指标		I 类			II 类			III 类		
		细	中	粗	细	中	粗	细	中	粗
微粉含量 (按质量计)/%	MB<1.4 或合格	<5.0	<5.0	<5.0	<7.0	<7.0	<7.0	<10.0	<10.0	<10.0
	MB≥1.4 或不合格	<1.0	<1.0	<1.0	<3.0	<3.0	<3.0	<5.0	<5.0	<5.0

续表

技术指标	I 类			II 类			III 类		
	细	中	粗	细	中	粗	细	中	粗
泥块含量(按质量计)/%	<1.0	<1.0	<1.0	<2.0	<2.0	<2.0	<3.0	<3.0	<3.0
云母含量(按质量计)/%	<2.0	<2.0	<2.0	<2.0	<2.0	<2.0	<2.0	<2.0	<2.0
轻物质含量(按质量计)/%	<1.0	<1.0	<1.0	<1.0	<1.0	<1.0	<1.0	<1.0	<1.0
有机物含量(比色法)	合格	合格	合格	合格	合格	合格	合格	合格	合格
硫化物及硫酸盐含量(按 SO_3 质量计)/%	<2.0	<2.0	<2.0	<2.0	<2.0	<2.0	<2.0	<2.0	<2.0
氯化物含量(按氯离子质量计)/%	<0.06	<0.06	<0.06	<0.06	<0.06	<0.06	<0.06	<0.06	<0.06
饱和硫酸钠溶液中质量损失/%	<8.0	<8.0	<8.0	<10.0	<10.0	<10.0	<12.0	<12.0	<12.0
单级最大压碎指标/%	<20	<20	<20	<25	<25	<25	<30	<30	<30
再生胶砂需水量比	<1.35	<1.30	<1.20	<1.55	<1.45	<1.35	<1.80	<1.70	<1.50
再生胶砂强度比	>0.80	>0.90	>1.00	>0.70	>0.85	>0.95	>0.60	>0.75	>0.90
表观密度/(kg/m³)	>2450	>2450	>2450	>2350	>2350	>2350	>2250	>2250	>2250
堆积密度/(kg/m³)	>1350	>1350	>1350	>1300	>1300	>1300	>1200	>1200	>1200
空隙率/%	<46	<46	<46	<48	<48	<48	<52	<52	<52
碱骨料反应	经碱骨料反应试验后,由再生细骨料制备的试件应无裂缝、酥裂或胶体外溢等现象,膨胀率应小于 0.1%								

注:MB 值是指亚甲蓝值。

混凝土用再生细骨料单项试验的最小取样数量应符合表 5.6 的规定[2]。进行多项试验时,如果能确保试样经一项试验后不致影响另一项试验的结果,可用同一试样进行几项不同的试验。

表 5.6 再生细骨料单项试验取样数量[2]

序号	试验项目	最小取样数量/kg
1	颗粒级配	5
2	微粉含量	5
3	泥块含量	20
4	云母含量	1
5	轻物质含量	4

续表

序号	试验项目	最小取样数量/kg
6	有机物含量	21
7	硫化物与硫酸盐含量	1
8	氯化物含量	5
9	坚固性	20
10	压碎指标	30
11	再生胶砂需水量比	20
12	再生胶砂强度比	20
13	表观密度	3
14	堆积密度与空隙率	5
15	碱骨料反应	20

《混凝土用再生粗骨料》(GB/T 25177—2010)[1]、《混凝土和砂浆用再生细骨料》(GB/T 25176—2010)[2]在大量调查研究、系统试验验证的基础上,参考了国内外相关先进标准,结合我国实际情况,经过广泛征求意见,对再生粗、细骨料的分类和规格、要求、试验方法、检验规则、标志、储存和运输等进行了规定。这两个标准是我国第一套关于再生粗、细骨料产品的国家标准,技术指标合理,与相关标准协调一致,具有先进性、一致性和可行性,将大力促进我国再生骨料的应用,有效提高我国建筑固废资源化水平。国家标准《混凝土用再生粗骨料》(GB/T 25177—2010)[1]、《混凝土和砂浆用再生细骨料》(GB/T 25176—2010)[2]和行业标准《再生骨料应用技术规程》(JGJ/T 240—2011)[4]构成了我国再生骨料混凝土发展的技术标准基础框架,也是再生混凝土领域较早发布的规范,为再生混凝土行业发展起到了极大的促进作用。

5.1.3 道路用再生集料

《建筑垃圾再生集料路面基层施工技术规程》(DB13(J)/T 155—2014)[5]主要内容包括基本规定、建筑垃圾破碎处理与再生集料技术要求、材料、无机结合料稳定再生集料组成设计、无机结合料稳定再生集料的施工、再生级配集料的施工、质量验收。

建筑垃圾再生集料是指将以废砖瓦、废弃砂浆、废混凝土、废石块为主要成分的建筑垃圾利用机械设备破碎处理后,分离出金属、塑料、木材等杂物,最终生成的粒料，简称再生集料。而全部或部分掺用了再生集料的混合料，且其颗粒组成符合规定的级配要求时，称为再生级配集料。与前面的再生粗骨料和再生细骨料类似，再生集料也根据粒径的大小分为粒径大于 4.75mm 的再生粗集料和粒径小于 4.75mm 的再生细集料。标准对道路用再生集料进行了分类，按性能要求分成 A 级和 B 级，主要性能指标应符合表 5.7 的要求[5]。

表 5.7 道路用再生集料分类[5]

再生集料成分	A 级	B 级
再生粗集料中混凝土颗粒含量/%	⩾90	—
杂物含量/%	⩽0.5	⩽1.0
压碎指标/%	⩽30	⩽40
针片状颗粒含量/%	⩽15	⩽20

A 级再生集料可用于重、中和轻交通道路路面的基层及各交通等级道路路面的底基层，B 级再生集料可用于各交通等级路面的底基层以及轻交通道路路面的基层。按种类分成无机结合料稳定再生集料、水泥稳定再生集料、石灰粉煤灰稳定再生集料、水泥粉煤灰稳定再生集料，分别通过在再生级配集料中加入无机结合料、水泥等配制而成。采用水泥稳定时，再生集料的颗粒组成应符合表 5.8 的规定[5]。

表 5.8 水泥稳定再生集料的颗粒组成[5]

筛孔尺寸/mm	累计筛余/%	
	结构层	底基层/基层
37.5	100	—
31.5	—	100
26.5	—	90～100
19.0	—	72～100
9.5	—	47～67
4.75	50～100	29～40
2.36	—	17～35
1.18	—	—
0.60	17～100	8～22
0.075	0～50	0～7
塑性指数/%	<17	

采用石灰粉煤灰稳定时，再生集料的颗粒组成应符合表 5.9 的规定[5]。

表 5.9 石灰粉煤灰稳定再生集料的颗粒组成[5]

筛孔尺寸/mm	累计筛余/%	
	结构层	底基层/基层
37.5	100	—
31.5	90～100	100
19.0	67～83	73～87
9.5	45～64	47～66
4.75	30～50	30～50
2.36	19～36	19～36
1.18	12～26	12～26
0.60	8～19	8～19
0.075	2～7	2～7

采用水泥粉煤灰稳定时，再生集料的颗粒组成应符合表 5.10 的规定[5]。

表 5.10 水泥粉煤灰稳定再生集料的颗粒组成[5]

筛孔尺寸/mm	累计筛余/%	
	结构层	底基层/基层
37.5	100	—
31.5	90～100	100
19.0	72～90	81～98
9.5	48～68	52～70
4.75	30～50	30～50
2.36	18～38	18～38
1.18	10～27	10～27
0.60	6～20	8～20
0.075	2～7	2～7

直接用于基层、底基层时再生集料的颗粒组成应符合表 5.11 的规定[5]。

表 5.11 直接用于基层、底基层时再生集料的颗粒组成[5]

筛孔尺寸/mm	累计筛余/%	
	结构层	底基层/基层
37.5	100	—
31.5	93～100	100
19.0	73～88	85～100

筛孔尺寸/mm	累计筛余/%	
	结构层	底基层/基层
9.5	49～69	52～74
4.75	29～54	29～54
2.36	17～37	17～37
0.60	8～20	8～20
0.075	0～7	0～7
塑性指数/%	<9	

5.2　再生骨料改性技术

由于再生骨料表面附着大量水泥砂浆，其性能总体上低于天然骨料，再生骨料的表观密度和堆积密度达不到天然骨料的标准，吸水率和压碎指标也偏高，所以再生粗骨料只可用来配制中低强度等级的再生混凝土。因此，对再生骨料进行改性使得其性能接近天然骨料是十分必要的。

本节介绍再生骨料的改性技术，分为常规和新型的改性技术，其中常规改性技术主要分为物理改性和化学改性。

5.2.1　物理改性方法

物理改性主要是利用加热或者摩擦碰撞去除再生骨料表面附着的砂浆，从而改善再生骨料的力学性能。典型的物理改性方法有研磨法和颗粒整形强化法。

研磨法主要包括立式偏心轮高速研磨法、卧式强制研磨法、加热研磨法等。研磨法主要是利用机械内部高速旋转的机构带动骨料互相摩擦碰撞，使得黏附在再生骨料表面的水泥浆体脱落。由于颗粒间的相互作用，骨料上较为突出的棱角也会被磨掉，从而提高再生骨料的性能。加热研磨法是在一般研磨法的基础上增加了骨料的加热处理工序，初步破碎的混凝土经过 300～400℃ 的加热处理，骨料表面的水泥石脱水、脆化，再进行研磨、冲击处理，能更为有效地去除再生骨料中的水泥石残余物。然而，研磨法的主要缺点是设备庞大、工艺复杂、能源消耗量大和设备易磨损等，显著提高了再生骨料的生产成本，因此在我国很难推广应用。

郭远新等[6]在借鉴了国外强化经验的基础上，自主设计并提出了颗粒整形强化法。颗粒整形就是通过再生骨料在高速运转的机器中产生离心力，实现骨料之间的互相摩擦与碰撞，从而击落再生骨料表面附着的砂浆或水泥石，并且去除再生骨料表面较为突出的棱角，使其成为较为干净、圆滑的再生骨料，从而达到对再生骨料改性的目的。改性后的再生骨料性能得到改善，但是这种做法实质上是对再生骨料的再一次冲击，使得再生骨料本身产生二次微裂纹，同时也会导致大量粉尘的产生。

5.2.2　化学改性方法

化学改性主要使用有机或无机的化学浆体对再生骨料采取浸泡、淋洗等处理方式，对再生骨料的裂纹或孔隙进行填充、修复或黏合，从而改善再生骨料的性能。化学改性使用的浆体主要有以下几种：聚合物、有机硅防水剂、纯水泥浆、水泥外掺 Kim 粉、水泥外掺 I 级粉煤灰等。Kou 等[7]采用聚乙烯醇(polyvinyl alcohol, PVA)浸泡的方式对再生骨料进行改性，测得改性后再生骨料的表观密度、压碎指标和吸水率，并用改性后的再生骨料配制混凝土，测试其坍落度、抗压强度、抗拉强度、收缩率等，认为浓度为 10% 的 PVA 溶液浸泡再生骨料效果最佳。试验表明，改性后再生骨料的表观密度比改性前有很大提高，吸水率也明显降低。改性后再生混凝土的 90d 抗压强度也十分接近普通混凝土，收缩率降低约 15%，抗渗性提高了 30% 以上。浓度为 10% 的 PVA 溶液浸泡前后骨料物理指标如表 5.12 所示。PVA 溶液浸泡的方法填充了再生骨料表面的微裂缝，但是对再生骨料和再生混凝土抗火性的影响缺乏试验研究，同时该方法没有工程应用经验，再生骨料的生产成本也大幅增加，因此推广难度很大。

表 5.12　10%PVA 溶液浸泡前后骨料物理指标[7]

物理指标	颗粒粒径 /mm	骨料类型			
		天然骨料	再生骨料	PVA 浸泡骨料(烘干)	PVA 浸泡骨料(晾干)
表观密度 /(kg/m³)	20	2662	2423	2466	2472
	10	2583	2356	2378	2385
吸水率 /%	20	0.68	6.23	2.39	1.62
	10	0.87	7.76	4.32	2.38
10%细度值/kN	14	168	120	154	158

Tam 等[8]采用 HCl、H_2SO_4、H_3PO_4 溶液进行预浸泡，改性后再生骨料的吸水率降低了 7.27%～2.17%，HCl 浸泡的再生混凝土强度在再生骨料替代率为 20% 时提高了 21%。酸性溶液预浸泡处理工艺如图 5.1 所示，先将再生粗骨料浸泡至酸性溶液 24h，然后用蒸馏水洗去酸性溶液，最后在拌制混凝土前，将骨料浸泡入水中 24h。该方法主要利用酸性溶液与再生骨料表面旧砂浆(主要成分是 $Ca(OH)_2$)的化学反应产生可溶性物质，从而达到改性的目的。虽然该方法对再生骨料品质有一定的改善作用，但是同时也会对含有碳酸钙的再生骨料内部造成破坏，有很强的局限性，并且用该方法改性后的再生骨料混凝土的耐久性也有待研究。

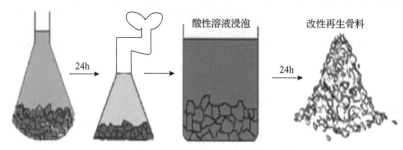

图 5.1 酸性溶液预浸泡处理工艺[8]

Ahmad 等[9]和 Tsujino 等[10]先后提出采用硅酸钠溶液、硅粉、石灰强化再生骨料表面附着砂浆和采用石油及硅烷溶剂处理再生骨料表面。采用硅酸钠溶液处理，在再生骨料表面形成一层致密层，随后在配制混凝土时加入硅粉和石灰，可以保证再生骨料与新砂浆能够更好地黏结。而采用石油浸泡再生骨料，油脂能吸附在骨料表面并皂化骨料表面，产生钙离子，这样在骨料表面形成一层致密的碱金属盐膜，达到强化再生骨料的效果，如图 5.2 所示。然而，再生骨料外包油脂分子对再生混凝土的耐高温是极大的考验，因此研究再生混凝土表面在高温情况下是否会发生融化很有必要。

图 5.2 电子显微镜下硅粉浸泡后再生骨料表面

杜婷等[11]采用 4 种不同性质的高活性超细矿物质掺合料，分别是纯水泥浆、水泥外掺 Kim 粉浆液、水泥外掺硅粉浆液和水泥外掺 I 级粉煤灰浆液，对再生骨料进行强化试验。改性后的再生骨料基本性能得到明显提升，如表 5.13 所示，由水泥外掺 Kim 粉浆液强化再生骨料的效果最为理想。然而，再生骨料不管外包何种浆液，都是高吸水率物质，并不能改善骨料本身的界面结构，因此改性后的再生骨料吸水率明显增加，将对再生混凝土结构的耐久性能产生影响。

表 5.13　再生骨料物理特性及压碎指标对比[11]

骨料类型	含水率/%	吸水率/%	表观密度/(kg/m³)	压碎指标/%
纯水泥浆强化	4.69	9.65	2530	17.6
水泥外掺 Kim 粉浆液强化	1.87	8.18	2511	12.4
水泥外掺硅粉浆液强化	4.34	10.06	2453	11.6
水泥外掺 I 级粉煤灰浆液强化	2.90	7.94	2509	12.8
未强化	2.82	6.68	2424	20.6

毋雪梅等[12]分别采用无机溶液(包括 30%NaOH、30%K_2CO_3、10%$NaNO_2$ 和 30%NaCl)浸渍法和有机溶液(包括 60%MgO、10%氯丁橡胶和 30%赛柏斯)浸渍法对再生骨料进行强化。将配好的浸渍液倒入再生骨料中浸泡 24h 后,取出再生骨料并自然晾干。根据《建筑用碎石、卵石》(GB/T 14685—2001)[4]对强化后的再生骨料进行吸水率、压碎指标及表观密度的检测,发现浸渍后的再生骨料性能均有不同程度改善。用浸渍后的再生骨料配制的混凝土抗压强度与未经浸渍处理的再生粗骨料配制的混凝土相比都有提高,但与天然骨料混凝土相比还有一定差距。对于浸渍浓度、浸渍时间及浸渍次数是否对改性有影响,还需要进一步研究。

程海丽等[13]用水玻璃溶液对再生骨料进行了强化试验研究,并完成了再生混凝土的抗压试验。结果表明,水玻璃溶液对中低强度再生混凝土的早期强度有很大提高,而高浓度水玻璃溶液对再生混凝土的和易性和抗压强度均产生了不利的影响。雷斌等[14]对掺入氧化石墨烯的再生混凝土力学性能和抗冻性能进行了试验研究,结果表明,随着氧化石墨烯掺量的增加,再生混凝土的力学性能和抗冻性能得到有效改善;电子显微镜扫描试验观察到掺入 0.06%的氧化石墨烯后,再生砂浆的微观结构得到改善。氧化石墨烯对改善混凝土用再生骨料的性能有益,但是目前氧化石墨烯还没有规模化生产,价格昂贵,因此该方法暂不适宜在工程领域推广应用。

5.2.3　新型再生骨料改性技术

1. 微波加热再生粗骨料改性

微波加热改性方法是通过微波加热的方式除去再生骨料表面的附着砂浆,从而起到改善再生骨料性能的作用。微波加热改性的基本原理是在高温作用下,再生骨料表面水泥砂浆的主要组成成分 $Ca(OH)_2$ 会分解成 CaO,且 C-S-H 凝胶大量脱水使得水泥砂浆强度明显下降,促使砂浆从再生骨料表面脱落。

高功率微波加热在一定程度上能够去除再生骨料表面砂浆,但是高功率瞬间加热会导致再生骨料内部温度过高,使其在高温下受到损伤。为此,肖建庄等[15]采用低功率微波加热配合冷水冷却循环的方式,完成了再生骨料改性试验。该试验是利用低功率微波对再生骨料进行瞬间加热，使骨料表面温度达到 300℃ 而内部温度相对较低，形成内外温度差，接着利用冷水迅速降温，最后重复多次加热冷却的循环过程。这样，外部砂浆由于高温作用强度下降，并且与内部骨料形成了很高的温度应力，从而导致外部砂浆的脱落，再加上加热后的迅速冷却使得再生骨料内部和外部产生二次温度应力，加速外部旧砂浆的破坏，从而达到对骨料改性的目的。试验结果也表明，在加热循环过程中，再生骨料表面砂浆量显著减少，并在冷却、清洗时还有不少砂浆会脱落，而且相对于高温脱浆法，该方法没有对再生骨料造成明显破坏。此外，加热冷却循环 15 次之前，再生骨料表面砂浆脱落量较多，而加热冷却循环 15 次之后，虽然也有砂浆继续脱落，但是脱落程度明显下降。

微波加热改性方法试验数据如表 5.14 所示[16]。在微波加热改性之后，再生骨料的附着砂浆含量下降，表观密度增大，吸水率也有所降低，且随着循环加热次数的增加，其性能改善的程度有一定提高，与外裹纯水泥浆法和机械研磨法相比，微波加热方法在再生骨料强化方面有更好的效果。

表 5.14　微波加热改性方法试验数据[16]

骨料类型	砂浆含量/%	吸水率/%	表观密度/(kg/m³)	压碎指标/%
天然骨料	0	0.6	2683	7.4
未改性再生骨料	23.2	7.3	2467	13.9
微波加热 15 次	13.5	4.9	2577	10.4
微波加热 20 次	12.3	4.2	2589	10.1
外裹纯水泥浆	25.9	8.3	2520	15.3
机械研磨法	18.7	6.5	2523	12.9

通过测试不同改性方法再生骨料配制的再生混凝土试件力学性能，可以获取改性方法对混凝土力学性能的影响，并评估微波加热对再生骨料及再生混凝土的改性效果。不同改性下再生混凝土立方体抗压强度试验结果如表 5.15 所示[16]。

表 5.15　再生混凝土立方体抗压强度[16]

骨料等级	骨料类型	7d 抗压强度/MPa	28d 抗压强度/MPa
Ⅰ	天然骨料	24.7	35.0
Ⅱ	未改性再生骨料	22.3	30.9
Ⅲ	微波加热 15 次	24.5	33.8
Ⅳ	微波加热 20 次	24.3	34.1
Ⅴ	外裹纯水泥浆	22.5	30.5
Ⅵ	机械研磨法	23.6	31.2

从表 5.15 可以看出，除外裹纯水泥浆外，不同方法对再生骨料改性后，配制的再生混凝土抗压强度都有不同程度的提高，其中微波加热法的提高效果最明显，微波加热 15 次和 20 次所得再生骨料混凝土的 28d 抗压强度分别比未改性再生骨料混凝土提高了 9.4% 和 10.4%。外裹纯水泥浆法对再生骨料改性的效果不明显，甚至出现改性后再生骨料混凝土抗压强度下降的现象。机械研磨法强化的再生骨料混凝土抗强度和未改性再生骨料混凝土相比，并没有明显的提高。微波加热法、机械研磨法强化均对再生骨料混凝土的力学性能有一定的提高，其中微波加热法效果更加明显，微波加热后的再生骨料混凝土立方体抗压强度甚至接近于天然骨料的普通混凝土，效果较理想。

2. 再生骨料碳化改性技术

普通硅酸盐水泥水化之后的主要产物中氢氧化钙大约占 20%，C-S-H 凝胶大约占 70%。而大气中的 CO_2 会通过硬化水泥浆体的毛细孔进入孔隙中，在有水存在的情况下，CO_2 会与水泥水化产物反应生成碳酸钙和硅胶。碳酸钙是难溶性钙盐，因此水化水泥浆与 CO_2 反应生成的碳酸钙能够填充在孔隙中，增加混凝土的密实度和强度。相关研究表明，混凝土碳化深度与其强度之间基本呈线性关系。碳化可以增加混凝土的硬度和强度，但同时也会增加其脆性。Xiao 等[16]研究表明，碳化过的混凝土构件的承载能力得到增强，但同时变形能力下降。

再生骨料的碳化改性方法是依据混凝土的碳化反应，实现对再生骨料和再生混凝土性能的改善。碳化改性的基本原理是通过再生骨料表面附着的水泥砂浆中的氢氧化钙和 C-S-H 与 CO_2 发生反应生成碳酸钙，使得再生骨料表面附着砂浆的密实度得到提高。此外，如果再生骨料的附着水泥砂浆中含有未水化的水泥颗粒，则其中的矿物也能与 CO_2 发生碳化反应，由于以上反应固相体积均是增加的，采用 CO_2 强化再生骨料能够增加附着水泥浆体的密实性，减小其孔隙率，从而提高再生骨料的物理力学性能。Li 等[17]研究了碳化对再生骨料的影响，试验结果如表 5.16 所示。可以看出，经过碳化改性的再生骨料的表观密度得到了提高，吸

表 5.16　碳化改性前后再生骨料混凝土物理性能指标[17]

骨料类型	粒径尺寸/mm	表观密度/(kg/m³)	吸水率/%	压碎指标/%
天然砂	<5	2676	1.10	—
再生粗骨料	5~10	2611	6.22	—
	10~20	2583	6.19	27.8
碳化改性再生粗骨料	5~10	2621	5.31	—
	10~20	2604	4.81	21.9

水率也有明显下降，即碳化改性再生骨料的物理性能指标有所改善，并且碳化养护龄期越长，碳化程度越高，再生骨料的品质改善越明显。

通常，再生骨料的应用多集中在再生粗骨料上，因为再生细骨料含有的硬化水泥浆体较多。但碳化改性不仅限于再生粗骨料，还可以用于再生细骨料上。采用碳化处理再生骨料不仅能够有效提高再生骨料的物理性能，还能吸收温室气体 CO_2，将建筑固废资源化与环境保护紧密结合起来。

3. 再生骨料纳米改性技术

纳米改性的主要方法是将纳米粉体（如纳米 SiO_2、纳米 Al_2O_3、纳米 $CaCO_3$ 等）作为具有很高火山灰活性的掺合料掺入水泥，以提高再生混凝土性能。纳米改性的基本原理是纳米材料能有效改善水泥浆体的表面结构，纳米粒子能有效渗透到再生骨料的孔隙和微裂缝中，起到一定的填充作用，从而提高再生骨料的表面硬度。测试结果表明，经过不同浓度的纳米材料强化后，能显著改善再生混凝土界面的孔结构。纳米粒子能有效渗透进孔隙中，起到良好的填充效果，在微细裂缝中能产生针状的新生水化产物，能有效降低裂缝的危害，使得结构更加致密。能谱分析表明，纳米溶液浸泡后，纳米粒子富集定向排列的结构非常清晰，说明再生骨料界面老砂浆在经过纳米材料强化后能形成更为稳定的结构，使得界面的缺陷状态明显改观。

再生骨料经纳米 SiO_2 浸泡后，孔结构得到改善，表面硬度有较大提高。由于纳米 SiO_2 的填充作用和活性作用显著，模拟再生骨料表面硬度随浓度的提高而增强，而后期即 28d 龄期的试样由于水化产物比较致密，硬度较高，纳米 SiO_2 具有很强的黏聚性能，会附着在试件表面形成薄膜减缓水化，所以存在表面硬度随着浓度的增加而下降的趋势。再生骨料经过不同浓度（1%、2%、5%）的纳米 SiO_2 溶液浸泡后，28d 抗压强度均有不同程度提高，其中浓度为 2% 的纳米 SiO_2 溶液提高效果明显，再生混凝土抗压强度可提高 28%。纳米 $CaCO_3$ 也能起到类似效果，试验表明，再生骨料经过不同浓度（1%、2%、5%）的纳米 $CaCO_3$ 溶液浸泡后，28d 抗压强度均显著提高，其中浓度为 1%、2% 的纳米 $CaCO_3$ 溶液均能使再生混凝土抗压强度提高 35% 以上。

对于纳米改性混凝土，建议按如下方式进行施工：①纳米浆液、水、外加剂、纳米改性剂混合搅拌 30s；②掺入再生骨料搅拌 30s；③掺入水泥、砂、石搅拌 2min。该施工工艺第一阶段中形成的薄薄一层新水泥浆较致密，它能紧密地包裹再生骨料，使新水泥浆渗透到再生骨料表面的旧水泥浆中，从而填补孔隙和裂缝，强化再生骨料-水泥石界面过渡区，进而提高再生混凝土的抗压强度。

5.3　再　生　微　粉

砖混建筑固废经过一级破碎（颚式破碎机）、分拣、二级破碎（反击式破碎机）、筛分等工序,去除金属物、木屑、塑料、泥土之后,得到含黏土烧结砖、废砂浆和废混凝土的混合建筑废渣,再依次经过一级粉磨(中压辊压机)、二级粉磨(锥腔磨机)、高温烘干(400~600℃)、复合选粉等工序生产的再生材料称为再生微粉。再生微粉主要由未水化的水泥颗粒、已水化的水泥石、砂石骨料细粉组成,一般要求颗粒粒径小于 0.08mm。目前,国内外对再生微粉的研究应用还不成熟,国内更多的是把再生微粉作为掺合料,在再生微粉的制备工艺、组成分析、力学性能、耐久性以及生产应用等方面取得了一定的研究成果。

5.3.1 再生微粉技术参数

我国建筑工业行业标准《混凝土和砂浆用再生微粉》(JB/T 573—2020)[18]规定了再生微粉的术语、定义、分类以及标记、试验方法、检验规则、包装和标志、贮存和运输。该标准适用于制备混凝土、砂浆及其制品时作为掺和料使用的再生微粉。再生微粉的技术指标应符合表 5.17 的规定[18]。

表 5.17 再生微粉的技术指标[18]

技术指标	Ⅰ级	Ⅱ级
细度(45μm 方孔筛筛余)/%	≤30.0	≤45.0
需水量比/%	≤105	≤115
活性指数/%	≥70.0	≥60
流动度 2h 经时变化量/mm	≤40	≤60
亚甲蓝 MB 值	<1.4	<1.4
安定法(沸煮法)	合格	合格
含水量/%	≤1.0	≤1.0
氯离子含量(质量分数)/%	≤0.06	≤0.06
三氧化硫含量(质量分数)/%	≤3.0	≤3.0

5.3.2 再生微粉掺合料

废旧烧结黏土砖等由于强度低,由其生产的再生骨料性能较差,不适合用于拌和再生混凝土。而烧结黏土砖属于烧结"熟料",具有火山灰活性,适合用于生产再生微粉,作为掺合料使用。因此,再生微粉可以成为建筑固废资源化再生利用的途径,相比传统的再生骨料,其具备更高的附加值,而且再生微粉的用途也十分广泛,可以用于砌筑砂浆、硅酸盐水泥、活性粉体混凝土等产品的生产[5]。

1. 砌筑砂浆

在砌筑砂浆生产过程中掺入再生微粉或粉煤灰，可以取代部分水泥。再生微粉与骨料相互作用产生的细小颗粒的 SiO_2 含量较高，虽然活性低于粉煤灰，但是再生微粉完全可以作为惰性掺合料使用。试验表明，砌筑砂浆的性能与再生微粉的掺入量关系紧密，在相同胶砂比的情况下，随着再生微粉掺入量的提高，砌筑砂浆的用水量增多，表观密度增大，分层度提高，含气量减少。

2. 硅酸盐水泥

由建筑固废生产的再生微粉可以作为硅酸盐的掺合料，从而节约资源和生产成本。再生微粉的掺入不影响水泥的强度，试验表明，掺入再生微粉的硅酸盐水泥 3d 和 28d 抗压强度和抗折强度均可达到我国硅酸盐水泥的生产标准，同时试验强度不低于同批次未掺入再生微粉的硅酸盐水泥。对掺入再生微粉的水泥熟料化学组成研究表明，熟料中有害物质含量较低。相同温度煅烧水泥熟料时，再生微粉作为掺合料可以加速 C_3S 的形成，而 C_3S 含量提高对辅助凝胶组成具有很强的激发作用，所以再生微粉可以提高煅烧的水泥熟料性能。

3. 活性粉体混凝土

由废弃混凝土和黏土砖等建筑固废磨细生产得到的再生微粉具有一定的活性，可以掺入混凝土中，拌和活性粉体混凝土。再生微粉掺入后，混凝土强度没有明显降低，由于再生微粉使得混凝土内部密实度提高，反而可能提高混凝土强度，而且废弃混凝土磨细后生产的再生微粉对活性粉体混凝土强度的提高明显好于砖粉。掺入再生微粉，混凝土的吸水率和孔隙率明显降低，表观密度也有所提高。相比普通混凝土，活性粉体混凝土的材料性能具有优势。

5.4　其他再生原料

5.4.1　钢材再生料

与混凝土、砖一样，钢材也是最常见的建材之一。无论是混凝土和钢结构房屋建筑、桥梁和构筑物还是施工阶段基坑支撑等临时构件，拆除或施工时都会产生大量废旧钢材。事实上，我国废旧钢材的回收利用产业较为成熟，在废品回收市场上，钢材是重要的再生资源。装修垃圾常混有一定量的钢零件或碎屑，现场回收时不易与其他装修垃圾分开。建筑固废中散落其中的钢材可以在其他再生原料生产线上通过磁选的方式将它们集中起来，并加以回收利用。

1. 钢材的分类回收

混凝土结构拆除可以得到钢筋，钢结构拆除可以得到成块的钢材，这些在拆除现场分类回收得到的钢材可以直接作为钢材生产原料。在拆除或施工现场，除了将钢材从其他建筑固废中分离出来，还应该注意的问题是将不同牌号的钢材分开利用。混凝土、钢筋的牌号根据屈服强度、钢筋类型等进行区分，而钢结构用钢根据钢材的屈服强度、塑性、伸长率、冲击韧性、钢筋截面形状等进行区分。不同牌号的钢筋力学性能和元素组成不同，如果将不同牌号钢材混在一起回炉再造，再生钢材的品质很难准确把握，而分开回收利用可以充分发挥不同钢材尤其是高性能废旧钢材的潜在价值。

2. 钢材再生料的生产流程

废旧钢材回收利用流程是一步步完成具体分类的过程。从回收得到的废旧钢材开始，根据来源、牌号、形状等不同，完成人工挑选。初步分类好的钢材依次进行清洗、除油、去锈、干燥、除杂等操作，然后对钢材进行剪切。剪切的同时将钢材分为再利用和废料两部分。再利用部分直接作为钢材再生产品投入使用，而废料部分在进行机械压块操作之后，回炉再造，生产新的钢材。

5.4.2 木材再生料

废旧木材是完成使用功能后被废弃的木材或木制品。建筑工地上废弃的建筑木材和木结构建筑、构筑物拆除得到的檩条、梁、柱等构件都属于回收利用价值较高的实木类废旧木材。实木类废旧木材具备一定的力学性能和使用功能，如果能得到有效利用，再生木材产品的附加值会更高。

1. 废旧木材的性质

不同于新木材，废旧木材原料质量、胶合性能、杂质含量和环境负担等方面的性质值得研究，以便于有针对性地推广和应用。

(1)原料质量。由于易受温度、湿度、化学和生物腐蚀等环境因素的影响，木材组织可能会发生破坏，如木材力学性能退化、木材腐蚀、木材颜色变化等。对原料质量加以评估后，才能找到有效利用废旧木材的办法。

(2)胶合性能。由于木材表面在使用过程中可能会接触无机矿物质，如水泥、泥沙、石块、砖块等，以及其他化学物质，如涂料、水泥模板的脱模剂等，导致废旧木材与胶黏剂之间的胶合性能下降。为保证部分掺入废旧木材制成的人造板的质量，通常要控制好废旧木材与新鲜木材的混合比例。

(3)杂质含量。废旧木材中含有金属、砂石，在进行原料单元处理时，有可能会损坏纤维和刨花设备(如热磨机和刨片机等),对设备的安全性构成很大的威胁,必须建立完备的监测和清理系统,调整废旧木材的切削方式,以保证切削刀具的安全。

(4)环境负担。废旧人造板及其他胶结材料都是采用脲醛树脂胶生产的(如胶合板、强化木地板、中密度纤维板等),存在游离甲醛释放的问题,如果全部或部分用废旧木材再生人造板,可能导致板材的甲醛释放量增加。鉴于此,有必要控制好新旧木材的用量,选用低甲醛释放量的新型胶黏剂或通过后期处理加以解决。

2. 废旧木材的应用

废旧木材的应用范围十分广泛,不仅可以用于生产再生建材,还可以用于生产化学产品或能源,而且废旧木材本身也可以直接作为燃料使用。废旧木材的用途不同,产生的附加值也不同。

(1)利用废旧木材制造木质人造板和细木工板。废旧木材可用来生产人造板和细木工板,可以减少对天然木材的需求。

(2)利用废旧木材制造建材。利用废旧木材和木材加工厂的边角废料等制造再生建材,其强度与新木材大体相当。

(3)利用废旧木材、塑料制造木塑复合材料。将废旧塑料和废旧木材(包括锯末、木材枝杈、稻壳、农作物秸秆、花生壳等)以一定的比例添加特制的黏合剂,经高温高压处理后制成结构型材。这种木塑新型复合材料是一种性能优良、经济环保的新材料。

(4)利用废旧木材制造木炭、木醋液和木煤气。废旧木材通过土窑、机械炉和连续式干馏炉等设备高温热解后可得到固体、液体和气体三类初产物,留在干馏炉内的固体产物为木炭,是一种不污染环境的优良气态燃料。

(5)利用废旧木材制浆、造纸。将回收的废旧木材加工成木片,制成纸浆,用来造纸。

(6)利用废旧木材生产氨基木材。在常温和低压下,使木材与氨溶液或加热的气体氨相互作用,并在一定的压力条件下进行压制,即可制得氨基木材。

5.4.3　玻璃再生料

玻璃不但广泛应用在房屋和日常生活中,而且已经发展成科研生产及尖端技术不可或缺的新材料。欧美等发达国家将废玻璃作为可持续利用的再生资源,而我国对于废玻璃的回收率只有10%左右,大部分废玻璃没有得到资源化利用。

1. 玻璃再生料的基本性质

加工性能及光学性能和热导性能是玻璃再生料的基本性质,可以考虑从这两个方面入手，提高玻璃的再生利用价值。

1）加工性能

不同于晶体，玻璃没有固定的熔点。在玻璃由液态向固态转变的过程中，没有新的相产生，主要特征是黏度持续增大，此过程中，玻璃经历了由黏塑性体、黏弹性体到弹性体的转变，这种转变是连续和可逆的。同时，玻璃的化学成分变化时，玻璃的性质也随之变化。也就是说，玻璃可以由液态向固态转变，也可以由固态向液态转变，还可以根据需要调整化学组成。因此，玻璃具备很好的加工性能。

2）光学性能和热导性能

建筑玻璃的光学性能有很多，常见的有透过率、反射率、导热系数等。透过率就是光线穿透玻璃的比例，比例越大，玻璃看起来越透明。一般建筑幕墙的透过率大于 40%。同样道理，反射率就是反射光线的比例，比例越高，玻璃的反光性能越好，也意味着玻璃的视觉效果越好，但反射率过高会产生光污染问题，因此国家规范要求一般建筑玻璃的室外反射率不能超过 30%，部分地区的规定更加严格。导热系数是指玻璃对室内外温差的传热能力，导热系数越高，意味着玻璃的保温性能越差。为降低建筑能源消耗，必须严格控制建筑玻璃的导热系数。

2. 废旧玻璃的应用

废旧玻璃的应用一般由高到低分为重复使用、简单加工、机械研磨和回炉再造四个层次，再生利用的资源和能源消耗也依次增加，所以对于废旧玻璃，尽量采用较高层次的应用方式。

（1）重复使用。建筑幕墙、窗户、包装玻璃瓶等经过评估性能完好的，或者经过简单处理就可以作为原产品使用的，应该按照原来的功能继续使用，这样可以减少加工带来的人工费用和能源消耗，还可以充分发挥废旧玻璃的使用价值。

（2）简单加工。将回收的废片状玻璃进行整理分档，可制成尺寸各异的门窗玻璃或镜面、钟罩、鱼缸、手电筒镜片、化验用涂片，还可制成用于建筑装饰的分格条，还可以将各种颜色的废碎玻璃与废陶瓷混合，通过简单加工能制成绚烂多彩的广告牌匾、风景壁画、人物肖像等工艺美术系列装饰板或建筑装饰板。

（3）机械研磨。将废碎玻璃用机械磨成玻璃砂，可制成砂布、砂纸等产品。将废碎玻璃研磨成颗粒状，可生产出人造大理石板、地面砖、马赛克等建筑用板材。此外，废碎玻璃还可提炼成优质玻璃。

（4）回炉再造。废碎玻璃经回炉熔化后可拉成不同规格的玻璃纤维，用于纺织成玻璃布，或用于配制建筑涂料、水泥瓦骨料等。

5.4.4 塑料再生料

塑料以其独有的性能广泛地应用到农业、汽车工业、电力电子业等，越来越多的塑料在工业和日常中使用，于是废塑料的处置成为世界性的问题。

1. 塑料再生料的处理方式

塑料再生料主要有填埋、焚烧、再生利用和生物降解等处理方式，其中填埋和焚烧属于层次较低、环境污染较大的处理方式。

(1)填埋。人们常利用丘陵凹地或自然凹坑建设填埋场对塑料进行卫生填埋，这是长期以来世界各国都采用的处理方法，但存在严重的缺点，因为塑料难以降解，填埋后成为永久垃圾，同时还可能造成二次污染，且浪费了大量可利用的塑料资源。

(2)焚烧。焚烧废塑料具有处理量大、成本低、效率高等优点，但在焚烧过程中会产生有害物质，对环境产生不利影响。

(3)再生利用。当前，根据残余性能可以对废弃塑料采取多级回收策略，分别为原等级再生、机械再生、化学再生和填埋焚烧，其中化学再生大致有两条路径，首先是将废弃塑料解聚为原始单体，其次是通过高温高压和催化剂转换为碳纳米材料。

(4)生物降解。生物降解并不是处理废塑料的主要方法，实际上，只有比例很小的塑料(骨类固定物、医用手术缝合线等)是可生物降解的。

2. 塑料再生料在建筑领域的再生利用

再生利用废弃塑料既能产生可观的效益，又相对无污染，尤其是在建筑领域，废弃塑料能用来制砖盖房、生产涂料、生成"再生木材"等，可以变废为宝。

(1)废弃塑料制砖。废弃塑料可制砖盖房，塑料砖比普通砖抗震、寿命长、重量轻而且成本低，可节省 30%的建筑费用。

(2)废弃塑料制涂料。采用高科技的改性方法，制成单组分快干胶黏剂，目前已有多系列、多用途的产品投放市场。采用废弃塑料生产的涂料完全符合国家关于开发、生产新型墙体装修材料的定位，不仅增强了建筑功能，大大降低了成本，还改善了环境污染。

(3)生产再生木塑板材。将粉碎后的塑料和木屑通过压制成型技术制备成不同规格的再生板材，可以高效地消纳建筑固废中的木质和塑料成分，且制品产品具有较好的力学性能和耐久性能，是一种新型再生建材。

5.5　本　章　小　结

　　本章对建筑固废再生原料进行了系统、全面的介绍，主要包括再生骨料、再生微粉和其他再生材料三方面内容。研究再生原料的性能对编制技术标准规范很有帮助，就再生骨料而言，目前对于混凝土用再生粗骨料以及混凝土和砂浆用再生细骨料均发布了国家标准，而砌块和砖用再生骨料的规范还很缺乏。再生原料与资源化技术也紧密相连，一方面对应的是生产技术，如再生骨料、再生微粉的生产线工艺和有待研究的建筑装修垃圾的资源化处置方式；另一方面对应的是提升技术，如再生骨料的改性技术。再生原料还与城市发展新概念相关，如砌块和砖用再生骨料可以用于制备地面砖和透水砖，可应用于"海绵城市"市政建设。

　　再生原料是连接建筑固废与再生制品的桥梁，是建筑固废资源化发展最重要的基础研究方向之一。再生原料前端对应的是建筑固废的产生，不同来源不同种类的建筑固废生产的再生原料用途和性能不同。再生原料下一级对应的是再生制品，再生原料的品质直接影响了再生制品的性能。因此，对再生原料的研究必须放在建筑固废资源化全产业链发展的背景之下，以提高再生原料的生产和应用价值。

参 考 文 献

[1] 中华人民共和国国家质量监督检验检疫总局, 中国国家标准化管理委员会. 混凝土用再生粗骨料(GB/T 25177—2010)[S]. 北京: 中国标准出版社, 2010.

[2] 中华人民共和国国家质量监督检验检疫总局, 中国国家标准化管理委员会. 混凝土和砂浆用再生细骨料(GB/T 25176—2010)[S]. 北京: 中国标准出版社, 2010.

[3] 中华人民共和国国家质量监督检验检疫总局. 建筑用卵石、碎石(GB/T 14685—2001)[S]. 北京: 中国标准出版社, 2001.

[4] 中华人民共和国住房和城乡建设部. 再生骨料应用技术规程(JGJ/T 240—2011)[S]. 北京: 中国建筑工业出版社, 2011.

[5] 河北省住房和城乡建设厅. 建筑垃圾再生集料路面基层施工技术规程(DB13(J)/T 155—2014)[S]. 北京: 中国建筑工业出版社, 2014.

[6] 郭远新, 李秋义, 汪卫琴, 等. 再生粗骨料品质提升技术研究[J]. 混凝土, 2015, 6: 134-138.

[7] Kou S C, Poon C S. Properties of concrete prepared with PVA-impregnated recycled concrete aggregates[J]. Cement and Concrete Composites, 2010, 32(8): 649-654.

[8] Tam V W Y, Tam C M, Le K N. Removal of cement mortar remains from recycled aggregate using pre-soaking approaches[J]. Resources Conservation and Recycling, 2007, 50(1): 82-101.

[9] Ahmad S, Aimin X. Performance and properties of structural concrete made with recycled concrete aggregate[J]. ACI Material Journal, 2003, 100: 371-380.

[10] Tsujino M, Noguchi T, Tamura M, et al. Application of conventionally recycled coarse aggregate to concrete structure by surface modification treatment[J]. Journal of Advanced Concrete Technology, 2007, 5(1): 13-25.

[11] 杜婷, 李惠强. 强化再生骨料混凝土的力学性能研究[J]. 混凝土与水泥制品, 2003, (2): 19-20.

[12] 毋雪梅, 高耀宾, 杨久俊. 浸渍法强化再生骨料配制再生混凝土的试验[J]. 河南建材, 2009, (1): 56-57.

[13] 程海丽, 王彩彦. 水玻璃对混凝土再生骨料的强化试验研究[J]. 新型建筑材料, 2004, 31(12): 12-14.

[14] 雷斌, 邹俊, 饶春华, 等. 氧化石墨烯对再生混凝土改性试验研究[J]. 建筑结构学报, 2016, (S2): 103-108.

[15] 肖建庄, 吴磊, 范玉辉. 微波加热再生粗骨料改性试验[J]. 混凝土, 2012, 7: 55-57.

[16] Xiao J Z, Li J, Zhu B L, et al. Experimental study on strength and ductility of carbonated concrete elements[J]. Construction and Building Materials, 2002, 16(3): 187-192.

[17] Li L, Poon C S, Xiao J Z, et al. Effect of carbonated recycled coarse aggregate on the dynamic compressive behavior of recycled aggregate concrete[J]. Construction and Building Materials, 2017, 151: 52-62.

[18] 中华人民共和国住房和城乡建设部. 混凝土和砂浆用再生微粉(JG/T 573—2020)[S]. 北京: 中国标准出版社, 2020.

第6章 再 生 建 材

再生建材是建筑固废资源化利用的主要目标产物，主要分为再生混凝土建材、环保型建材以及道路建材。根据我国现有资源化技术和建筑材料市场的需求，利用建筑固废制备再生混凝土、再生砂浆、再生混凝土砖、砌块和道路建材是有效的资源化利用手段，以此生产出的再生产品具有较高的附加值、社会效益和环境效益。然而，与天然骨料相比，再生骨料力学性能指标有所限制，不能全面代替天然骨料，这制约了再生制品的推广和发展。本章分别从以上几个方面对再生建材的性能及应用途径进行介绍，旨在拓宽再生建材在实际工程中的应用。同时，结合我国实际发展需要，提出了新型再生建材，以促进绿色可持续建筑材料的发展。

6.1 再生骨料混凝土

本节详细介绍再生骨料混凝土的基本性能和技术指标，分别从再生混凝土主要技术参数、配合比设计与优化、力学性能和耐久性能、预拌再生混凝土基本性能及其质量检验进行阐述。再生混凝土是指利用第 5 章的再生骨料，部分或全部代替砂石等天然骨料(主要是粗骨料)，再加入水泥、水等配合而成的新混凝土。再生混凝土按骨料的组合形式可以有以下几种情况：骨料全部为再生骨料；粗骨料为再生骨料、细骨料为天然砂；粗骨料为天然碎石或卵石、细骨料为再生骨料；再生骨料替代部分粗骨料或细骨料。

6.1.1 再生混凝土技术指标

《混凝土和砂浆用再生细骨料》(GB/T 25176—2010)[1]定义再生骨料混凝土是指掺用再生骨料配制而成的混凝土，并且明确指出再生骨料混凝土不得用于配制预应力混凝土。再生骨料混凝土技术要求全部与普通混凝土一样，需要达到相同级别普通混凝土的力学性能、耐久性能等。同时，再生骨料混凝土的制备和运输、浇筑和养护、施工质量验收全部按照相应等级的普通混凝土技术标准实行。《再生骨料透水混凝土应用技术规程》(CJJ/T 253—2016)[2]就是再生骨料应用于制备透水混凝土时相应的技术标准。再生骨料透水混凝土是指用再生骨料配制的透水水泥混凝土。这部规范的主要内容包括透水混凝土的原材料、混凝土性能、配合比、结构组合及构造、施工、质量验收、维护。

在原材料方面，再生骨料透水混凝土由再生骨料和其他诸如水泥、掺合料等配合而成。其中透水水泥混凝土面层用再生骨料性能指标应符合表 6.1 的规定[2]。再生骨料透水混凝土是指再生骨料取代率为 30%及以上的透水水泥混凝土。

表 6.1　透水水泥混凝土面层用再生骨料性能指标[2]

性能指标	规范要求
微粉含量(按质量计)/%	<3.0
泥块含量(按质量计)/%	<1.0
吸水率(按质量计)/%	<8.0
针片状颗粒含量(按质量计)/%	<10.0
杂物含量(按质量计)/%	<1.0
坚固性(按质量损失计)/%	<10.0
压碎指标/%	<20.0
表观密度/(kg/m³)	>2350
松散堆积空隙率/%	<50
硫化物及硫化盐含量(折算成 SO_3，按质量计)/%	<2.0
有机物含量	合格

透水面层宜采用 4.75～9.50mm 或 9.50～16.0mm 的单粒级骨料，透水基层宜采用最大粒径不超过 31.5mm 的连续级配碎石。透水水泥混凝土的相关技术指标应该符合表 6.2～表 6.4 的要求[2]。

表 6.2　透水水泥混凝土面层的力学性能[2]

性能指标	规范要求	
	C20	C30
28d 弯拉强度/MPa	≥2.5	≥3.5

表 6.3　透水水泥混凝土面层的透水性能[2]

性能指标	规范要求
透水系数/(mm/s)	≥0.5
连续孔隙率/%	≥10

表 6.4　透水水泥混凝土抗冻性能[2]

使用条件	抗冻性能
夏热冬冷地区	D25
寒冷地区	D35

《再生骨料混凝土耐久性控制技术规程》(CECS 385:2014)[3]主要内容包括再

生混凝土耐久性控制、原材料控制、混凝土性能设计、配合比设计、生产与施工和质量检验的基本规定。

由于再生骨料混凝土所用的再生骨料已经服役了相当长的一段时间，在使用过程中其耐久性能会逐渐下降，所以其耐久性值得关注。该规范的原材料部分提出了再生粗骨料和再生细骨料的主要控制项目，再生粗骨料质量主要控制项目包括颗粒级配、泥块含量、表观密度、微粉含量、压碎指标、吸水率和坚固性；再生细骨料质量主要控制项目包括颗粒级配、泥块含量、表观密度、微粉含量、再生胶砂需水量比、吸水率、压碎指标和坚固性。再生骨料除符合《混凝土用再生粗骨料》（GB/T 25177—2010）[4]和《混凝土和砂浆用再生细骨料》（GB/T 25176—2010）[1]的相应要求外，还应该满足以下要求：①宜选用Ⅰ类和Ⅱ类再生粗骨料；②配制 C40 及以下强度等级混凝土宜选用Ⅰ类再生细骨料；③Ⅰ类再生粗骨料可配制各种强度等级的混凝土，Ⅱ类再生粗骨料宜配制 C40 及以下强度等级的混凝土，而且当选用Ⅲ类再生粗骨料或者Ⅱ类再生细骨料时，混凝土强度等级不宜大于 C25。

标准中对于新拌混凝土以及硬化混凝土的性能有如下规定。

（1）新拌混凝土性能：新拌混凝土骨料性能应满足工程设计和施工要求，并应符合《混凝土质量控制标准》（GB 50164—2011）[5]的规定。再生骨料混凝土拌和物水溶性氯离子最大含量应符合表 6.5 的规定。

表 6.5 再生骨料混凝土拌和物水溶性氯离子最大含量[5]

环境条件	水溶性氯离子最大含量（水泥用量的质量百分比）/%	
	钢筋混凝土	素混凝土
干燥环境	0.30	1.00
潮湿但不含氯离子的环境	0.20	
潮湿且含氯离子的环境	0.10	
腐蚀环境	0.06	

（2）硬化混凝土性能：《再生混凝土应用技术规程》（DG/TJ 08-2018—2007）[6]中根据再生混凝土的技术性能规定了不同种类再生混凝土的合理强度等级，如表 6.6 所示。

表 6.6 再生混凝土强度等级[6]

类别名称	混凝土强度等级的合理范围	用途
砌块用再生混凝土	RC15、RC20、RC25、RC30、RC35、RC40	主要用于围护结构或其他承重砌体
道路用再生混凝土	RC30、RC35、RC40	主要用于道路路面
结构用再生混凝土	RC15、RC20、RC25、RC30、RC35、RC40	主要用于承重构件

再生混凝土的轴心抗压强度标准值 f_{ck}、轴心抗拉强度标准值 f_{ct} 应该按照表 6.7 取值，再生混凝土的轴心抗压强度设计值 f_c、轴心抗拉强度设计值 f_t 应按照表 6.8 取值。

表 6.7　再生混凝土的强度标准值[6]

强度种类	再生混凝土强度标准值/MPa					
	RC15	RC20	RC25	RC30	RC35	RC40
f_{ck}	10.0	13.4	16.7	20.1	23.4	26.8
f_{ct}	1.27	1.54	1.78	2.01	2.20	2.39

表 6.8　再生混凝土的强度设计值[6]

强度种类	再生混凝土强度设计值/MPa					
	RC15	RC20	RC25	RC30	RC35	RC40
f_c	7.5	9.6	11.9	14.3	16.7	19.1
f_t	0.91	1.10	1.27	1.43	1.57	1.71

6.1.2　配合比设计与优化

再生混凝土的配合比设计应满足和易性、强度和耐久性的要求，可按下列步骤进行[7]：根据《普通混凝土配合比设计规程》(JGJ 55—2011)[8]进行计算，求得基准混凝土配合比；以基准混凝土配合比参数为基础，根据已有技术资料或混凝土性能要求确定再生粗骨料取代率、再生细骨料取代率，求得再生骨料用量。当无技术资料时，再生粗骨料取代率最大值不宜超过表 6.9 的规定值[8]；Ⅰ类再生粗骨料取代率不受限制，再生细骨料取代率不宜大于 50%；应通过试验确定外加剂和掺合料的品种和掺量；应通过试配、调整确定再生混凝土最终配合比。

表 6.9　再生粗骨料取代率的最大值[8]

强度等级	≤C20	≤C30	≤C40
取代率最大值/%	100	80	60

仅掺Ⅰ类再生粗骨料或再生粗骨料取代率小于 30%时，再生混凝土抗压强度标准差应按《普通混凝土配合比设计规程》(JGJ 55—2011)[8]的规定执行。当再生粗骨料取代率大于 30%时，再生混凝土抗压强度标准差应根据相同再生粗骨料掺量和同强度等级的同品种再生混凝土统计资料计算确定。计算时，强度试件组数不应小于 25 组。当无统计资料时，再生混凝土抗压强度标准差可按表 6.10 确定，当再生骨料的来源复杂、来源不清楚或者再生粗骨料取代率较大时，应适当增大

标准差。

表 6.10 再生混凝土抗压强度标准差[8]

强度等级	≤C20	C25～C30	C35～C40
σ/MPa	4.0	5.0	6.0

再生混凝土配制时，应采取相应技术措施控制拌和物坍落度损失，在满足和易性要求的前提下，再生混凝土宜采用较低的砂率。

1. 再生混凝土配合比设计一般性规定

与普通混凝土的配合比设计目标类似，再生混凝土配合比设计的主要目的是确定既保证安全性又便于施工，并具有经济效益的各组原材料的用量。现阶段主要是利用再生粗骨料来制备再生混凝土。国内外大量试验结果表明，再生粗骨料的基本性能与天然粗骨料差异性较大，如再生粗骨料具有孔隙率大、吸水率大、表观密度低、压碎指标高等明显特征。考虑再生粗骨料本身的特点，进行再生混凝土配合比设计时应满足以下几个要求[7]。

(1)满足结构设计对再生混凝土的强度等级要求。再生混凝土抗压强度一般稍低于或低于同配合比的普通混凝土，为了达到相同强度等级，其水胶比应比普通混凝土有所降低，以达到提高再生混凝土强度的目的。同时尽量选用高品质再生骨料也是提高再生混凝土强度的有效方法。

(2)满足施工和易性、节约水泥和降低成本的要求。由于再生粗骨料的表面粗糙、孔隙率和含泥量较高，要满足与普通混凝土同等和易性的要求，单位体积再生混凝土的水泥用量往往要比普通混凝土多。因此，在再生混凝土配合比设计中必须尽可能节约水泥，这对降低成本至关重要。

(3)保证混凝土的变形和耐久性符合使用要求。再生粗骨料的吸水率较高、弹性模量较低，并且再生粗骨料中天然骨料与老砂浆之间存在品质较低的新老砂浆界面过渡区，这些因素均对再生混凝土的结构力学性能和耐久性能带来不利影响。因此，在配合比设计时，必须注意充分考虑再生混凝土结构的安全性、适用性和耐久性要求。

(4)满足配合比设计的优化要求。对于再生混凝土的配合比设计，国内外大部分学者是在普通混凝土配合比的基础上将再生骨料等质量或等体积取代天然骨料得到的。进行再生混凝土的配合比设计，与普通混凝土配合比设计的不同点在于如何解决再生骨料吸水率较大的问题。通常，骨料的含水状态分为干燥状态、气干状态、饱和面干状态和湿润状态四种，骨料的含水状态不一样，在配制混凝土时用水量和骨料用量差异很大，影响混凝土的质量。因此，采用饱和面干骨料就能保证用水量和骨料配料准确，因为饱和面干骨料既不从混凝土中吸取水分，也不向混凝土中带入水分，对混凝土水灰比控制比较准确。因此，通过使再生骨料预吸水，增加再生混凝土单位用水量，以此保证再生混凝土正常凝结硬化的用水量。

2. 再生混凝土配合比设计

再生混凝土由于具有所用骨料的孔隙率和吸水率高，不同来源的骨料性能差异大，以及由此带来的颗粒强度和弹性模量较低等特点，它还不可能像普通混凝土那样，用一个公认的强度公式作为混凝土配合比设计的基础。虽然国内外有不少研究者曾提出各种各样的强度公式，但都有局限性，不能满足再生骨料性能差异的要求，离实际应用还有差距。因此，现阶段主要还是在普通混凝土强度公式的基础上，修正部分参数并经过试验的方法来确定各组分材料的用量。再生混凝土配合比设计的基本步骤叙述如下[6,7]。

1) 试配强度 ($f_{cu,0}$) 的确定

由于再生混凝土组成材料的性能、拌和工艺、运输、成型和养护条件等不同环节的不确定性都会造成再生混凝土的强度波动，再生混凝土强度具有较大的随机性，是一个较为明显的随机变量。即使是同一批材料，按同一种配合比，采用同一种工艺施工的再生混凝土，其强度也会在各种可变因素的影响下产生一定的波动。因此，在再生混凝土的配合比设计时，必须考虑不同环节可能产生的强度偏差(一般用标准差表示)，保证实验室配制出的混凝土强度(称为试配强度)在一定范围内高出设计强度，即要求试配强度具有保证率。借鉴《普通混凝土配合比设计规程》(JGJ 55—2011)[8]，再生混凝土的试配强度可以按式(6.1)确定。

$$f_{cu,0} = f_{cu,k} + 1.645\sigma \tag{6.1}$$

式中，$f_{cu,0}$ 为再生混凝土试配强度，MPa；$f_{cu,k}$ 为再生混凝土立方体抗压强度标准值，MPa；σ 为再生混凝土强度的总体标准差，MPa。

如果再生骨料来源单一，且施工中混凝土的均质性较好，总体标准差可按以下方式取值，反之，其值可适当调高。当施工单位具有近期的同一品种混凝土资料时，总体标准差可用样本标准差($S_{f_{cu}}$)代替，其计算公式为

$$S_{f_{cu}} = \sqrt{\sum_{i=1}^{n} \frac{\left(f_{cu,i} - m_{f_{cu}}\right)^2}{n-1}} \tag{6.2}$$

式中，$S_{f_{cu}}$ 为再生混凝土的样本标准差，MPa；$f_{cu,i}$ 为第 i 组试件立方体抗压强度值，MPa；$m_{f_{cu}}$ 为 n 组试件立方体抗压强度的平均值，MPa；n 为再生混凝土试件的组数，$n \geqslant 25$。

2) 初步确定水灰比及用水量

由于再生骨料来源复杂, 不同来源再生骨料的吸水率差别较大, 因此再生混凝土用水量或水灰比确定方式与普通混凝土具有很大的差异性。再生混凝土的用水量和水灰比分为净用水量和净水灰比及总用水量和总水灰比两种, 净用水量是指不包括再生骨料吸水率所需水量在内的混凝土用水量, 即参与再生混凝土水化反应的用水量, 相应的水灰比则为净水灰比; 总用水量则是指包括再生骨料吸水在内的混凝土用水量, 其相应的水灰比则为总水灰比。由于不同再生骨料的吸水率差别很大, 在再生混凝土配合比设计中, 水灰比一般都用净用水量或净水灰比表示。只有在使用了再生细骨料时, 因为再生细骨料的吸水率很难准确测定, 才允许用总用水量及总水灰比表示。根据已知的再生混凝土试配强度 $f_{cu,0}$ 及所用水泥的实际强度或水泥强度等级, 按混凝土强度公式 (f_{ce}) 计算出供参考用的净水灰比的值, 即

$$\left(\frac{W}{C}\right)' = \frac{Af_{ce}}{f_{cu,0} + ABf_{ce}} \tag{6.3}$$

式中, $(W/C)'$ 为参考用净水灰比; A、B 为回归系数, 可根据《普通混凝土配合比设计规程》(JGJ 55—2011)[8], 取值为 0.46、0.07; f_{ce} 为水泥 28d 抗压强度实测值, MPa。当无水泥 28d 抗压强度实测值时, f_{ce} 可以按式 (6.4) 确定:

$$f_{ce} = \gamma_c f_{ce,g} \tag{6.4}$$

式中, γ_c 为水泥强度等级值的富余系数, 可按实际统计资料确定; $f_{ce,g}$ 为水泥强度等级值, MPa。

考虑到再生混凝土的力学性能及耐久性能比普通混凝土低, 进行配合比设计时由式 (6.3) 得出的参考净水灰比下调 0.01~0.05(其中再生粗骨料取代率较大时, 水灰比的降低应取较大值), 以此作为最终的净水灰比。根据《普通混凝土配合比设计规程》(JGJ 55—2011)[8]要求的坍落度和粗骨料的最大粒径, 确定单方混凝土的参考用水量, 并在此基础上调高 10L 或 5%作为最终的净用水量 (m_{wn})。再生混凝土的净用水量可以根据表 6.11 确定, 表中用水量是采用中砂时的平均值。采用细砂时, 再生混凝土用水量增加 5~10kg/m³; 采用粗砂时, 再生混凝土用水量可减少 5~10kg/m³; 掺用各种外加剂或掺合料时, 再生混凝土用水量应适当调整。表 6.11 不适用于水灰比小于 0.4 或大于 0.8 的再生混凝土以及采用特殊成型工艺的再生混凝土, 此时应通过试验确定用水量。

表 6.11 再生混凝土的净用水量

坍落度/mm	不同再生粗骨料最大粒径下再生混凝土净用水量/(kg/m³)			
	10mm	20mm	31.5mm	40mm
10～30	210	195	185	175
35～50	220	205	195	185
55～70	230	215	205	195
75～90	240	225	215	205

根据实测的再生粗骨料吸水率，求出再生混凝土的附加用水量(m_{wa})，净用水量与附加用水量之和为再生混凝土的总用水量(m_{wt})，即

$$\begin{cases} m_{wt} = m_{wn} + m_{wa} \\ m_{wa} = rm_g W_{wg} \end{cases} \tag{6.5}$$

式中，m_{wt} 为再生混凝土的总用水量，kg/m³；m_{wn} 为再生混凝土的净用水量，kg/m³；m_{wa} 为再生混凝土的附加用水量，kg/m³；m_g 为再生混凝土中再生粗骨料的用量，kg/m³；W_{wg} 为再生粗骨料的吸水率，%；r 为再生粗骨料的取代率，%。

3)再生混凝土的水泥用量

根据已确定的净水灰比 $(W/C)'$ 和选用的净用水量 (m_{wn})，可计算出水泥用量 (m_c)。

$$m_c = \frac{m_{wn}}{(W/C)'} \tag{6.6}$$

4)选取合理的砂率 S_p

根据《普通混凝土配合比设计规程》(JGJ 55—2011)[8]的相应表格查阅粗骨料的最大粒径和净水灰比，选择适宜的砂率，再生粗骨料表面比天然粗骨料粗糙，砂率的取值应适当增大。坍落度为 10～60mm 的再生混凝土砂率可以根据粗骨料粒径及水灰比按表 6.12 选取;坍落度大于 60mm 的再生混凝土砂率可经试验确定，也可在表 6.12 的基础上，按坍落度每增大 20mm 砂率增大 1%的幅度予以调整;坍落度小于 10mm 的再生混凝土的砂率应经试验确定。

表 6.12 再生混凝土的砂率[8]

水灰比	不同再生粗骨料最大粒径下再生混凝土砂率/%		
	16mm	20mm	40mm
0.40	33～38	32～37	30～34
0.50	36～41	35～40	33～38
0.60	39～44	38～43	36～41
0.70	42～47	41～46	39～44

5) 计算粗、细骨料的用量

根据已确定的净用水量、水泥用量和砂率，建议用体积法求得计算粗、细骨料的用量，计算式为

$$
\begin{cases}
\dfrac{m_{c}}{\rho_{c}} + \dfrac{m_{g}}{\rho_{g}} + \dfrac{m_{s}}{\rho_{s}} + \dfrac{m_{wn}}{\rho_{w}} + \alpha = 1 \\[2mm]
S_{p} = \dfrac{m_{s}}{m_{s} + m_{g}} \times 100\%
\end{cases}
\tag{6.7}
$$

式中，m_{g} 为再生混凝土的粗骨料用量，kg/m^{3}；m_{s} 为再生混凝土的细骨料用量，kg/m^{3}；ρ_{c} 为水泥的密度，kg/m^{3}；ρ_{s} 为细骨料的密度，kg/m^{3}；ρ_{w} 为水的密度，kg/m^{3}，可取 $1000kg/m^{3}$；α 为再生混凝土的含气量百分数，在不使用引气型外加剂时，α 取 1%；ρ_{g} 为粗骨料的密度，kg/m^{3}。

粗骨料和细骨料的表观密度应按《普通混凝土用砂、石质量及检验方法标准》(JGJ 52—2006)[9]和《再生混凝土应用技术规程》(DG/T J08-2018—2007)[6]确定。粗骨料的表观密度采用等效表观密度，根据天然粗骨料和再生粗骨料的重量比例计算，其计算公式为

$$
\rho_{eq} = \frac{\rho_{N}\rho_{R}}{r\rho_{N} + (1-r)\rho_{R}}
\tag{6.8}
$$

式中，ρ_{eq} 为粗骨料的等效表观密度，kg/m^{3}；ρ_{N} 为天然粗骨料的表观密度，kg/m^{3}；ρ_{R} 为再生粗骨料的表观密度，kg/m^{3}；r 为再生粗骨料的取代率。

3. 再生混凝土配合比设计优化

1) 基于再生混凝土耐久性的配合比设计方法

20 世纪 80 年代末 90 年代初，以耐久性能为主要目标的高性能混凝土的出现，一方面是混凝土技术进步的体现，同时也是现代建设工程对现代混凝土技术性能提出的要求。高性能混凝土是一种具有很好的体积稳定性、耐久性、工作性能和较高强度的混凝土，相比同配比的普通混凝土，其耐久性和强度较低，因此高性能化是再生混凝土发展的必然趋势。制备高性能混凝土的技术途径是优选原材料，在普通混凝土配合比基础上掺入高效减水剂和活性掺合料。基于再生混凝土耐久性能的配合比设计目标应首先要满足耐久性能要求，耐久性能要求包括抗渗性、抗冻性、抗碳化性和体积稳定性等，同时还应满足强度的要求，这是高性能混凝土最基本的性能要求。为满足工作性能要求，高性能混凝土拌和物应具有高流动性、可泵性、不离析、不泌水等特性，这是保证混凝土浇筑质量的关键。再生混凝土配合比的参数主要有水胶比、浆骨比、砂率和高效减水剂掺量。

（1）水胶比。低水胶比是高性能混凝土的配制特点之一。为达到再生混凝土的低渗透性以保证其耐久性，高性能再生混凝土的水胶比一般不大于 0.4。水胶比较低时（小于 0.4），其微小变化就可使混凝土强度发生较大变化，所以严格控制水胶比是保证高性能混凝土质量的一个关键因素。高性能再生混凝土的水胶比可参考表 6.13 进行选择。水胶比确定后，用矿物掺合料的掺量来调节强度。

表 6.13　高性能再生混凝土水胶比推荐选用表

再生混凝土强度等级	C50	C60
水胶比	0.37～0.33	0.34～0.30

（2）浆骨比。水泥浆和骨料的比例为浆骨比。采用适宜的骨料时，固定浆骨比 35:65 可以很好地解决强度、工作性和尺寸稳定性（弹性模量、干缩和徐变）之间的矛盾，以此配制出理想的高性能混凝土。根据经验，高性能再生混凝土中胶凝材料总量不应超过 550kg/m³，随再生混凝土强度等级降低，其总量应相应减少。其中水泥用量应尽量减少，而以干缩小的矿物掺合料取代之，以减小再生混凝土的温升和干缩。为了保证高性能再生混凝土的耐久性，胶凝材料总量不应低于 300kg/m³。在配制 C50～C60 的高性能再生混凝土时，可单独掺加 15%～30%的优质粉煤灰或 20%～50%矿渣取代水泥。

（3）砂率。砂率主要影响再生混凝土的工作性能。高性能再生混凝土的砂率可根据胶凝材料总量、粗细骨料的颗粒级配及泵送要求等因素来确定，具体可参考表 6.14。

表 6.14　高性能再生混凝土砂率推荐选用表

砂子类型（细度模数）	胶凝材料总量/(kg/m³)				
	<360	360～420	420～480	480～540	>540
细砂（1.6～2.2）	0.38	0.36	0.34	0.32	0.30
中砂（2.3～3.0）	0.40	0.38	0.36	0.34	0.32
粗砂（3.1～3.7）	0.42	0.40	0.38	0.36	0.34

（4）高效减水剂掺量。高性能再生混凝土的高耐久性、适宜强度是以低水胶比和低用水量为前提的。高效减水剂是实现再生混凝土大流动性的唯一途径，高效减水剂的掺量根据再生混凝土坍落度确定。一般情况下，高效减水剂的用量越大，坍落度越大，但超过一定量后效果不显著，也不经济。高效减水剂有其最佳掺量，大多在 1%～2%，以此为参照可以确定高效减水剂掺量。

2) 基于再生骨料性能的配合比设计方法

由于天然骨料吸水率很小，普通混凝土的配合比设计方法中往往不考虑骨料吸水率对混凝土配合比的影响。但是由于在再生骨料外附着老砂浆的存在，再生骨料吸水率远高于普通骨料。同时，再生骨料的来源复杂多变，使再生骨料性能的离散性偏大。如果不考虑再生骨料吸水率，则相同配合比的再生混凝土实际净水灰比差别特别大，这对混凝土的性能分析造成了严重不便。此外，当不考虑再生骨料吸水率时，采用不同骨料相同配合比的再生混凝土的工作性能也将具有很大差异。

此外采用加附加水的形式在搅拌过程中将再生骨料和附加水先加入搅拌机进行搅拌，得到的再生混凝土的工作性能和普通混凝土差别不大[7]。再生混凝土配合比的确定应按以下步骤进行：根据《普通混凝土配合比设计规程》(JGJ 55—2011)[8]计算得到普通混凝土的配合比，根据再生骨料和天然骨料的表观密度，再生骨料等体积取代天然骨料，得到再生混凝土中再生骨料含量。根据再生混凝土中再生骨料含量和再生骨料吸水率计算得到再生混凝土配合比中附加水含量，进而得到再生混凝土的配合比。

3) 基于再生混凝土工作性能和强度的配合比设计方法

基于该配合比得到各原料的用量并在搅拌过程中采用再生骨料预吸水和二次搅拌法处理的再生混凝土坍落度和普通混凝土相差不大，如表 6.15 所示。从表中可以看出，再生混凝土的坍落度随再生骨料取代率的增加略有提高，这是由于再生骨料比天然骨料形状规则、针片状含量低。不同取代率下再生混凝土的 7d 和 28d 立方体抗压强度以及 28d 棱柱体抗压强度见表 6.15。由于再生骨料中老砂浆的存在，再生混凝土的强度随再生骨料取代率的增加而降低，但当再生骨料取代率为 66%时，再生混凝土强度忽然提高，甚至高于普通混凝土。

表 6.15　再生混凝土工作性能和强度

标号	坍落度/cm	7d 抗压强度/MPa	28d 抗压强度/MPa	28d 棱柱体/MPa
RC0	13	21.7	35.97	28.3
RC33	14	20.9	32.34	27.2
RC66	14	22.1	37.51	30.3
RC100	15	19.1	30.91	26.2

注：标号中数字代表再生混凝土中再生粗骨料的取代率。

4) 基于其他性能的再生混凝土配合比设计

目前，对于再生混凝土配合比的设计还主要是在普通混凝土配合比的基础上加入附加水，重点在于附加用水量的计算方法。同等砂浆体积法也是再生混凝土配合比设计的一种方法，即将再生骨料中的残余砂浆作为混凝土的砂浆部分，混凝土中砂浆的体积为新砂浆体积加上再生骨料中残余砂浆体积。同等砂浆体积法配制的再生混凝土无论从强度还是密度上都和普通混凝土差不多，而坍落度比普通混凝土低一些；其抗冻耐久性劣于普通混凝土，但优于传统方法配制的再生混凝土；其中粗骨料用量(再生骨料中的天然骨料+新的天然骨料)和普通混凝土中的天然骨料用量相同。同等砂浆体积法中再生骨料占再生混凝土的体积分数计算公式为

$$V_{\text{RCA}} = \frac{V_{\text{NCA}}(1-R)}{(1-\text{RMC})\frac{\text{SG}_b^{\text{RCA}}}{\text{SG}_b^{\text{OVA}}}} \tag{6.9}$$

式中，V_{RCA} 为配合比中再生骨料占再生混凝土的体积分数；V_{NCA} 为配合比中天然骨料占再生混凝土的体积分数；R 为再生混凝土中天然骨料和普通混凝土中天然骨料含量的比值；RMC 为再生骨料中砂浆含量(质量)；SG_b^{RCA}、SG_b^{OVA} 分别为再生骨料和天然骨料的堆积密度[7]。

6.1.3　再生混凝土质量控制与检验

1. 再生混凝土质量控制

再生混凝土强度应按《混凝土强度检验评定标准》(GB/T 50107—2010)[10]的规定分批检验评定。划入同一检验批的再生混凝土，其施工持续时间不宜超过 3 个月。检验评定再生混凝土强度时，应以 28d 或设计规定龄期的标准养护试件为准。当采用非标准尺寸试件时，应将其抗压强度乘以尺寸折算系数，折算成边长为 150mm 的标准尺寸试件抗压强度。尺寸折算系数应按《混凝土强度检验评定标准》(GB/T 50107—2010)[10]确定。

再生混凝土用矿物掺合料进场时，应对其品种、性能、出厂日期等进行检查，并应对矿物掺合料的相关性能指标进行检验，检验结果应符合国家有关标准的规定。检查数量：按同一厂家、同一品种、同一批号且连续进场的矿物掺合料、粉煤灰、矿渣粉、磷渣粉、钢铁渣粉和复合矿物掺合料，每批不超过 200t，沸石粉每批不超过 120t，硅灰每批不超过 30t，每批抽样数量不应少于一次。再生混凝土原材料中的再生粗骨料、再生细骨料质量应符合《混凝土用再生粗骨料》(GB/T 25177—2010)[4]和《混凝土和砂浆用再生细骨料》(GB/T 25176—2010)[1]的规定。

预拌再生混凝土进场时，其质量应符合《预拌混凝土》(GB/T 14902—2012)[11]的规定；再生混凝土拌和物不应离析，再生混凝土中氯离子和碱总含量应符合《混凝土结构设计规范》(GB 50010—2010)[12]的规定和设计要求。首次使用的再生混凝土配合比应进行开盘鉴定，其原材料、强度、凝结时间等应满足设计配合比的要求；再生混凝土拌和物稠度应满足施工方案的要求；再生混凝土有耐久性指标要求时，应在施工现场随机抽取试件进行耐久性检验；再生混凝土有抗冻要求时，

应在施工现场进行混凝土含气量检验,其检验结果应符合国家有关标准的规定和设计要求。

现浇再生混凝土结构质量验收应符合下列规定:现浇结构质量验收应在拆模后,且再生混凝土表面未做修整和装饰前进行,并应做出记录;已经隐蔽的不可直接观察和量测的工程,可检查隐蔽工程验收记录,修整或返工的结构构件或部位应有实施前后的文字及图像记录。

2. 再生混凝土无损检验

在建筑工程开展过程中,混凝土结构是较为基础的结构形式,这种结构主要包括钢筋混凝土、素混凝土以及预应力混凝土结构,传统混凝土结构检测技术是通过随机取样的方式,并借助立方体试件,在特定环境下养护28d,再按照标准试验获取到的抗压强度值判断混凝土的强度。但是这种检测方式同样有一定缺陷,无法保证同步养护,这就使得试件和实际混凝土结构之间存在一定差异。而无损检测多是利用电磁、光、声、热、射线等方式对混凝土结构进行长期测定,从而保证混凝土缺陷、强度和钢筋相关信息的测量数据具有一定的准确性,这种技术是在不对房屋建筑造成严重破坏的前提下,通过专门的测试设备帮助相关设计和工作人员明确房屋建筑中混凝土结构和钢筋等基础性材料的特点,并对不同材料的相关数据进行有效分析,从而判断出混凝土结构整体的质量是否能满足实际需要。与传统检测技术相比,无损检测技术对混凝土结构的毁坏程度低,因此成为现阶段较为常用的检测技术,也越来越受到相关人员的重视。借鉴普通混凝土结构无损检测技术,再生混凝土结构无损检测可采用以下几种技术实现[13,14]。

(1)超声波和CT检测技术。根据声波反馈的信息对房屋建筑工程内部结构的抗压能力和破损情况进行判断。通过超声波检测技术还能对应用越来越广泛的新型技术材料进行全面而深入的检测和评估。超声波检测技术不仅能在一定程度上控制建筑工程中检测工作的成本,还扩大了检测范围,且检测更为细致,部分细微的环节也能被检测出来,因此超声波检测技术被越来越多地应用在当代建筑工程中。此外,近几年CT扫描技术已经应用于再生混凝土结构的无损检测中,可以更加直观地观测到再生混凝土内部的损伤构成,并量化损伤程度。

(2)射线检测技术。利用射线对再生混凝土结构进行检测也是现阶段较为常见的无损检测技术,射线检测技术不仅能有效监测房屋建筑内部结构的强度和抗压能力,还能对检测结果进行细致的评估。该技术的应用有一定限制,在构件焊接不紧密或是复合材料性能检测上应用效果较好。此外,在房屋建筑工程的开展过程中,常出现部分隐蔽性较强的构件,为对这些构件的尺寸和复杂的内部结构进行有效监测,就需要适当应用射线检测效果,而这种技术的应用除对建筑工程进行有效评估外，还能在一定程度上提高建筑构件的实际使用效果。

(3)磁粉检测技术。通过对构件进行磁化，如果构件存在一定缺陷，那么缺陷的区域就会由于铁磁性而产生漏磁场，这种磁场能有效吸引磁粉，从而直观表现出缺陷的位置，如果建筑构件内部不存在一定缺陷，那么磁粉就会均匀分布在构件表层。此外，磁粉对磁场具有较高的敏感性，通过该技术对再生混凝土结构进行检测分析，能帮助相关施工人员对建筑工程的质量进行合理的判断。因此，磁粉检测技术的应用范围越来越广泛，也吸引了越来越多的关注。

(4)红外无损检测技术。红外热像仪是一种新型的无损检测工具，通过红外热像仪可以直观全面地表征温度分布情况。利用红外热像仪进行再生混凝土结构缺陷检测，虽然其测温精度受各因素影响，但在红外分析时不一定需要目标的真实温度，可通过温差法对温度变化进行评定，简单方便，这对于红外热成像法应用于交通土建检测具有重要的促进意义。

6.1.4 再生混凝土力学性能研究和评价

再生混凝土力学性能是影响再生混凝土结构安全性的重要指标之一。同时，再生混凝土耐久性能亦是再生混凝土结构长期性能的评价标准。基于上述原因，本节旨在探究再生混凝土的力学性能和耐久性行为，为再生混凝土在实际工程中的设计和应用提供理论基础。表6.16给出了再生混凝土的基本性能指标概要，同时根据再生混凝土的工程应用情况，提出相关技术建议。

表6.16 再生混凝土基本性能和技术建议

类别	性能	技术建议
再生混凝土工作性能	由于再生骨料的吸水率比天然骨料大，同等条件下再生骨料比天然骨料从混凝土中吸附更多自由水，使混凝土和易性变差，坍落度损失增大。即随着再生骨料取代率的增加，再生混凝土坍落度损失增大	考虑到再生混凝土工作性能较差，应做好预拌再生混凝土的配合比优化；通过调整外加剂掺量，预拌再生混凝土和普通混凝土具有相同的基本工作性能
再生混凝土力学性能	再生混凝土的抗压强度随再生粗骨料取代率的提高而有所降低，且呈近似直线下降；同时，再生粗骨料取代率越高，弹性模量越低	基于相同强度设计下的再生混凝土和普通混凝土配合比，应根据再生骨料的取代率适当降低再生混凝土的水灰比或提高胶凝材料掺入量
再生混凝土耐久性能	再生混凝土的碳化深度与碳化时间的平方根成正比；再生混凝土的抗冻性能低于甚至明显低于普通混凝土；再生骨料混凝土的抗水和氯离子渗透性随着再生骨料取代率的增加而降低；再生混凝土的抗硫酸盐侵蚀性略低于相同水灰比的普通混凝土	一般而言，再生混凝土耐久性比普通混凝土差。对于应用于实际工程中的再生混凝土（尤其为预拌混凝土），应根据服役环境的不同，严格控制再生混凝土中再生粗骨料的掺入量，工程中建议再生粗骨料的取代率不超过30%

由于再生骨料与天然骨料物理力学性能不同，再生混凝土的力学性能与普通混凝土有一定的差异。本章将从再生混凝土的受压性能、受拉性能、抗折性能及

再生混凝土改性等方面来简要概述再生混凝土的静态力学性能。

1. 再生混凝土力学性能

1) 再生混凝土受压性能

(1) 抗压强度。抗压强度是混凝土各种力学性能中最重要的一项，故对再生混凝土抗压强度的研究是最多的，但是不同的研究者得出的结论差异较大。研究表明同水灰比的再生混凝土抗压强度比普通混凝土低[15-18]。Nixon[15]的研究显示，再生混凝土的抗压强度比普通混凝土降低可达 20%；Ravindrarajah 等[16]试验研究表明，再生混凝土强度降低 8%～24%。然而 Gerardu 等[17]的试验结果表明，再生混凝土的抗压强度约为普通混凝土的 95%，甚至更高。但是，Yoda 等[18]的研究结果表明，再生混凝土的抗压强度可能比普通混凝土高。肖建庄[7]的研究结果表明，再生粗骨料取代率分别为 30%、70%和 100% 时，再生混凝土的 28d 抗压强度比普通混凝土分别降低 24%、28%和 30%，但再生粗骨料取代率为 50%时，其 28d 抗压强度反而高于普通混凝土。胡琼等[19]通过试验研究得到完全再生混凝土立方体抗压强度比相应普通混凝土约低 11%，部分再生混凝土立方体抗压强度比相应完全再生混凝土约高 10%。试验结果不同的原因在于影响再生混凝土抗压强度的因素有很多，这些因素主要有再生粗骨料取代率、水灰比、砖含量、再生粗骨料的来源和再生细骨料等[20]。

(2) 弹性模量。影响再生混凝土弹性模量的主要因素有再生粗骨料取代率、再生粗骨料的强度和水灰比等。通常再生粗骨料取代率越高或水灰比越高，弹性模量就越低。再生粗骨料表面附着的老砂浆以及破碎中产生的大量微裂缝，导致了再生混凝土的弹性模量比普通混凝土低。Kou 等[21]的试验结果表明，再生混凝土的弹性模量随着再生粗骨料取代率的增加而降低，当再生粗骨料取代率为 100%时，再生混凝土的弹性模量比普通混凝土降低 40%。Frondistou-Yannas[22]、Wesche 等[23]试验得出，再生混凝土的弹性模量降幅分别为 33% 和 19%。Xiao 等[24]试验得出，再生粗骨料取代率为 100%时，再生混凝土的弹性模量降幅高达 45%。Domingo-Cabo 等[25]研究表明，总体上再生混凝土的弹性模量随着再生粗骨料取代率的提高而降低，但是在再生粗骨料取代率为 50%时，再生混凝土的弹性模量反而大于再生粗骨料取代率为 20%时的弹性模量。

(3) 峰值应变。研究者对于再生粗骨料取代率对再生混凝土峰值应变的影响进行了研究，结果表明同水灰比的再生混凝土的峰值应变相对普通混凝土大。Xiao 等[24]研究了不同再生粗骨料取代率再生混凝土的受压应力-应变全曲线，发现再生混凝土峰值应变随着再生粗骨料取代率的增加而增大。再生粗骨料取代率为 100%时，峰值应变相对普通混凝土提高了 20%。此外，邓志恒等[26]、Du 等[27]、Rahal[28]也指出再生混凝土受压峰值应变大于相应普通混凝土的受压峰值应变。

（4）应力-应变关系。混凝土的应力-应变关系是混凝土基本受压特性的综合性反应。Topcu 等[29]通过试验研究了不同再生粗骨料取代率下的应力-应变关系，发现随着再生粗骨料的增加，再生混凝土的抗压强度和弹性模量均降低。肖建庄[30]通过试验对再生混凝土单轴受压应力-应变全曲线进行了研究，如图 6.1 所示，再生混凝土的应力-应变全曲线的总体形状与普通混凝土相似，但曲线上各特征点的应力和应变值有所区别。肖建庄等[31]的研究结果表明，当再生粗骨料不同时，再生混凝土单轴受压应力-应变全曲线之间离散较大，轴心抗压强度明显不同。

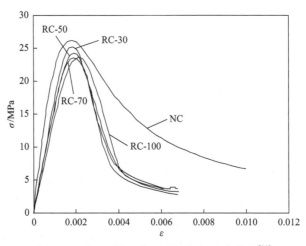

图 6.1　再生混凝土典型受压应力-应变曲线[21]

2）再生混凝土受拉性能

Gerardu 等[17]发现再生混凝土的劈裂抗拉强度比普通混凝土低 10%左右。Ikeda 等[32]发现，再生混凝土的抗拉强度比普通混凝土降低约 6%。Liu 等[33]发现，再生混凝土的抗拉强度和具有相同水灰比的普通混凝土相差不大。Gupta[34]试验发现水灰比较低时，再生混凝土的抗拉强度低于普通混凝土，而水灰比较高时，再生混凝土的抗拉强度高于普通混凝土；同时还发现再生混凝土的抗拉强度随龄期增长的规律与普通混凝土相同。肖建庄等[35]对不同再生粗骨料取代率再生混凝土进行单轴受拉试验研究，结果表明，再生混凝土的抗拉强度比普通混凝土低，当再生粗骨料取代率为 100%时，再生混凝土的抗拉强度比普通混凝土降低约 30%。

肖建庄等[35]的研究结果表明，再生混凝土受拉应力-应变曲线上升段形状与普通混凝土相似，当再生粗骨料取代率增加时，受拉峰值应变稍有增大，但抗拉强度和弹性模量不断减小，如图 6.2 所示。

3）再生混凝土抗折性能

Kawamura 等[36]、肖建庄等[37]、成国耀[38]的研究结果表明，再生混凝土的抗折强度和普通混凝土几乎相同。Ravindrarajah 等[39]的研究结果表明，再生混凝土

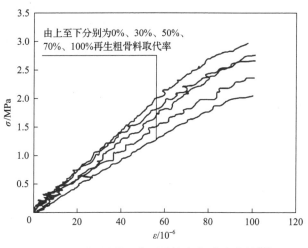

图 6.2 再生混凝土典型受拉应力-应变曲线[33]

的抗折强度均比普通混凝土降低 10%。Mandal 等[40]的研究结果表明，再生混凝土各龄期的抗折强度均低于普通混凝土，平均降低幅度为 12%。Topçu 等[41]的研究结果表明，随着再生粗骨料取代率的增加，再生混凝土抗折强度不断降低。BCSJ[42]的研究结果表明，再生混凝土的抗折强度为其抗压强度的 1/5～1/8，与普通混凝土基本类似。

2. 再生混凝土耐久性能

再生混凝土的耐久性设计应符合《混凝土结构设计规范》（GB 50010—2010）[12]和《混凝土结构耐久性设计标准》（GB/T 50476—2019）[43]的相关规定。当再生混凝土用于设计使用年限为 50 年的混凝土结构时，应符合表 6.17 的规定[43]。再生混凝土中氯离子的含量应符合《混凝土结构设计规范》（GB 50010—2010）[12]和《混凝土结构耐久性设计标准》（GB/T 50476—2019）[43]的规定。对于表 6.17 中数据，素混凝土构件的水胶比及最低强度等级可适当放宽。有可靠工程经验时，一类和二类环境中的最低混凝土强度等级可降低一个等级；三类（冻融循

表 6.17 再生混凝土耐久性基本要求[43]

环境等级	最大水胶比	最低强度等级	最大碱含量/(kg/m³)
一 a	0.55	C25	3.0
二 b	0.50	C30	3.0
三 b	0.50(0.55)	C30(C25)	3.0
二 c	0.45	C40	3.0
三 c	0.45(0.50)	C40(C35)	3.0

环)环境中使用引气剂的混凝土可采用括号中的有关参数；当使用非碱活性骨料时，对混凝土中的碱含量可不作限制。

再生混凝土耐久性主要包括抗碳化性能、收缩徐变、抗冻性能、抗氯离子渗透性能、耐磨性能、碱骨料反应和抗硫酸盐侵蚀性能七个方面。再生骨料的掺入对再生混凝土耐久性的影响分别在下面进行介绍。

1) 抗碳化性能

混凝土的碳化是混凝土所受到的一种化学腐蚀。空气中 CO_2 渗透到混凝土内，与其中的碱性物质起化学反应后生成碳酸盐和水，进而使混凝土碱度降低的过程称为混凝土碳化，又称为中性化。碳化对混凝土的最严重后果是降低混凝土保护层内的碱度，使得混凝土中钢筋钝化膜被破坏，钢筋发生锈蚀，最终危害到整个结构的耐久性与安全性。再生骨料的孔隙率大于天然骨料，使得再生混凝土的孔隙率与同水灰比的普通混凝土相比较大，这无疑会降低其抗碳化性能。再生混凝土的碳化深度随水灰比的增大而增大，且在水灰比大于 0.5 以后，碳化深度的增长速度明显加快。水灰比越大，混凝土的密实度越差，CO_2 扩散速度越快，碳化深度也就越大；再生混凝土的碳化深度随再生粗骨料取代率的增加而增大；再生混凝土碳化深度基本上随原始混凝土强度的增大而减小。再生粗骨料中掺加砖类骨料时，再生混凝土碳化深度增大；再生混凝土的碳化深度与碳化时间的平方根基本上呈直线关系，即再生混凝土的碳化深度与碳化时间的平方根成正比，可用近似用公式 $X = K_c \sqrt{t}$ 来表示（X 为碳化深度，K_c 为碳化速率，t 为碳化时间）。与普通混凝土类似，再生混凝土的平均碳化速率（碳化深度与碳化时间的平方根之比）随碳化龄期的增长而减小，说明随碳化龄期的增长，混凝土的密实度增大，使得 CO_2 的扩散速度减缓；掺加矿物掺合料可以细化混凝土内部孔隙，改善再生骨料与新水泥浆体的界面，但同时也降低混凝土内部的碱含量，增大碳化速率[7]。

Otsuki 等[44]研究了水胶比对再生骨料混凝土碳化深度的影响，结果表明，在低水胶比时，再生骨料混凝土的碳化深度较小。Shayan[45]研究了硅酸钠溶液改性处理对再生骨料混凝土抗碳化性能的影响，并与普通混凝土进行对比。结果表明，经改性处理后再生骨料混凝土与普通混凝土具有类似的抗碳化性能。Katz[46]研究了龄期对再生混凝土碳化深度的影响，结果表明，当龄期小于 28d 时，龄期对再生混凝土的碳化深度影响不大。Ryu[47]的研究结果表明，再生混凝土抗碳化性能受再生骨料的影响较小。Levy 等[48]的研究结果表明，当再生骨料取代率为 20% 和 50% 时，混凝土具有较好的抗碳化性能。Kou 等[49]、Limbachiya 等[50]的研究结果表明，再生骨料混凝土的碳化深度随再生骨料取代率的增加而增加。Zhu 等[51]的研究结果表明，粉煤灰的掺入可降低再生骨料对再生混凝土抗碳化性能的不利影响。

陈云钢[52]的研究结果表明，界面改性剂对再生混凝土抗碳化性能影响不大。

孙浩[53]的研究结果表明,向再生骨料混凝土中掺入矿渣粉和钢渣粉可以有效提高再生骨料混凝土的抗碳化性能。崔正龙等[54]的研究结果表明,再生骨料混凝土的抗碳化性能与普通混凝土相差很大,并且随着再生骨料取代率的增加而降低。雷斌等[55]的研究结果表明,砂浆、再生骨料取代率、强度、应力水平、矿物掺合料均对再生骨料混凝土的碳化深度有明显影响,并且应力水平对再生骨料混凝土的碳化深度影响最大。

2)收缩徐变

收缩和徐变是混凝土材料本身固有的时变特性,对混凝土结构的受力和变形有着持续而重要的影响。混凝土的收缩受到约束容易引起混凝土开裂,从而影响混凝土结构安全及使用寿命。徐变可使钢筋混凝土结构及混合结构发生显著的内力重分布,增加大跨度梁的挠度,改变静不定结构的使用应力状态,给结构带来安全隐患。可通过降低大体积混凝土中的温度应力从而减少收缩裂缝,削减局部应力峰值,对结构产生有利影响。因此,混凝土收缩徐变的研究对于结构的长期性能有着重要意义。

再生混凝土的收缩在龄期28d内的早期阶段发展较快,此后随混凝土与外界湿度逐渐平衡而趋于平缓,且随着取代率的提高,收缩发展速度加快。混凝土的徐变与水泥、水灰比、灰浆率、骨料等因素有关。再生混凝土的徐变在早期阶段发展较快,在加荷后期逐渐趋于平缓。随着再生粗骨料取代率的提高,混凝土徐变变形增加,徐变发展速度加快;而且,粗骨料对混凝土徐变具有约束作用,再生粗骨料由于表面老砂浆的存在,对水泥浆的约束刚度不足,进而造成其徐变增大。同时,再生粗骨料老砂浆的存在也提高了再生混凝土的灰浆率,降低了粗骨料的含量,使混凝土更容易失水,从而使徐变量增加。此外,再生粗骨料本身较高的孔隙率及生产破碎时内部的微裂缝也会引起较大的徐变。

3)抗冻性能

再生混凝土的抗冻性能低于普通混凝土,再生粗骨料是再生混凝土抗冻性能低的主要因素。再生粗骨料的水饱和度对再生混凝土抗冻性能的影响很大,降低再生粗骨料的水饱和度可提高再生混凝土的抗冻性能。冻融破坏的临界水饱和度约为92%,因而再生粗骨料容易先于新水泥基体发生冻融破坏,成为再生混凝土抗冻性的薄弱环节。同时,微观裂缝首先集中于再生粗骨料的附着砂浆,进而诱发在其周围新砂浆中生成裂缝,经过次数不多的冻融循环之后,裂缝便在新砂浆中相互贯通,最终导致试块冻融破坏。再生混凝土抗冻性的指标主要为质量损失和相对动弹性模量损失。由于再生粗骨料的吸水量大,再生骨料本身的冻胀影响了再生混凝土的抗冻融循环能力。一般而言,随着再生骨料取代率的增加,混凝土的质量损失增大,混凝土的相对动弹性模量损失增加。

Cao 等[56]、Dai 等[57]、Zou 等[58]、Limbachiya 等[59]研究了再生骨料对混凝土

抗冻性能的影响。图6.3为再生骨料混凝土的抗冻性能与再生骨料取代率的关系。可以看出，尽管再生骨料混凝土的抗冻性能低于普通混凝土，特别是在较高再生骨料取代率下，再生混凝土的抗冻性能降低更加明显，但是通过配合比优化和再生骨料取代率控制，可以制备出应用于冻融损伤环境下的再生骨料混凝土。Dai等[57]的研究指出，在冻融损伤环境下，再生骨料混凝土的强度损失率高于普通混凝土，其原因是再生骨料混凝土的高吸水率降低了其抗冻性能。

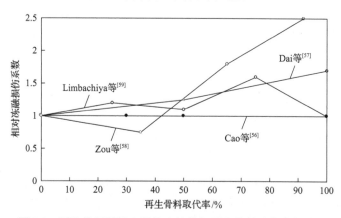

图6.3　再生骨料混凝土的抗冻性能与再生骨料取代率的关系

4）抗氯离子渗透性能

混凝土耐久性是指在外因及内因的共同作用下维持其工作性能的能力，其与多种因素有关，而混凝土中的氯离子侵蚀是造成其内部钢筋锈蚀的主要原因，从而造成混凝土耐久性劣化，氯离子渗透性是衡量混凝土耐久性的最重要指标参数。Rasheeduzzafar等[60]的研究结果表明，再生骨料混凝土的氯离子渗透性高于普通混凝土，当再生骨料混凝土的水胶比低于普通混凝土0.1左右时，二者具有相同的氯离子渗透性。Olorunsogo等[61]的研究结果表明，再生骨料混凝土的氧气渗透指数随着再生骨料取代率的增大而减小，随着龄期的延长而增大。Limbachiya等[59]的研究结果表明，当再生骨料取代率小于一定范围时，混凝土的氯离子渗透性增加不大，但超过该范围时随着再生骨料取代率的增加，混凝土的氯离子渗透性明显增加。Zaharieva等[62]研究结果表明，再生骨料混凝土表面渗透能力与再生混凝土吸水率和孔隙率等紧密相关，与普通混凝土相比，再生骨料混凝土具有更高的渗透性。Kwan等[63]研究了再生骨料混凝土抗压强度与氯离子渗透系数之间的关系，结果表明二者呈线性关系。图6.4总结了文献[51]~[58]中给出的不同水灰比下再生混凝土与普通混凝土的氯离子扩散系数。可以看出，普通混凝土的氯离子扩散系数范围一般在10^{-12}~10^{-11} m^2/s，并且随着水灰比的增加而增加。而再生骨料混凝土的氯离子扩散系数范围为10^{-12}~16×10^{-12} m^2/s，并且在相同水灰比条件下，再生骨料混凝土的氯离子扩散系数大于普通混凝土，这是再生骨料外存在附着老砂浆造成的，而且不同再生骨料类型对混凝土氯离子渗透性的影响又不尽相同。

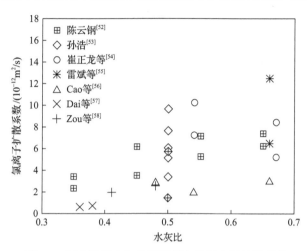

图 6.4 再生混凝土与普通混凝土的氯离子扩散系数

5）耐磨性能

耐磨性能是衡量混凝土路面性能的一个重要指标，主要取决于面层混凝土的强度和硬度。通常再生混凝土的耐磨性能低于同配比的普通混凝土。然而，再生混凝土要达到与普通混凝土相同的强度等级，往往需要增大水泥用量，这有助于提高其密实度。因而，相同强度等级的再生混凝土与普通混凝土相比，其耐磨性能比普通混凝土有所改善。再生骨料中含有大量的水泥砂浆，导致单位体积的再生混凝土中砂浆含量比同配合比的普通混凝土高。混凝土耐磨性能主要受混凝土强度、骨料性能（洛杉矶磨耗值）及面层混凝土质量的影响，所以提高再生混凝土强度、对再生骨料进行改性和改善表层混凝土施工质量均可以提高再生混凝土耐磨性能。

6）碱骨料反应

碱骨料反应条件是在混凝土配制时形成的，即配制的混凝土中只要有足够的碱和反应性骨料，在混凝土浇筑后就会逐渐反应。在反应产物的数量、吸水膨胀和内应力足以使混凝土开裂时，工程便开始出现裂缝，这种裂缝和对工程的损害随着碱骨料反应的发展而发展，严重影响工程结构安全和服役寿命。再生骨料引入再生混凝土中的碱量不可忽略，同时水泥可能大量积聚在再生骨料表面，这必将增大再生混凝土中产生碱骨料反应膨胀破坏的可能性。由于目前还没有一个公认的再生骨料碱活性的检测方法，最安全的方法就是应避免采用已经发生碱骨料膨胀破坏的再生骨料，同时也应控制再生混凝土中的总碱量（如使用低碱水泥、采用矿物掺合料取代部分水泥等），使其低于碱含量安全限值。

7）抗硫酸盐侵蚀

硫酸盐溶液能与混凝土中水化产物发生化学反应，使混凝土发生体积膨胀而破坏。再生混凝土的抗硫酸盐侵蚀性能略低于相同水灰比的普通混凝土。再生粗骨料取代率小于 30% 时，再生混凝土的抗硫酸盐侵蚀性能基本相近；但是随着再生粗骨料取代率的增加，再生混凝土的抗硫酸盐侵蚀性能降低；对于全再生骨料混凝土，其抗硫酸盐侵蚀能力有较大幅度降低。因此，再生粗骨料的掺入量对再生混凝土的抗硫酸盐侵蚀能力有较大影响。对于硫酸盐环境下暴露的再生混凝土结构，应该在配合比设计时考虑掺入粉煤灰、高效减水剂(减小水灰比)、矿物外加剂，以及对骨料进行改性处理，进而提高再生混凝土的抗硫酸盐侵蚀性能。

3. 经济效益和环境效益

单从再生混凝土的生产成本来说，与普通混凝土相比并没有经济优势甚至会出现亏损状态。以剪力墙 C30 再生混凝土为例，将搅拌站原有配合比与北京建筑大学实验楼的施工配合比单方材料成本进行对比(2007 年价格)。北京市价格情况为：天然砂 45 元/t；天然石约 35 元/t；再生骨料 50 元/t；水泥 440 元/t；减水剂(液态)2.4 元/kg。再生混凝土和非再生混凝土经济效益对比如表 6.18 所示，但把再生混凝土利用与填埋相比，其环境效益巨大，如表 6.19 所示，如何把环境效益转变为经济效益是影响建筑固废资源化产业发展需要解决的重要问题之一。

表 6.18　再生混凝土和非再生混凝土经济效益对比

材料	搅拌站原配比/kg	再生混凝土配比/kg	原配比成本/元	新配比成本/元	成本增加/元
水	170	181	0	0	0
水泥	325	353	143	155.3	12.3
砂	688(天然)	677(1/3 天然)	31	19.2	−11.8
石	1031(天然)	564(天然)+451(再生)	36.1	42.29	6.19
外加剂	12.3	13.17	29.5	31.6	2.1
合计	—	—	239.6	248.39	8.79

表 6.19　每立方米再生混凝土和非再生混凝土产生的环境效益

项目名称	再生情况	填埋情况
能量输入/MJ	1318	1495
原材用量/kg	758	1.894
填埋场使用/m³	—	1.26
二氧化硫/g	55.76	79.36
铅/g	1.85×10^3	2.32×10^3
二氧化碳/g	228860	254794
甲烷/g	0.91	1.76

项目名称	再生情况	填埋情况
苯/g	4.57×10^3	8.78×10^3
苯并[a]芘/g	2.28×10^3	4.39×10^3
一氧化二碳/g	0.37	0.7
颗粒/g	5.48	10.53
一氧化碳/g	576.53	803.91
碳水化合物/g	109.64	211.34
氮化物/g	930.42	1296.351
粉尘/g	62.46	63.62

6.2 再 生 砂 浆

建筑砂浆在实际工程中用量巨大，砂浆用细骨料量约占建筑工程用细骨料总量的 1/3，水泥用量占全部建筑工程水泥用量的 25%～40%。再生砂(即再生细骨料)是指粒径尺寸范围为 0.08～4.75mm 的再生骨料。再生砂浆指由胶凝材料、经干燥筛分处理的中砂、再生砂、保水增稠材料、粉煤灰或其他矿物掺合料等组分按一定比例，在专业生产厂经计量、混合后生产出的一种含颗粒混合物，主要包括再生砌筑砂浆、再生抹灰砂浆和再生地面砂浆。再生砂浆对永久节省天然砂资源、减轻建筑固废对环境的污染、提高建筑砂浆的绿色化程度具有积极意义。图 6.5 为再生砂浆资源化应用路径。

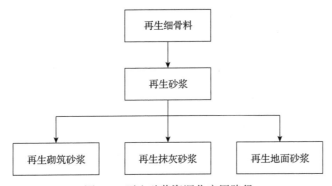

图 6.5 再生砂浆资源化应用路径

再生砂浆目前在我国尚未得到广泛应用，在实际工程中再生砂浆制品的推广存在以下限制因素：①用于制备再生砂浆的骨料多为再生细骨料，再生细骨料组分(主要为水泥砂浆)与传统的天然细骨料(河沙)相比，骨料整体性能较差，所以制备出的再生砂浆整体性能较低；②再生细骨料使再生砂浆制备过程中的吸水率大大提高，再生砂浆的工作和易性不易把握，与传统拌和砂浆相比，再生砂浆的需水量较大，拌和过程中的控制因素更加复杂，从而增加了工程应用中的管理和施工成本，限制了再生砂浆制品的生产和推广；③一般情况下，再生砂浆的干燥收缩大于普通砂浆，因此在后期工程应用中的再生砂浆制品外观比普通砂浆制品差，同时再生砂浆的耐磨性也较差，进一步限制了再生砂浆制品在实际工程中的应用。

6.2.1　再生砂浆一般规定

应根据砂浆品种、强度等级、设计和施工的要求，通过试验确定再生砂的掺量，干混砌筑砂浆和干混地面砂浆中再生砂的用量占细骨料的比例应不大于25%。一般规定，再生砂的技术指标应符合表6.20的规定。

表 6.20　再生砂的技术指标

技术指标		技术要求	检验方法
颗粒级配		GB/T 25176—2010[1] 中2级配区	GB/T 25176—2010[1]
细度模数		2.3～2.8	
微粉含量 (按质量计)/%	MB≤1.4 或快速法试验合格	<10.0	JC/T 2548—2019[64]
	MB>1.4 或快速法试验不合格	<5.0	
泥块含量(质量分数)/%		<1.0	JC/T 2548—2019[64]
云母含量/%(质量分数)		≤1.0	
轻物质含量/%(质量分数)		<1.0	
有机物含量(比色法)		合格	GB/T 14684—2022[65]
硫化物及硫酸盐含量(按SO₃计)/%		≤0.5	
氯化物含量(以氯离子质量计)/%		<0.06	
饱和硫酸钠溶液中质量损失/%		<12.0	GB/T 14684—2022[65]
压碎指标/%		<30	
再生胶砂需水量比		<1.70	GB/T 25176—2010[1]
再生胶砂强度比		>0.75	
表观密度/(kg/m³)		>2350	
堆积密度/(kg/m³)		>1200	GB/T 14684—2022[65]
空隙率/%		<52	
放射性		合格	GB 6566—2010[66]

生产单位应按标准的要求，按批检验再生砂的质量。每批试样应测定的技术指标包括颗粒级配、微粉含量、泥块含量、压碎指标、再生胶砂需水量比、再生胶砂强度比、表观密度、堆积密度和空隙率等，每半年应测定有害物质含量不少于一次，每年应测定放射性不少于一次。当原材料和生产工艺发生较大变化时，应按照表 6.20 规定的各项技术指标检验再生砂的质量；应用单位应按标准的要求，按批复检再生砂的质量。再生砂的质量检验结果应符合标准的各项技术指标。如果有任意一项指标不符合标准的要求，应重新从同一批再生砂中加倍取样，进行复检，复检后仍达不到要求时，该批次再生砂应作为不合格品处理。

6.2.2　再生砂浆配合比设计与制备

1）原材料要求

水泥宜采用普通硅酸盐水泥，同时应符合《通用硅酸盐水泥》（GB 175—2023）[67]的规定；粉煤灰质量指标应符合《用于水泥和混凝土中的粉煤灰》（GB/T 1596—2017）[68]的不低于Ⅱ级 F 类粉煤灰的规定，采用其他品种矿物掺合料时，应经过试验验证；中砂应符合《建设用砂》（GB/T 14684—2022）[65]规定的 2 区中砂相关要求；用于干混普通砌筑砂浆的保水增稠材料应符合《砌筑砂浆增塑剂》（JG/T 164—2004）[69]的规定；拌和用水应符合《混凝土用水标准》（JGJ 63—2006）[70]的规定。

2）配合比设计原则

再生细骨料干混砂浆配合比设计应充分考虑其使用环境，满足使用要求；再生细骨料干混砂浆配合比设计应满足强度和耐久性的要求；再生细骨料干混砂浆配合比设计时，其拌和物可操作性应满足施工要求；再生细骨料干混砂浆配合比设计时，在满足使用要求的前提下，应尽量减少水泥用量和添加剂用量。

3）再生细骨料干混砂浆的技术要求

再生细骨料干混砂浆保水率应符合表 6.21 的规定；再生细骨料干混砂浆的其他性能应满足《预拌砂浆》（GB/T 25181—2019）[71]的规定，试验方法应按《建筑砂浆基本性能试验方法标准》（JGJ/T 70—2009）[72]的规定执行。

表 6.21　再生细骨料干混砂浆性能指标

性能指标	干混砌筑砂浆	干混地面砂浆	试验方法
保水率/%	≥90	≥90	JGJ/T 70—2009

4）再生细骨料干混砂浆的制备

各种材料应分仓储存，并有明显的规范标识；水泥应按生产厂家、水泥品种及强度等级分别储存，并应有可靠的防潮、防污染措施；中砂和再生砂应按品种、规格分别储存，储存过程中应保证其均匀性，不可混入杂物。在制备再生细骨料干混砂浆时，中砂和再生砂应提前进行干燥处理，必要时宜进行筛分处理。中砂和再生砂含水率应小于 0.5%，中砂和再生砂的最大粒径不应大于 4.75mm。矿物掺合料应按生产厂家、品种、级别分别储存，不应与水泥等其他粉状材料混杂；保水增稠材料应按生产厂家、品种分别储存，并应具有防止质量发生变化的措施。原材料计量宜采用电子计量设备，计量设备的精度应满足相关规定，并应按法律法规由法定计量部门进行质量鉴定，使用期间应定期校准；计量设备应能连续计量不同配合比砂浆的各种材料，并应具有实际计量结果逐盘记录和存储功能；再生细骨料干混砂浆各种材料的计量均应按质量计；再生细骨料干混砂浆材料的计量允许偏差应符合表 6.22 的规定。

表 6.22　再生细骨料干混砂浆材料计量允许偏差

原材料品种	水泥	中砂和再生砂	矿物掺合料	保水增稠材料
计量允许偏差/%	±2	±2	±2	±2

再生细骨料干混砂浆宜采用计算机控制的干粉混合机进行混合；再生细骨料干混砂浆的混合时间应根据砂浆品种及混合机型号综合合理确定，并应保证砂浆混合均匀；再生细骨料干混砂浆生产中应测定干燥骨料的含水率，每一工作班测定次数不应少于 1 次；再生细骨料干混砂浆在生产过程中应避免对周围环境的污染，所有粉料的输送及计量工序均应在密闭状态下进行，并应配备除尘装置；再生细骨料干混砂浆品种更换时，混合及输送设备等应先行清理干净再用于下一批次的混合和输送。

6.2.3　再生砂浆基本性能

1）工作性能

由于再生细骨料含有大量的多孔物质（主要包括红砖颗粒和破碎后的水泥砂浆），再生细骨料具有比天然骨料更高的吸水率，从而使再生砂浆的工作性能随着再生细骨料取代率的增加而降低。基于上述事实，在制备再生砂浆时，应掺入高效减水剂和保水剂以增加和易性，通过配合比的优化设计，可以使再生砂浆具有与普通砂浆类似的工作性能。

2）力学性能

再生细骨料由于筛分技术限制，含有较多杂质，且级配与天然骨料有一定差异，因此在试验和工程应用中，再生细骨料对砂浆的力学性能影响较大。再生砂浆制备的试件抗压强度和抗弯强度等均随着再生细骨料取代率的增加而降低。对于砌筑用再生砂浆，应控制再生细骨料的掺入量，以保证其具有满足结构设计的力学性能。

3)耐久性能

再生骨料对干粉砂浆的收缩性能有不利影响,随着再生细骨料取代率的增加,干粉砂浆的收缩性能降低;水灰比对再生骨料干粉砂浆抗裂性能影响较大,适宜的水灰比可以有效防止砂浆开裂;选择合适的砂率可以控制干粉砂浆的开裂。

再生砂浆收缩率高于天然砂浆,并且当再生细骨料取代率增加时,再生砂浆的收缩率随之增加;在实际工程应用中,应对抹面用再生砂浆做表面覆盖或洒水处理,以减少再生砂浆较高收缩率造成的不利影响。

6.2.4 再生砂浆质量控制与检验

1)原材料质量检验

原材料进厂时,应按规定批次验收型式检验报告、出厂检验报告或合格证等质量证明文件;原材料进厂应按批进行复验,复验合格后方可使用。

再生细骨料干混砂浆原材料的检验批量应符合以下规定:散装水泥应按每 500t 为一个检验批;粉煤灰等矿物掺合料应按每 200t 为一个检验批;砂应按每 400m³ 或 600t 为一个检验批;再生砂应按每 500t 为一个检验批;保水增稠剂应按每 50t 为一个检验批。当符合下列条件之一时,可将检验批量扩大一倍:经产品认证机构认证符合要求的产品;来源稳定且连续三次检验合格的产品;用于同时施工且属于同一工程项目的同一厂家的同批出厂材料。

2)出厂质量检验

再生细骨料干混砂浆出厂检验项目应符合表 6.23 的规定;再生细骨料干混砂浆进场时,供方应按规定批次向需方提供有效的质量证明文件,包括产品型式检验报告和出厂检验报告。散装再生细骨料干混砂浆应外观均匀,无结块、受潮现象;袋装再生细骨料干混砂浆应包装完整,无受潮现象;散装再生细骨料干混砂浆取样时,应在卸料中卸料量 1/4～3/4 处采取。试样量应满足砂浆检验项目所需用量的 1.5 倍,且不宜少于 0.01m³。

表 6.23 再生细骨料干混砂浆出厂检验项目

品种	出厂检验项目
干混砌筑砂浆	保水率、2h 稠度损失率、抗压强度
干混地面砂浆	保水率、2h 稠度损失率、抗压强度

3)施工质量验收

(1)再生干混砌筑砂浆施工质量验收要求。对同品种、同强度等级的干混砌筑砂浆应以 100t 为一个检验批,不足 100t 应按一批计;每检验批应至少留置一组抗压试块用于检验抗压强度;抗压强度应按验收批进行评定,其合格条件应符合下列规定:同一验收批砂浆试块抗压强度平均值应不低于设计强度等级所对应的立方体抗压强度的 1.1 倍，且最小值应不低于设计强度等级所对应的立方体抗压强度的 0.85 倍。同一验收批砂浆抗压强度试块不应少于 3 组；当同一验收批抗压强度试块少于 3 组时，每组试块抗压强度应不低于设计强度等级所对应的立方体抗压强度的 1.1 倍；检验应出具砂浆试块抗压强度检验报告单。

(2) 再生干混地面砂浆施工质量验收要求。地面砂浆应按每一层次或每层施工段 (或变形缝) 作为一个检验批；砂浆层应平整、密实，上一层与下一层应结合牢固，无空鼓、裂缝。当空鼓面积不大于 400mm² ，且每自然间 (标准间) 不多于 2 处时可不计；砂浆层表面应洁净，并无起砂、脱皮、麻面等缺陷；对同一品种、同一强度等级的干混地面砂浆，每检验批且不超过 1000m² 应至少留置一组抗压试块。抗压试块的制作、养护、试压等应符合《建筑砂浆基本性能试验方法标准》 (JGJ/T 70—2009)[72] 的规定，龄期应为 28d；砂浆抗压强度应按验收批进行评定，当同一验收批地面砂浆试块抗压强度平均值不低于设计强度等级所对应的立方体抗压强度值时，判定该批地面砂浆的抗压强度为合格，否则判定为不合格。

6.3　再生骨料混合料

再生骨料混合料是近年来逐渐发展起来的新型再生建材，主要用于市政道路工程，并且可以大量消纳建筑固废资源化再生骨料，具有较好的工程应用前景。本节分别从再生骨料混合料技术指标、再生骨料混合料施工要点、再生骨料混合料的质量检验三个部分对再生骨料混合料进行详细介绍，并给出相应的工程应用建议。

6.3.1　再生骨料混合料技术指标

再生骨料无机混合料是指由再生级配骨料配制的无机混合料，可按照无机结合料的分类将其分为三种：水泥稳定再生骨料无机混合料、石灰粉煤灰稳定再生骨料无机混合料和水泥粉煤灰稳定再生骨料无机混合料。《道路用建筑垃圾再生骨料无机混合料》(JC/T 2281—2014)[73] 规定了道路用建筑垃圾再生骨料无机混合料的术语和定义、分类、原材料、技术要求、配合比设计、制备、试验方法、检验规则以及订货和交货标准。

再生级配骨料根据工作性能分为 I 类、II 类。I 类再生级配骨料可用于城镇道路路面的底基层，以及主干路及以下道路的路面基层；II 类再生级配骨料可用于城镇道路路面的底基层，以及次干路、支路及以下道路的路面基层。配制无机混合料的原材料除再生级配骨料外，还包括石灰、水泥、粉煤灰、水。配合比设计对无机混合料的性能影响很大，不同种类无机混合料的工作性能要求各不相同。

1. 水泥稳定再生骨料无机混合料

(1)试配时水泥掺量应按表 6.24 选取。

表 6.24　水泥稳定再生骨料无机混合料水泥掺量

骨料类别	结构部位	水泥掺量/%			
Ⅰ类	基层	3	4	5	6
	底基层	3	4	5	6
Ⅱ类	基层	4	5	6	7
	底基层	3	4	5	6

(2)应采用重锤击实试验方法确定不同水泥掺量混合料的最佳含水率和最大干密度。

(3)应按规定的压实度计算不同水泥掺量试件的干密度。

(4)试件制备、养护和抗压强度测定应符合《公路工程无机结合料稳定材料试验规程》(JTG E51—2009)[74]的有关要求。

(5)根据抗压强度试验结果选定水泥掺量,水泥最小掺量应不小于 3%;当采用 32.5 强度等级的水泥时,水泥最小掺量应不小于 4%。最大干密度和最佳含水率应按内插法计算。

2. 石灰稳定再生骨料无机混合料

(1)确定石灰粉煤灰比例时,首先制备不同比例的石灰粉煤灰混合料,采用重锤击实试验方法确定不同比例石灰粉煤灰混合料的最佳含水率和最大干密度,对比同龄期和相同压实度的抗压强度,最后选用试件强度最大的石灰粉煤灰比例。

(2)试配时石灰掺量应按表 6.25 选取,并确定石灰粉煤灰比例计算粉煤灰用量。

表 6.25　石灰粉煤灰稳定再生骨料无机混合料试配石灰掺量

结构部位	石灰掺量/%			
基层	4	5	6	7
底基层	3	4	5	6

(3)应采用重锤击实试验方法确定不同石灰掺量混合料的最佳含水率和最大干密度。

(4)应按规定的压实度计算不同石灰掺量试件的干密度。

(5)试件制备、养护和抗压强度测定应符合《公路工程无机结合料稳定材料试验规程》(JTG E51—2009)[74]的有关要求。

（6）根据抗压强度试验结果选定石灰掺量，石灰最小掺量应不小于 3%；当采用Ⅱ类再生级配骨料时，石灰最小掺量应不小于 4%。最大干密度和最佳含水率应按内插法计算。

3. 水泥粉煤灰稳定再生骨料无机混合料

（1）试配时水泥掺量宜在 3%～5%范围内；水泥粉煤灰与骨料的质量比宜为（12～17）∶(88～83)。

（2）应采用重型击实试验方法确定不同水泥掺量混合料的最佳含水率和最大干密度。

（3）应按规定的压实度计算不同水泥掺量试件的干密度。

（4）试件制备、养护和抗压强度测定应符合《公路工程无机结合料稳定材料试验规程》(JTG E51—2009)[74]的有关要求。

（5）根据抗压强度试验结果选定水泥掺量，水泥最小掺量应不小于 3%；当采用 32.5 强度等级的水泥时，水泥最小掺量应不小于 4%。最大干密度和最佳含水率应按内插法计算。

《城镇道路建筑垃圾再生路面基层施工与质量验收规范》(DB11/T 999—2013)[75]主要内容包括再生级配骨料、水泥稳定再生骨料混合料、石灰粉煤灰稳定再生骨料混合料、质量验收相关规定。再生级配骨料的颗粒级配应符合表 6.26和表 6.27 的规定[75]。Ⅰ类再生级配骨料最大粒径不宜大于 37.5mm，Ⅱ类再生级配骨料最大粒径不宜大于 31.5mm。

表 6.26　水泥稳定的再生级配骨料颗粒组成[75]

筛孔尺寸	累计筛余/%	
	底基层	基层
37.5mm	100	—
31.5mm	—	100
26.5mm	—	90～100
19.0mm	—	72～89
9.5mm	—	47～67
4.75mm	50～100	29～49
2.36mm	—	17～35
1.18mm	—	—
600μm	17～100	8～22
75μm	0～30	0～7

表 6.27　石灰粉煤灰稳定的再生级配骨料颗粒组成[75]

筛孔尺寸	累计筛余/%	
	底基层	基层
37.5mm	100	—
31.5mm	90～100	100
26.5mm	72～90	81～98
19.0mm	48～68	52～70
9.5mm	30～50	30～50
4.75mm	18～38	18～38
2.36mm	10～27	10～27
1.18mm	6～20	8～20
600μm	0～7	0～7

再生级配骨料其他性能应符合表 6.28 规定[75]。

表 6.28　再生级配骨料其他性能指标要求[75]

性能指标	Ⅰ类骨料	Ⅱ类骨料
混凝土石含量/%	≥90	—
压碎指标/%	≤30	≤45
杂物含量/%	≤0.5	≤1.0
针片状颗粒含量/%	≤20	≤20

混合料组成设计：水泥稳定再生骨料混合料的组成设计应根据表 6.29 的强度标准，按照《公路工程无机结合料稳定材料试验规程》(JTG E51—2009)[74]试验确定骨料的级配、水泥掺量、混合料的最佳含水率和最大干密度。

表 6.29　水泥稳定再生骨料混合料 7d 抗压强度[74]

道路等级	快速路	主干路		其他等级道路	
	底基层	基层	底基层	基层	底基层
7d抗压强度/MPa	2.5～3.0	3.0～4.0	1.5～2.5	2.5～3.0	1.5～2.0

4. 混合料组成设计

石灰粉煤灰稳定再生骨料混合料的组成设计应根据表 6.30 规定的强度标准，按照《公路工程无机结合料稳定材料试验规程》(JTG E51—2009)[74]试验确定骨料的级配、石灰掺量、混合料的最佳含水率和最大干密度。石灰粉煤灰稳定再生骨料混合料中，石灰与粉煤灰的质量比例宜为 1:1.5～1:3，石灰粉煤灰与骨料的质量比例宜为 15:85～22:78。

表 6.30　石灰粉煤灰稳定再生骨料混合料 7d 抗压强度[74]

道路等级	快速路	主干路		其他等级道路	
	底基层	基层	底基层	基层	底基层
7d 抗压强度/MPa	≥0.6	≥0.8	≥0.6	≥0.8	≥0.5

6.3.2　再生骨料混合料施工要点

再生骨料混合料施工一般采用小型压实机与人工配合的施工方法，但对于施工质量要求较高的高等级道路，一般原有的施工方法很难保证高等级道路施工质量的要求。因此，目前高等级道路再生骨料混合料施工已经采取了级配精密度高、拌和质量好、摊铺尺寸准、碾压密度高等的集中厂拌及联合摊铺机摊铺的施工模式，同时有利于更好地保证质量控制。这种工业化的施工模式既可以提高基层平整度，也能避免人为配料不准、拌和不匀、反复找平、厚度难以控制等问题。

高等级公路基层施工质量的根本出路在于集约化、机械化和标准化。施工前先仔细勘察施工现场、测量路基垫层面的表面高度，施工前先在路中、路边及路拱处加密放置样桩；再生骨料混合料拌和应采用在工厂集中拌和，再生骨料混合料施工技术要点如下。

(1)在施工拌和过程中配料成分与用量应准确；拌和过程中应检查混合料的含水率，并且含水率应满足标准要求；混合料应拌和均匀，无明显粗、细骨料的离析现象，色泽一致，没有灰条、灰团和花面。

(2)再生骨料混合料基层在摊铺前对垫层进行复检，符合分项工程质量要求后，才能进行下一步再生混合料层摊铺。

(3)再生骨料混合料运至工地后，为保证质量，应以"随送随铺，当天碾压"为原则及时摊铺碾压。若受施工条件限制不能及时摊铺，在工地堆放的时间不得超过 2 天(早强混合料不得超过 1 天)。

(4)再生骨料混合料的最佳含水率以二灰细料"手捏成团，落地能散"为度。摊铺前在路幅边缘修筑土坝，坝高为再生骨料混合料的厚度。在平地机大致推平的情况下，采用人工整平；摊铺时应按顺序进行随时补缺，切勿东铲西补；再生骨料混合料层应密实均匀，摊铺全程应掌握"宁高勿低，宁铲勿补"的原则。为保证基层的整体性，应尽可能一次平整。

6.3.3　再生骨料混合料质量检验

1. 一般性质量检查规定

(1)对于再生骨料混合料，应首先对其原材料来源进行检查，以确认材料的具体指标是否达到施工要求。其中石灰(钙质或镁质)主要检测有效含钙量或含镁量以及未消解残渣含量。石料检测应在测量最大粒径的基础上分出级配，并测定针片状含量、压碎指标、含水率。粉煤灰(硅铝或高钙)主要检测 SiO_2、Al_2O_3 和 Fe_2O_3 的总含量以及烧失量、比表面积、含水率。试件检测也是必需项目，以确定无侧限抗压强度。其次是施工中的道路外形尺寸检测，包括道路基层高程、宽度、平整度、横坡度等。

(2)混合料质量的检验分为出厂检验和交货检验。出厂检验的取样试验工作应由供方承担，交货检验的取样试验工作应由需方承担；当需方不具备试验条件时，供需双方可协商确定承担单位，其中包括委托供需双方认可的有试验资质的试验单位，并应在合同中予以说明。

(3)当判断混合料质量是否符合要求时，无侧限抗压强度、石灰或水泥掺量以交货检验结果为依据，其他检验项目应按合同规定执行。交货检验的试验结果应在试验结束后 10d 内通知供方。

2. 质量检验项目

(1)出厂检验项目包括 7d 无侧限抗压强度、最佳含水率、最大干密度、石灰或水泥掺量、含水率。

(2)交货检验项目包括 7d 无侧限抗压强度、含水率、石灰或水泥掺量。抗冻性检验根据实际需要进行。

3. 取样和组批

(1)石灰粉煤灰稳定再生骨料无机混合料，用于出厂检验的试样应在搅拌地点采取，用于交货检验的试样应在交货地点采取。

(2)水泥稳定再生骨料无机混合料和水泥粉煤灰稳定再生骨料无机混合料，用于出厂检验及交货检验的试样应在搅拌地点采取，加水后的混合料应在 3h 内成型；当需方不具备试验条件时，可采取未加水拌和的混合料，送至指定试验机构进行加水拌和并在加水后 3h 内成型。

(3)每个试样量应不少于混合料质量检验项目所需用量的 1.5 倍，且不宜少于 20kg。

(4)混合料的 7d 无侧限抗压强度、含水率、石灰(水泥)掺量检验的试样，其取样频率应按下列规定进行：用于出厂检验的试样，每一个工作班相同配合比的混合料取样不得少于一次；用于交货检验的试样，取样频率应符合验收标准要求。

(5)混合料的最佳含水率、最大干密度检验的试样，同一配合比的混合料取样不得少于一次。

6.4　再生混凝土砖和砌块

利用再生混凝土制备具有工程应用价值的产品,即为再生混凝土制品。其中,再生混凝土砖和砌块主要性能包括以下几点。

(1) 再生混凝土砖砌体与普通混凝土砖砌体具有相似的抗压强度标准值和设计值,其强度可按《砌体结构设计规范》(GB 50003—2011)[76]的砌体抗压强度平均值公式计算。

(2) 再生混凝土砖砌体和普通混凝土砖砌体具有相似的破坏形态和破坏过程。

(3) 再生混凝土砖砌体的弹性模量和泊松比随着砌筑砂浆强度的提高而增大。

(4) 再生混凝土砖砌体结构可用于多层砌体房屋结构的抗震设计。

(5) 再生混凝土砌块砌体的抗压强度设计值略微低于规范中混凝土多孔砖砌体的抗压强度设计值。

(6) 再生混凝土砌体具有很好的抗压强度和较好的抗变形能力。

(7) 随着再生砌块及砂浆强度的提高,再生混凝土砌块砌体结构的整体性能也增加。

(8) 再生混凝土砌块砌体结构能够满足多层砌体房屋结构的抗震设计要求。

同时,建议再生混凝土砖和砌块应根据其质量和工程要求加以应用。强度等级较高且工作性能较好的再生混凝土砖和砌块可以作为承重构件和非承重构件,当作为承重构件时,具体性能指标应满足国家标准;强度等级较低的再生混凝土砖和砌块一般作为非承重构件使用,但是其外观应满足国家标准,不应有明显的缺陷。

6.4.1　再生砌块

一般而言,由于再生骨料的品质较低,再生骨料制备的再生混凝土和再生砂浆强度均比普通混凝土低。但是由于混凝土砌块对混凝土的工作性能并没有太高的要求,同时再生骨料密度和导热系数均比天然骨料低,因此将废弃混凝土块加工、破碎、分级后形成的再生骨料用于生产混凝土空心砌块是比较合理的。用再生骨料取代一定量的天然骨料所制成的建筑砌块,其性能的主要影响因素是再生细骨料取代率。随着再生细骨料取代率的提高,再生混凝土砌块的抗压强度下降,但是通过配合比的调整和优化,再生混凝土砌块的物理力学性能都能满足规范要求。图 6.6 为再生砌块资源化技术路径。

1. 再生混凝土砌块基本性能要求

《混凝土用再生粗骨料》(GB/T 25177—2010)[4]规定,再生骨料砌块是指掺

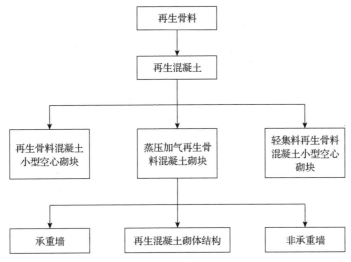

图 6.6 再生砌块资源化技术路径

用再生骨料，经搅拌、成型、养护等工艺过程制成的砌块，按抗压强度可分为 MU3.5、MU5、MU7.5、MU10、MU15 和 MU20 六个等级。再生骨料砌块尺寸允许偏差和外观指标应符合表 6.31 的规定[4]。

表 6.31　再生骨料砌块尺寸允许偏差和外观指标[4]

项目名称		指标
尺寸允许偏差/mm	长度	±2
	宽度	±2
	高度	±2
最小外壁厚/mm	用于承重墙体	≥30
	用于非承重墙体	≥16
肋厚/mm	用于承重墙体	≥25
	用于非承重墙体	≥15
缺棱掉角	个数/个	≤2
	三个方向投影的最小值/mm	≤20
裂缝衍射投影的累计尺寸/mm		≤20
弯曲/mm		≤2

再生骨料砌块抗压强度应符合表 6.32 的规定[4]。

表 6.32　　再生骨料砌块抗压强度[4]

强度等级	抗压强度/MPa	
	平均值	单块最小值
MU3.5	≥3.5	≥2.8
MU5	≥5.0	≥4.0
MU7.5	≥7.5	≥6.0
MU10	≥10.0	≥8.0
MU15	≥15.0	≥12.0
MU20	≥20.0	≥16.0

《工程施工废弃物再生利用技术规范》(GB/T 50743—2012)[77]中规定，再生骨料混凝土空心砌块砌体设计、施工可按《砌体结构设计规范》(GB 50003—2011)[76]和《混凝土小型空心砌块建筑技术规程》(JGJ/T 14—2011)[78]的有关规定执行。再生骨料砌块按孔的排数可分为单排孔、双排孔、对排孔三类。再生骨料的主规格尺寸为 390mm×190mm×190mm，其他规格尺寸可由供需方协商，应符合《普通混凝土小型砌块》(GB/T 8239—2014)[79]的相关规定。再生骨料混凝土空心砌块可分为 MU5、MU7.5、MU10、MU15、MU20 五个等级，其性能和用途应符合《普通混凝土小型砌块》(GB/T 8239—2014)[79]的相关规定。

废砖瓦可以用于生产再生骨料砌块，再生骨料砌块所用再生粗骨料最大粒径不宜大于 10mm。再生骨料砌块基本生产工艺可按照下列步骤进行：①废砖瓦分拣后，用破碎机进行破碎；②计算再生骨料砌块所用配料的用量；③搅拌机搅拌；④蒸压成型；⑤自然或蒸汽养护；⑥检验出厂。

再生骨料砌块生产应符合下列规定：①原料处理时，废砖不得破碎得过细；②计量配料时，宜采用体积称量。③宜采用强制式混凝土搅拌机进行搅拌，以保证物料混合均匀。④砌块成品应先进行检验，合格后按强度等级、质量等级分别堆放，并编号加以标明；堆放成品的场地应干燥、通风、平整，堆垛须码端正，防止倒塌；堆垛的高度不应超过 1.6m，堆垛之间应保持适当的通道，以便搬运；堆场要落实防雨措施，防止砌块吸水，以免砌块上墙时因含水率过高而导致墙体开裂。

《福建省建筑废弃物再生砖和砌块应用技术规程》(DBJ/T 13-254—2024)[80]的主要内容包括再生砖和砌块原材料、再生砖和砌块、设计、施工、工程质量验收。标准规定再生制品按种类分为砖和砌块，按生产工艺分为烧结制品和非烧结制品，按孔洞率分为烧结实心制品、多孔制品和空心制品。

2. 再生混凝土砌块质量检验

同一配合比、同一工艺制作的同一强度等级的再生混凝土砌块，每 10000 块应作为一个检验批，不足 10000 块的应作为一个批次。型式检验时，每批应随机抽取 64 块再生混凝土砌块作为检验样本。受检的 64 块砌块中，尺寸允许偏差和外观质量的不合格数不超过 8 块时，可判定该批砌块尺寸允许偏差和外观质量合格；否则，应判定该批砌块尺寸允许偏差和外观质量不合格。从尺寸允许偏差和外观质量合格的样品中再次随机抽取再生混凝土砌块进行下列检验：抽取 5 块进行抗压强度检验；抽取 3 块进行干燥收缩率检验；抽取 3 块进行相对含水率检验；抽取 10 块进行抗冻性检验；抽取 12 块进行碳化系数检验；抽取 10 块进行软化系数检验；抽取 5 块进行放射性检验。

3. 再生混凝土砌块应用分析和建议

规范的不齐全与不匹配是限制再生混凝土砌块制品推广的主要原因。现阶段我国关于再生混凝土砌块的配套规范往往沿用普通混凝土砌块的技术标准，没有考虑到再生混凝土砌块的特殊性，特别对于不同类型的再生混凝土砌块没有相应的规范标准(如再生混凝土空心砌块、蒸压加气再生混凝土砌块和轻骨料再生混凝土砌块的配套规范缺失，限制了再生砌块制品的推广和实际工程应用)；同时，设计人员认识和了解得不充分、政府采购强制性的乏力、社会的普及与科普欠缺、政府激励政策的不足，以及高性价比、高附加值产品的稀缺也是再生混凝土砌块现阶段应用推广受限制的主要原因。

值得注意的是，我国用于制备再生骨料混凝土砌块的粗骨料和细骨料分别多为品质较差的再生粗骨料和主要成分为水泥砂浆的细骨料，较低的骨料品质影响了再生骨料混凝土砌块的强度、整体性能和耐久性，尤其在极端环境下(如冻融损伤环境和氯离子侵蚀环境)大幅度降低了再生骨料混凝土砌块的服役寿命。与普通混凝土砌块相比，相近的制备成本以及较低的使用寿命限制了再生混凝土砌块的工程应用和推广。通过优化再生骨料性能虽然可以提高再生骨料混凝土砖的整体性能和耐久性能，但是会大幅度增加其制备成本、降低经济效益，这种结果是建筑固废资源化企业不愿选择的，因此再生骨料混凝土砌块的应用和推广受到了限制。

6.4.2　再生砖

再生砖在中国北京市、河北省、江苏省、广东省、四川省、福建省、陕西省等省市均有工程应用，面积达到百万平方米，北京市亦庄开发区用再生砖砌块做的填充墙试点工程迄今已经使用十余年，质量可靠。再生砖大多在工程使用年限达 10 年，使用效果良好。再生砖与普通砖的性能对比如表 6.33 所示。

表 6.33　再生砖与普通砖的性能对比

名称	原料	能源消耗	排放污染	平整度与公差	外观质量	强度	抗冻吸水	施工	传热保温	用途	产业政策
再生砖	建筑固废	无	可控制的粉尘	好	良好	合格	合格	方便	中等	填充承重	鼓励和扶持
普通砖	黏土	烧煤	排放 CO_2	差	差	合格	合格	方便	中等	填充承重	限制与禁止

应用生命周期评价方法对再生砖进行环境影响评价,结果显示,在制砖过程中主要的环境污染为温室气体 CO_2 和粉尘的排放,各占将近 40%。粉尘主要来源于骨料的破碎过程及水泥、电力的生产过程;在能源方面,生产水泥的煤耗和电耗约占总量的 81%,制砖的电耗约占 17%,对于不可再生资源如生产水泥过程中消耗石灰石和铁矿石较低。建筑固废中可以作为再生砖生产原料的比例为 85.6%,整体实现了建筑固废资源化利用。

1. 再生混凝土砖基本性能要求和技术指标

《混凝土用再生粗骨料》(GB/T 25177—2010)[4]中规定,再生骨料砖是指掺用再生骨料,经搅拌、成型、养护等工艺过程制成的砖。再生骨料砖分为实心砖和多孔砖,按抗压强度分为 MU7.5、MU10、MU15 和 MU20 四个等级。再生骨料实心砖主规格尺寸宜为 240mm×115mm×53mm,再生骨料多孔砖主规格尺寸宜为 240mm×115mm×90mm。再生骨料砖的尺寸允许偏差和外观指标应符合表 6.34 的规定[4]。

表 6.34　再生骨料砖尺寸允许偏差和外观指标[4]

项目名称		指标
尺寸允许偏差/mm	长度	±2.0
	宽度	±2.0
	高度	±2.0
缺棱掉角	个数/个	≤1
	三个方向投影的最小值/mm	≤10
裂缝长度/mm	大面上宽度方向及其延伸到条面的长度	≤30
	大面上长度方向及其延伸到顶面的长度或条、顶面水平裂纹的长度	≤50

再生骨料砖抗压强度应符合表 6.35 的要求[4]。

表 6.35　再生骨料砖抗压强度[4]

强度等级	抗压强度/MPa	
	平均值	单块最小值
MU7.5	≥7.5	≥6.0
MU10	≥10.0	≥8.0
MU15	≥15.0	≥12.0
MU20	≥20.0	≥16.0

《工程施工废弃物再生利用技术规范》(GB/T 50743—2012)[77]中规定,废砖

瓦也可以应用于生产再生骨料砖,再生骨料砖所用再生粗骨料粒径不宜大于8mm;再生骨料砖基本生产工艺与再生骨料砌块相同。再生骨料砖包括实心砖和多孔砖,按抗压强度可分为 MU7.5、MU10、MU5 三个等级。

　　建筑固废再生处理之后可以应用于制备再生地面砖、透水砖。《再生骨料地面砖和透水砖》(CJ/T 400—2012)[81]为城镇建设行业规范,主要内容包括再生骨料地面砖、透水砖的产品规格、原材料、要求、试验方法、检验规则、标志、使用说明以及包装、运输及储存。

　　再生骨料地面砖和透水砖的规格尺寸如表 6.36 所示[81],规格尺寸也可以根据用户的要求确定。再生骨料地面砖和透水砖的强度等级可按表 6.37 进行划分[81]。

表 6.36　再生骨料地面砖和透水砖规格尺寸[81]

再生骨料地面砖		再生骨料透水砖	
边长/mm	厚度/mm	边长/mm	厚度/mm
100、150、200、250、300、400、500	50、60、80、100、120	100、150、200、250、300、400、500	40、50、60、80、100、120

表 6.37　再生骨料地面砖和透水砖强度等级[81]

再生骨料地面砖		再生骨料透水砖
抗压强度等级	抗折强度等级	抗压强度等级
Cc20、Cc25、Cc30、Cc35、Cc40、Cc50、Cc60	Cf2.5、Cf3.0、Cf3.5、Cf4.0、Cf5.0、Cf6.0	Cc20、Cc25、Cc30、Cc35、Cc40、Cc50、Cc60

　　再生骨料地面砖物理性能应符合表 6.38 的规定[81]。

表 6.38　再生骨料地面砖物理性能[81]

项目名称		要求
耐磨性		磨坑长度≤35mm
防滑性		BPN(防滑系数)≥60
吸水率		≤8%
抗冻性	夏热冬暖地区	15 次冻融循环试验后,外观质量应符合 CJ/T 400—2012 的规定,且强度损失率≤20%
	夏热冬冷地区	25 次冻融循环试验后,外观质量应符合 CJ/T 400—2012 的规定,且强度损失率≤20%
	寒冷地区	35 次冻融循环试验后,外观质量应符合 CJ/T 400—2012 的规定,且强度损失率≤20%
	严寒地区	50 次冻融循环试验后,外观质量应符合 CJ/T 400—2012 的规定,且强度损失率≤20%

注:当产品顶面具有凸起纹路、凹槽饰画等其他阻碍进行防滑性检测时,认为产品防滑性能符合要求。

再生骨料透水砖物理性能应符合表 6.39 的规定[81]。

表 6.39　再生骨料透水砖物理性能[81]

项目名称	要求
耐磨性	磨坑长度≤35mm
防滑性	BPN(防滑系数)≥60
抗冻性　夏热冬暖地区	15次冻融循环试验后,外观质量应符合 J/T 400—2012 的规定,且强度损失率≤20%
夏热冬冷地区	25次冻融循环试验后,外观质量应符合 J/T 400—2012 的规定,且强度损失率≤20%
寒冷地区	35次冻融循环试验后,外观质量应符合 J/T 400—2012 的规定,且强度损失率≤20%
严寒地区	50次冻融循环试验后,外观质量应符合 J/T 400—2012 的规定,且强度损失率≤20%
透水系数	透水系数(15℃)≥1.0×10^{-2}cm/s

注:当产品顶面具有凸起纹路、凹槽饰面等其他阻碍进行防滑性检测时,认为产品防滑性能符合要求。

《建筑垃圾再生骨料实心砖》(JG/T 505—2016)[82]规定了建筑垃圾再生骨料实心砖的术语和定义、规格、分类和产品标记、原材料、技术要求、试验方法、检验规则、标志、包装、储存和运输等,适用于以水泥、再生骨料等为主要原料,经原料制备、振动压制成型、养护而成的实心非烧结砖。建筑垃圾再生骨料实心砖根据是否有装饰面层分为普通砖和装饰砖两种,装饰砖是指以水泥、再生骨料等为主要原料,经原料制备、振动压制成型、养护制成带有装饰面层的实心非烧结砖。普通砖可用于工业与民用建筑的基础和墙体,装饰砖可用于工业与民用建筑的墙体。该标准作为国内首次发布的建筑垃圾再生品类行业标准,对建筑垃圾再生骨料以及砖块的生产和质量监督提供了重要的技术依据。

《深圳市再生骨料混凝土制品技术规范》(SJG 25—2014)[83]主要内容包括生产技术要求、再生骨料混凝土小型空心砌块、再生骨料混凝土实心砖、再生骨料混凝土多孔砖、再生骨料混凝土路缘石、再生骨料混凝土路面砖、再生骨料混凝土透水砖、再生骨料混凝土植草砖、再生骨料混凝土制品的应用。该技术规范对再生骨料混凝土实心砖、再生骨料混凝土多孔砖和再生砖(砌块)的相应规定如下。

1)再生骨料混凝土实心砖

再生骨料混凝土实心砖主要规格尺寸宜为 240mm×115mm×53mm,其他规格尺寸可由供需双方协商确定。

再生骨料混凝土实心砖的尺寸允许偏差应符合表 6.40 的规定[82]。

表 6.40 再生骨料混凝土实心砖尺寸允许偏差[82]

项目名称		指标
尺寸允许偏差/mm	长度	±2.0
	宽度	±2.0
	高度	±2.0
缺棱掉角	个数/个	≤1
	三个方向投影的最小值/mm	≤10
弯曲/mm		≤2.0

再生骨料混凝土实心砖外观质量应符合表 6.41 的规定[82]。

表 6.41 再生骨料混凝土实心砖外观质量[82]

项目名称		指标
裂缝长度	大面上宽度方向及其延伸到条面的长度/mm	≤30
	大面上长度方向及其延伸到顶面的长度或条、顶面水平裂纹的长度/mm	≤50
完整面		不少于一条面和一顶面
层裂		不允许
颜色		基本一致

再生骨料混凝土实心砖强度等级应符合表 6.42 的规定[82]。

表 6.42 再生骨料混凝土实心砖强度等级[82]

强度等级	抗压强度/MPa	
	平均值	单块最小值
MU7.5	≥7.5	≥6.0
MU10	≥10.0	≥8.0
MU15	≥15.0	≥12.0
MU20	≥20.0	≥16.0

2) 再生骨料混凝土多孔砖

再生骨料混凝土多孔砖可分为再生骨料承重混凝土多孔砖和再生骨料非承重混凝土多孔砖,主要规格尺寸应符合表 6.43[83],其他规格尺寸可由供需双方协商后确定。

表 6.43 再生骨料混凝土多孔砖主要规格尺寸[83]　　　　　(单位：mm)

长度	宽度	高度
360、290、240、190、140	240、190、115、90	115、90

再生骨料混凝土多孔砖的尺寸允许偏差和外观指标应符合表 6.44 的规定[83]。

表 6.44　再生骨料混凝土多孔砖尺寸允许偏差和外观指标[83]

项目名称		指标	
		再生骨料承重混凝土多孔砖	再生骨料非承重混凝土多孔砖
尺寸允许偏差/mm	长度	+2, -1	+2, -1
	宽度	+2, -1	+2, -1
	高度	±2	±2
最小外壁厚度/mm		≥18	≥15
最小肋厚/mm		≥15	≥10
弯曲/mm		≤1	≤2
缺棱掉角	个数/个	≤2	≤2
	三个方向投影的最小值/mm	≤15	均不得大于所在棱边长度的 1/10
裂纹延伸的投影尺寸累计/mm		≤15	—
裂纹长度/mm		—	≤25

再生骨料承重混凝土多孔砖的孔洞率不应小于 25%，且不应大于 35%。

再生骨料非承重混凝土多孔砖的密度等级应符合表 6.45 的规定[83]。

表 6.45　再生骨料非承重混凝土多孔砖密度等级[83]

密度等级	密度等级指标/(kg/m³)
1400	1210～1400
1200	1110～1200
1100	1010～1100
1000	910～1000
900	810～900
800	710～800
700	610～700
600	≤600

再生骨料混凝土多孔砖的强度等级应符合表 6.46 的规定[84]。再生骨料混凝土多孔砖的物理性能应符合表 6.47 的规定[84]。

3) 再生砖(砌块)

《四川省再生骨料混凝土及制品应用技术规程》(DBJ 51/T059—2016)[84]的主要技术内容包括原材料、配合比设计、工程、制品。标准中介绍的再生制品包括烧结再生砌块、烧结再生多孔砖(砌块)、烧结再生路面砖、烧结再生路面块材、路缘石。

表 6.46 再生骨料混凝土多孔砖强度等级[84]

类别	强度等级	密度等级	抗压强度/MPa	
			平均值	单块最小值
再生骨料非承重混凝土多孔砖	MU5	≤900	≥5.0	≥4.0
	MU7.5	≤1100	≥7.5	≥6.0
	MU10	≤1400	≥10.0	≥8.0
再生骨料承重混凝土多孔砖	MU15	—	≥15.0	≥12.0
	MU20	—	≥20.0	≥16.0
	MU25	—	≥25.0	≥20.0

表 6.47 再生骨料混凝土多孔砖物理性能[84]

项目名称	指标	
	再生骨料承重混凝土多孔砖	再生骨料非承重混凝土多孔砖
最大吸水率/%	≤12	—
线性干燥收缩率/%	≤0.045	≤0.065
相对含水率/%	≤40	≤40
碳化系数	≥0.85	≥0.80
软化系数	≥0.85	≥0.75

(1)砖和砌块的外形宜为直角六面体,其长度、宽度、高度尺寸应符合下列要求:砖的规格尺寸为240mm、190mm、180mm、115mm、90mm、53mm,砌块的规格尺寸为390mm、240mm、190mm、180mm、115mm、90mm,其他规格尺寸应由供需双方协商确定。

(2)等级:包括强度等级、密度等级、传热系数等级三个方面的规定。强度等级方面,按抗压强度分为MU5、MU7.5、MU10、MU15、MU20、MU25、MU30七个等级。密度等级方面,空心砖(砌块)按体积密度分为800级、900级、1000级、1100级四个等级;多孔砖按体积密度分为1000级、1100级、1200级、1400级四个等级;多孔砌块按体积密度分为900级、1000级、1100级、1200级四个等级。传热系数等级方面,按传热系数分为K0.40、K0.50、K0.60、K0.70、K0.80、K0.90、K1.00、K1.20、K1.35、K1.50、K2.00 11个等级。

2. 再生混凝土砖质量控制和检验

(1)质量控制。再生混凝土砖所用原材料的储存、计量应符合本节的规定;再生混凝土砖生产所用搅拌、成型等机械设备应符合相关标准规范规定;再生混凝土砖养护时间及其后的停放期总计不得少于 28d。当采用人工自然养护时,在养护的前 7d 应适量喷水养护，自然养护总时间不得少于 28d，再生混凝土砖在堆放、储存和运输时，应采取防雨措施。堆放储存时保持通风流畅，底部宜用木制托盘或塑料托盘支垫，不可直接贴地堆放。堆放场地必须平整，堆放高度不宜超过1.6m。再生混凝土砖应按规格和强度等级分批堆放，不得混杂。再生混凝土砖的出厂检验和型式检验应按照《混凝土实心砖》(GB/T 21144—2023)[85]或《承重混凝土多孔砖》(GB 25779—2010)[86]的相关规定执行，其各项性能指标达到要求方能出厂。产品出厂时，应提供产品质量合格证，标明生产厂名、产品名称、批量及编号、本产品实测技术性能和生产日期等。

(2)质量检验。再生混凝土砖应进行进场检验，检验项目包括尺寸偏差、外观质量和抗压强度；相同配合比、相同工艺制成的同品种、同强度等级的每 10 万块砖为一批，不足 10 万块的亦按一批计；再生混凝土砖质量检验及判定规则应符合《混凝土实心砖》(GB/T 21144—2023)[85]或《承重混凝土多孔砖》(GB 25779—2010)[86]的规定。再生砖砌体工程验收应按《建筑工程施工质量验收统一标准》(GB 50300—2013)[87]和《砌体结构工程施工质量验收规范》(GB 50203—2011)[88]的有关规定执行。

3. 再生骨料实心砖应用分析和建议

再生骨料实心砖是我国目前再生建筑材料制品的主要品种，其生产工艺简单，应用市场大，接受度高，是资源化中小企业的主打产品，但由于部分地区传统砖的价格较低，压低了再生砖的利润空间，使得一些大型资源化企业不愿意生产此类产品。随着环保力度的逐步加大、家庭式作坊小企业的关闭、天然骨料价格的提高，再生砖将是一种极具发展前途的再生产品。在不断提高产品强度、耐久性等性能的前提下，再生砖还可以发展多个新品种，如再生古建砖、再生装饰砖等原料特色鲜明、历史观瞻性好、艺术附加值高的产品。

6.4.3　再生透水砖

1. 再生透水砖定义和特点

我国人口众多，水资源相对贫乏。现代化的发展需要大量的地下水，但由于高强度和耐久性的需求，我国大多数道路都采用密实性铺装，路面为不透水路面，对生态环境产生了诸多负面影响，主要包括：雨水不能够渗透地表还原为地下水，造成地下水位降低；雨水只能通过排水设施流入江河湖海，加大了排水设施的负担；不能与空气进行热量和湿度的交换，产生"热岛现象"。基于上述原因，透水再生混凝土随之产生，较高的透水性能可以有效降低城市内涝，并且减轻城市热岛效应。同时，考虑到再生原料和再生混凝土较高的吸水性和蓄水性，利用再生混凝土制备再生透水砖不仅可以提高混凝土的透水蓄水行为，还可以大量消耗建筑固废，具有较高的环境效益和社会效益。图 6.7 为透水混凝土及其在海绵城市中的应用。

(a) 透水混凝土

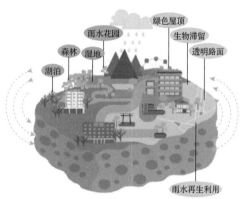
(b) 海绵城市

图 6.7   透水混凝土及其在海绵城市中的应用

再生透水砖是以建筑固废再生骨料、水泥等为主要原料，加入适量的外加剂和掺合料，加水搅拌后压制成型，经自然养护或蒸汽养护而成的具有较大渗透性的再生混凝土砖制品。根据再生骨料砖的特性和技术参数，再生透水砖的特点可归纳如下。

(1)透水性。再生透水砖掺加了进行表面改性的砂粒，优化了基材与水分子接触角度，使水分子有很好的渗透性，同时使砖表面光滑致密，不易被灰尘堵塞。可根据下雨情况设计透水过程，小雨先将表面材料激活，雨大后渗透速度越来越快，从而成功应对广泛的实际降水情况。

(2)水分涵养。砖体内有大量的细微毛细管，能涵养大量水分，通过水分缓慢蒸发，提高湿度、降低温度。

(3)耐磨性。砖的表层主要原料为硅砂，经风吹砂磨形成硬质点，以黏结剂黏结成砖，有很强的耐磨性。

(4)耐老化性。对砂粒进行特殊界面改性，采用有机-无机复合黏结剂，可具有良好的耐晒、耐高温及冻融性能等。

(5)防滑性。表面干爽，接通地气，下雨不湿鞋，下雪时不易结冰。可加入添加剂，提高接触物的亲和力、舒适感和摩擦系数。

(6)防堵塞。覆膜和改性的硅砂，具有破坏水的表面张力的作用，使砖的表面保持致密性的同时不易堵塞；砖体表面致密，容易清洗，有一定的自洁能力。

(7)净水功能。透水砖在透水的同时具有滤水作用，可以将雨水中的大颗粒杂质过滤在砖体之外，对有机物和氮磷均有一定的过滤作用。

(8)生态节能。采用免烧结成型技术，可以使透水砖在常温下固结成形，耗能少、污染小。雨后涵养的水分可缓慢蒸发，具有缓解城市热岛效应的作用。

(9)经济效益。降低原材料成本；下渗雨水可补充地下水，易于进行回收利用，既能缓解内涝又能节约水资源。

2. 再生混凝土透水砖性能指标

根据《再生骨料地面砖和透水砖》(CJ/T 400—2012)[81]的规定，再生混凝土透水砖可定义为：以再生骨料、水泥以及必要时添加的天然骨料为主要原料，加入适量的外加剂或掺合料，加水搅拌后成型，经养护而成的透水砖。再生混凝土透水砖外观应符合表 6.48 的要求，以保证其使用的功能性和美观性；根据再生骨料透水砖产品最大边长与厚度的比值，选择做抗压强度或者抗折强度试验，其力学性能应符合表 6.49 的规定[81]；再生混凝土透水砖物理性能应符合表 6.50 的规定[81]。

表 6.48　再生混凝土透水砖外观指标[81]

裂纹	要求
正面粘皮及缺损的最大投影尺寸/mm	≤10
缺棱掉角的最大投影尺寸/mm	≤15
非贯穿裂纹长度最大投影尺寸/mm	≤10
贯穿裂纹	不允许
分层	不允许
色差、杂色	不明显

表 6.49　再生混凝土透水砖强度等级[81]

最大边长/厚度<5			最大边长/厚度≥5		
抗压强度等级	抗压强度/MPa		抗折强度等级	抗折强度/MPa	
	平均值	单块最小值		平均值	单块最小值
MU20	≥20.0	≥16.0	R_f3.0	≥3.0	≥2.4
MU25	≥25.0	≥20.0	R_f3.5	≥3.5	≥2.8
MU30	≥30.0	≥24.0	R_f4.0	≥4.0	≥3.2
MU35	≥35.0	≥28.0	R_f4.5	≥4.5	≥3.4
MU40	≥40.0	≥32.0			

注：MU20、MU25 仅限于铺设不允许机动车辆通行和驶入的步行街、小区道路、园林景观道路等场合。

表 6.50　再生混凝土透水砖物理性能[81]

项目名称	要求
耐磨性	磨坑长度 ≤35mm
防滑性	BPN(防滑系数) ≥60

抗冻性	夏热冬暖地区	15 次冻融循环试验后,外观质量应符合 J/T 400—2012 的规定,且强度损失率 ≤20%
	夏热冬冷地区	25 次冻融循环试验后,外观质量应符合 J/T 400—2012 的规定,且强度损失率 ≤20%
	寒冷地区	35 次冻融循环试验后,外观质量应符合 J/T 400—2012 的规定,且强度损失率 ≤20%
	严寒地区	50 次冻融循环试验后,外观质量应符合 J/T 400—2012 的规定,且强度损失率 ≤20%

透水系数	透水系数(15℃) ≥1.0×10^{-2}cm/s

注:当产品项目具有凸起纹路、凹槽饰面等其他阻碍进行防滑性检测时,认为产品防滑性能符合要求。

有下列情况之一时,应对再生混凝土透水砖进行型式检验:新产品的试制定型鉴定;正常生产后,原材料、配合比、工艺有较大改变或设备有大修时;正常生产时,每半年进行一次;出厂检验结果与上次型式检验结果有较大差异时;产品停产六个月以上恢复生产时;国家质量监督机构提出进行型式检验要求时。每批再生混凝土透水砖应为同一类别、同一规格、同一强度等级,每 2 万块为一批,不足 2 万块亦按一批计。力学性能和物理性能检验所用的试件从外观质量和尺寸偏差检验合格的试件中按随机抽取法进行抽取。

3. 再生透水砖机理分析

再生骨料的基本物理力学性质与天然骨料不同,再生骨料的吸水率大,表观密度和堆积密度相对较低,压碎指标大。由于吸水率较大,为了保证再生骨料透水混凝土的工作性能,需在配合比设计时考虑再生骨料的附加吸水量。再生骨料透水混凝土的受压破坏有两种形式,一种是骨料之间的黏结界面破坏,另一种是再生骨料颗粒旧水泥砂浆与原生骨料之间的界面破坏。抗折破坏主要发生在纯弯段骨料之间的水泥浆体黏结界面。再生骨料透水性混凝土的抗压强度和抗折强度随着单位体积水泥用量的增加而提高,随着水灰比的增加均有增长的趋势;再生骨料透水混凝土的强度与再生骨料的紧密堆积密度成正比,与孔隙率成反比。

再生骨料透水混凝土的连通孔隙率随水泥用量的增加、水灰比的增大而减小,随骨料的紧实程度而减小。由于再生骨料附着老砂浆的多孔结构,再生骨料透水混凝土具有优异的透水性和净水性。再生骨料透水混凝土的抗冻能力比较差,但质量损失率仍可满足相关规范标准要求。再生骨料透水混凝土的抗冻性能随着水灰比的增大而增加，随着水泥用量的增大而增加，随着再生骨料堆积密度的增大而增加；再生骨料透水混凝土的抗冻性能与其力学性能具有正相关性。

4. 再生透水砖应用中存在的问题

对再生透水砖的研究仍存在一些问题，主要包括：①强度问题。目前的研究中提高再生骨料透水混凝土强度的方法主要有两种，一种是通过增加胶凝材料用量来提高透水混凝土的强度，此方法易堵塞孔隙影响透水性；另一种是通过掺加砂或者外加剂、黏结剂来提高混凝土的强度。②透水性问题。由于透水路面表面粗糙且空隙较多，会有大量的粉尘、灰尘堆积在空隙中，影响路面透水性。因此，保持路面透水性是十分重要的。我国对透水混凝土的研究还处于起步阶段，还未形成合理的理论体系，透水混凝土的性能指标和试验方法还没有相应的标准规范。

6.4.4　再生防浪块

我国海岸线辽阔绵长，在波浪和潮汐共同作用下，沿岸泥沙运动活跃，常在港口航道和泊地淤积；同时海浪的冲刷也会加剧沿岸堤坝的冲蚀，对堤坝的质量造成较大的威胁。因此，在海浪冲刷严重或者泥沙活动活跃区域设置防浪堤可起到防止港池淤积和波浪冲蚀岸线的作用。考虑到防浪块的自身特点和服役环境的特殊性，在不影响防浪块力学性能、耐久性能和整体性能的前提下，如何节省天然粗骨料的用量，同时为废弃混凝土寻找有效可行的应用途径，非常值得深入研究和探讨。

由于混凝土防浪块具有体量大、强度要求不高、混凝土需求量多等特点，利用再生骨料制备的再生混凝土防浪块可以有效解决现有技术中天然骨料的缺乏，减少天然砂在海岸工程中的消耗问题，是一种更加绿色的建筑固废资源化处理技术和再生制品。

考虑到防浪块体量较大，可以利用大粒径再生骨料制备再生混凝土防浪块，亦可将再生细骨料和再生微粉掺入混凝土中，制备全再生混凝土防浪块，从而进一步降低资源化处置过程中的能源消耗和处置成本。应用于海岸工程中的再生混凝土防浪块一般设计成扭工字再生混凝土块，两肢相互垂直，中间以一短柱相连，成一扭转的工字形的异形块体，如图 6.8 所示。再生混凝土防浪块作为斜坡式防波堤或防护工程的护面层，柱体有圆形和多面体两种，且具有孔隙率高、消波性能强、稳定性高等特点，适用于水深浪大的防护工程。但其两肢间的连柱较弱，在施工吊运过程中，如果不小心，有时会发生断裂现象。

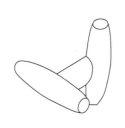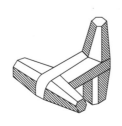

图 6.8 扭工字再生混凝土防浪块

6.5 其他再生产品

除传统再生建材外,随着新型再生材料的发展,近年来逐渐出现了以再生微粉混凝土、再生玻璃骨料混凝土和再生保温混凝土为代表的新型再生建材。这些新型再生建材不仅具有较好的技术性能,同时兼具一定的功能性作用,拓宽了再生建材的应用途径,加快了建筑固废资源化的进行。本节在详细介绍不同新型再生建材性能的基础上,总结其工程应用建议。

6.5.1 再生微粉混凝土

由于建筑固废来源和生产工艺的限制,利用传统的资源化模式(即生产再生骨料)很难制备出高品质再生建材。同时,随着建筑业的快速发展,现阶段的粉煤灰、矿粉等矿物掺合料已经不能满足建筑产业的需求。基于科学研究和工程经验,再生微粉是一种可以替代矿物掺合料的新型建筑材料。利用再生微粉制备的再生混凝土也具有良好的性能,对再生微粉混凝土进行大规模推广,不仅可以解决现阶段矿物掺合料短缺的问题,同时可以消纳大量建筑固废,具有较高的环境效益和经济效益。

现阶段生产具有高活性的再生微粉主要包括以下两种技术途径:①在建筑固废资源化过程中会产生大量的粗粉料,粒径尺寸多在 $75\sim150\mu m$,利用锥腔球磨机对粗粉料进行深加工研磨处置,最终生产出具有高细度(主要粒径尺寸小于 $45\mu m$)、高活性的再生微粉;②首先将建筑固废中的废混凝土和砖瓦进行二次或多次破碎,并对制备出的颗粒粒径在 5mm 以下的细粉料用锥腔球磨机进行研磨处理,获得粒径尺寸小于 $75\mu m$ 的再生微粉。区别于传统资源化产品粗粉料的低品质低活性,再生微粉具有更小的粒径,因此具有较高的细度和活性。再生微粉的表观形态与粉煤灰和水泥类似,但是由于建筑固废中含有红砖,再生微粉呈现出淡红色,可以通过控制建筑固废中红砖含量使再生微粉掺入不影响混凝土的外观形态。此外，由于再生微粉的不规则微观结构形态和较大的表面积，尤其是再生微粉中呈多孔结构的已水化的 C-S-H 凝胶体，导致混凝土在拌制过程中会吸附更多的自由水，造成混凝土拌和过程中需水量变大，降低混凝土拌和料的流动性。

6.5.2 再生玻璃骨料混凝土

1. 再生玻璃骨料混凝土发展意义

再生玻璃骨料混凝土是指将回收的废弃玻璃(各种废玻璃，如容器玻璃、平板玻璃、玻璃纤维以及特殊玻璃等，各种花色)进行分选、淘洗、烘干、破碎和研磨后，以一定比例取代砂石制备的混凝土。用作骨料的废玻璃的粒径一般在几毫米左右，当废玻璃的粒径大于 1.5mm 时，可作为粗骨料可以用于取代混凝土中的石子；当废玻璃的粒径小于 1.5mm 时，情况发生了很大变化，从外观上已经看不出玻璃的特性，而是呈现出多角形的砂子状，不仅更加容易成型，其脆性也得到了很大改善，这种粒径的废玻璃作为细骨料可以用于取代混凝土中的砂子。再生玻璃骨料混凝土的研制不仅开辟了废玻璃回收利用的新途径，而且节约了有限的砂石资源，有益于国家节能减排目标的实现。因此，再生玻璃骨料混凝土正在成为人们关注的热点。

2. 再生玻璃骨料混凝土工作性能、力学性能和耐久性能

普通混凝土、再生玻璃骨料混凝土拌和物保水性良好，不泌水。在测定坍落度的同时用捣棒侧击拌和物侧面，拌和物逐渐下沉，期间无稀浆析出，拌和物均匀密实。随着玻璃取代率的增加，混凝土拌和物的流动性逐渐增大，同时混凝土的坍落度逐渐增大，而且玻璃取代石混凝土坍落度比玻璃取代砂混凝土坍落度大。废玻璃掺入混凝土中代替部分天然砂后，其立方体抗压强度变化不大，随着玻璃取代率的增加，其立方体抗压强度先增加后下降。当玻璃取代率较低时，再生玻璃骨料混凝土立方体抗压强度与普通混凝土立方体抗压强度差别不大。再生玻璃骨料混凝土的抗压强度随着龄期的延长逐渐增大。废玻璃掺入混凝土中代替部分石子后，其立方体抗压强度的变化较大；随着玻璃取代率的增加，其立方体抗压强度逐渐下降。当玻璃取代率较低时，再生玻璃混凝土立方体抗压强度与普通混凝土立方体抗压强度差别不大；当玻璃取代率超过 60%时，再生玻璃骨料混凝土立方体抗压强度下降幅度明显增加。

通常，掺加废玻璃的混凝土无论在抗侵蚀性能(硫酸盐和氯盐)方面还是抗冻融性能方面都要优于普通混凝土。冻融循环作用后，普通混凝土、再生玻璃骨料混凝土的质量均有不同程度的损失，而且普通混凝土质量损失幅度大于玻璃混凝土；普通混凝土和再生玻璃骨料混凝土的抗压强度都逐渐降低，且在冻融初始阶段，普通混凝土的抗压强度下降较快。

6.6　本 章 小 结

本章系统介绍了再生混凝土原料、再生混凝土、再生混凝土制品以及其他再生制品的技术指标和性能。利用建筑固废中废弃混凝土制备再生骨料、再生混凝土及其制品是现阶段我国建筑固废资源化的重要途径，具有较高的经济效益和产品附加值。由本章内容可以看出，一般情况下，再生混凝土及其制品的相关性能指标均低于相同条件下天然骨料混凝土及其制品，但是通过对再生混凝土材料源头质量进行把控，对再生混凝土配合比进行优化，可以生产出满足实际工程需求的再生制品。随着绿色建筑技术和材料的发展，再生微粉制品、再生透水砖制品和再生骨料混合料制品等新型再生原料和再生制品越来越多地应用到实际工程中，并表现出良好的工程应用特性。

参 考 文 献

[1] 中华人民共和国国家质量监督检验检疫总局，中国国家标准化管理委员会. 混凝土和砂浆用再生细骨料(GB/T 25176—2010)[S]. 北京: 中国标准出版社, 2010.

[2] 中华人民共和国住房和城乡建设部. 再生骨料透水混凝土应用技术规程(CJJ/T 253—2016)[S]. 北京: 中国建筑工业出版社, 2016.

[3] 中国工程建设标准化协会. 再生骨料混凝土耐久性控制技术规程(CECS 385: 2014)[S]. 北京: 中国计划出版社, 2014.

[4] 中华人民共和国国家质量监督检验检疫总局，中国国家标准化管理委员会. 混凝土用再生粗骨料(GB/T 25177—2010)[S]. 北京: 中国标准出版社, 2010.

[5] 中华人民共和国住房和城乡建设部. 混凝土质量控制标准(GB 50164—2011)[S]. 北京: 中国建筑工业出版社, 2011.

[6] 上海市建设和交通委员会. 再生混凝土应用技术规程(DG/TJ 08-2018—2007)[S]. 上海: 同济大学出版社, 2007.

[7] 肖建庄. 再生混凝土[M]. 北京: 中国建筑工业出版社, 2008.

[8] 中华人民共和国住房和城乡建设部. 普通混凝土配合比设计规程(JGJ 55—2011)[S]. 北京: 中国建筑工业出版社, 2011.

[9] 中华人民共和国建设部. 普通混凝土用砂、石质量及检验方法标准(JGJ 52—2006)[S]. 北京: 中国建筑工业出版社, 2006.

[10] 中华人民共和国住房和城乡建设部. 混凝土强度检验评定标准(GB/T 50107—2010)[S]. 北京: 中国建筑工业出版社, 2010.

[11] 中华人民共和国国家质量监督检验检疫总局，中国国家标准化管理委员会. 预拌混凝土(GB/T 14902—2012)[S]. 北京: 中国标准出版社, 2012.

[12] 中华人民共和国住房和城乡建设部. 混凝土结构设计规范(GB 50010—2010)[S]. 北京: 中国建筑工业出版社, 2010.

[13] 孟宪鹏. 试析无损检测技术在混凝土结构工程质量检测中的运用[J]. 中国房地产业, 2016, (1): 1.

[14] 赵东拂, 刘梅. 高强混凝土高温后剩余强度及无损检测试验研究[J]. 建筑结构学报, 2015, 36(S2): 365-372.

[15] Nixon P J. Recycled concrete as an aggregate for concrete—A review[J]. Materials and Structures, 1978, 11(5): 371-378.

[16] Ravindrarajah R S, Tam C T. Properties of concrete made with crushed concrete as coarse aggregate[J]. Magazine of Concrete Research, 1985, 37(130): 29-38.

[17] Gerardu J J A, Hendriks C F. Recycling of road pavement materials in the Netherlands[J]. Rijkswaterstaat Communications, 1985, 11:121-126.

[18] Yoda K, Yoshikane T. Recycled cement and recycled aggregate concrete in Japan[C]// Proceedings of the Second International RILEM Symposium on Demolition and Reuse of Concrete and Masonry, Tokyo, 1988: 527-536.

[19] 胡琼, 宋灿, 邹超英. 再生混凝土力学性能试验[J]. 哈尔滨工业大学学报, 2009, 41(4): 33-36.

[20] Xiao J, Li W, Fan Y, et al. An overview of study on recycled aggregate concrete in China (1996–2011)[J]. Construction and Building Materials, 2012, 31: 364-383.

[21] Kou S C, Poon C S, Chan D. Influence of fly ash as cement replacement on the properties of recycled aggregate concrete[J]. Journal of Materials in Civil Engineering 2007, 19(9): 709-717.

[22] Frondistou-Yannas S. Waste concrete as aggregate for new concrete[J]. ACI Journal Proceedings, 1977, 74(8): 373-376.

[23] Wesche K, Schulz R. Beton aus aufbereitetem altbeton technologie und eigenschaften[J]. Beton, 1982, 32(2): 64-68.

[24] Xiao J Z, Li J B, Zhang C. Mechanical properties of recycled aggregate concrete under uniaxial loading[J]. Cement and Concrete Research, 2005, 35(6): 1187-1194.

[25] Domingo-Cabo A, Lázaro C, López-Gayarre F, et al. Creep and shrinkage of recycled aggregate concrete[J]. Construction and Building Materials, 2009, 23: 2545-2553.

[26] 邓志恒, 杨海峰, 林俊, 等. 再生混凝土应力-应变全曲线试验研究[J]. 混凝土, 2008, (11): 22-24.

[27] Du T, Wang W H, Liu Z X, et al. The complete stress-strain curve of recycled aggregate concrete under uniaxial compression loading[J]. Journal of Wuhan University of Technology-Materials Science Edition, 2010, 25(5): 862-865.

[28] Rahal K. Mechanical properties of concrete with recycled coarse aggregate[J]. Building and

Environment, 2007, 42(1): 407-415.

[29] Topcu I B, Günçan N F. Using waste concrete as aggregate[J]. Cement and Concrete Research, 1995, 25(7): 1385-1390.

[30] 肖建庄. 再生混凝土单轴受压应力-应变全曲线试验研究(自然科学版)[J]. 同济大学学报 (自然科学版), 2007, 35(11): 1445-1449.

[31] 肖建庄, 杜江涛. 不同再生粗集料混凝土单轴受压应力-应变全曲线[J]. 建筑材料学报, 2008, (1): 111-115.

[32] Ikeda T, Yamane S. Strengths of concrete containing recycled aggregate[C]//Proceedings of the Second International RILEM Symposium on Demolition and Reuse of Concrete and Masonry, Tokyo, 1988: 585-594.

[33] Liu Q, Xiao J Z, Sun Z H. Experimental study on the failure mechanism of recycled concrete[J]. Cement and Concrete Research, 2011, 41(10): 1050-1057.

[34] Gupta S M. Strength Characteristics of concrete made with demolition waste as coarse aggregate[C]//Proceedings of the International Conference on Recent Development in Structural Engineering, Kurukshetra, 2001: 364-373.

[35] 肖建庄, 兰阳. 再生混凝土单轴受拉性能试验研究[J]. 建筑材料学报, 2006, 9(2): 154-158.

[36] Kawamura M, Taii K. Reuse of recycled concrete aggregate for pavement[C]//Proceedings of the Second International RILEM Symposium on Demolition and Reuse of Concrete and Masonry, Tokyo, 1988: 726-735.

[37] 肖建庄, 李佳彬. 再生混凝土强度指标之间换算关系的研究[J]. 建筑材料学报, 2005, 8(2): 197-201.

[38] 成国耀. 不同再生骨料取代率混凝土的基本性能试验研究[J]. 混凝土, 2005, (11): 67-70.

[39] Ravindrarajah R S, Tam C T, Loo Y H. Recycled concrete as fine and coarse aggregates in concrete[J]. Magazine of Concrete Research, 1987, 39(141): 214-220.

[40] Mandal S, Gupta A. Strength and durability of recycled aggregate concrete[C]//IABSE Symposium on Towards a Better Built Environment—Innovation, Sustainability, Melbourne, 2002: 33-46.

[41] Topçu I B, Sengel S. Properties of concretes produced with waste concrete aggregate[J]. Cement and Concrete Research, 2004, 34(8): 1307-1312.

[42] BCSJ. Study on recycled aggregate and recycled aggregate concrete[J]//Concrete Journal, 1978, 16(7):18-31.

[43] 中华人民共和国住房和城乡建设部. 混凝土结构耐久性设计标准(GB/T 50476—2019)[S]. 北京: 中国建筑工业出版社, 2019.

[44] Otsuki N, Miyazato S I, Yodsudjai W. Influence of recycled aggregate on interfacial transition zone, strength, chloride penetration and carbonation of concrete[J]. Journal of Materials in Civil

Engineering, 2003, 15(5): 443-451.

[45] Shayan A. Performance and properties of structural concrete made with recycled concrete aggregate[J]. ACI Materials Journal, 2003, 100(5): 371-380.

[46] Katz A. Properties of concrete made with recycled aggregate from partially hydrated old concrete[J]. Cement and Concrete Research, 2003, 33(5): 703-711.

[47] Ryu J S. An experimental study on the effect of recycled aggregate on concrete properties[J]. Magazine of Concrete Research, 2002, 54(1): 7-12.

[48] Levy S M, Helene P. Durability of recycled aggregates concrete: A safe way to sustainable development[J]. Cement and Concrete Research, 2004, 34(11): 1975-1980.

[49] Kou S C, Poon C S. Enhancing the durability properties of concrete prepared with coarse recycled aggregate[J]. Construction and Building Materials, 2012, 35(10): 69-76.

[50] Limbachiya M, Meddah M S, Ouchagour Y. Use of recycled concrete aggregate in fly-ash concrete[J]. Construction and Building Materials, 2012, 27(1): 439-449.

[51] Zhu P, Wang X, Wang X, et al. Research on carbonation resistance of recycled concrete using coarse and fine recycled aggregates[C]//Proceedings of the 2nd International Conference on Waste Engineering and Management, Shanghai, 2010: 436-443.

[52] 陈云钢. 界面改性剂对再生混凝土性能改善效果的初步研究[D]. 上海: 同济大学, 2006.

[53] 孙浩. 粗集料和掺合料对再生混凝土性能的影响研究[D]. 上海: 同济大学, 2006.

[54] 崔正龙, 杨力辉, 大芳賀義喜, 等. 再生混凝土耐久性的试验研究(Ⅱ.再生混凝土的中性化试验)[J]. 科学技术与工程, 2006, 6(21): 3516-3519.

[55] 雷斌, 肖建庄. 再生混凝土抗碳化性能的研究[J]. 建筑材料学报, 2008, 11(5): 605-611.

[56] Cao W, Liang M, Dong H, et al. Experimental study on basic mechanical properties of recycled concrete after freeze-thaw cycles[J]. Journal of Natural Disasters, 2012, 21(3): 184-190.

[57] Dai W Y, Sun W M, Miu H L. Experimental study on freeze-thaw durability of recycled concrete[J]. Concrete, 2007, 8: 69-71.

[58] Zou C, Fan Y, Hu Q. Experimental study on the basic mechanical property of recycled concrete after freeze-thaw[J]. Building Structure, 2010, 40(1): 434-438.

[59] Limbachiya M C, Leelawat T, Dhir R K. Use of recycled concrete aggregate in high-strength concrete[J]. Materials and Structures, 2000, 33(9): 574-580.

[60] Rasheeduzzafar A K. Recycled concrete—A source for new aggregate[J]. Cement, Concrete, and Aggregates, 1984, 6(1): 17-27.

[61] Olorunsogo F T, Padayachee N. Performance of recycled aggregate concrete monitored by durability indexes[J]. Cement and Concrete Research, 2002, 32(2): 179-185.

[62] Zaharieva R, Buyle-Bodin F, Skoczylas F, et al. Assessment of the surface permeation properties of recycled aggregate concrete[J]. Cement and Concrete Composites, 2003, 25(2): 223-232.

[63] Kwan W H, Ramli M, Kam K J, et al. Influence of the amount of recycled coarse aggregate in concrete design and durability properties[J]. Construction and Building Materials, 2012, 26(1): 565-573.

[64] 中华人民共和国工业和信息化部. 建筑固废再生砂粉(JC/T 2548—2019)[S]. 北京: 中国建材工业出版社, 2019.

[65] 国家市场监督管理总局, 国家标准化管理委员会. 建设用砂(GB/T 14684—2022)[S]. 北京: 中国标准出版社, 2022.

[66] 中华人民共和国国家质量监督检验检疫总局, 中国国家标准化管理委员会. 建筑材料放射性核素限量(GB 6566—2010)[S]. 北京: 中国标准出版社, 2010.

[67] 中华人民共和国国家质量监督检验检疫总局, 中国国家标准化管理委员会. 通用硅酸盐水泥(GB 175—2023)[S]. 北京: 中国标准出版社, 2023.

[68] 中华人民共和国国家质量监督检验检疫总局, 中国国家标准化管理委员会. 用于水泥和混凝土中的粉煤灰(GB/T 1596—2017)[S]. 北京: 中国标准出版社, 2017.

[69] 中华人民共和国建设部. 砌筑砂浆增塑剂(JG/T 164—2004)[S]. 北京: 中国标准出版社, 2004.

[70] 中华人民共和国住房和城乡建设部. 混凝土用水标准(JGJ 63—2006)[S]. 北京: 中国建筑工业出版社, 2006.

[71] 国家市场监督管理总局, 国家标准化管理委员会. 预拌砂浆(GB/T 25181—2019)[S]. 北京: 中国标准出版社, 2019.

[72] 中华人民共和国住房和城乡建设部. 建筑砂浆基本性能试验方法标准(JGJ/T 70—2009)[S]. 北京: 中国建筑工业出版社, 2009.

[73] 中华人民共和国工业和信息化部. 道路用建筑垃圾再生骨料无机混合料(JC/T 2281—2014)[S]. 北京: 建材工业出版社, 2014.

[74] 中华人民共和国交通运输部. 公路工程无机结合料稳定材料试验规程(JTG E51—2009)[S]. 北京: 人民交通出版社, 2009.

[75] 北京市质量技术监督局. 城镇道路建筑废物再生路面基层施工与质量验收规范(DB11/T 999—2013)[S]. 北京: 中国建筑工业出版社, 2013.

[76] 中华人民共和国住房和城乡建设部. 砌体结构设计规范(GB 50003—2011)[S]. 北京: 中国计划出版社, 2011.

[77] 中华人民共和国住房和城乡建设部. 工程施工废弃物再生利用技术规范(GB/T 50743—2012)[S]. 北京: 中国计划出版社, 2012.

[78] 中华人民共和国住房和城乡建设部. 混凝土小型空心砌块建筑技术规程(JGJ/T 14—2011)[S]. 北京: 中国建筑工业出版社, 2011.

[79] 中华人民共和国国家质量监督检验检疫总局, 中国国家标准化管理委员会. 普通混凝土小型砌块(GB/T 8239—2014)[S]. 北京: 中国标准出版社, 2014.

[80] 福建省住房和城乡建设厅. 福建省建筑废弃物再生砖和砌块应用技术规程(DBJ/T 13-254—2024)[S]. 北京: 中国建筑工业出版社, 2024.

[81] 中华人民共和国住房和城乡建设部. 再生骨料地面砖和透水砖(CJ/T 400—2012)[S]. 北京: 中国标准出版社, 2012.

[82] 中华人民共和国住房和城乡建设部. 建筑垃圾再生骨料实心砖(JG/T 505—2016)[S]. 北京: 中国标准出版社, 2016.

[83] 深圳市住房和城建局. 深圳市再生骨料混凝土制品技术规范(SJG 25—2014)[S]. 深圳: 深圳市住房和城建局, 2014.

[84] 四川省住房和城乡建设厅. 四川省再生骨料混凝土及制品应用技术规程(DBJ 51/T059—2016)[S]. 四川: 西南交通大学出版社, 2016.

[85] 中华人民共和国国家质量监督检验检疫总局, 中国国家标准化管理委员会. 混凝土实心砖(GB/T 21144—2023)[S]. 北京: 中国标准出版社, 2023.

[86] 中华人民共和国国家质量监督检验检疫总局, 中国国家标准化管理委员会. 承重混凝土多孔砖(GB 25779—2010)[S]. 北京: 中国标准出版社, 2010.

[87] 中华人民共和国住房和城乡建设部. 建筑工程施工质量验收统一标准(GB 50300—2013)[S]. 北京: 中国建筑工业出版社, 2013.

[88] 中华人民共和国住房和城乡建设部. 砌体结构工程施工质量验收规范(GB 50203—2011)[S]. 北京: 中国建筑工业出版社, 2011.

第 7 章　再 生 结 构

将再生原料和再生建材应用于工程结构中是我国实现资源化产业化推广的重要目标。再生结构是用再生混凝土制备的具有较好力学性能和结构安全性的资源化末端产品。基于大量实验研究和工程应用，发现再生混凝土结构与天然混凝土结构具有类似的结构安全性能，这为再生结构的应用提供了理论依据。考虑到不同的结构形式，本章分别从建筑再生混凝土结构、道路再生混凝土结构、基础工程再生结构、市政再生结构、建筑固废人工山体结构和低强再生混凝土结构六个方面论述再生结构的应用安全性与推广可行性，进一步加快建筑固废资源化再生结构的推广。

7.1　建筑再生混凝土结构

本节主要介绍再生混凝土在建筑结构上的两大应用途径——现浇再生混凝土结构和预制再生混凝土结构。其中，现浇再生混凝土结构的整体性、刚度和安全性较好，适合于抗震设防及整体性要求较高的建筑，但是存在成本高、施工复杂、大体积应用易开裂等缺点。而预制再生混凝土结构经济性较好，工序简单，但是要大范围地推广使用，其结构安全性需要进一步研究。因此，在实际推广使用的过程中可以将两种再生混凝土结构结合使用，充分发挥各自优点。

7.1.1　现浇再生混凝土结构

国内外对再生混凝土技术的研究与开发已取得很大的进展，但对再生混凝土的研究还主要停留在材料性能和构件行为的层面上，有关再生混凝土结构行为的研究比较少，再生混凝土空间框架结构抗震性能的研究不足。现浇再生混凝土结构是指用再生混凝土取代原来的普通混凝土，在施工现场原位支模完成后再进行整体浇筑而成的再生混凝土结构，与之对应的是预制装配式再生混凝土结构。现浇混凝土结构的应用技术比预制装配式再生混凝土结构成熟，因此已有的再生混凝土结构大多是现浇再生混凝土结构。整体浇筑使结构的整体性和刚度均较好，所以现浇再生混凝土结构可以应用于抗震设防以及整体性要求较高的建筑中。

将再生骨料用于现浇结构中可以极大地缓解天然骨料的紧缺，有效利用了可再生建筑资源，同时现浇结构的整体性和刚度等优良的受力性能在很大程度上弥补了再生骨料在初始缺陷上的劣势。小体积混凝土由于传热路径较短，对水化热的反应不强烈，而用于大体积混凝土，其内部水化热不易散出，结构表面与内部温度不一致，外层混凝土热量很快散发，而内部混凝土热量散发较慢，内外温差导致的变形不同，产生温度应力，使混凝土产生拉应力。若拉应力超过混凝土的抗拉强度，混凝土表层将产生裂缝，从而不利于构件的工作。因此，在实际应用时可以考虑从以下几个方面加以控制。

(1)合理的设计配合比。混凝土水化热来源于水泥水化释放的热量，因此在防治混凝土水化热的措施中，首先可以设法减少混凝土中水泥熟料的数量，从而降低混凝土水化热。

(2)避免混凝土原材料温度过高，并将部分热量带出混凝土内部。

(3)采取一系列的施工降温措施，如安装钢循环水管。

(4)加强混凝土养护，保证混凝土内外温差在规定范围内。

此外，在使用再生骨料及再生微粉等再生制品时，一定要进行严格的物理力学性能试验测试，只有准确掌握它的基本性能，才能进行科学合理的设计。

在已有的再生混凝土材料、构件与结构的试验和理论研究基础上，Xiao 等[1]以国际首例 1:4 缩尺的 2 跨 2 开间的 6 层预制再生混凝土框架结构模型为研究对象(见图 7.1)，在同济大学土木工程防灾国家重点实验室三向地震模拟振动台面上完成了再生混凝土房屋结构的动力试验。

图 7.1　预制再生混凝土框架结构振动台试验

建立了综合考虑几何和材料非线性的 3D 空间框架有限元模型，来进行非线性地震反应分析。通过试验分析和非线性地震动力反应数值模拟两种方法，对再生混凝土框架结构的抗震性能进行了系统的研究。

再生混凝土框架结构模拟地震振动台试验的研究，为再生混凝土结构的抗震优化设计、再生混凝土制品的推广和应用提供了技术支持和理论依据，在一定程度上推动了建筑固废资源化利用的进展，顺应了国家节能减排、资源节约利用、绿色环保等要求，对保证建筑固废的回收和高效的循环利用起到有益作用。

再生混凝土框架结构的自振频率变化与普通混凝土框架结构类似，随着结构裂缝和非弹性变形的发展，自振频率下降，频率的阶数越高，则下降率越低，说明高频所受的影响要小于低频所受的影响。在各试验阶段，普通混凝土框架结构的自振频率都要大于再生混凝土框架结构，其自振频率的下降率也高于再生混凝土框架结构；再生混凝土框架结构与普通混凝土框架结构的振型曲线十分接近，都属于剪切型；普通混凝土框架结构的抗震能力要强于再生混凝土框架结构，但是在弹塑性阶段，两者的抗震能力基本相同。

基于大量的耐久性和结构性能试验研究，发现利用再生混凝土现场浇筑的混凝土构件的性能满足国家相关标准规定。除在扬州地区进行的 5 层现浇再生混凝土结构(见图7.2(a))外，在五角场地区也建成了一幢12层现浇再生混凝土结构(见图7.2(b))，现场监控和后期性能检测表明现浇再生混凝土结构具有较好的结构安全性。该工程部分采用再生混凝土材料，主要是考虑到结构底部加强区抗震性能要求较高，而高强度等级的再生混凝土配制要求高而且延性及耗能能力比一般混凝土差，所以底部加强区及地下室的范围内仍采用普通混凝土材料。再生混凝土仅用于 3 层以上(9.9m 以上)的结构构件，并控制再生粗骨料取代率在 30%及以下的较低水平，RC50 的再生骨料取代率为 10%，RC40 的再生骨料取代率为 20%，RC30 的再生骨料取代率为 30%。

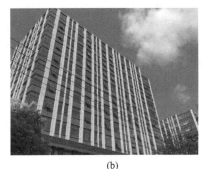

(a)　　　　　　　　　　　　　　　　(b)

图 7.2　现浇再生混凝土结构办公楼

7.1.2 预制再生混凝土结构

预制再生混凝土结构是在工厂事先浇筑再生混凝土构件，待养护成型后，再运输到现场进行安装的预制装配式结构。相比现浇再生混凝土结构，预制再生混凝土结构可以极大地缩短施工工期，简化施工工序，有效地节约劳动力。随着预制混凝土结构的结构性能研究不断深入以及施工工艺的水平不断提高，预制再生混凝土结构的发展前景广阔。借鉴现场预制混凝土技术来建立完整的再生预制结构施工流程，是再生预制结构未来的发展方向。

　　相比天然混凝土，由于再生混凝土的收缩较大，当大范围应用于预制再生混凝土板时，如何保证屋面板的抗裂性能和变形性能极为重要。为此，为了解决楼板抗裂性能和整体性较差的问题，从材料方面可以通过在再生混凝土中添加外加剂的办法提高再生混凝土的抗裂性能，从结构方面可进行装配式楼板的受力性能、抗裂性能的分析和试验，选择较优的再生混凝土屋面板体系。再生混凝土的耐久性和力学性能也低于普通混凝土，一些力学性能上的劣势在某种程度上限制了再生混凝土的推广应用，但是预制结构及构件的优势以及可控性能很好地弥补了再生混凝土在这方面的劣势，为再生混凝土技术的应用推广提供了有力支持。图 7.3为再生混凝土预制构件。

图 7.3　再生混凝土预制构件

　　对于再生混凝土预制装配式结构，由于再生粗骨料的高取代率，再生混凝土具有收缩、徐变大等不良特征，以及长期荷载及严酷环境下构件易出现开裂和挠度过大等问题，同时缺乏针对再生混凝土预制装配式结构的合理连接方式，结构抗震性能不明，不利于其产业化推广应用，亟须开发出基于再生混凝土预制装配式结构的性能调控、节点连接及抗震设计等影响构件服役性能的相关技术。丁陶等[2]基于大量试验研究和工程应用，研发出再生混凝土预制装配式构件的制备工艺、抗裂技术，以及具备可拆装能力的连接节点；提出了结构设计方法与施工技术，实现了性能提升、设计优化与质量调控，为再生混凝土预制装配式结构的产业化应用提供关键技术支撑。此外，通过技术优化，再生混凝土预制装配式结构的性能接近天然混凝土预制装配式结构，适合进行规模化应用和产业化推广。

　　针对再生混凝土预制装配式建筑结构，可从结构构件性能控制与提升方法、结构抗震性能与设计优化技术和建筑结构质量控制与检测技术三个方面提出以下解决方法。

(1) 结构构件性能控制与提升方法。考虑预制混凝土和现浇混凝土的浇筑工艺不同，针对废弃混凝土来源的复杂性和再生骨料质量的波动规律，提出了骨料级配调整与改性的方法，研发出再生混凝土材料制备新工艺，掌握了再生混凝土强度发展规律，解决了再生混凝土早龄期易开裂等问题，率先在国际上开展了新型预制再生混凝土构件的研发，提出了梯度板、U 形梁、口形柱等构件，实现了再生混凝土力学性能与耐久性的控制与提升；对比了再生混凝土不同后浇界面的剪力传递性能，探索了预制再生混凝土构件的连接与保护技术；首次自主研发出"结构-功能一体化"的再生混凝土预制装配式外墙板等，提升了再生混凝土装配式构件性价比。

(2) 结构抗震性能与设计优化技术。立足于再生混凝土技术与装配式施工工艺相适应的前沿，在国际上首次分别完成了 2 个 6 层装配式和现浇再生混凝土空间框架结构振动台对比试验；基于 OpenSees 等有限元程序，研究了本构参数和节点连接方式对再生混凝土结构抗震性能的影响，发现了再生混凝土装配式结构地震反应特点与抗震性能规律，提出了再生混凝土装配式建筑结构设计新限值。针对再生混凝土导热系数降低和耐高温性能提高等特点，优化了再生混凝土装配式建筑设计方法，增强了其保温隔热性能和抗火性能，提高了能源使用效率，实现了比传统建筑结构节能效果好的优化目标。

(3) 结构质量控制与检测技术。基于新发现的再生混凝土强度发展规律和收缩徐变抑制的原理，提出了预制再生混凝土构件浇筑、养护及后浇再生混凝土泵送、养护、拆模的新要求，实现了再生混凝土构件的高精度定位和优异的连接质量，保证了再生混凝土装配式建筑结构的施工安全。面向再生混凝土规模化应用，建立了适用于再生混凝土的综合无损检测方法，创建了再生混凝土预制构件的质量控制和评价体系；在国际上首次完成了批量再生混凝土装配式建筑结构示范工程，实现了安全与合理应用的目标，降低了对天然资源和劳动力的消耗。

7.1.3 再生混凝土结构设计要点

1. 再生混凝土结构

《再生混凝土结构技术标准》(JGJ/T 443—2018)[3] 是建筑行业关于再生混凝土结构的技术标准，从混凝土原材料的高度上升到了结构的高度，在这之前只有上海、北京以及西安发布了地方性的再生混凝土结构设计规程。而这部行业设计标准规范的发布也将对再生混凝土在行业中的发展起到促进作用。该标准适用于再生混凝土房屋结构的设计、施工及验收，但不适用于预应力再生混凝土结构。

《再生混凝土结构设计规程》(DB11/T 803—2011)[4] 包括总则、术语符号、基本规定、施工及质量验收、再生混凝土配合比设计、承载能力极限状态计算、正常使用极限状态验算、低层再生混凝土房屋、多层和高层再生混凝土房屋等九个部分，具体内容如下：

(1) 规定再生混凝土的强度等级不应低于 C15，不宜高于 C50。

(2) 掺用 I 类再生粗骨料的混凝土可用于预应力混凝土结构构件，掺用 II 类、III 类再生粗骨料的混凝土可用于跨度不大于 6m 的有黏结预应力混凝土楼板、屋面板和梁，不得用于其他预应力混凝土构件。

(3) 再生混凝土的 I 类再生粗骨料取代率宜为 50%～100%，多层和高层再生混凝土房屋 II 类/III 类再生粗骨料取代率宜为 30%～50%，低层再生混凝土房屋 II 类/III 类再生粗骨料取代率宜为 50%～100%。

(4) 各楼层可全部采用再生混凝土构件，也可下部楼层采用普通混凝土构件，同一楼层中同类构件应采用同类混凝土，同一楼层中同类再生混凝土构件应采用同类再生粗骨料和相同配合比的再生混凝土。

(5) 混凝土再生粗骨料的应用除应符合本标准的相关规定外，尚应符合《再生骨料应用技术规程》(JGJ/T 240—2011)[5]的有关规定。

(6) 再生混凝土房屋结构的作用及作用组合应符合国家现行国家标准《建筑结构荷载规范》(GB 50009—2012)[6]、《建筑抗震设计规范》(GB 50011—2010)[7]及《高层建筑混凝土结构技术规程》(JGJ 3—2010)[8]的有关规定。

(7) 再生混凝土房屋建筑的结构分析应符合现行国家标准《混凝土结构设计规范》(GB 50010—2010)[9]的有关规定。

(8) 再生混凝土房屋的抗震设防类别和抗震设防标准应符合现行国家标准《建筑工程抗震设防分类标准》(GB 50223—2008)[10]的有关规定。

(9) 再生混凝土房屋结构构件的设计除应符合本标准规定外，尚应符合国家现行标准《建筑抗震设计规范》(GB 50011—2010)[7]、《高层建筑混凝土结构技术规程》(JGJ 3—2010)[8]、《混凝土结构设计规范》(GB 50010—2010)[9]及《装配式混凝土结构技术规程》(JGJ 1—2014)[11]的有关规定。

仅掺用 I 类再生粗骨料的再生混凝土弹性模量可按《混凝土结构设计规范》(GB 50010—2010)[9]采用。掺用 II 类、III 类再生粗骨料的再生混凝土弹性模量宜通过试验确定，缺乏试验资料时，再生粗骨料取代率为 30%、100% 的再生混凝土弹性模量可按表 7.1 采用，当再生粗骨料取代率介于 30%～100% 时，再生混凝土弹性模量可采用线性内插法确定。

表 7.1　再生混凝土的弹性模量[7]

强度等级	C15	C20	C25	C30	C35	C40
再生粗骨料取代率30%	1.98	2.30	2.52	2.70	2.84	2.93
再生粗骨料取代率100%	1.76	2.04	2.24	2.40	2.52	2.60

仅掺用 I 类再生粗骨料的再生混凝土结构的适用环境、设计使用年限和采取的措施可与普通混凝土结构一致。掺用 II 类、III 类再生粗骨料的再生混凝土结构及构件设计使年限不应超过 50 年，采取的耐久性措施应符合《混凝土结构设计规范》(GB 50010—2010)[9]的规定。掺用 II 类、III 类再生粗骨料的再生混凝土房屋结构应用的环境应符合下列规定：①多层和高层再生混凝土房屋结构宜在一类、二类环境中应用，不宜在三类环境中应用，不得在四类、五类环境中应用；②低层再生混凝土房屋结构宜在一类、二类环境中应用，可在三类环境中应用，不得在四类、五类环境中应用。掺用 II 类、III 类再生粗骨料的结构用再生混凝土的耐久性基本要求应符合表 7.2 的规定。

表 7.2　结构用再生混凝土的耐久性基本要求[7]

环境等级	最大水胶比	最低强度等级	最大氯离子含量/%	最大碱含量/(kg/m³)
一	0.60	C25	0.30	不限制
二 a	0.55	C30	0.20	3.0
二 b	0.50(0.55)	C35(C30)	0.15	3.0
三 a	0.45(0.50)	C40(C35)	0.15	3.0
三 b	0.40	C40	0.10	3.0

仅掺用 I 类再生粗骨料的再生混凝土构件中普通钢筋及预应力筋的混凝土保护层厚度应与普通混凝土结构一致。掺用 II 类、III 类再生粗骨料的再生混凝土构件中普通钢筋及预应力筋的混凝土保护层厚度应符合下列规定：①构件中受力钢筋的混凝土保护层厚度不应小于钢筋的公称直径；②设计使用年限为 50 年的再生混凝土结构，其最外层钢筋的混凝土保护层厚度应符合表 7.3 的规定。

表 7.3　再生混凝土钢筋的保护层最小厚度[7]

环境等级	板、墙、壳		梁、柱、杆	
	$r < 50\%$	$r \geqslant 50\%$	$r < 50\%$	$r \geqslant 50\%$
一	15	15	20	20
二 a	20	20	25	25
二 b	25	25	35	35
三 a	30	35	40	45
三 b	40	45	50	50

仅掺用 I 类再生粗骨料的现浇多层和高层再生混凝土房屋适用的结构类型和最大高度应与现浇多层和高层普通混凝土房屋一致。掺 II 类、III 类再生粗骨料的现浇多层和高层再生混凝土房屋适用的结构类型和最大高度应符合表 7.4 的规定，

当再生粗骨料取代率介于30%~50%时，适用的最大高度可按线性内插法采用。

表 7.4 现浇再生混凝土房屋适用的结构类型和最大高度[7] （单位：m）

结构类型	再生粗骨料取代率/%	最大高度/m				
		6度	7度	8度(0.2g)	8度(0.3g)	9度
框架结构	30	45	40	35	30	21
	50	40	35	30	25	15
框架-剪力墙结构	30	90	85	70	60	35
	50	70	65	55	45	25
剪力墙结构	30	100	85	70	60	45
	50	80	70	60	50	35
框架-核心筒结构	30	110	90	75	65	50
	50	90	75	65	55	40

　　仅掺用Ⅰ类再生粗骨料的现浇多层和高层再生混凝土房屋的抗震等级应与现浇多层和高层普通混凝土房屋一致。掺用Ⅱ类、Ⅲ类再生粗骨料的现浇多层和高层再生混凝土结构构件进行截面抗震验算时，其承载力抗震调整系数取值可与普通混凝土构件相同。

　　2. 再生砌体结构

　　上海市地方性技术标准《再生混凝土应用技术规程》(DG/TJ 08-2018—2007)[12]对于再生砌体结构的规定如下：按照再生混凝土砌块和砂浆的强度等级，再生混凝土砌块砌体的强度可参照《砌体结构设计规范》(GB 50003—2011)[13]确定；承重用再生混凝土砌块的强度等级不宜低于MU7.5，非承重用再生混凝土砌块的强度等级不宜低于MU5；砌筑用砂浆的强度等级不宜低于M5，施工阶段中砂浆尚未硬化的新砌块砌体可按砂浆强度为0确定其砌体强度；在室内地面以下以及室外散水坡顶面以上的再生混凝土砌块砌体内应铺设防潮层，防潮层宜采用防水水泥砂浆；地面以下或防潮层以下再生混凝土砌块砌体的孔洞应采用强度等级不低于RC20的再生混凝土灌实；当需要时，应按《砌体结构设计规范》(GB 50003—2011)[13]计算再生混凝土砌块砌体的承载能力、稳定性和局部承压。当有抗震设防要求时，应按《建筑抗震设计规范》(GB 50011—2010)[7]布置圈梁和构造柱，并根据情况进行抗震验算。其他方面，除本规程有明确的规定外，可参照《轻集料混凝土小型空心砌块》(GB 15229—2011)[14]和《普通混凝土小型砌块》(GB/T 8239—2014)[15]执行。

　　福建省地方性技术标准《福建省建筑废弃物再生砖和砌块应用技术规程》(DBJ/T 13-254—2024)[16]中对砌体结构有以下技术要求。

1)一般规定

(1)当再生砖和砌块用于外墙时,其强度等级不应低于 MU5;当再生砖和砌块用于内墙时,其强度等级不应低于 MU3.5。

(2)砌筑砂浆的强度等级不应低于 M5。

(3)再生砖和砌块砌体不得用于防潮层以下的部位和长期处于浸水或经常干湿交替的部位。

2)设计要求

(1)再生砖和砌块砌体结构设计应符合《砌体结构设计规范》(GB 50003—2011)[13]、《建筑结构荷载规范》(GB 50009—2012)[6]及《混凝土小型空心砌块建筑技术规程》(JGJ/T 14—2011)[17]中有关设计指标、结构计算原则和计算方法的规定。

(2)墙体转角处和纵横墙交界处应沿墙高竖向每隔 400~500mm 设拉结钢筋,其数量为每 120mm 墙厚需设置不少于 1 根直径 6mm 的钢筋;或采用预埋焊接钢筋网片,埋入长度从墙的转角或交接处算起不少于 700mm。

(3)再生砖和砌块砌体结构房屋应设置圈梁,圈梁应采用现浇钢筋混凝土,且宜连续设置在同一水平面上,形成封闭状;当圈梁被门窗洞口截断时,应在洞口上部增设相同截面的附加圈梁。附加圈梁与圈梁的搭接长度不应小于其垂直间距的 2 倍,且不得小于 1m。圈梁的其他构造要求应符合《砌体结构设计规范》(GB 50003—2011)[13]的规定。

(4)再生砖和砌块砌体结构房屋门窗等洞口处应设置过梁,对于砖砌过梁宜在过梁上的水平灰缝内设置 2~3 道焊接钢筋网片或 2 根 6mm 钢筋,焊接钢筋网片或钢筋应伸入洞口两端墙内不小于 600mm。

7.2 道路再生混凝土结构

随着我国经济的高速发展,道路工程发展迅速,贯通全国的高等级公路越来越普及。为了适应经济的高速发展,旧道路的改造以及新道路的修建成为当前的发展趋势[18]。以往在旧道路的改造过程中,将大量的水泥混凝土面板彻底拆除,并直接清运到建筑固废中转站进行填埋处理;而在新道路的建设过程中,往往又会耗费大量的天然砂石资源,造成了一系列关于能源、资源和环境污染的问题。将再生混凝土应用在道路工程中不仅可以有效地进行建筑固废资源化规模化应用,同时减少了道路建设中天然砂石建材供应的难题,具有较高的环境效益和经济效益,促进道路工程材料和技术的绿色可持续发展。

7.2.1 道路基层

将道路废弃混凝土回收,经过适当的加工处理后运用到实际工程中,在降低废弃混凝土对自然环境影响的同时，又能很好地保护天然资源。同时再生混凝土满足世界环境组织提出的"绿色"要求，是一种可持续发展的新型绿色混凝土。目前，建筑固废在道路工程基层中的应用主要有以下几种用途。

(1)将纯废弃混凝土块破碎加工成的再生骨料代替碎石用于城市道路的基层，如图 7.4 所示。这种使用方法能大规模消纳和利用废弃混凝土，但是此类资源化利用附加值低，不符合国家粗放型经济向精细型经济转变的发展趋势。

(2)无机结合料稳定再生骨料可用于机动车道的底基层和非机动车道的基层，如图 7.5 所示。吴英彪等[19]通过试验发现，采用无机结合料稳定的建筑固废再生骨料的抗压强度、回弹模量、冻稳定性和抗冲刷性能均满足路用性能的要求。以水泥粉煤灰稳定再生砖石骨料为例，其试验结果如表 7.5～表 7.7 所示，能够用作路面基层材料。目前无机结合料稳定的建筑固废再生骨料已经大量应用于道路工程中。

图 7.4　废弃混凝土块用于城市道路基层

图 7.5　无机结合料稳定再生骨料

表 7.5　水泥粉煤灰稳定再生砖石骨料力学性能试验结果[19]

水泥:粉煤灰:砖石 (质量比)	无侧限抗压强度/MPa					劈裂强度/MPa	抗压回弹模量/MPa
	7d	28d	60d	90d	180d	180d	180d
3:6:91	24	2.8	36	3.8	4.7	0.39	871
3:6:98	26	2.8	35	3.2	3.6	0.30	843
2:7:91	188	1.3	23	2.6	3.2	0.23	373

表 7.6　五次冻融残留强度比[19]

水泥:粉煤灰:砖石(质量比)	五次冻融残留强度比
3:6:91	83.3
3:6:98	70.6
2:7:91	39.3

表 7.7 冲刷性能试验 60min 累计冲刷量[19]

水泥:粉煤灰:砖石(质量比)	累计冲刷量/%
3:6:91	1.4
3:6:98	3.5
2:7:91	9.7

(3)级配再生骨料用于透水型底基层,如图 7.6 所示。由于大粒径再生骨料良好的透水性以及稳定的力学性能和耐久性,相比天然砂石资源,其能更好地应用到透水性城市道路中,能很好地缓解城市排水压力,明显减少强降雨城市内涝的发生,做到物尽其用。

图 7.6 级配再生骨料用于透水型底基层

建筑固废再生材料路用技术分类及应用技术如图 7.7 和图 7.8 所示。

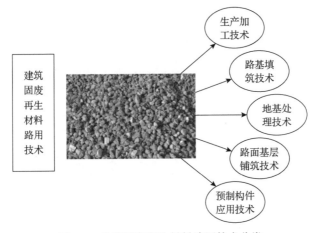

图 7.7 建筑固废再生材料路用技术分类

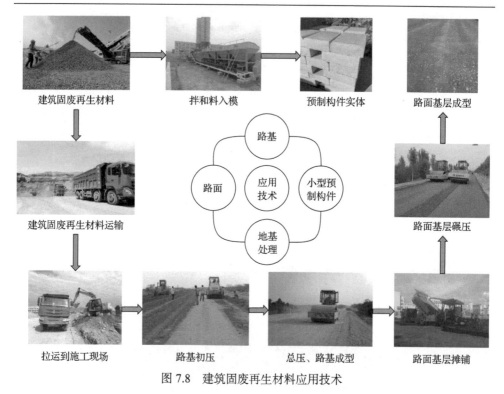

图 7.8 建筑固废再生材料应用技术

1. 国内主要应用案例

1)上海市

沪太路改造工程是将再生混凝土应用到路面改造中的典型实例,如图 7.9 所示。这种再生混凝土铺筑的路面从外观上和普通混凝土铺筑的路面几乎没有任何区别。上海沪太路(A20 公路~省界)拓宽改建工程全长 19.966km,机动车道为 6

图 7.9 再生混凝土应用于沪太路改造

车道，水泥稳定碎石层厚 30cm，均采用掺再生混凝土骨料的水泥稳定碎石，再生骨料占骨料总量的 56%[20]，并且在施工现场以及搅拌站的测试数据均符合要求，如表 7.8 所示。再生混凝土的最大特色在于节约能源以及有利于环保，在道路工程领域中，混凝土是用量最多、应用最广泛的建筑材料之一。

表 7.8   沪太路改建工程水泥稳定碎石在搅拌厂及现场测试结果

取样地点	测试方式	平均抗压强度/MPa	强度标准差/MPa	偏差系数/%	强度代表值/MPa	钻孔取样强度/MPa
拌和场	自检	6.0	0.41	6.94	5.3	—
施工现场	自检	6.2	0.77	12.38	4.9	7.8

2）沧州市

2006 年，在沧州市千童大道道路工程中铺筑了三个试验路段，分别将 7:13:80 石灰粉煤灰稳定再生骨料、5:95 水泥稳定再生骨料、3:6:91 水泥粉煤灰稳定再生骨料直接用于道路基层的三个试验路段。在后来的检查验收中各项指标均满足要求，使用至今仍较为完好。图 7.10 为千童大道路段用再生混凝土材料。

图 7.10   千童大道路段用再生混凝土材料

3）黄骅市

2011 年，黄骅市神华大道道路改建工程中也应用了再生骨料。采用建筑固废再生级配骨料进行路床处理，并将再生级配骨料和水泥稳定建筑固废再生骨料应用于道路的底基层，大大缩短了建设工期，其道路结构如表 7.9 所示。

表 7.9   黄骅市神华大道道路结构

材料	厚度/cm
橡胶沥青 AR-AC13	4.0
普通沥青 AC-20	6.0
橡胶沥青碎石下封层 AR-SAMI	—

续表

材料	厚度/cm
乳化沥青透层	—
水泥稳定碎石基	18
水泥稳定再生骨料底基层	18
再生级配骨料	18
再生级配骨料路床处	18

4）扬州市

为积极推进建筑固废资源化利用项目在政府投资项目中优先开展，通过产业扶持的路径和规范化的程序，扬州市政府将扬州大学南部快速通道（见图 7.11）整条道路的硬质垃圾提供给当地企业，由企业生产出相关资源化产品后，再重新利用于该路段，最终的总投入减少了近三分之一。

图 7.11　扬州大学南部快速通道效果图

5）西安市

西安市西咸北环线高速公路（见图 7.12）是国高网连霍高速公路临潼至兴平段

图 7.12　西咸北环线高速公路

的并行线，是"关于经济区发展规划"和"西咸新区"确定的交通建设重点工程，全长 122.61km，设计时速 120km/h，于 2015 年建成。为了积极响应国家和交通运输部的节能减排号召，西咸北环线高速公路的建设团队大规模开展建筑固废再生材料技术应用的项目[21]，形成了科研、生产加工、应用这一完整系统，开辟了高速公路建筑固废综合应用的新模式。

2. 国外主要应用案例

1）德国

第二次世界大战之后，德国已经有了将废砖经破碎后作为路基用混凝土材料的使用经验，是较早开始对废混凝土进行再生利用研究的国家之一。目前，德国再生混凝土主要用于公路基层建设，德国下萨克森州的一条双层混凝土公路采用了再生混凝土，该混凝土路面总厚度 26cm，底层 19cm 采用再生混凝土，面层 7cm 采用天然骨料配制的混凝土[22]。1994 年，德国建筑固废资源利用率为 17%，其中废混凝土的排放量约为 4500 万 t，再生利用量为 870 万 t，再生建材资源化率为 18%，而其中大部分用在公路路基基材上。

2）美国

大多数基础设施如公路、桥梁以及停车场等逐渐到了设计使用年限，因此有两个迫切需要解决的问题：这些基础设施翻修重建需要大量的砂石资源；而拆除产生大量的废弃石料。将再生骨料应用到道路工程，其工程、环保以及经济价值不断得到提升。在美国密歇根州 US-41 道路修建过程中，基层采用再生混凝土骨料，承建方节省了 114000 美元，约为总造价的 3.8%[23]。

再生混凝土在道路基层中应用，以其具有的环保性和经济性及其独特的优势，成为国内外道路工程基层的首选材料。

7.2.2　道路面层

道路面层因为直接和外界接触，所以对于道路面层材料的要求更为严格，要求其具有良好的耐久性和较高的结构强度。随着道路工程施工技术的不断发展，传统的水泥混凝土路面逐渐被沥青路面所取代，但是在一些偏远地区，如乡村道路、城镇道路以及建筑群内部道路，仍然采用水泥混凝土路面。2004 年再生混凝土就被应用于同济大学刚性混凝土路面的铺设，并在 2007 年被应用于复旦大学校内道路的浇筑，如图 7.13 所示。

同济大学刚性混凝土路面主要采用的原材料为粒径 5～34mm 的再生粗骨料和 PC42.5R 普通硅酸盐水泥。设计路面宽度 7m，双向 2 车道，路面厚度 24cm，路拱横坡 2%。道路施工完成后经现场检测，其各项性能指标均能达标，其抗压强度和抗折强度均符合要求，如表 7.10 所示[24]。

(a) 同济大学道路　　　　　　　　　　　　(b) 复旦大学道路

图 7.13　再生混凝土路面

表 7.10　28d 抗折强度和抗压强度性能对比[24]

性能指标	Ⅱ级水泥混凝土路面设计规范限值	试验工程实测值		结果评定
		室内养护平均值	现场堆放平均值	
抗折强度/MPa	4.5	5.36	5.10	合格
抗压强度/MPa	30	46.70	43.83	合格
折压比	1:6.7	1:8.7	1:8.6	折压比降低

再生混凝土用于道路面层主要是将再生混凝土中的粗细骨料取代天然混凝土中的粗细骨料。与天然混凝土道路相比，再生混凝土应用于道路面层可以有效地缓解天然砂石资源紧缺的现状，并且能消纳城市自身建设过程中产生的建筑固废，实现城市建筑固废自消耗，促进城市"绿色"发展。

7.3　基础工程再生结构

本节主要从大粒径再生骨料混凝土基础、再生碎石桩、再生微粉加固地基以及建筑固废围海造地工程几个方面来介绍再生材料在基础结构中的应用。

7.3.1　大粒径再生骨料混凝土基础

大粒径再生骨料混凝土是一种包含废弃混凝土块的新型再生混凝土，是采用将废弃混凝土破碎到较大粒径后直接掺入新拌混凝土中拌制得到的一种新型再生混凝土，参照设计规范，其粒径可以取到 150mm[25]。这种新型再生混凝土相对于普通再生混凝土而言，具有生产成本低、废料利用率高的明显优点。

Li 等[26]提出了将大粒径再生骨料(最大粒径为 80mm)与一般骨料进行组合的组合骨料混凝土。如图 7.14 所示，由于大粒径再生骨料的尺寸比一般再生骨料(粗骨料 4.75~37.5mm、细骨料 0.075~4.75mm)大，破碎效率得到了显著提升，同时采用大粒径骨料可使骨料总表面积减小，从而减少水泥的用量。立方体与棱柱体试块的抗压强度试验结果还表明，大粒径再生骨料与较高强度骨料的组合，可使组合骨料混凝土的抗压强度比废旧混凝土明显提高。

(a) 大粒径再生骨料与普通再生骨料区别

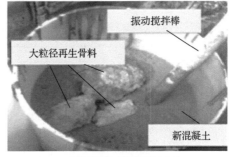

(b) 大粒径再生骨料混凝土制备

图 7.14　大粒径再生骨料表观形态和大粒径再生骨料混凝土制备示意

大粒径再生骨料的尺寸大于普通再生骨料，这使它更接近混凝土块体。目前大粒径再生粗骨料混凝土的应用领域主要有基础平台、大体积构件、码头、桥墩、港口工程防波堤、大坝、基础支撑结构、桩。Wu 等[27]通过大量试验研究发现：①大粒径再生骨料和骨料附近砂浆的黏结较好；②大粒径再生骨料混凝土和普通再生混凝土的强度差异不大；③大粒径再生骨料的取代率低于 30%时，大粒径再生骨料混凝土所制备的立方体抗压强度的变化不明显。

因此，将大粒径再生骨料应用于基础工程中能有效地降低工程成本，同时与天然混凝土基础相比，只要大粒径再生骨料的取代率设计合理，大粒径再生骨料混凝土基础结构的强度并不会受到影响，且大粒径再生骨料混凝土具有较好的力学强度和耐久性。将大粒径骨料应用到基础工程中具有以下几点明显优势：①相比普通再生骨料，大粒径再生骨料的破碎效率更高并且破碎成本低，相比粒径较小的粗骨料以及粉体，大粒径骨料破碎耗能更低，更加环保；②在城市市政建设过程中会产生大量建筑固废，将建筑固废破碎产生的大粒径再生骨料直接应用到市政基础工程能够实现城市建筑废弃物资源的自消耗，推动城市可持续发展；③对大粒径骨料的基本物理力学性能的研究分析结果表明，只要经过合理的设计，就会使大粒径再生骨料混凝土具有良好的力学强度和耐久性；④在市政建设基础工程中混凝土的用量往往较大，可以充分发挥大粒径再生骨料混凝土的优势，有效降低成本。

7.3.2 再生碎石桩

再生碎石是由建筑固废经破碎后加工制成的粒径大于 4.75mm 的石状颗粒再生粗骨料。再生碎石桩是以再生碎石为主要材料制成的复合地基加固桩，通过振动、冲击或者水冲等方式先在软弱地基成孔，然后将再生碎石挤压入孔中形成碎石桩。由建筑固废破碎而成的碎石强度以及变形均需要满足碎石桩规范要求。

再生碎石与天然碎石相比在性能上具有一定的差异，如表 7.11 所示[28]。

表 7.11　再生碎石与天然碎石的性能对比[28]

碎石类型	表观密度/(kg/m³)	吸水率/%	针片状含量/%	压碎指标/(kg/m³)	冲击值/%
再生碎石	2627	3.42	8.13	13.5	28.6
天然碎石	2731	0.39	7.74	10.9	22.3

区别于传统的碎石桩，再生碎石桩是以建筑固废经破碎得到的碎石作为桩体填料来加固软基，其力学性能、变形机理和破坏方式都较为复杂，目前尚未有系统的理论研究。杨锐等[29]通过非线性弹性模型和有限元技术，并结合工程实例对采用建筑固废作为填料钻孔的碎石桩的桩土应力比进行试验和数值模拟，结果如图 7.15 所示。可以看出，桩土应力比随着荷载的增大而增大，然后趋于稳定，与水泥搅拌桩相比，再生碎石桩的桩土应力比偏大，这与建筑固废填料的级配、颗粒强度、含水率等有很大关系。静载荷试验显示，桩体和土层的沉降控制在设计范围内，符合规范要求。

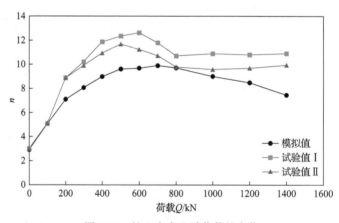

图 7.15　桩土应力比随荷载的变化

由再生原料制成的再生碎石桩的黏结强度较低，但是将再生碎石桩与桩间土结合，通过性能之间的互补，可以形成具有一定承载力且能满足相关工程需求的散体桩复合地基。将再生原料应用于碎石桩是一种较为合理有效的再生原料应用途径。

在实际施工时需要考虑的重点是确定再生碎石桩的桩深。王建忠[30]的研究结果表明，在满足软弱下卧层要求的前提下，影响桩深的主要因素有土质、基础形式（条基或单独基础）以及上覆压力，其中不同地震烈度地区对应的上覆压力如表 7.12

所示。并且，当桩深超过某一数值后，增加桩深并不能提高桩的极限承载力。

表 7.12 不同地震烈度地区对应的上覆压力[28]

地震烈度	上覆压力/(kg/cm)
7	1.0
8	1.5
9	2.0

7.3.3 再生微粉加固地基

再生微粉是一种质地疏松的建筑固废粉末。李秋义等[31]研究结果表明，再生微粉的粒径分布与水泥相似，但比表面积远远大于水泥，其主要原因是再生微粉中含有大量硬化水泥石颗粒，导致其内部含有大量互相连通的孔隙。

将再生微粉部分取代水泥凝胶，能更好地促进水泥水化，并且部分取代后的材料性能要优于纯水泥。在基础工程中，用再生微粉部分取代水泥粉煤灰来加固地基能促进材料水化，能起到更好的夯实加固效果。

目前，再生微粉加固地基的主要工程应用形式为水泥搅拌桩，即将再生微粉部分取代水泥作为固化剂，利用搅拌桩机将水泥喷入土体并充分搅拌，使水泥与土发生一系列物理化学反应，从而使软土硬结，提高地基强度，如图 7.16 所示。该方法具体为通过特制的深层搅拌机，将软土和水泥(固化剂)强制搅拌，并利用水泥和软土之间所产生的一系列物理、化学反应，使土体固结，形成具有整体性、水稳定性和一定强度的水泥软土桩。该工艺主要用于软土地基的处理，其优点是无振动、无噪声、无污染，不会使软土侧向挤压，对邻近建筑物影响小，加固效果好、成本低。

图 7.16 水泥搅拌桩施工图

7.3.4 建筑固废围海造地工程

随着我国海洋经济的快速发展以及大量人口向东南沿海地区迁徙，海岸带所承受的建筑压力越来越大，沿海城市的土地资源更加紧张，严重制约了沿海城市的发展步伐。为了缓解沿海地区人地矛盾、保障人民食品安全、维持社会经济可持续发展，围海造地成为解决上述问题既经济又有效的方案。世界上陆地资源贫乏的沿海国家都非常重视利用滩涂或海湾造地：荷兰 800 年来填海近 66 万 km²，约相当于国土面积的 20%；日本在过去百年中填海约 12 万 km²，其沿海城市约有33%的土地是通过填海获得的；韩国、新加坡等国也都在通过围海造地来扩大耕地面积以增加粮食产量，同时扩大城市建设和工业生产用地[32]。

然而，过度的围海造地也带来了负面影响：一方面，改变了海洋的自然属性，如改变了水动力条件，影响了泥沙的输运方向，打破了自然条件下形成的曲折岸线、潮差减小等；另一方面，影响了生态环境，如破坏了动植物生息和繁衍场所，造成了生物多样性衰减、水质下降等危害。特别是近几年的围海造地热，频繁引发各种生态危机，如赤潮频发、地面沉降、海水自净能力减弱、天然湿地减少等，给围海造地亮起了红灯。虽然围海造地有一定的弊端，但是随着城市逐渐向海洋扩展，人类对沿海土地的需求越来越强烈，使得围海造地势在必行，而这需要政府部门对哪些区域适合进行围海造地和填水造地，以及怎样将生态影响降到最低等关键问题进行考量[33]。

当前，围海造地和填水造地主要是利用大量的天然砂石进行填埋，从数量上来考虑，如此多的天然砂石的开采和运输成本会比较高，若能够利用存量和产量都巨大的建筑固废代替天然砂石进行填埋，势必会节约很多成本。当然，在填埋之前需要解决的是建筑固废的前端分拣和处理问题，若处置不当，种类和成分都很复杂的建筑固废极有可能在填埋过程中对水体环境及周围土质造成二次污染。结合沿海城市地理位置的特点以及建筑固废基本性质提出合理的方案，能够因地制宜，在最大程度上消纳沿海城市的建筑固废。

以澳门特别行政区为例，澳门地区的垃圾主要分为建筑固废和生活垃圾。对于生活垃圾，澳门地区已经掌握了一套成熟的处置方法，但是建筑固废绝大多数没有经过任何处理，而是被运送到海边做露天堆放或者填埋处理，耗用了大量的土地。然而，澳门地区土地资源紧张，这种建筑固废粗放型处置方式对其社会及环境造成了诸多不利影响。国务院于 2009 年批准澳门特区填海造地 361.65 公顷，用以建设澳门新城区，这为建筑固废资源化利用提供了有效的途径。通过围海造地建成的新城填海区将规划兴建 4.3 万个低密度式住宅单元。澳门地区海岸线长，海水深度较小，为围海造地提供了有利的自然环境，用于填海的材料大多数来自内陆地区的供应，并且大多从内陆通过珠海地区运输而来。这种供应模式增加了大型工程车辆的来往频次，加重了澳门特区的交通压力和环境负担。图 7.17 为澳门地区海边建筑固废堆场。

图 7.17　澳门地区海边建筑固废堆场

　　建筑固废不能直接作为填海材料应用于围海造地工程中，主要原因是未经过处理的建筑固废里面含有不适合作为填海材料的成分(如木屑、金属、胶质材料等)，会严重污染水体环境，并且建筑固废中可以用作填海材料的混凝土多以较大块状形式存在，如果不经过处理而直接用作填海材料，将影响填充层的密实度，且存在严重的安全隐患，将大幅度增加后期工程的处置费用。因此，需对建筑固废进行专业处理，并且制备出满足设计要求的骨料颗粒级配后才可用作填海材料。图 7.18 为建筑固废资源化再利用流程图。

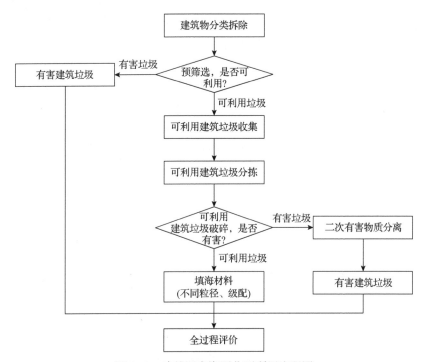

图 7.18　建筑固废资源化再利用流程图

7.4　市政再生结构

随着近几年城市建设的迅猛发展，大量市政基础设施将会迎来新的一波翻修和新建高潮。再生骨料等再生材料在强度以及耐久性方面与天然砂石材料相比较差，但是一些对于强度要求较低且又不会产生冻融和干缩现象的市政结构，如挡土墙等地下结构，完全可以使用再生混凝土等再生材料。本节将从这方面入手，探讨再生材料在市政工程中的应用。

7.4.1　再生混凝土挡土墙

混凝土挡土墙主要有以下几种形式：混凝土半重力式挡土墙、钢筋混凝土悬臂式挡土墙、钢筋混凝土扶壁式挡土墙。目前，这三种挡土墙均可用再生骨料部分或全部取代天然骨料的再生混凝土进行浇筑。Bhuiyan 等[34]的研究结果表明，在挡土墙中使用再生粗骨料几乎与天然粗骨料具有相同的结构性能，除此之外，再生骨料在经济性能、生态环境优越性上均比普通骨料好。

目前，再生混凝土较多的应用仍是重力式挡土墙。为节省有限的资源，尽量重复利用建筑材料，"新井组"在建筑、公路工程中首先利用再生粗骨料建造重力式挡土墙。其构筑方法是：在挡土墙基础做好以后，以预制混凝土块砌筑挡土墙的前、背两面，前、背两面砌体用 50×50 角钢相连；在前、背两面之间回填再生粗骨料；在骨料中压注水泥浆。以上作业分层进行，达到要求高度后浇筑混凝土墙帽。经取样测试，这种预填骨料并压浆形成的混凝土的容重为 2.39t/m³，抗压强度为 20MPa。与一般骨料相比，再生骨料因表面附有灰浆而吸水率较大，因而这种再生骨料制成的混凝土的强度和耐冻性能相对较差，但在挡土墙、地下管道基础等应力较小又不致产生干缩、冻融的结构中完全可以采用[35]。

再生混凝土应用于挡土墙，既能起到普通混凝土挡土墙的作用，又能在一定程度上缓解该地区天然砂石资源紧张的现状。尤其在缺乏石料的地区，使用天然混凝土会在一定程度上加剧该地区的石料缺乏状况，而将再生混凝土应用到挡土墙可有效地利用当地市政建设产生的建筑固废，改善地区环境，实现可持续发展，一举多得。

7.4.2　再生混凝土地下结构

将再生混凝土用于地下结构，一来可以扩大再生混凝土的应用途径，二来可以在地上空间日益紧张的大城市中提高空间利用率。由于再生混凝土与普通混凝土在物理力学性能及耐久性存在差异，如何合理地设计配合比以及实施严格的施工控制将成为再生混凝土在实际用于地下结构中必须要考虑的问题。下面是再生混凝土应用于地下室结构的工程实例。

上海市某工程，建筑性质为办公楼，地下一层，地上五层，建筑高度 27m，现浇框架结构，总建筑面积约 16000m²，其中地下建筑面积 6000m²，设计使用年限为 50 年。工程主体结构形式为钢筋混凝土框架结构，抗震设防烈度为 7 度(0.1g)，建筑抗震设防类别为丙类，框架结构的抗震等级为二级。基础形式为桩基础，桩长 29m，桩基持力层为 7 层砂质粉土层，地基基础设计等级为乙级。地下室底板设计的混凝土强度等级为 C35，抗渗等级为 P6。

为适应上海市政府推广绿色建筑使用再生混凝土的要求，设计桩基承台和基础底板的混凝土采用再生混凝土。本工程使用的再生粗骨料由基坑支撑的废混凝土经过颚式破碎加工而成。再生粗骨料为 5～25mm 连续级配，骨料表观密度平均值为 2600kg/m³，堆积密度平均值为 1420kg/m³，吸水率为 3.4%，压碎指标值为 11，微粉含量为 0.3%，检测结果均符合《混凝土用再生粗骨料》(GB/T 25177—2010)[36]的要求。文献[31]～[33]的研究表明，再生粗骨料的取代率对再生混凝土材料的力学性能和耐久性有较大影响，因此根据《再生混凝土应用技术规程》(DG/TJ 08-2018—2007)[12]的规定并结合本工程实际情况，确定再生粗骨料的取代率为 20%。基础底板施工完成后的现场照片如图 7.19 所示。

图 7.19　基础底板施工完成后的现场照片

现场成型的混凝土表面光滑洁净，无色差，无冷缝，底板高低面交界位置接口平直，棱角方正，漏浆现象很少。为了严格控制基础底板的再生混凝土质量，采用预留试块平行检测和现场取样检测的方法。预留试块平行检测的检测项目为混凝土抗压强度和抗渗性能，现场取样的检测项目除混凝土抗压强度和抗渗性能外，还包括混凝土静力受压弹性模量、抗氯离子渗透性能、抗碳化性能、抗冻性能和碱骨料反应。

7.4.3　再生桩基设计要点

目前对于再生地下结构的研究很少，而且许多地下结构在使用完成之后难以处理，如在建筑场地可能会出现原有建筑的遗留桩。与以前大多采用拔除废弃的处理方法不同，上海市制定了既有桩利用工程静压桩施工技术指南，用于指导既有桩的再生利用，也促进了地下结构的再生利用。既有桩的再生利用是指不将其拔出来，直接继续打桩，通过打入新的桩来共同组成新的单桩或群桩基础。

《静压桩施工技术规程》(JGJ/T 394—2017)[37]主要内容包括总则、术语和符号、基本规定、设备选型及要求、施工、周边环境保护与施工监测、施工质量检查、安全管理等。

由于挤土效应的存在，既有桩利用最大的问题是要解决好新桩与旧桩的关系，这部标准给出了静压沉桩挤土效应对既有桩影响的控制措施。静压桩施工前应制定合理的压桩方案，防止施工过程对既有桩及周边建筑造成过大影响。因为静压桩施工将产生挤土效应，导致周围土(体)层移动进而对既有桩和周边建筑产生影响。施工方案的主要内容包括：①合理的压桩顺序，靠近既有桩的桩先施工，距离较远的桩则安排在后面施工；采用跳打方式沉桩；分区域沉桩；以既有桩为基准对称沉桩；按桩端高程，宜先深后浅；按桩的大小，宜先大后小，先长后短。②采用"封闭法"并背离"既有桩"方向施工。③加强现场施工监督及进行挤土效应对既有桩的影响监测，根据现场检测压桩挤土情况来调整压桩速率。

当现场静压桩与既有桩的距离较近时，可在新桩与既有桩之间设置应力释放孔，使静压桩施工过程中对土层产生的横向应力获得释放，减小挤土效应对既有桩的影响，应力释放孔采用钻机施工成孔。因压桩产生的挤土效应主要发生在浅层，因此通过在沉桩位置设置预钻孔可明显减小挤土效应。相较于应力释放孔施工，预钻孔施工的要求更加严格。预钻孔钻进的施工过程中，宜保持孔底承受的压力不超过钻具重量之和的80%，以避免斜孔、弯孔和扩孔现象，防止影响后续沉桩施工。当地下有浅埋沙土层时，一般可设置沙井、碎石桩或塑料排水板，以减小超孔隙水压力的增加量。同时要加强压桩施工监测，主要监测土层的挤土位移、超空隙水压力、地下水位以及既有桩的位移等，并将监测结果及时反馈给设计方等有关各方。根据监测结果及时调整压桩节奏与速率，并采取减小挤土效应的措施。

既有桩被再生利用也是需要满足条件的，就像前面的再生骨料需要满足再生粗细骨料的相应技术标准一样。既有桩需要进行桩基性能检测，包括既有桩完整性检测、耐久性检测、抗压静载试验和抗拔静载试验检测并对检测结果进行评价。

7.5　建筑固废人工山体结构

本节结合我国建筑固废处理现状以及垃圾围城的现象，探讨建筑固废的组成及其对环境的危害，进而提出利用建筑固废堆山造景、建立生态公园的想法，旨在为建筑固废的大量消纳提供更好的资源化途径。

7.5.1 建筑固废堆山造景概述

1. 堆山造景的实际意义

(1)区别于传统的"建筑材料循环利用"的建筑固废资源化模式,发展"建筑材料循环利用+绿色生态发展"的新型建筑固废资源化发展模式是必要的,并且是迫切的,是实现可持续发展所要求的环境与循环经济双赢的重要途径。图7.20为利用建筑固废堆山造景示意图。

图 7.20　利用建筑固废堆山造景示意图

(2)利用建筑固废进行堆山造景,不仅可以有效地对建筑固废进行再利用,还可以提供绿色生态发展空间,减缓城市"热岛效应"(见图 7.21),提高城市绿化面积。

由郊区流向市区　上升气流　由郊区流向市区

郊区　　　　　　市区　　　　　　郊区

图 7.21　建筑固废堆山改善城市"热岛效应"

2. 利用建筑固废堆山造景存在的问题

(1)整体利用率偏低。建筑固废的组分很多,其中不可堆腐成分比堆腐成分多,不可燃成分比可燃成分多。在公园建设的过程中,主要利用了废旧砖石、混凝土等不堆腐和不可燃成分,而对一些堆腐和可燃成分由于工期或其他原因往往漠然视之,如废旧木板、钢筋、沥青卷材等材料,也常常用于堆山造景。这些组分(如沥青)会对山体或周围环境产生不良影响,同时也造成建筑固废中的部分"资源"被浪费。

(2)技术处理水平偏低。堆山造景在技术处理水平上与一般性回填没有本质区别,都只经过了一道分类筛选程序。很多建筑固废可能经过较长时间的自然环境降解仍保持原状,从长期角度来看并不具有较大的绿色意义。在未来,期望可以通过利用材料耐久性的相关研究成果,就能采用各种物理化学手段加速自然降解过程,实现建筑固废在景观内的"处理"。

目前利用建筑固废进行堆山造景也会出现一些问题,如有害的建筑固废难以在自然条件下实现无害化降解,建筑固废经雨水冲刷后裸露覆土表面,破坏植被的养护等,并且建筑固废制成的人工山体的结构安全性也是影响其推广的难题,这些问题有待行业从事者进一步解决。

3. 建筑固废堆山造景原则

目前,我国建筑固废资源化利用已经有一定的技术基础,在实验室研究和市场应用方面都取得了一定的成果,但是受目前建筑固废资源化处理厂家的数量和规模限制,不能进行及时有效的处理,此时在公园建设中进行堆山造景无疑是最快捷和有效的处理方法。部分公园消纳建筑固废量统计如表 7.13 所示。可以看出,这种方法对建筑固废的处理量是较为可观的。

表 7.13　部分公园消纳建筑固废量统计

名称	消纳建筑固废量/万 m³
柏林公园	4000
南高基公园	300
时光公园	10
石井北山风景区	700
秀山整治区	180
京珠高速两侧生态绿地	180

利用建筑固废来堆山造景应满足如下原则。

(1)景观性。结合原有地形,运用园林艺术手段,实施生态环境整治,并且考虑了休闲健身的功能,为不同年龄层次的市民提供一个新的休憩场所,满足人们日益增长的物质和文化需要。

(2)生态性。建筑固废可能产生有毒物质,不利于人体健康,需要筛选出有利于生态和谐的部分,使建筑固废无害化,同时避免对周围环境产生污染,使人与环境更好地协调发展。

4. 国内各地建筑固废堆山造景介绍

目前，在全国各地都有一些对建筑固废堆山造景的尝试，如西安的文景山公园、北京南海子公园、郑州市国家森林公园。

(1)西安市文景山公园(见图 7.22)。文景山公园位于陕西省西安市，是全国第一个利用建筑固废堆山造景，可满足市民休闲娱乐、观光旅游、举办大型活动、进行文化交流等多功能为一体的景观公园。文景山公园的堆山面积达 15 多万 m^2，可以消纳 332 万 m^3 以上的建筑固废。运用人工建筑渣土造出来的山体，西侧高 40m，东侧高 35m，景观效果良好。

图 7.22　西安市文景山公园

(2)北京市南海子公园(见图 7.23)。大部分材料是建筑固废、砖石瓦砾、水泥墙体，由于要在公园内建造大量高低起伏的景观山体，这些建筑固废正好派上了用场。施工人员将建筑废料根据各种规格进行打碎、分拣，按照不同规格分别用于堆山填充物、公园路基建设以及园中道路填充物、绿地甬路、人行道石子等。待山体建筑完成后，再用土壤铺设其外表面，用于栽种景观植被，这样一来可以利用各种植物对垃圾进行降解。

图 7.23　北京市南海子公园

(3)郑州市国家森林公园。园区内多见拆迁过后的废墟和建筑固废，根据有关部门回应，国家森林公园的建筑固废山是利用渣土的自然沉降，并应用植物覆盖，利用生物降解作用缓缓地分解其中的部分有害垃圾。其中内凤山海拔 50m，主要构成是建筑固废和废渣土，利用渣土的自然沉降，并且与北京南海子公园类似，该公园也应用植物覆盖，利用生物降解作用缓慢降解其中的部分有害垃圾（见图 7.24）。

图 7.24　郑州市国家森林公园建筑固废人工山体

2017 年 5 月，上海在位于原世博会后滩地区，地处黄浦江核心滨水区的凸岸近 2km² 处建设成市民共享的开放式大绿地——世博文化公园。在市民征集意见中，大家一致认为上海的山少是一种缺憾，堆山造景将会建成喜闻乐见的景观。按照四棱锥的体积公式，纯用建筑固废堆一座底部尺寸 500m×200m、高 50m 的小山，按渣土密度 1.8t/m³ 计算，大约可以消纳 300 万 t 建筑固废。

7.5.2　建筑固废人工山体功能规划

以上海市利用建筑固废构建人工山体为背景，综合考虑构建人工山体的功能性需求，主要应满足以下几个方面：

(1)建筑固废的分选和运输。首先通过完善的建筑固废前端分拣技术，将建筑固废分拣完成之后挑选合适的材料进行堆山造景。为了更加高效地利用其中的高品质材料，现阶段业界仍需解决许多问题，如在建筑拆除过程中实现源头上的建筑固废分类、建筑固废分类的运输以及在建筑固废分类后如何根据其特有性质实现个性化应用。

(2)山体结构设计。通过一层建筑固废一层渣土填筑压实，如此循环来构筑山体，最后在建筑固废构筑物上覆盖一层渣土以便实行植物种植来模仿自然山体。合理的山体结构能保证人工山体的整体稳定，但是这里需要综合考虑山体高度、坡度以及填充材料性能对山体结构的影响。

(3)山体园林绿化和透水设计。良好的绿化措施不仅可以达到美观的效果，还可以实现对某些有害建筑固废的生物降解，因此可以考虑在人工山体表面覆盖的渣土层进行网格化种植植物，植物的选取可根据渣土的类型以及当地的气候综合考虑，还可以通过将建筑固废中平整的大块混凝土等加以利用，改造成景观小品、公共设施、路面铺装等，以传播节能减排的理念。与自然山体相比，建筑固废的透水性较差，因此应在人工山体设计和堆砌过程中考虑透水设计，从而提高人工山体的水分调节能力。

（4）山体的拓展功能设计。若仅有单一的建筑固废堆山景观，只能一次性消耗 100 万 t 的建筑固废，但若在堆山内部构造大空间的结构，通过内部的功能分区划分为内部停车场、内部建筑固废资源化工厂、科普基地等功能，则可以形成一个流动的、可持续的建筑固废处理模式。

通过以上概念的结合，可以考虑在上海规划人造堆山景观、建筑固废资源化工厂、绿色主题文化教育博物馆、居民运动休闲场所及商业服务配套为一体的城市新地标，用堆山弥补了城市缺少山景的遗憾，同时内置建筑固废工厂，既节约了土地资源，又实现源源不断的建筑固废处置和再生材料生产，而文化科普教育基地给居民传播绿色理念的同时，帮助城市的下一代，即将来城市的建设者了解城市建筑可持续化概念，为今后更有建设性更新鲜的想法做好铺垫。

7.5.3　建筑固废人工山体结构设计

软土地基附加荷载大、荷载面积大、影响深度大，因而计算深度较大，山体建成后的固结沉降变形也较大，加上山体的地基安全问题、地基的不均匀沉降和剪切破坏等工程地质问题，特别是堆山地基岩土体分布不均匀引起的地基差异沉降问题，需对其进行科学计算分析，给出地基处理的对策并提出人工堆积边坡的加固措施。若堆载不当，会使地基土或土堆失稳，可能会产生以下工程问题：①整体剪切破坏，由地基土滑移，土体剪切破坏引起；②山体周围的地基土挤压隆起，由土体剪切破坏引起；③局部塌陷，由填埋土或地基土的强度破坏引起。

为了减小沉降变形给工程带来的不良影响，采用分层碾压填筑的方法，严格控制填土堆载的速度和填土的含水率、填筑厚度以及碾压速度，以符合工程设计压实度的要求；对不同加载速度条件下地基固结沉降进行计算分析，得出最佳堆载工期，并且可以通过所堆岩土体的荷载使地基土层固结来提高地基的承载力以满足工程的安全设计要求，为了保证工程建设的安全，整个堆土工期应不少于 12 个月。在施工的同时，也要注意利用现代测试技术来加强变形监测，有效保证了堆山工程安全。沉降监测和山体压实是核心，是人造山体稳定性的保证。沉降监测的重要性很高，是防止山体偏斜和开裂的重要监测手段，贯穿整个造山项目。山体压实则直接决定了造山山体的密实度、强度和刚度，其中作业难度大，投入资金多。工程中，须保证工程质量全部合格，并严格控制山体沉降和碾压的密实度，保证山体不发生开裂和不均匀沉降的质量事故。

　　图7.25为利用建筑固废构建人工山体结构流程。具体流程如下：①对拟建公园场地初步进行地质勘测，了解地质情况现状。②地基处理，对需要进行地基处理的部分用砂井排水固结或水泥土搅拌桩来处理，然后铺设砂垫层，形成排水系统。③用沉井法或其他可行性方法来施工筏板基础和资源化工厂地下室。④分拣并粉碎建筑固废，根据其粒径不同进行分类处理。山体护坡和山体地脚用大块且不易破碎的建筑固废填埋；粒径30cm以上的大块建筑固废应打碎成10cm以下的小块；打碎后的固废根据粒径大小分三个等级进行合理配比，以保证建筑固废压实土的级配良好。⑤根据地质勘测报告，确定填埋的具体措施和压实要求，并且当山体内结构的每层顶部板强度达到设计强度的80%后，才可开始堆填该层外部的土体，同时堆填土要分层，由包含块状物的建筑固废及素渣土隔层填筑进行，按照顺序由里至外均匀填埋。在堆填土过程中，严禁局部的堆土速率超过加荷速率；堆山的过程中，采用机械推土机和碾压机，先用推土机将渣土车倾倒的固废摊开铺平，并使虚铺层厚控制在0.4m，之后用碾压机进行全面积夯实碾压，此时可以选用57t的重型碾压机，各层碾压6遍以上。在填土过程中，做好山体的排水措施，保持排水通畅。在堆山过程中密切监测山体的沉降、位移、土压力和孔隙水压力四个方面，确保施工安全。⑥山体成型后设置积水沟、泄水沟、排水沟，并铺设绿化植物进行边坡防护。

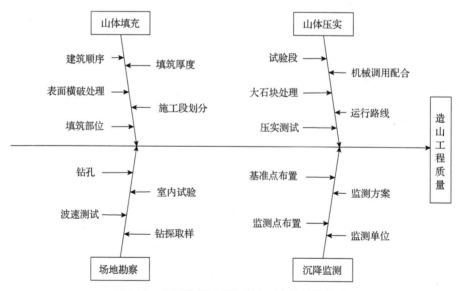

图7.25　利用建筑固废构建人工山体结构流程

　　为了及时掌握在不同施工阶段中山体及其周边地表的变形情况和山体结构的安全性，要在山体堆载的施工期间开展监测工作，形成一个完整的信息化施工系统，以便设计和施工单位可以对堆填速率及设计参数及时进行调整，来引导施工，实现信息化施工管理。监测工作需要进行地表沉降监测、土层深部沉降监测、土层分层沉降监测、土层深部水平位移监测、边坡沉降及水平位移监测、孔隙水压力监测、周边道路沉降及水平位移监测，监测频率为两天一次。图 7.26 为建筑固废构建人工山体结构效果图。此外，《人造山工程技术标准》（DG/TJ 08-2358—2021）[38]是我国第一部关于人造山体的技术标准。

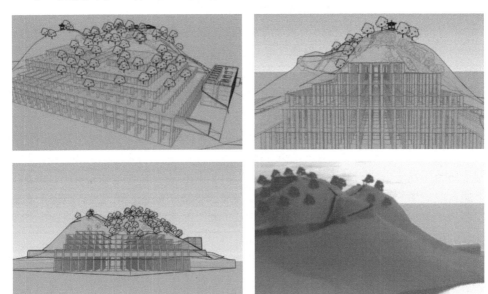

图 7.26 建筑固废构建人工山体结构效果图

7.6 低强再生混凝土结构

7.6.1 低强再生混凝土概述

由于再生骨料的特性，再生混凝土的力学性能、耐久性能、变形性能等弱于普通混凝土，这是它在工程中应用的最大障碍。目前国内外有关研究大多着眼于如何提高再生混凝土的强度，但是很少有发挥其本身低强特性的尝试。同时，再生混凝土可以多次再利用，适用于常受破坏、需多次重建的工程。因此，应用低强再生混凝土是资源化的另一种方式，而利用发泡剂等制备泡沫混凝土是混凝土低强化的一种方式。本节通过相关文献的整理和分析，从材料特性的角度入手，并结合国内外研究，介绍再生混凝土和泡沫混凝土的相关性能。基于已有研究，创新性地提出了用建筑固废再生原料（再生骨料、再生微粉等）制备再生泡沫混凝土，并指出了将其应用于机场跑道安全区（runway end safety area，RESA）的特性材料拦阻系统(engineered materials arresting system，EMAS)中的可行性[39]。

由于表面包裹有老砂浆，相对于天然骨料，再生骨料一般具有强度低、密度低、表面孔隙多、吸水率大、与新砂浆结合能力弱等特性。而不同来源的再生骨料的砂浆含量区别较大，这与原始砂浆的含量和机械破碎程度有关，质量好的再生骨料(低附着砂浆含量和吸水率)可以完全替代天然骨料。综上，相对天然骨料，利用再生骨料配制出的混凝土的力学性能有弱化作用，并且不同的废混凝土来源、破碎与处理工艺对再生骨料的品质有较大影响。

再生混凝土和泡沫混凝土都具有强度低、孔隙率高等特点，如果将二者结合，制成再生泡沫混凝土，有望获得强度适宜且能够应用于更广领域的新型低强再生混凝土。目前，对于再生泡沫混凝土的研究，国内外的研究成果仍偏少。配制再生泡沫混凝土的方法有两种：一是以再生微粉掺入胶凝材料中制备再生泡沫混凝土[40]；二是将粉碎后的废料经过煅烧磨粉后脱水，直接作为可再次水化的再生胶凝材料，并用此再生材料代替水泥组分制备泡沫混凝土。李元君[41]研究了不同再生微粉掺量下再生泡沫混凝土的强度变化，研究结果表明，当再生微粉掺量小于20%时，对混凝土的力学性能影响不显著。对比李元君[41]和丁庆军等[42]的研究可以看出，随着再生原料取代率的增加，泡沫混凝土的强度呈降低趋势。Jones 等[43]对利用再生骨料制备泡沫混凝土进行了一系列研究，对干燥收缩、水渗透、硫酸盐侵蚀和热传导等性能的研究进一步证明优良的二次再生骨料可以成功用于更换天然砂。由于低强再生混凝土与普通混凝土在原材料、配合比及施工工艺等方面差别很大，现行普通混凝土的标准、规程等不适合低强再生混凝土，但是将这一新材料运用于实践，还需出台相应的规范。低强再生混凝土制备流程如图 7.27 所示。

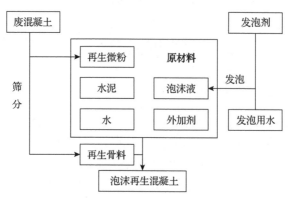

图 7.27　低强再生混凝土制备流程

7.6.2　低强再生混凝土结构应用

EMAS 是一种能在跑道端安全区内铺设吸能的拦阻材料，利用这种拦阻材料在飞机轮胎碾压作用下的溃缩来吸收飞机动能，在保证飞机结构和乘员安全的前提下使飞机逐渐减速并最终停止在安全区域内，避免飞机冲出跑道后进入危险地形(悬崖、水域等)而引发灾难性后果的安全防范系统。图 7.28 为 EMAS 工作原理示意图。图 7.29 为 EMAS 道面使机轮制动。

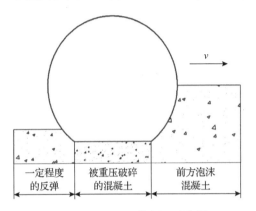

一定程度的反弹　被重压破碎的混凝土　前方泡沫混凝土

图 7.28　EMAS 工作原理示意图

图 7.29　EMAS 道面使机轮制动

EMAS 的关键技术在国外已经较为成熟。20 世纪 60 年代，国外就开始进行相关研究。生产 EMAS 要求：①能生产出力学性能和耐久性满足要求的泡沫混凝土；②能计算停止距离、评估安全性的仿真模型。根据 2016 年实施的《特性材料拦阻系统》(MH/T 5111—2015)[44]总结了对 EMAS 中特性材料的性能要求包括力学性能、抗冻融性、耐水性、耐久性、可修复性。

对 EMAS 材料的要求是"可选强度的高能量吸收材料"，而低强泡沫混凝土对能量的易吸收易耗散性能非常符合此要求。此外，EMAS 需要可修复性，在破坏后必须尽快完成维修检查工作，而低强再生混凝土的特点能够很好地适应这一需求。当 EMAS 道面破坏后，理论上可利用被破坏的混凝土为原料进行快速修复，实现重复利用。

结合泡沫混凝土和再生混凝土的特性，创新性地将再生泡沫混凝土应用到特性材料拦阻系统中，其意义主要表现在以下几个方面：①充分利用了再生混凝土高孔隙率、低强的特性，将再生混凝土的劣势转化为优势；②充分体现了绿色建材的理念，缓解了建筑固废的污染；③降低了 EMAS 的建造成本，有利于 EMAS 的推广和使用。

通过前面的分析并根据规范要求，设计了低强再生混凝土的试验，同时其力学性能测试方法详见《特性材料拦阻系统》(MH/T 5111—2015)[44]，具体配合比和强度如表 7.14 所示。可以看出，加入再生砂并且加入发泡剂的混凝土抗压强度明显低于普通的再生混凝土和泡沫混凝土。

表 7.14 混凝土配合比和强度

配比类型	水泥/g	再生砂/g	标准砂/g	水/g	发泡剂/g	水灰比	抗压强度/MPa
再生混凝土	275	165	0	154	0	0.6	14.35
泡沫混凝土	275	0	165	154	2	0.6	1.14
再生泡沫混凝土	275	165	0	154	2	0.6	0.76

再生泡沫混凝土的应力-压溃度曲线如图 7.30 所示。再生泡沫混凝土 EMAS 标准试验应力-应变曲线如图 7.31 所示。根据应力-压溃度曲线与 EMAS 标准图像，本次试验数据满足 EMAS 对材料力学性能的要求，这为低强再生混凝土应用于 EMAS 的可行性提供了一定的依据。

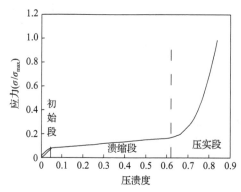

图 7.30　再生泡沫混凝土应力-压溃度曲线

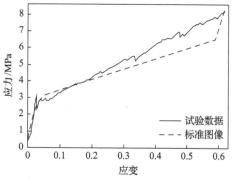

图 7.31　再生泡沫混凝土 EMAS 标准
试验应力-应变曲线

将再生材料与泡沫混凝土进行结合，可以得到低强再生混凝土结构。将再生混凝土低强化后用于有特殊功能需求的结构，是再生材料应用的新方向；利用再生微粉和再生骨料制备的再生泡沫混凝土具备强度低、易破碎、能量吸收高的特点。再生泡沫混凝土可以应用于 EMAS 中，并且其强度、耗能性能均符合《特性材料拦阻系统》(MH/T 5111—2015)[44]的要求，但是它的其他性能(可修复、耐水、耐久等)需进一步研究，同时还需探究材料破碎后二次再生、多次再生的可行性。

7.7　本 章 小 结

建筑固废资源化后得到的再生材料因其节能、节土、安全、健康、改善环境和提高建筑性能等特点，显示出强大的生命力。如何科学合理地将再生材料应用到再生结构中是未来研究的重点。现有再生结构的结构性能及技术应用已经较为成熟，如再生混凝土结构，包括现浇再生混凝土结构和预制装配式再生混凝土结构的静力、动力荷载下性能都已有较为透彻的研究。关于再生骨料在道路工程中的应用，包括再生粗骨料和再生细骨料，目前也有针对性的研究和分析。但仍有部分再生结构尚处在理论研究过程中，如再生山体结构和低强再生混凝土结构，工程应用较少。为将再生材料充分应用到结构工程中，一方面需要依赖于研究的进一步深入，另一方面还需政府出台一系列扶持和推广措施。

参 考 文 献

[1] Xiao J Z, Ding T, Pham T L. Seismic performance of precast recycled concrete frame structure[J]. ACI Structural Journal, 2015, 112(4): 515.

[2] 丁陶, 肖建庄. 基于振动台试验的预制再生混凝土框架后浇边节点分析[J]. 建筑科学与工程学报, 2013, 30(3): 78-85.

[3] 中华人民共和国住房和城乡建设部. 再生混凝土结构技术标准(JGJ/T 443—2018)[S]. 北京: 中国建筑工业出版社, 2018.

[4] 北京市规划委员会. 再生混凝土结构设计规程(DB11/T 803—2011)[S]. 北京: 北京市规划委员会, 2011.

[5] 中华人民共和国住房和城乡建设部. 再生骨料应用技术规程(JGJ/T 240—2011)[S]. 北京: 中国建筑工业出版社, 2011.

[6] 中华人民共和国住房和城乡建设部. 建筑结构荷载规范(GB 50009—2012)[S]. 北京: 中国建筑工业出版社, 2012.

[7] 中华人民共和国住房和城乡建设部, 中华人民共和国国家质量监督检验检疫总局. 建筑抗震设计规范(GB 50011—2010)[S]. 北京: 中国建筑工业出版社, 2010.

[8] 中华人民共和国住房和城乡建设部. 高层建筑混凝土结构技术规程(JGJ 3—2010)[S]. 北京: 中国建筑工业出版社, 2010.

[9] 中华人民共和国住房和城乡建设部. 混凝土结构设计规范(GB 50010—2010)[S]. 北京: 中国建筑工业出版社, 2010.

[10] 中华人民共和国住房和城乡建设部. 建筑工程抗震设防分类标准(GB 50223—2008)[S]. 北京: 中国建筑工业出版社, 2008.

[11] 中华人民共和国住房和城乡建设部. 装配式混凝土结构技术规程(JGJ 1—2014)[S]. 北京: 中国建筑工业出版社, 2014.

[12] 上海市建设和交通委员会. 再生混凝土应用技术规程(DG/TJ 08-2018—2007)[S]. 北京: 中国建筑工业出版社, 2007.

[13] 中华人民共和国住房和城乡建设部. 砌体结构设计规范(GB 50003—2011)[S]. 北京: 中国计划出版社, 2011.

[14] 中华人民共和国国家质量监督检验检疫总局, 中国国家标准化管理委员会. 轻集料混凝土小型空心砌块(GB/T 15229—2011)[S]. 北京: 中国标准出版社, 2011.

[15] 中华人民共和国国家质量监督检验检疫总局, 中国国家标准化管理委员会. 普通混凝土小型砌块(GB/T 8239—2014)[S]. 北京: 中国标准出版社, 2014.

[16] 福建省住房和城乡建设厅. 福建省建筑废弃物再生砖和砌块应用技术规程(DBJ/T 13-254—2024)[S]. 北京: 中国建筑工业出版社, 2024.

[17] 中华人民共和国住房和城乡建设部. 混凝土小型空心砌块建筑技术规程(JGJ/T 14—2011)[S]. 北京: 中国建筑工业出版社, 2011.

[18] 刘军辉. 关于市政旧路改造工程施工中的质量控制[J]. 建材发展导向, 2013, (8): 136-137.

[19] 吴英彪, 石津金, 张秀丽, 等. 建筑垃圾再生集料在道路工程中的应用[J]. 建设科技, 2014, (1): 45-48, 51.

[20] 陆沈磊. 关于再生集料应用于道路水稳层的标准探讨[J]. 上海建材, 2015, (6): 31-33.

[21] 建筑垃圾做路基, 西咸北环线高速路 11 月全新贯通[EB/OL].https://js.shaanxi.gov.cn/zixun/2015/9/84222.shtml[2015-09-14].

[22] 国外废混凝土再资源化现状一览[EB/OL]. http://www.rrtj.cn/news/4183.html [2017-05-25].

[23] 张昌波. 美国再生混凝土骨料的应用[J]. 建筑机械, 2008, (15): 52-53.

[24] 肖建庄, 王军龙, 孙振平, 等. 再生粗集料在水泥混凝土路面中的应用研究[J]. 公路交通科技, 2005, 22(9): 52-55.

[25] 中华人民共和国水利电力部. 水工混凝土结构设计规范(SL 191—2008)[S]. 北京: 中国水利电力出版社, 2008.

[26] Li T, Xiao J Z, Zhu C, et al. Experimental study on mechanical behaviors of concrete with large-size recycled coarse aggregate[J]. Construction and Building Materials, 2016, 120: 321-328.

[27] Wu B, Zhang S Y, Yang Y. Compressive behaviors of cubes and cylinders made of normal-strength demolished concrete blocks and high-strength fresh concrete[J]. Construction and Building Materials, 2015, 78: 342-353.

[28] 和世明. 再生碎石性能研究[J]. 山西交通科技, 2011, (4): 13-14.

[29] 杨锐, 宁培淋, 阮广雄. 建筑垃圾再生骨料复合地基的应力应变分析与探讨[J]. 中国水运(下半月), 2010, 10(6): 201-202.

[30] 王建忠. 振冲法碎石桩加固地基深度的设计与计算[J]. 沈阳建筑, 1992, (3): 1-5.

[31] 李秋义, 全洪珠. 再生混凝土性能与应用技术[M]. 北京: 中国建材工业出版社, 2010.

[32] 任远, 王勇智. 关于因地制宜科学围海造地的思考——以温州为例[J]. 中国海洋大学学报(社会科学版), 2008, (2): 89-91.

[33] 于格, 张军岩, 鲁春霞, 等. 围海造地的生态环境影响分析[J]. 资源科学, 2009, 31(2): 265-270.

[34] Bhuiyan Z, 何小山. 节段性挡土墙单位与填充墙再生混凝土骨料的摩擦行为[J]. 建材与装饰, 2014, (38): 165-168.

[35] 孟庆伶. 利用再生骨料建造重力式挡土墙[J]. 铁道建筑, 2001, (10): 38.

[36] 中华人民共和国国家质量监督检验检疫总局, 中国国家标准化管理委员会. 混凝土用再生粗骨料(GB/T 25177—2010)[S]. 北京: 中国标准出版社, 2010.

[37] 中华人民共和国住房和城乡建设部. 静压桩施工技术规程(JGJ/T 394—2017)[S]. 北京: 中国建筑工业出版社, 2017.

[38] 上海市住房和城乡建设管理委员会. 人造山工程技术标准(DG/TJ 08-2358—2021)[S]. 上海: 同济大学出版社, 2021.

[39] 赵亮. 特性材料拦阻系统(EMAS)建设项目决策方法与设计要点[J]. 低碳世界, 2017, (20): 239-241.

[40] 陈阳. 不同来源再生砂浆及混凝土的基本力学性能试验研究[D]. 南京: 东南大学, 2016.

[41] 李元君. 再生微粉制备泡沫混凝土的试验研究[D]. 包头: 内蒙古科技大学, 2015.

[42] 丁庆军, 胡曙光, 黄修林, 等. 一种再生泡沫混凝土及其制备方法[P]: 中国, CN104119099A. 2014.

[43] Jones M R, Dhir R K, Magee B J. Concrete containing ternary blended binders: Resistance to chloride ingress and carbonation[J]. Cement and Concrete Research, 1997, 27(6): 825-831.

[44] 中国民用航空局. 特性材料拦阻系统(MH/T 5111—2015)[S]. 北京: 中国民航出版社, 2015.

第8章 产业链构建与产业化推广

产业链构建和产业化推广涉及建筑固废资源化所有相关主体，是一个复杂的系统。产业链的构建是建筑固废资源化的基本保障，产业化的推广应用是促进建筑固废资源化发展的动力。由于我国建筑固废资源化产业刚刚起步，本章在产业链构建、产业化推广和产业化应用案例三个部分中，参照其他成熟产业的基本理论，介绍建筑固废资源化产业链构成和运营机制、产业化推广模式和措施的设想与建议，为我国现阶段建筑固废资源化进程提供理论支撑和实践参考。

8.1 产业链构建与产业化介绍

针对我国建筑固废量大面广、成分复杂的特点，在研发出系统的资源化技术基础上，产业链构建是产业化推广的基础，本节详细介绍建筑固废资源化全过程产业链的构建、产业链运营机制及产业化意义和评价。

8.1.1 产业链构成

1. 产业和产业化概述

产业和产业化是产品推广重要且必要的手段，只有将产品投入产业和产业化过程中，才能加快产品应用研发的速度。产业即国民经济中按照一定的社会分工原则，为满足社会某种需要而划分的从事产品和劳务生产及经营的各个部门[1]。一个成熟的产业一般要具备如下几个特性：①市场化经济的运作形式，计划经济不可能是完全的产业化；②重视产业分工，产业化是随着产业革命、社会出现分工以及专业化生产而产生的；③产业是物质生产或服务系统，它是由各种具有相同或相近生产或服务的众多企业构成的系统；④产业系统中各个企业凭借自己的商品或服务向社会经济的其他系统输出资源，同时又从外部系统获取资源，与外界系统保持密切联系，即构成产业结构特性；⑤同一产业的产品或服务具有可替代性，即存在内部竞争；⑥产业活动必须是某个价值链上的一个断面或一个片段，是价值创造与增值的过程。

产业化是目的明确的工业化生产，是指从事同一属性产品、服务的企业或组织集合成社会承认的规模程度，以完成从量的集合到质的转变，从不具备上述六条产业性质到逐步充分具备产业性质，真正成为国民经济中以某一标准划分的重要组成部分[2]。产业化的过程包括行业自身规模的扩大、行业组织形式以及行业目标的调整，使其具备产业性质。衡量一个产业是否实现了产业化就是将其放在国民经济体系中，看其是否真正成为一个为市场、为社会提供产品或劳务的产业部门。只有其产品或劳务成为商品，该组织或单位的集合才能成为国民经济的有机组成部分，才算实现了产业化。

2. 建筑固废资源化产业

建筑固废资源化是通过一定技术措施、管理手段，将建筑固废转变为有利用价值的资源，并生产出高附加值、低能耗的再生原材料和再生制品，实现从垃圾到资源的转变。但是，由于传统观念的束缚、政府政策导向的不足和产品研发深度不够等因素影响，再生原料和再生制品在我国大范围应用受到了严重的阻碍，减缓了我国建筑固废资源化速率和程度。为改变现有状况，提高建筑固废资源化进程，获得更有价值且应用更广泛的再生原料和再生产品，必须将其产业化发展。总而言之，建筑固废资源化产业是以企业为主体、政府为支撑，以节约资源、保护环境为目的，同时运用先进的技术将建筑固废转化为可再生利用的资源和产品[3]。

建筑固废资源化产业的发展是从根本上解决经济发展与环境保护之间以及资源匮乏之间矛盾的有效途径，是我国绿色建筑和建筑工业可持续发展的重要手段。建筑固废资源化不仅具有一般的产业特征，而且具有明显的社会性特征。由于建筑固废产生的不可消灭性，需要发展建筑固废资源化产业，以便保证社会、环境、资源的可持续发展，所以该产业将是一个长期存在和发展的产业。建筑固废产业和产业化推广是促进建筑固废资源化的重要手段，建筑固废资源化产业的内涵可以从以下几个方面进行表述：首先，就产业属性而言，建筑固废资源化产业应转变为由企业独立提供的社会服务产业，不再是由政府统包统管的纯粹公益事业；其次，就管理体制而言，应实行政企分开，政府应该是市场的监督者和管理者，不再是产业的投资者、建设者和运营者，主要加强对建筑固废资源化产业的管制，以确保该产业的稳定发展；再次，就经营主体而言，建筑固废资源化企业不再直接靠财政拨款生存，而是实行企业化、公司化经营，通过建筑固废资源化处理收费及销售建筑固废再生产品获得利润，从而在市场中生存发展；最后，就市场结构而言，建筑固废资源化行业要打破独家垄断，允许社会资金投资建筑固废处理设施，实行投资主体多元化。

3. 建筑固废资源化产业化发展趋势和驱动力

1) 建筑固废资源化产业化发展趋势

建筑固废资源化过程涉及建筑固废产生的源头企业、运输企业、资源化处置企业、再生产品消费者，以及相关和支持性产业、政府相关职能部门、科研院所、社会大众等众多主体，各主体相互关联、相互促进、循环发展，共同形成一个建筑固废产业链，并将通过不断发展逐渐走向成熟[4,5]。建筑固废资源化产业链的发展大致可以分为四个阶段。

(1)产业链萌芽阶段。处于发展阶段的建筑固废资源化产业链节点上主要有两个产业模块，即建筑固废源头企业与垃圾处理企业；政府作为标志角色，在该阶段是产业的倡导者和相关法律与产业政策的完善者。

(2)产业链发展阶段。作为产业链的核心，建筑固废资源化处置企业的运转存活至关重要，是建筑固废资源化产业链构件能够完整构建和顺利运行的关键。政府部门在一定程度上主导市场成为该阶段的显著标志。在产业链发展过程中会应运而生若干新的产业模块，如建筑专业无害化拆除公司与建筑固废分类粗加工企业。这类新生公司的出现一方面顺应绿色工程建设的潮流，另一方面承担了原始阶段垃圾处理企业的一部分工作，使得各个产业模块的专业分工更为细化。政府的角色在本阶段逐渐由主导慢慢转变为引导市场。

(3)产业链成熟阶段。在建筑固废资源化产业链成熟阶段，以智力密集的类似咨询企业出现，政府在该阶段逐渐退出产业链本身，不断通过政策引导行业自主走向规范，更加严格地监督整个产业的绿色环保和社会效益。

(4)产业链衰退阶段。这一阶段是四个阶段中唯一不以政府职责角色转化为分节点的一个阶段，该阶段的开始往往伴随着该地区城镇化的饱和整个建筑产业的衰退，导致建筑固废的产量锐减，产业活性下滑。

未来建筑固废资源化产业化将以信息流动网状化为发展趋势。产业链中的信息流是指产业链上的信息流动，它是以虚拟形态伴随着物流的运作而不断产生的。信息化对产业未来的影响日益加深，建筑固废产业链中的信息流有别于传统产业中的信息以"流"的形式正向反向单一传递，而是形成一种信息共享网络，这个网络最后发展为不仅包含参与产业链的各方，也包含社会公众、政府在内的多功能信息平台。它是根据建筑固废资源化过程中各参与方获取服务与信息的不同，并从整个行业利益和社会效益出发建立的一个有效覆盖我国各个区域、整合各方面信息实现建筑固废高效资源化利用的信息平台体系，从而实现产业相关各方的信息交流与共享。同时，智慧型企业逐渐替代制造类企业成为建筑固废资源化产业链上的核心环节，在现有建筑固废资源化产业化推广和产业链构建中主要针对建筑固废再生加工环节进行分析，是局部的分析，虽然生产加工环节是目前产业链亟须构建的一环，属于产业链起步的基础环节，但是从产业整体发展来说，尤其当产业链发展进入成熟期后，在产品生产上的供给肯定是大于需求的，利润空间会进一步被压缩。建筑固废咨询模块、再生产品市场模块以及技术研发支持模块在产业链成熟期发展是蓬勃的，成为产业链新的核心产业模块。

2)建筑固废资源化产业化驱动力

从技术角度而言，相关研究显示，对建筑固废进行资源化处理，已经不再是产业链发展的瓶颈，真正的瓶颈在于产业链通路存在阻梗[6]，要推动产业的发展，必须要有足够的驱动力消除阻梗，打通产业链。通过对建筑固废资源化产业链结构及关键节点的分析发现，建筑固废资源化产业发展的驱动力包括建筑固废加工企业的内部驱动力与政府的外部驱动力。

（1）建筑固废加工企业内部驱动力。建筑固废加工企业是资源化产业链内部的核心，其生存发展决定了整个产业的发展，所以加工企业对产业发展的驱动即自身得到生存和发展主要表现在以下三个方面：加强内部管理，控制好各生产加工环节的质量水平，以保证资源化产品的质量符合规定要求，使产品得到消费者的青睐，从而给企业带来利润；加强内部研发部门的建设，积极研究开发更先进的技术和设备，以降低生产成本，提高生产效率，加强企业市场竞争力；加强与建筑施工主体和建筑拆除主体的长远战略合作，以促进加工企业原料的稳定供应和资源化产品销售渠道的扩张。

（2）政府的外部驱动力。由于产业链资源化原料供应关键节点的阻梗，建筑固废资源化供应链不畅通，仅仅依靠产业链内部的协调是无法解决这个难题的，只有通过产业链外部主体政府干预，才能解决供应链的问题。政府的驱动主要表现在以下两个方面：①政府通过合理提高建筑固废的填埋收费标准，对建筑固废资源化处理运输业务给予适当补贴，为建筑固废加工企业提供优越的建厂地理位置条件等，提高建筑固废填埋处理成本，降低资源化处理成本，从而促使建筑固废流向处理成本相对较低的资源化途径；②政府通过对建筑拆除主体或建筑施工主体对建筑固废资源化的处理行为采取合理的激励措施，如政策补贴、税收优惠等，同时对不进行建筑固废资源化的企业合理收取一定的环保费，促进建筑固废生产主体进行资源化处理。政府驱动的具体表现形式有如下几个方面：

①政府相关部门制定资源化产品的质量标准，产品质量标准是产品销售的通行证，有了产品质量标准，资源化产品才会得到社会的认可，才会有市场；政府提高对自然资源的使用费，抬高天然产品的市场价格，则资源化产品的相对价格就降低了，这样一来既加强了资源化产品的竞争力，也有效合理地保护了自然资源。

②政府对加工企业生产资源化产品给予财政补贴及税收优惠，鼓励研发机构研究开发更先进更经济的资源化生产技术及设备，并使其在建筑固废加工企业实际生产中得到规模应用，以降低资源化产品的生产成本，从而提高其市场竞争力。

③政府出台相关政策规定工程项目设计对资源化产品的最低采购比率，并对采购使用资源化产品的企业给予相应的财政补贴或税收优惠，同时也大力推广政府采购资源化产品建设示范性宣传工程，以拉动资源化产品的市场需求；政府为合格的建筑固废资源化产品冠上绿色产品头衔，消除社会大众对建筑固废资源化产品的误解，从而在观念意识上鼓励消费者使用资源化产品。

4. 建筑固废资源化产业链特点

产业链是产业层次的表达，是各个产业部门之间基于一定的技术经济关联，并依据特定的逻辑关系和时空布局关系客观形成的链条式关联关系形态。产业链是一个包含价值链、企业链、供需链和空间链四个维度的概念。建筑固废资源化产业链包括建筑施工主体、建筑拆除主体、建筑固废加工企业三大内部主体及政府、技术研发机构两大外部主体，在整个资源化产业运作过程中，政府处于核心主导地位[6,7]。通过对建筑固废资源化的综合深入分析，根据建筑固废资源化产业运作中各主体间的相互作用及建筑固废的流向，构建建筑固废资源化产业链结构模型。在建筑固废资源化产业链构建中，应注重建筑固废的源头减量控制，即在政府对工程项目设计的有效约束下，有效降低作为产业链源头的建筑施工主体和建筑拆除主体的建筑固废排放量；同时，基于建筑固废资源化产业链构成特点，建筑固废从价值和流向的不同可以分为可直接再利用资源、有害或无用垃圾、可资源化垃圾三类。产业链关键节点在整个产业循环中起着至关重要的作用，如果产业链关键节点运行受阻，则产业链必将断裂，从而遏制产业健康持续发展。现阶段，我国建筑固废资源化产业发展迟缓，在产业链运作过程中存在两个产业链关键节点，即建筑固废加工企业上下游环节——原料供应环节和资源化产品的销售环节。原料供应环节是建筑固废资源化产业推广和产业链构建的基础，资源化产品的销售环节是维持建筑固废资源化产业链的关键，所以协调好上述两个产业链关键节点是重要且必要的。

建筑固废资源化产业链是指将建筑固废进行合理的配置和利用，实现建筑固废资源残值的开发利用，即建立"回收—加工—再利用"的产业关联，实现资源价值转移的最大化。建筑固废资源化产业的发展就是由政府统筹的纯公益性事业转变为由企业主导并参与市场竞争的商业性行为，使其在政府的监管和支撑下实现企业化经营、市场化运作。建筑固废资源化必须利用循环经济的思想，分析其影响因素，构造产业链模型，并探讨其产业链的运作模式。

1) 建筑固废资源化产业发展的影响因素分析

"钻石模型"中，生产条件、需求条件、企业战略结构、相关产业支撑是构成一个产业核心竞争力的四大核心要素。在建筑固废资源化产业化过程中，机遇和政府是较为关键的两个因素，也是影响产业竞争力的外在要素。政府对产业的发展具有决定性的影响，它通过一系列政策、法规等直接影响产业的发展方向和发展规模；产业发展机遇通常要等基础发明、技术、政治环境发展、国外市场需求等方面出现重大变革与突破时才会显现。对于建筑固废资源化产业构建，政府是负责行业建设决策和政策制定的重要部门，政府行为在建筑固废资源化产业发展中起着决定性作用，是建筑固废资源化产业发展的重要内在因素；同时，我国现阶段建筑固废资源化产业进程中缺乏成熟的发展环境(主要为法律环境、政策环境、技术环境、市场环境),大大限制了建筑固废资源化的产业发展,所以环境就是影响建筑固废资源化产业发展的外在因素。

图 8.1 为影响建筑固废资源化产业化的核心要素。可以看出,只有更高效地协调各要素间的关系,才能更有效地推广建筑固废资源化的进程,下面对各要素进行详细介绍:①生产条件主要包括资源、技术和资金等;②需求条件主要指市场条件,在很大程度上取决于社会大众对建筑固废资源化产品的认知度;③企业战略结构包括企业生产方式和企业发展规模等;④相关产业支撑即为建筑固废处理设备制造业和建筑固废回收发展水平等;⑤政府行为主要包含完善的法律法规、合理的融资模式和激励措施等。

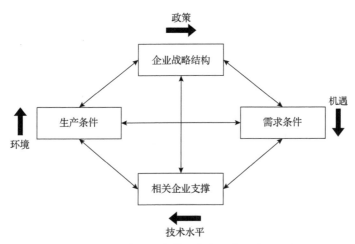

图 8.1 影响建筑固废资源化产业化的核心要素

上述几项要素是关系到建筑固废资源化产业化能否实现的关键。政府行为将在很大程度上影响产业发展环境,发展环境中的很多要素都是政府行为的直接产出物,如政策环境、技术环境等。发展环境又能反作用于该产业的发展,为其发展提供强大的推动力,环境因素是建筑固废资源化产业化发展的重要保障。通过对建筑固废资源化产业化发展影响因素的分析可以看出,由于在技术创新、资金来源、企业的专业化和规模化发展、设备制造业和再生服务业发展水平以及政府宏观管理方面都存在许多问题和不足之处,建筑固废资源化产业化的发展显得举步维艰。

2)基于单个产业层面的建筑固废资源化产业链构成

通过对建筑固废资源化产业化中各因素主体的分析,构建其产业链模型,如图 8.2 所示。在建筑固废资源化产业链中政府处于核心地位,由于该产业具有巨大的社会公益性,其正常运转必然离不开政府的一系列引导、扶持措施;建筑企业和建筑固废回收、再生企业之间构成了建筑固废资源化的封闭循环链，这是该产业链的实质部分；科研机构和社会大众共同构成产业链的外部环境，为该产业链的发展提供保障。建筑固废资源化产业链的运行实质上就是上述五大主体之间的相互作用。

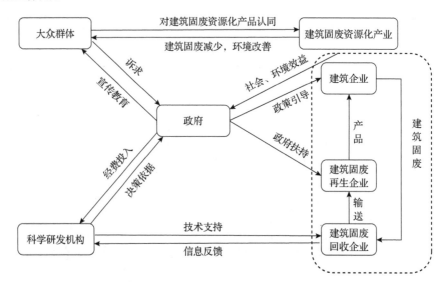

图 8.2　建筑固废资源化产业化构建中不同因素的相关性

在政府对建筑固废资源化行为的限制措施下，建筑固废产生者把建筑固废输送给建筑固废资源化企业，而资源化企业在政府和科研单位等的支持下对建筑固废进行资源化处理产出资源化产品，进而把资源化产品销售给建筑企业。这样就使得建筑固废在建筑行业的大循环中得到循环利用，从而形成建筑固废资源化的产业循环链，这一过程符合循环经济的基本要求。同时，该产业的顺利运行带来巨大的社会效益，如环境改善，节约土地、能源、资源等，使政府的一系列行为得到回报。此外，建筑固废资源化企业也能在进行建筑固废资源化服务或输出建筑固废资源化产品中获取相应的经济效益。

与此同时，政府还需要通过其他手段间接作用于该产业，主要包括以下几个方面：①政府要加大对科研单位的投入，以促进其对建筑固废资源化领域的研究。这主要表现在科研单位对建筑固废资源化处理技术、设备、管理的研发上，这些研究成果将直接服务于建筑固废资源化产业中的资源化企业。②科研单位还应为政府制定政策提供决策依据。例如，建立建筑固废资源化处理的技术规范和资源化产品的质量标准，制定建筑固废排放定额以衡量建筑企业的管理水平进而据此对其进行评价和限制等。③政府还要加大对社会大众的宣传教育力度。例如，通过对建筑固废资源化知识以及资源化产品的宣传，消除社会大众对其的误解，提高对资源化产品的接受程度，这样就为建筑固废资源化产品提供了有利的市场环境，从而激发民营资本投资该产业的热情。这些都是强化社会大众对建筑固废资源化产品的认同度，从而扩大产品需求量以推动整个建筑固废资源化产业发展的内在因素。④政府立法部门需为建筑固废资源化产业制定一套切实有效的法律法规，以此作为保障，保护建筑固废资源化企业的合法权益。近些年，政府出台了相关政策和法规（见表 8.1），鼓励建筑固废的资源化利用。

表 8.1　关于鼓励建筑固废资源化利用的国家政策文件

发布时间	国家政策文件	主要内容
2014.02	《2014～2015 年节能减排科技专项行动方案》	将"建筑垃圾处理和再生利用技术设备"列为"节能减排先进适用技术推广应用"重点任务
2014.12	《重要资源循环利用工程（技术推广及装备产业化）实施方案》	要求产业废弃物资源化利用，针对建筑垃圾研发回收利用成套设备，推广应用建筑固废、道路沥青处理及利用设备
2015.04	《中共中央 国务院关于加快推进生态文明建设的意见》	全面促进资源节约循环高效使用，发展循环经济，按照减量化、再利用、资源化的原则，加快建立循环型工业、农业、服务业体系，提高全社会资源产出率

3) 基于多个产业层面的建筑固废资源化产业链构成

基于多个产业层面的建筑固废资源化产业链本质上是运用循环经济理论，遵循生态学规律，以环境友好的方式充分利用自然资源，使经济效益的发挥和谐纳入生态系统的物质循环过程中。循环经济是物质闭环流动型经济的简称，它在整个生态层面表现为低污染低排放、物质的高效循环利用，以及资源、能量梯次和闭循环使用。由于建筑固废资源化产业牵涉多个行业，在该层面上要求整个社会技术体系及各个相关部门之间实现网络化，使资源实现跨产业利用。基于多个产业层面的建筑固废资源化产业链应该呈现出产业链长、产业间交叉点多这个特征。传统的产业链通常是线性的，即围绕某一种产品进行直线式的价值传递。在该模式下，建筑固废依据其特性在各个产业间循环，其价值利用更加充分。资源的多重开发导致资源的使用价值细分，产业链出现多个交叉点。

8.1.2 产业链运营机制

1. 建筑固废资源再生企业规模化机制

社会分工受制于市场规模，资源再生产业水平和竞争能力的提升是建立在高度专业化和社会分工深化的基础之上的。而社会分工细化取决于市场规模，包括需求规模和供给规模，需求规模在客观上因工业化加速对资源需求增加而存在，主要的问题是信息不对称和需求不稳定，这一问题在前面关于市场化机制部分已经讨论过。供给规模主要从企业生产和地域集中两方面体现出来。企业规模经济是组织内规模效应，具有较强的内部性；地域规模经济因聚集效应而产生，具有高度的外部性。资源再生产业发展中，无论是产业组织形式的链条化和网络化还是资源回收利用和循环再生的经营规模，都要求物质和能量的流动具备一定的循环通量，即存在大量的持续的废物流以及与之相适应的废物运输、存储、加工、转化等集成处理能力。正如高速公路的建设一样，只有足够的车流量才能产生经济效益，因此资源循环再生具有规模要求。对于规模大的生产企业要进行合理布局，对于规模小的生产企业要进行产业聚集，建立资源互通有无的合作网络和资源再利用、垃圾无害化处理的共享设施。

1) 资源再生企业规模经济

规模经济的主要来源是：专业化分工和协作的经济性，这是规模经济的基础；采用大型、高效和专用设备的经济性，这在废旧机器设备处理方面表现尤为突出；采用精密仪器和处理工艺、安全环保防护条件对废旧电子电器集中、封闭处置也要求一定的规模性；标准化和简单化的经济性，这为废物批量处置、再生产品批量生产提供技术基础；大批量采购和销售、运输、管理具有显著的经济性。前面四点是技术因素，最后一点是交易因素，都有助于降低企业的生产成本和交易成本。由于资源循环再生在微观层次涉及多个生产流程和多个生产环节，也需要跨部门协调，规模经济对资源循环再生的持续发展具有重要意义。首先，回收环节，要求密度经济。城市垃圾具有点散、面广、种类繁多等特点，回收活动涉及收集、分类、运输等方面，回收网络的建立要符合密度经济，否则成本过高会从源头上抑制资源循环的运转。其次，加工利用环节，采购成本和原料采购量是决定再生资源加工企业经济效益的基础；市场需求规模和产品需求门槛是资源再生企业生产再生产品并具有经济效益的关键。最后，资源循环再生要求实现地域化规模经济网络。中小企业在生产中都会产生各种废物，由于废物的数量不足以达到规模化处理的最小规模，它们在内部独立循环利用资源在经济上没有可行性。在这种情况下，需要实现循环利用资源的社会化，要求有专业化的、达到规模经济要求的废物收集、分类、加工处理、再利用的专门企业。

2) 资源再生企业范围经济

范围经济是指通过多产品生产，可以充分利用现有的资源，达到平均成本降低的作用。具体表现为：①生产技术具有多种功能，可用来生产不同产品，从而提高生产技术设备的利用率；许多零部件或中间产品具有多种组装性能，可以用来生产不同的产品。②企业研发的某一种技术可以用来生产多种产品。③对企业无形资产的充分利用。资源循环再生过程中，生产工艺方面与多个产品有关，或者是生产同一产品会产生多种废物，这些废旧资源的处理可以通过范围经济降低成本。企业产品多样性或业务多元化对资源循环再生具有促进作用,产品多样性产生的多种副产品可进行集约处理或集中转让给下游需求者。④产品多样性为副产品在企业内循环利用提供了可能性,副产品多样化为企业开展多元化业务提供了前提。企业的范围经济在资源循环再生上构成了企业的循环规模经济,对于资源循环再生联合体和区域循环经济网络的发展都具有规模性的贡献。

2. 资源循环再生的最优规模和临界规模

资源循环再生的发展需要通过市场机制的作用才会持久运行,因此它遵循规模经济的规律和要求。企业实施资源循环再生需要对原有的生产技术和生产设备进行革新,初始投入会增加,但是随着产量的增加,资源循环再生的平均成本呈下降趋势,即资源循环再生具有规模经济特征。

3. 资源再生产业地域规模化机制

合理布局的工业区位和生态学的产业共生是推动资源循环再生活动空间集中的两大主要因素,循环型产业活动的集中产生聚集效应,产业组织的演化与空间结构的密集导致多种形式的资源再生产业形态,如生态工业园、产业生态网络、生态产业集群、循环型产业链乃至区域性副产品交换网络和虚拟生态工业园等,在这些多样化的产业空间形态背后,规模经济的作用机理需要深入分析。

1) 资源再生产业聚集的经济效应

聚集经济是指生产要素和经济资源在一个特定的区域集聚或向该地区集中的趋势,它既是一种状态和结果,也是一种经济趋势和原因,因此也被称为聚集效应。聚集经济是把生产按某种规模聚集在同一地点进行,因而给生产或销售方面带来的利益或造成的节约通常以规模经济、范围经济、外部经济、网络经济等多种形式表现出来。企业发展资源循环再生需要一定的规模,在更大范围内,资源循环再生要求企业在一定空间内集聚,实现循环利用资源的区域性规模化,从而实现资源循环再生在地域上的规模经济。聚集经济是生产要素和经济资源的空间集中,它可以通过产业扩散效应、公共基础设施的共享和管理成本的节约而实现。循环经济是一种新型技术经济范式,资源循环再生的技术体系以提高资源利用效率为基础,以资源的再生、循环利用和无害处理为手段,作为一种具有高度正外部性的经济活动,更需要经济活动规模的扩大和区域内的经济联合。因此,资源循环再生的发展不仅对企业规模提出要求,更需要区域聚集经济。资源循环再生的技术经济特征要求经济聚集,提高资源利用效率,减少生产过程的资源和能源消耗,这是提高经济效益的重要基础,也是污染排放减量化的前提。延长拓宽生产技术链,将污染尽可能地在生产企业内进行处理,减少生产过程的污染排放,这些技术经济特征都需要企业规模的扩大和区域内多个企业的联合才能实现。

2) 资源再生产业的地域规模

随着工业生产过程的进行，工业的各部门之间产生了某种联系，即工业联系，工业联系导致工业集聚，进而形成了工业地域，企业生产规模、企业组织数量、企业间的联系程度、中间性组织数量构成产业地域规模。工业联系主要表现为生产工序上的联系(直接联系、间接联系)和空间利用上的联系(包括对公共设施的利用、对劳动力的利用)。由于工业联系增加，工业集聚出现，可以充分利用基础设施，加强彼此之间的信息交流和协作，降低运输费用和能源消耗等，扩大总体生产能力，最终降低生产成本，提高利润，获得规模效益。工业集聚又促使工业地域的形成，现代工业生产分工越来越细，部门越来越复杂，工艺日益专业化、自动化，各部门、各企业间的联系越来越广泛，这一切都为工业地域的形成和发展创造了有利条件。

4. 建筑固废资源化产业化促进机制

1) 资源化产业化促进机制的构建

高效而准确的促进机制是建筑固废资源化产业链构建的关键和基础。建筑固废资源化正从传统的"粗放填埋处置"向"绿色高效资源化处理模式"转变，是一种资源节约、环境保护的发展趋势。较高的环境效益、社会效益和经济水平符合总体社会利益。在建筑固废资源化产业进程中，政府政策、制度和规范是引导社会经济发展方向的重要力量，发挥市场机制的作用符合经济运行规律的内在要求。建筑固废资源化促进机制的建立应以市场主导、政府引导、企业推进为核心理念。基于我国建筑固废实际情况，由于大众社会对垃圾砖等再生产品质量和环境风险的疑虑，要实现建筑固废资源化处置的产业化推广和产业链建立，必须构建建筑固废资源化促进机制。应以政府、企业和市场为作用点建立建筑固废资源化促进机制，明晰政府行政命令型控制政策和经济激励工具，逐步实现建筑固废资源产业化。

制定合理的建筑固废处置收税机制可以提高承包商简易处置建筑固废的选择成本，促进高效、高附加值的建筑固废资源化处置。在资源化起步阶段，政府需要财政补贴资源化企业，使之正常运转；与此同时，由政府牵头，通过大力推进再生产品标准制定及政府工程带头使用再生产品等尝试培育资源化市场，拓展资源化企业的产品销路。此外，资源化企业在获利的同时应该适当补贴承包商，降低承包商的支付成本，提高其资源化积极性。最后，政府应当制定资源化扶持政策，使承包商倾向选择资源化和资源化再生产品。图 8.3 为建筑固废资源化产业促进机制示意图，从政府源头的政策制定，通过不同机制的相关作用，最终完成建筑固废资源化产业化的构建。值得注意的是，政府部门在机制构建中处于主导地位，应充分发挥政府部门的职能作用。

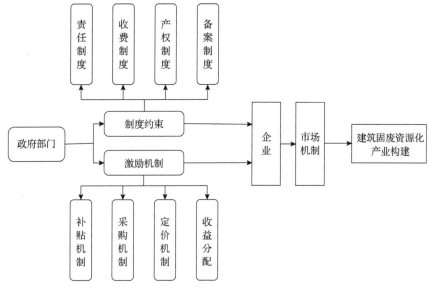

图 8.3　建筑固废资源化产业促进机制示意图

2) 政府监管

建筑固废资源化产业从建筑固废生产、运输、建筑固废资源化处置到资源化产品应用全过程涉及多个政府部门。考虑到建筑固废产生的特殊性，为了规范建筑规划设计、建设施工以及旧房拆除等工程建设活动对城市市容的影响，相关政府部门均发布了一些限制建筑固废产生的规范性文件，这些措施虽然能快速降低固废产生量，但是其运行成本高，政策性文件接口管理不科学、重复性内容较多，不符合循环经济或可持续发展的要求。为缓解现阶段建筑固废管理脱节、各部门规范性文件持续性差、规范性文件操作性差以及多头管理等现象，应在政策制定时充分参考建筑固废生产单位、运输单位、资源化企业、建筑固废处置管理等部门的意见，并且规范性文件大纲草稿还需要征求基层工作部门意见，尽可能在政策制定过程中消除上述问题。

建筑固废资源化作为一种公共产品，环境污染是企业行为的外部不经济性造成的，并且外部性导致私人成本和社会成本存在不一致，市场机制在建筑固废管理过程中有效性差。市场机制通过提供必要的市场信号刺激市场主体行为来解决资源配置问题，在建筑固废处置方式的选择中，由于建筑固废资源化主要解决当前的建筑固废外部性问题，市场失灵的存在必然要求政府干预。同时，公共产品生产的非竞争性与非排他性特征也决定了政府是环境质量改善这一公共产品的提供者。企业(或承包商)作为经济生产活动的基本单元，无疑是建筑固废资源化的实践主体，也是建筑固废处理从简易处置向资源化再利用转型的中坚力量。但在市场经济条件下，企业总是以追求利润为参与经济活动的动力，这也是市场竞争的必然要求；在现实状况下，如何激发企业主动接受资源化理念，政府如何引导企业参与实施建筑固废资源化的内在动力，是一个关键问题。例如，政府尽可能采购资源化再生产品，影响并创建再生产品市场；同时，政府应该在市场机制的基础上，运用行政手段，共享公共信息，制定优惠政策，激发企业的利益驱动机制，从而解决市场信息不对称、企业动力不足的问题，最终形成政府与企业的公私合作伙伴关系。

3) 市场作用

建筑固废资源化利益相关者是市场中的基本经济个体，也是导致自然资源稀缺性和建筑固废外部不经济性的关键主体。市场主体为了获得更多的经济效益，以自身利益为出发点考虑其决策行为，往往忽视其行为活动对社会和环境的影响，由于资源开采和使用的相对成本较低，企业过度依赖原生资源，间接导致建筑固废排放速度越来越快，企业的经济活动向社会转移更多的外部成本。由于市场经济的利益最大化特征、市场失灵、政策失效等原因，"先污染、后治理"的无效资源利用模式依旧存在并持续。在政府完善法律法规和优惠政策的同时，大力宣传建筑固废资源化，鼓励资源化再生产品的采购，在原生产品价格的基础上适度降低再生产品价格，提高再生产品的市场竞争力，进而增加企业对再生产品的需求，同时资源化企业对再生产品的供给也会促进供需关系优化改进，促进资源化市场的建立。

通过建筑固废资源化，市场主体既能获得经济效益，又能获得社会环境效益，对环境的损害也会降到最低，因此建筑固废资源化的成功实施不能脱离市场经济而独立发展，必须要与市场相结合才能解决长久发展问题。要真正实现资源化，必须充分发挥市场机制的基础性调节作用。基于市场机制，明晰环境资源产权，使环境资源和自然资源作为生产要素进入市场，使其价格能正确地真实地反映其社会成本，从而建立起一个利于环境污染治理和资源再利用的产权体系与定价体制，借助市场的力量来更有效地实现建筑固废资源化目标，最终达到环境资源配置的帕累托最优状态。图8.4为市场作用下建筑固废资源化产业促进机制示意图。

4) 建筑固废资源化促进机制的保障条件

为保证建筑固废资源化促进机制发挥积极作用，完善建筑固废资源化产业机制，在制定并实施建筑固废资源化保障机制过程中应满足以下条件：①健全责任制度，完善法律体系，加大执法力度，明确违法责任，杜绝承包商的违法行为；②加强建筑固废危害性和资源化优越性的宣传和研究，提高政府、承包商、社会大众对建筑固废及其资源化处理的认知水平；③基于国内外建筑固废资源化成功先例，制定资源化再生产品质量标准或质量认证体系，消除质量因素对资源化的影响；④政府倡导固废资源化，必须摒弃公私之见，对私人企业公平对待，并积极引导私人企业投资资源化产业，解决资金瓶颈问题；⑤坚持市场引导与政府监

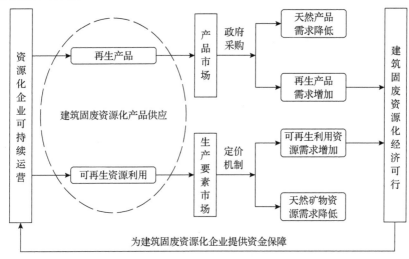

图 8.4　市场作用下建筑固废资源化产业促进机制示意图

督结合的原则，避免政府过度干预或市场失灵现象发生；⑥健全工程建设备案制度，把建筑固废的产量估算纳入备案制度[8]。

8.1.3　产业化监管

在推进建筑固废资源化产业化和产业链构建的过程中，应制定相关的风险防范措施，以规避建筑固废资源化过程中可能的、不确定的及潜在的环境风险。因为没有进行安全评价，可能存在更多的、更大的环境风险，而且由于没有设置好风险防范措施、建立起风险跟踪评估机制和执行好风险消除应急预案，对建筑固废资源化产业化推广的监管是必要的，并且需要对建筑固废资源化涉及的各个方面进行监管。因此，应从以下几个方面加强建筑固废资源化产业化过程中的监管。

(1)应确保公众监督权，加强建筑固废产业化推广监管。由于政府自身的原因以及建筑固废资源化科研机构、专家和企业的影响，政府的监管较为弱化，存在监管失灵的境况。

(2)应赋予公众足够的监督权，充分发挥公众参与监管的优势和价值，以便进一步加强建筑固废资源化产业化推广的监管。需要注意的是，公众参与监管并不是非理性的、无济于事的简单监督，而是理性的、具有重要意义的监督，是建筑固废资源化进程中监督的关键部分。在建筑固废资源化产业化推广中，防范、减少、及时处置建筑固废环境风险的关键在于执行好所制定的相关风险应对政策，确保其效能。

(3)政策执行的监督要产生实效，就需要建立起完善的监督机制。政府固然是建筑固废资源化产业化推广监管的主角，但是仅仅依靠政府的监管是不够的，还应该看到公众参与政策执行监督的作用。

综上所述，为加大建筑固废资源化产业化推广的监管力度，必须要建立起一套完善的监督机制：一方面强调政府的内部监督，另一方面强调社会的外部监督，即要确保公众监督权的实现，从而构建起二元监督机制，形成政府-公众互动的监管态势。为了避免政府在建筑固废产业化推广监管中可能存在的运行型失灵，使其从"行政不作为"走向"行政作为"，在监管中用好手中的权力，担当起肩上的责任，实现"勤政"，一方面需要从建构刚性的责任行政机制着手，建立责任型政府，消除行政不作为状态；另一方面需要确保公众监督权的实现，以监督政府的监管行为。这可以促使政府在监管中扮演好角色，发挥其应有的作用，从而确保监管到位、有力，而且还可以防止在建筑固废资源化产业化推广的监管中出现腐败和权力寻租现象。

8.1.4　产业化评价

产业化是一个具有中国特色的概念，一些权威机构从高技术产业化、高新技术产业化、科技成果转化、自主知识产权成果产业化和新技术商业化等角度，从国家层面对成果产业化活动这项风险很高的商业活动进行了研究。公众和政府部门主要关注建筑固废资源化产业化的环境效益和社会效益，而建筑固废资源化企业更关注建筑固废资源化产业的经济效益，是产业化能够顺利推广的关键。

1. 环境效益评价

建筑固废资源化利用具有较强的"经济外部性"，即某个经济行为个体的活动使他人或社会受益，而受益者无须花费代价。这种外部性体现为建筑固废资源化利用相关政策实施后可带动建筑固废资源化利用率的提升，具有较强的环境效益。目前中国缺乏对建筑固废资源化利用技术单项技术的环境排放影响分析，但从宏观政策的实施层面分析，依然可以看出其具有较好的环境效益。建筑固废如果不经过任何处理就运往郊外露天堆放或填埋，不仅造成高额的垃圾清运成本，占用了大量土地，而且清运和堆放中产生的遗漏、粉尘、灰沙等又造成环境污染。

2. 社会效益评价

建筑固废资源化利用政策实施的社会效益体现在对国家宏观战略目标的推动、提升行业进步，以及由行业进步带来的更多的就业机会等方面。只有当建筑固废资源化利用企业逐步发展壮大，行业日益形成即产生集聚和群体效应时，其行业的社会效益便逐步体现，目前中国尚无量化某个企业社会效益贡献的方法，但可以判断的是单个企业的发展壮大必将带来行业的进步和国家经济的发展，表现在如下几个方面。

(1)有助于实现中国节能减排战略目标的实现。建筑固废资源化利用政策的实施可以推动工业领域的建材行业、建筑领域碳排放降低，因此实施以上政策有助于推动国家节能减排战略目标的实现。

(2)有利于推动建筑上下游产业的发展。建筑固废资源化贯穿建筑工程的立项许可、规划设计、施工建设、运营管理、拆除、运输及产品应用等生命周期,通过资源化可以带动建筑全产业链包括房地产业、建筑业、建筑材料产品、建筑设备、建筑咨询服务业、建筑领域科学研究等相关产业的发展,必然形成带动建筑全链条产业发展的趋势。

(3)提供更多的就业岗位。建筑固废资源化利用对建筑生命周期过程的各个环节都提出了节能环保的要求,也提出了更多的技术提升和精细化管理的需求,必然会带动建筑固废前期的分拣、破碎、运输、资源化等各个环节的劳务、技术研发、设备生产、产品销售等各环节的产业发展,也伴随着房地产业、建筑业、建筑材料产品、建筑设备、建筑咨询服务业、建筑领域科学研究等相关产业的发展,不仅增加了相应的工作内容,同时带来了更多的就业岗位。美国的一项调查表明,在建筑固废资源化利用的过程中,每 100 项工作即能额外增加 168 个工作岗位。同样,推动建筑固废资源化应用也一定会带动我国就业岗位的增加。

综上,建筑固废资源化的综合效益较为突出,以上政策建议不仅可以带来较好的经济效益,同时能够带来针对不能量化的环境效益和社会效益提供市场支持。

3. 经济效益评价

经济效益是通过商品和劳动的对外交换所取得的社会劳动节约,即以尽量少的劳动耗费取得尽量多的经营成果,或者以同等的劳动耗费取得更多的经营成果。经济效益是资金占用、成本支出与有用生产成果之间的比较,经济效益好,就是资金占用少,成本支出少,有用成果多,经济效益状况对建筑固废资源化产业构建具有重要意义。经测算,要实现 2016~2020 年建筑固废资源化率目标以及无害化处理率目标,每年的总收益如表 8.2 所示。结果表明,积极落实该研究提出的政策建议有望促进中国建筑固废的无害化管理和资源化利用目标的实现。从投资收益比的指标来看,以上提出的政策建议均有较好的成本经济效益。

表 8.2　实现中国建筑固废无害化及资源化目标的总收益

年份	排放量/万 t	资源化率/%	资源化量/万 t	产量/万 t			收益/万元			总收益/万元
				再生骨料	预拌再生骨料	再生混凝土制品	再生骨料	预拌再生骨料	再生混凝土制品	
2016	188357.60	15	28253.64	3013.72	1412.68	1412.68	75343.04	254282.76	416741.19	746366.99
2017	194008.30	20	38801.66	4138.84	1940.08	1940.08	103471.09	349214.94	572324.49	1025010.52
2018	199828.60	25	49957.15	5328.76	2497.86	2497.86	133219.07	449614.35	736867.96	1319701.38
2019	205823.40	30	61747.02	6586.35	3087.35	3087.35	164658.72	555723.18	910768.55	1631150.45
2020	211998.10	35	74199.34	7914.60	3709.97	3709.97	197864.89	667794.02	1094440.19	1960099.10

8.2　产业化推广

在建筑固废关键产业链节点构建的基础上，本节详细地介绍建筑固废产业化推广的实际意义，以及在产业化推广过程中的相关措施，从不同角度分析产业化推广过程中可能存在的问题，并提出解决办法。

1. 产业化推广意义

建筑固废作为二次矿产资源，对其进行产业化推广是重要的而且是必要的，产业化推广可以加快建筑固废资源化处置效率，具有丰厚的社会效益和经济效益。建筑固废资源化推广必须建立在科学的基础上，以环保和科学为指导理念进行全方位布局和产业化推广。国家相关部门应加大对科技的投入力度，加强建筑固废资源化研究重点机构的建设。近年来，不少建筑固废再生制品由于技术落后而缺乏市场，至今生产规模较小，对于再生制品常规利用附加值低的问题，急需研发提高生产附加值技术，研发新技术、新工艺和新设备，并进行更深层次的产业推广。提升建筑固废资源化利用水平，彻底实现建筑固废资源利用最优化。同时，对于建筑固废利用规模小的问题，应因地制宜，研发建筑固废资源集成利用技术，实现产学研一体化，构建以技术研发为引导的建筑固废资源化产业链。

建筑固废资源化产业化是对城市废物产业模式综合而又具体的概括。在产业化源头减量阶段，产业化意义是在建筑物或构筑物拆除之前通过专业的拆除公司对建筑物或构筑物进行评估与预测，来确定建筑固废的成分、种类、数量等并制定相应的回收应用方法，从而提高废物回收率和利用率；在建筑固废产生阶段，产业化意义并不是像以往一样运至指定地点进行简单的填埋处理，而是运往专门的废弃物处理机构，这些机构中掌握了相关专业知识和技术的人员采用人工与机械并用的科学高效的处理方法对建筑固废进行分类、筛选、去除杂质等工序处理，扩大处理规模能促进这种科学方法和管理模式得到业界的普遍认可，并逐渐走向产业化。

2. 产业化推广措施

现阶段的建筑固废资源化处置仍是政府事业性管理性质，具有垄断经营的特征，因而在管理上缺乏有效的激励机制，不易调动积极性，难以提高建筑固废资源化效果。为了推进建筑固废资源化的发展，需要将其形成一个产业，同时以市场作用为导向，即产业化发展。政府在增强产业投资主体的多元化、加强产业的竞争机制、提高作业效率和处理水平上起着重要的作用[9]。为保证建筑固废产业化的推广，本节从以下几个方面论述建筑固废产业化推广过程中的保障措施。

1)完善相应法律法规

目前我国建筑固废管理的法律建设尚属起步阶段，至今尚无一部国家的关于建筑固废管理的专门法律文件。从建筑固废资源化产业的长远发展来看，相关法律法规明显不足。

2)加强政府政策导向作用

为保证建筑固废资源化产业化进行，应加强政府政策导向作用，政府的政策导向主要包括两个方面：行政政策与经济政策。下面分别从这两个方面进行介绍。

(1)行政政策。在行政许可上对建筑固废资源化企业进行照顾，政府主管相关部门为其运作提供支撑、创造环境。

(2)经济政策。建筑固废资源化产业有着巨大的社会效益和环境效益，因此它不完全是市场行为。为了使该产业的发展进入良性循环，不能要求建筑固废资源化企业自负盈亏，国家应该有相应的财政补贴或者税收优惠，让企业能够在市场竞争中得以生存和发展。政府的经济性政策主要分为经济制约和经济激励两个方面。①经济制约就是通过国家税收机制，对建筑固废排放、天然资源开采等活动征收税费，以期达到减少建筑固废排放、合理开采天然资源的目的，同时为建筑固废处理产业的发展募集资金。②经济激励主要是采取税收优惠、财政补贴以及适当降低贷款利息来吸引私营企业参与建筑固废资源化行业，降低其投资风险，增强其参与市场的竞争力，为建筑固废资源化产业发展创造一个在行业间和企业间公平竞争的环境。建筑固废资源化过程中的经济措施如表8.3所示。

表 8.3　建筑固废资源化过程中的经济措施

环节	经济激励措施	经济制约
研发	政府固定的研发补贴	
	对技术创新予以奖励	
投资	政府的固定投资补贴	提高建筑固废排放税 征收自然资源材料使用税
	无息或低息贷款	
	减免企业各种税费	
	保证企业的最低盈利水平	
生产	按生产建筑固废数量予以奖励	
	对生产的补贴	
消费	消费可再生资源的税收优惠	
	消费可再生资源的经济补贴	

政府的经济政策中还可以通过调整工程造价项目组成，以达到刺激建筑固废资源化的目的。目前工程造价组成的调整可以从以下两个方面进行：第一，类似

于建筑安装工程费中的规费，把建筑固废处理费加入工程造价中，按一定比例取费；第二，加入天然资源建材使用费，这项费用旨在刺激施工单位与建设单位使用再生建材替代天然资源建材，以此来减少天然资源建材的用量，达到节约自然资源的目的，这样可以促使建筑企业减少不可再生资源建材的使用量，同时激发其购买建筑固废资源化产品的积极性。此外，利用在建筑安装工程费中收取的建筑固废处理费来补贴建筑固废资源化企业，以此来促使其降低建筑固废资源化产品成本，维持其正常生产经营，从另一方面推进建筑固废资源化产业的顺利运转。

8.3　产业化应用案例

8.3.1　上海市建筑固废产业化应用案例

1. 上海市建筑固废资源化产业概况

上海是国家中心城市、超大城市，也是我国经济、金融、贸易和航运中心，地处长江入海口。随着上海社会经济不断步入快速发展轨道，"十三五"期间城市建设仍将保持高强度推进态势，但在"低碳发展"的新要求下，也面临经济转型发展新的机遇和挑战。上海市社会各界对建筑固废资源化利用的呼声十分强烈，迫切需要认真审视城市建设快速发展过程中建筑固废排放和资源化利用的全过程，主要包括如何在经济转型发展过程中纳入低消耗、低排放、高附加值的建设发展内容；如何充分运用新能源技术、节能技术的成果来实现资源化利用在技术上的创新突破；如何进一步依靠科技进步来全面提升建筑产业的行业素质，有效实现建筑固废的低排放；如何进一步整合资源，探索出一条符合上海市实际又具有普遍借鉴意义的建筑固废资源化利用新路等。

针对上海市人口密集、一次能源资源稀缺、环境容量有限等特大型城市特点，在国家建设生态文明、促进低碳经济、可持续发展的大方针战略框架下，结合自身特点和发展需要，突出比较优势，创新实施路径，构建政府引导、市场主导、社会参与的资源化发展格局，切实推进上海市建筑固废资源化利用的发展进程，主要在以下五个方面采取政策措施：①加快完善法规标准，把建筑固废利用作为上海可持续发展战略之一，强制并鼓励推行建筑固废资源化利用；②抓住大规模城市建设契机，着力从源头消减垃圾，大力推进预制构件等循环建设模式，促进节能低碳经济发展；③依托服务经济迅猛发展，构建建筑固废供需平衡平台，实现"有进有出，各取所需"建筑固废消纳的市场共赢机制；④利用科技人才优势，聚焦突破面向未来的关键技术，提高再生利用水平，加大政策扶持，拓展资源化利用范畴；⑤建立有效推进建筑固废资源化的组织机构，统筹各方，以点带面，有计划有成效地逐步推进。

上海市建筑固废处理存在的突出问题是垃圾外运问题。2016 年 7 月 1 日，约 2 万 t 来自上海市的垃圾（其中夹杂大量建筑固废）被偷运倾倒至苏州太湖西山岛。一个多星期后，又有来自上海市的大量垃圾经由船运倾倒至南通海门市的当地农场，堆积成数座垃圾小山，建筑固废、生活垃圾、电器垃圾充塞其中。上海市的垃圾外运事件，给垃圾堆放地区的生活环境、湖泊水质等带来不良影响。外运事件发生的主要原因是上海市政府将垃圾处理这项公共服务事业外包，将业务交由专业公司处理，但是部分公司选择就近找个地方随便倾倒，以减少垃圾处理成本，谋取更多经济利益。上海市垃圾外运事件遭到新闻舆论的一致声讨，引起社会的广泛关注。不久，上海市政府相关部门全面禁止建筑固废外运的处置方式，决定健全垃圾综合治理机制，全覆盖管理工程渣土、工程泥浆、工程垃圾、装修垃圾、拆除垃圾等，并建立建筑固废分类消纳体系，提升资源化利用水平。在建筑固废管理上，上海市开始实行源头申报、卸点备案、全过程监管的机制，落实"属地消纳"原则，建立市应急处置场所，推广卸点付费机制，明确禁止垃圾非法运输、处置，防止因层层转包造成非法倾倒建筑固废。事实上，目前上海市建筑固废运输以车辆运输为主、车辆运输加船舶转运为辅，车、船均采用了 GPS 定位、IC 智能卡监控技术，有效实施建筑固废运输车船作业状态监控管理。对建筑装修垃圾运输车辆实施登记备案管理，由各区建筑装修垃圾管理部门对从业车辆实施车况检测，对符合标准的车辆纳入数据库管理，准予办理建筑装修垃圾运输处置申报；对多次违反管理规定的车辆，由区管理部门报"废管处"后，从数据库内实施清除。

上海市建筑固废资源化处置利用行业的头部企业拥有日处置能力达到 4000t 的固体废物再利用自动化生产流水线，其处置率和利用率达到 98%以上。在建筑固废资源化处置利用中，主要以各种废弃物料为原料，采用颚式破碎机、圆锥式破碎机、除铁器、分拣分选设备、振动筛等设备，经过对建筑固废进行分拣、分选、破碎、筛分等多道工序，经过处置生产出 0~5mm、5~16mm、16~31.5mm 等多种规格的再生骨料、干粉砂浆、路基材料、商品混凝土等再生建材产品。基于项目成果研发液压拆除破碎设备，大幅度降低了资源化过程中的噪声和粉尘等环境问题，而且可以实现大体积废弃混凝土的初次破碎，提高后续专业化破碎的效率。利用项目中提供的"先筛再分后破"资源化工艺，以及配套的资源化设备选型，大幅度提升了建筑固废中杂质的分拣效率，提升了产出再生原料的品质，经测定，产出再生原料中杂质含量低于 0.3%。

现阶段，在上海地区已经进行了建筑固废资源化推广，并初步建立了建筑固废资源化产业链条。本节以上海地区的建筑固废资源化产业链构建和运营为案例，从建筑固废的产生和收集、运输、资源化处置、再生制品生产到最后的实际工程应用，在上海地区率先形成了建筑固废资源化产业链。上海地区的建筑固废主要以废混凝土为主,通过资源化技术制备成不同规格的再生骨料和预拌再生混凝土,可作为结构用建筑材料。基于上海地区建筑固废资源化实际状况,对于不同产业链节点进行分析,为全国范围内建筑固废资源化的大范围推广提供实际工程案例,加速产业化进程。

2. 建筑固废收集与再生骨料生产

基于上海地区再生骨料的工程应用开展再生骨料从废弃混凝土品质监控到生产的全过程调研。废弃混凝土的品质决定了制备的再生骨料和再生骨料混凝土物理参数指标,用于生产再生骨料的废弃混凝土来源于上海市宝山上港十四区,原拆除建筑为集装箱停放码头,原始混凝土设计强度为 C40,总体拆除量约为 250000m³。考虑到技术成本和建筑固废资源化工厂建厂需求,本资源化项目工厂选址在建筑固废产生地附近,大幅度缩减了运输成本,提高了资源化效率。为系统评价原始混凝土的基本性能,通过现场取样,分别测定了原始废弃混凝土的力学性能和碳化指标。测定结果表明,原始混凝土抗压强度为 42.32MPa,碳化深度为 2.67mm,即原始混凝土具有较好的力学性能和耐久性能(抗碳化性能),适合用于再生骨料和再生微粉的生产。

再生骨料的性质对再生混凝土的性质有显著影响,在保证原始废弃混凝土品质的前提下,通过对废弃混凝土经过破碎、分选和筛分等资源化工艺生产出不同粒径的再生骨料,分别为 0~5mm 的再生细骨料(占比 20%)、5~25mm 的再生粗骨料(占比 30%)和 25~30mm 的再生粗骨料(占比 50%)。图 8.5 为再生骨料表观形态和组成。

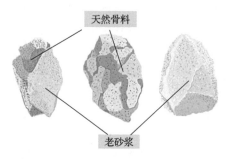

(a) 再生粗骨料(5~25mm)   (b) 再生骨料组成

图 8.5 再生骨料表观形态和组成

3. 预拌再生混凝土生产与品质控制

为提高再生混凝土品质,在混凝土拌和前,对再生骨料进行多次清洗,减少灰土和泥粉等杂质含量。为保证再生骨料混凝土与普通混凝土具有类似的施工和易性，通过配合比的优化设计，利用二次搅拌技术生产预拌再生混凝土。根据再生骨料的含水率，首先将附加水与再生骨料进行充分拌和，使其达到饱和面干状态；然后按照配合比要求，依次加入天然粗骨料、水泥、天然细骨料和水，利用机械进行充分拌和。表 8.4 为上海市某搅拌站年内预拌再生混凝土强度统计与离散性分析(再生骨料取代率为 30%~100%)。可以看出，通过特定的再生混凝土拌和技术，制备的再生混凝土强度达到国家标准要求；同时预拌再生混凝土具有较好的施工和易性，满足预拌混凝土的泵送要求。预拌再生混凝土的生产和应用进一步地拓宽了再生混凝土的应用范围，提升了再生混凝土附加值。

表 8.4　上海市某搅拌站年内预拌再生混凝土抗压强度统计与离散性分析

强度等级	试件批次	抗压强度/MPa			
		平均值	最小值	最大值	标准差
C20	435	27.6	22.9	33.7	2.5
C25	198	33.6	27.4	40.5	2.5
C30	217	38	30.8	45.9	2.9
C35	1666	40.5	35	52	2.9
C40	896	48.9	40	56.6	2.9

4. 结构用再生混凝土安全设计与应用

为实现再生混凝土建筑结构技术的发展，除大量的理论研究外，更需将再生混凝土应用于实际建筑结构工程中，以实践进行检验并进一步完善理论研究。例如，杨浦区五角场镇 340 街坊商业办公用房项目中的 2# 楼 A 座原计划采用普通的钢筋混凝土结构，该结构为非超限高层建筑工程。

上海城市建设设计研究总院按总体设计批复进行了施工图设计并通过施工图审查后，业主方为响应国家节能环保政策，决定把项目中 2# 楼 A 座的结构材料由原普通混凝土改为再生混凝土(结构形式及布置均未变)，如图 8.6 所示。为此，业主的上级单位上海市城建(集团)公司联合同济大学等单位对再生混凝土结构相关方面做了充分研究，并在市科委立项《高性能再生混凝土结构成套关键技术与应用》(14231201300)，并将项目中的 2# 楼 A 座作为该课题的示范工程。

1)再生混凝土结构设计中需要解决的科学问题

(1)再生混凝土的高性能化技术与高性能再生混凝土制备技术。围绕再生骨料品质提升技术方法及控制指标，开展再生混凝土高性能化成套技术研究，并发布高性能再生混凝土制备及应用技术指南。确定高品质再生骨料的颗粒级配要求、压碎指标要求、坚固性和高强性要求、自密实性要求等，建立对低品质再生骨料改性方法，全面提升配制高性能再生混凝土骨料质量；进一步研究制定高性能再

图 8.6　再生混凝土高层建筑效果图

生混凝土制备技术，确定高强度等级（C45 和 C50）再生混凝土的水胶比、砂率、各类功能外加剂和矿物外掺料用量以及最低水泥用量等参数。

（2）高性能再生混凝土结构设计关键技术。针对高性能再生混凝土材料的力学性能特点，开展包括抗拉强度、抗压强度和弹性模量等力学指标系列试验研究，建立区别于低性能再生混凝土的应力-应变本构关系；围绕高性能再生混凝土结构抗震性能研究，采用振动台试验和有限元分析相结合的方法，建立基于结构设计软件的计算模型；并在此基础上，为高性能再生混凝土结构设计提供设计指标和分析方法，编制设计指南。

（3）高性能再生混凝土结构施工关键技术。着眼于高性能再生混凝土结构施工实际，围绕采用高性能再生混凝土建筑材料的结构施工技术要点，研究高性能再生混凝土的施工性能专项创新技术，如高性能再生混凝土施工过程中的早龄期性能、泵送性能和后期养护性能，解决特殊技术难题，形成高性能再生混凝土结构施工成套关键技术，为高性能再生混凝土结构施工组织设计提供理论基础和实践经验。

（4）高性能再生混凝土结构监测关键技术。围绕高性能再生混凝土结构的使用性能和结构性能与普通高层混凝土结构的异同点，立足于本项目两栋分别为普通混凝土和再生混凝土建造的小高层（50m 以下）示范工程，开展再生混凝土结构监测关键技术研究和应用，采用无线监测、自适应控制和云端技术等研究其自振频率、结构振型、结构阻尼、等效刚度等动力特性的变化，以及结构楼层的相对水平位移和扭转情况等，并分析其与普通混凝土的异同点。

（5）基于生命周期的再生混凝土碳排放核算及评价技术研究。针对结构使用再生混凝土环境效应分析，开展预拌再生混凝土生命周期碳排放核算模型与方法研究，包括预拌再生混凝土生命周期碳足迹分析与结构分解、预拌再生混凝土碳排放影响关键因素分析及统计参数的确立、基于生命周期的预拌再生混凝土碳排放核算模型的建立、预拌再生混凝土碳排放核算方法研究等，完成上海市预拌再生混凝土行业碳排放现状调研及基础数据库的建立，再生混凝土的生命周期减碳效益分析与评价推动了再生混凝土结构绿色评价体系和可持续性设计体系的建设。

　　形成的再生混凝土结构方案为：再生混凝土结构从现场标高±0.000m 以上开始实施，±0.000 及以下梁、板、柱、墙均为普通混凝土材料；考虑到底部两层竖向构件应具有较好的延性，1 层和 2 层的剪力墙、框架柱仍采用普通混凝土，3 层及以上剪力墙、框架柱采用再生混凝土材料；±0.000 以上梁、板采用再生混凝土材料；再生混凝土材料根据标号不同采用不同的掺量，C50 再生粗骨料取代率为 10%，C40 和 C30 再生骨料取代率为 30%。

　　2) 再生混凝土结构抗震设计技术要点

　　(1) 基于性能的抗震设计方法是抗震设计的最新方法。与规范公式不同，基于性能的抗震设计力图预估建筑物的抗震性能，是对极限状态设计的扩展，覆盖了工程师所面临的一些复杂问题。杨浦区五角场镇 340 街坊商业办公用房 2# 楼 A 座为世界上首个采用再生混凝土的高层建筑，为保证再生混凝土结构的抗震性能，应对其采用基于性能的抗震设计方法，对再生混凝土高层结构的抗震性能进行评估。

　　(2) 为与"大震不倒"的第三水准抗震设防目标相对应，再生混凝土结构应进行第二阶段抗震设计，即罕遇地震作用下的结构弹塑性变形验算，分析方法采用静力弹塑性推覆法。

　　(3) 针对再生混凝土结构的抗震构造措施。再生混凝土板、梁、柱、墙及梁柱节点设计的基本规定应符合《混凝土结构设计规范》(GB 50010—2010)[10]和《建筑抗震设计规范》(GB 50011—2010)[11]相关条文规定。

　　为了进一步增加再生混凝土结构的可靠度，根据同济大学相关试验及理论分析，参照现有再生混凝土技术规程，并考虑到"强柱弱梁"及"强剪弱弯"的设计理念，该再生混凝土框架-筒体结构在进行抗震设计时，将竖向受力构件(柱)关于箍筋基本构造要求(包括柱箍筋加密区配箍特征值)的抗震等级由 3 级提高到 2 级，其余构造措施及要求均与普通混凝土相同，具体措施如下：

　　(1) 再生混凝土根据再生粗骨料取代率对其强度和刚度进行折减。

　　(2) 控制再生混凝土材料应用的部位，避免在对竖向构件底部塑性铰区范围(主要为 1 层和 2 层)及±0.000 以下采用再生混凝土材料。

　　(3) 控制再生混凝土材料的再生骨料取代率处于 30%及以下，研究表明，当再生骨料取代率处于较低水平时，再生混凝土结构的性能并没有明显降低。

　　(4) 再生混凝土柱轴压比限值比普通混凝土降低 0.05，轴压比计算时，对再生混凝土轴心抗压强度设计值应按规定确定。

（5）针对再生混凝土结构耗能能力及延性有所降低的特点，再生混凝土框架梁、柱抗震构造措施提高一级。

（6）本项目再生骨料应满足定场、定点、定配比，即满足单一来源的要求。

5. 再生结构安全性检测与评价

1）梁底应变检测结果与评价

通过读取梁底部应变计的数据分析结构主梁底部的应变变化。将 2016 年 9 月 8 日的应变记为初始值 0，梁底应变检测结果如图 8.7 所示。可以看出，再生混凝土梁和普通混凝土梁的应变均呈增大趋势。其中，从 9 月 12 日至 10 月 20 日，再生混凝土梁和普通混凝土梁跨中底部应变增大不明显，而自 10 月 20 日至 11 月 29 日应变显著增大。这主要包括两方面的原因：第一，这期间浇筑地坪和铺设地板，以及楼面设备、管道安装和吊顶引起活荷载增大，是这一阶段应变增大的主要原因；第二，徐变引起梁底部应变增大。其中，再生混凝土梁底最大应变达到 104×10^{-6}，已达到再生混凝土抗拉峰值应变 100×10^{-6}，因此可以判断此时再生混凝土已进入带裂缝工作阶段。本项目中抗裂等级为Ⅲ级，允许梁带裂缝工作，因此并不影响梁的正常工作。

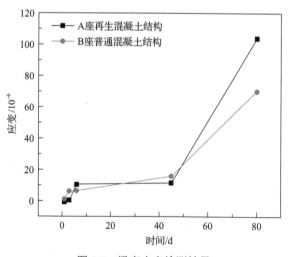

图 8.7　梁底应变检测结果

2）梁挠度检测结果与评价

梁挠度检测结果如图 8.8 所示。可以看出，再生混凝土梁与普通混凝土梁的挠度均小于《混凝土结构设计规范》（GB 50010—2010）[10]中关于钢筋混凝土构件最大挠度的限值 33.6mm，满足规范要求；再生混凝土梁的挠度大于普通混凝土梁，抗弯刚度较小。

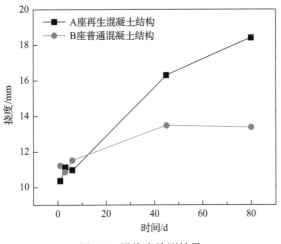

图 8.8　梁挠度检测结果

3)层间位移角及最大顶点位移检测结果与评价

通过分析安装在 A 座再生混凝土结构柱上的倾角传感器,得出 A 座的层间位移角,并以此计算结构的最大顶点位移。从安装完成倾角传感器至 2016 年 11 月 29 日,A 座各层层间位移角检测结果如图 8.9 所示。可以看出,A 座最大层间位移角为 1/1136,小于规范要求的 1/800,符合规范要求。最大层间位移角出现在 6 层,避开了 4 层建筑平面收缩,以及开始使用再生混凝土竖向构件的 3 层和开始使用强度等级为 C40 再生混凝土竖向构件的 7 层。

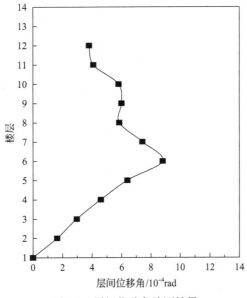

图 8.9　层间位移角检测结果

8.3.2　许昌市建筑固废产业化应用案例

许昌市是河南省省辖市，也是我国中部地区重要的现代工业城市，管辖区域面积大约 5000km²，几乎全是平原。伴随城市建设的快速进程，许昌市迎来了建筑固废的大量产生，2011～2013 年许昌市城市建筑固废的总量在 1500 万 t 以上，其中 2011 年 400 万 t，2012 年 520 万 t，2013 年达到 580 万 t，目前的年产生量在 500 多万 t。许昌市城市管理局为市建筑固废行政主管部门，主要负责对市规划区内施工过程中所产生建筑固废收集、运输、处置的统一审批、核准、监管；负责对各县(市、区)建筑固废管理部门进行行业监督和业务指导；负责监管、指导特许经营单位认真履行特许经营协议。1999 年，许昌市成立建筑固废专门管理机构——建筑固废管理办公室，作为许昌市城市管理局常设临时机构，负责贯彻实施建筑固废管理有关法律法规，组织征收城市规划区内建筑固废处置费，加强城市建筑固废日常管理，主导推进建筑固废资源化利用工作，该机构于 2014 年经许昌市人民政府审批成为常设机构。市住建局、公安交警部门、公路交通管理部门各部门协调，各负其责。但在 2008 年以前，许昌市的建筑固废仍然大多处于随意处置状态，乱堆乱倒、超运遗撒的问题严重。为此，许昌市人民政府对市区内建筑固废收集、运输和资源化利用一体化实行特许经营，并公开招标，从此许昌市的建筑固废资源化工作走上了特许经营之路。

为了解决建筑固废随意倾倒和垃圾围城问题，2002 年由许昌市城市管理局负责面向全市对"建筑固废清运权"进行公开招标，对建筑固废实行统一管理，许昌金科资源再生股份有限公司(以下简称金科公司)中标，时间为 6 年，在这 6 年里许昌市的建筑固废管理取得了良好效果。金科建筑清运有限公司根据多年建筑固废处理经验，经过深入的调研分析得出要彻底解决许昌市现状，需要促进建筑固废市场化、产业化、资源化的发展，亟待解决四个方面的问题：首先要实现建筑固废统一收集、统一运输，为建筑固废资源化提供合格的原材料保障；其次要有足够的技术装备投入；再次要保证建筑固废再生产品的推广应用，特别是在政府投资的市政工程上要强力推广应用；最后要避免一哄而上、重复投资、恶性竞争，造成市场混乱。解决好这四个方面问题的关键在于政策支持。因此，该公司向许昌市主管部门建议，实行建筑固废收集、运输、处置一体化特许经营，并向政府承诺，如果公司中标，全部资金自筹并承担风险，不要政府投一分钱解决建筑固废污染问题，全面实现建筑固废循环利用。

针对许昌市建筑固废的管理现状，同时实现建筑固废的资源化再利用，2008 年许昌市人民政府大胆尝试建筑固废处理商业化运作的模式，明确全市建筑固废清运和处理实行"特许经营"，并在河南省范围内进行"零元钱"公开招标，金科公司再次中标。同年 12 月 20 日，该公司与许昌市人民政府的授权部门许昌市城市管理局签订了"特许经营"协议，并从 2009 年起正式获得许昌市建筑固废清运和处理的特许经营权。在整个运作模式中，政府扮演着"引导者"和"监管者"的角色。在前期工作中，把本应需要财政支持的城市建筑固废处置任务一分钱不花地招标给了专门的清运公司负责处理。随后，许昌市人民政府又设立了许昌市城市建筑固废综合利用系统，并颁布了相应的政策法规，如在《建筑固废管理办法》中规定，产生建筑固废的建设单位、施工单位或个人应与建筑固废收集、运输、处置的特许经营单位签订运输协议书，明确双方的责任并按许昌市物价部门规定的标准向协议单位交纳建筑固废清运费，鼓励建筑固废综合利用，鼓励建设单位、施工单位优先采用建筑固废综合利用产品。在政府的大力扶持下，金科公司对建筑固废进行无害化再生处理后，转化成各类建材产品，投入市场获得经济效益。由此，许昌市初步形成了建筑固废资源化处置利用产业链，创造出一条城市建筑固废无害化处理和资源化再利用的新路。

　　许昌市人民政府作为特许权的所有者，按照有关法律法规规定，通过市场竞争机制以招标方式选择建筑固废处理企业，明确其在一定期限和区域内对建筑固废进行综合处理的制度，充分发挥市场在资源配置中的决定性作用，把建筑固废的投资、标准化处理、出售、运营管理等系统结合起来，逐步形成与社会主义市场经济相适应的建筑固废资源化模式。该模式涵盖了经营模式的确立及建筑固废的收集、运输、处置和资源化再利用的产业链，实现了从建筑固废到再生建筑材料的循环发展。

　　金科公司是一家专业从事建筑固废收集、运输、处置、研发以及再生产品生产、销售的国家级资源化再利用高新技术企业，建有国内行业第一家"全国循环经济技术中心""河南省建筑废弃物再生利用工程技术研究中心"，以及许昌市建筑废弃物再生利用重点实验室。它是工业和信息化部、住房和城乡建设部联合认定的第一批"建筑垃圾资源化利用行业规范企业"，参与了国家"十三五"国家重点研发计划"建筑垃圾资源化全产业链高效利用关键技术研究与应用"，承担了河南省重大科技专项"利用建筑废弃物生产新型墙体材料成套关键技术研发与应用示范"。金科公司一方面利用自身经营模式相对稳定及自主知识产权、核心技术优势，采用多种方式进行融资，另一方面投入大量资金进行设备改造和产品研发，加大力量突破技术瓶颈，如投资 2000 万元建立了河南省建筑固废再生利用工程技术研究中心，对建筑固废关键工艺、生产技术、产品开发及应用进行研究，逐步完成建筑固废资源化行业技术、工艺、设备、管理的模块化，为在更大范围内推广建筑固废资源化模式奠定基础。通过不断实践，金科公司探索出一条行之有效的路子。

1. 主要生产工艺

1) 科学合理的收集运输工艺

在建筑固废的收集运输过程中，采用独特的"四步回收"工艺，直接减少了建筑固废破碎时去除轻物质和除尘工作量，降低了建筑固废处置难度和成本，简化了程序，避免了对环境的二次污染，更重要的是，为后续生产再生产品奠定了基础。

2) 高效节能的破碎筛分设备

根据建筑固废再生产品的品种制定适合建筑固废资源化利用的工艺路线，引进、消化、改进国外装备；在建筑固废处置及再生骨料生产环节，利用进口履带移动式破碎机、筛分机，根据建筑固废的种类或需要的再生骨料规格，采用多种组合搭接方式，进行建筑固废处理和资源化再利用；在建筑固废的破碎、筛分环节做了突破性的革新，采用平推立取建筑固废和再生骨料，完成建筑固废的混料过程，减少了再生骨料的变异性；改变先破碎后筛分的传统工艺，增加重型筛分设备，采用了"筛分—破碎—再筛分"的新工艺，增加了再生骨料的品种，降低了处理成本。

3) 科学先进的再生建材工艺设备

为进一步延伸建筑固废资源化再利用产业链，金科公司引进国外全套再生建材生产设备，并对我国建筑固废处置现状进行研究，攻克了多项技术难题，实现全自动化生产。目前可生产 8 大类 50 多种新型再生产品，广泛应用于城市道路、公园、广场、房屋、河道、水利等工程建设，实现了循环可持续发展。

2. 资源化产业构成

纵观建筑固废产生的整个过程通常包含拆迁、运输、建筑固废处理三个环节。在这三个环节中，获利制高点是拆迁环节，其次是运输环节，而建筑固废处理环节处于末端。当生产者将目光投向整个利益链中有价值的中上游时，处于最下端的处理环节就显得很苍白和弱化。而许昌市和金科公司却恰恰对这个末端环节高度重视，积极探索新路径，实行市场化运作和特许经营模式，既解决了建筑固废私拉乱运、围城堆放、无序管理的难题，又走出了一条"政府投资少、企业有效益、环境大改善，城市建筑固废得到资源化再利用"的新路子。许昌金科建筑固废资源化产业链构成如图 8.10 所示，主要包括以下几个方面。

1) 清运阶段

采用四步回收工艺，将拆迁现场建筑固废进行收集运输，保证了建筑固废合理分类和质量，具体做法是：第一步：在拆迁公司拆迁完待拆建筑物的门窗后，由该公司对拆迁现场进行打扫，清除废旧木材、破布、塑料布等有机轻质物，进行第一次清运；第二步：清运建筑物室内地坪以上的建筑固废；第三步：清运建筑物地坪和地基部分；第四步：清运地下部分。

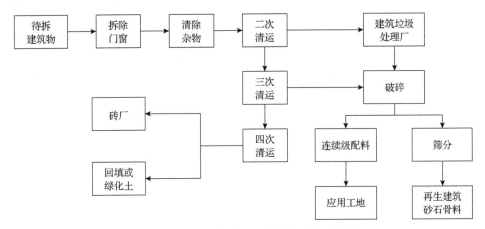

图 8.10　许昌金科建筑固废资源化产业链构成

2)资源化处置阶段

清运至临时堆场的废混凝土块、砖块，利用移动式破碎筛分站将其转化为不同粒级的洁净再生粗细骨料，这些洁净的颗粒可根据不同需要进行级配，用于道路基层和底基层铺筑、再生新型墙材、再生透水砖等产品的生产。目前许昌有再生产品生产线 6 条，建筑固废年处置能力为 450 万 t，这些建筑固废生产的再生产品分为 8 大类 100 多种，已入选国家第一批"海绵城市建设先进适用技术与产品目录"，公司自主研发的"建筑废弃物资源化利用产业关键技术"被科技部、生态环境部、工业和信息化部联合纳入"十三五"节能减排与低碳技术成果转化推广清单(第二批)，被河南省住建厅认定为"新型墙体材料"，并纳入许昌市政府采购目录。

3)再生制品应用阶段

金科公司生产的建筑固废再生制品类型为再生砖和砌块，已广泛应用于许昌市各项工程建设中，主要包括再生透水砖、再生路面砖、再生挡土砌块、再生连锁护坡砌块和再生配筋砌块等。金科公司将建筑渣土通过堆山造景技术实现二次利用，承担了许昌市滨河游园造景工程，并建造人工山体及配套生态公园，如图 8.11 所示。

3. 许昌市建筑固废资源化先进经验

许昌市已初步建成建筑固废资源化全过程产业链，建筑固废资源化水平位列中国领先水平。综合来看，其主要成功经验总结如下。

(a) 再生路面砖

(b) 再生护坡/透水砖

(c) 再生保温砌块

(d) 生态公园

图 8.11　金科公司建筑固废资源化主要再生产品与应用

1) 专门机构推动有效管理

许昌市委、市政府始终高度重视建筑固废管理工作，早在 1999 年，许昌市成立建筑固废管理办公室，作为许昌市城市管理局常设临时机构，2014 年，市政府批准建筑固废管理办公室为常设事业单位。一直以来，建筑固废管理办公室从许昌市的实际需求出发，推动有关政策的制定和具体实施，为许昌市建筑固废管理与资源化工作的进步发挥了极其重要的作用。

2) 完善政策提供有力支持

许昌市先后制定了《许昌市市区建筑垃圾管理办法》《许昌市城市垃圾管理实施细则》《许昌市城市垃圾处理费征收标准》《许昌市施工工地建筑材料建筑固废管理办法》《关于做好建筑固废综合利用工作的意见》，对建筑固废的源头申报、收集、运输、处置、再生产品推广应用等建筑固废管理与资源化的全过程做出了规定，规定具体可操作性强，保证了政策的实施效果。

3) 经营模式增加产业动力

2008 年起，许昌市人民政府对市区范围内建筑固废收集、清运和资源化再利用一体化实行"特许经营"，实行公开招标，形成并确立了许昌市建筑固废特许经营模式。特许经营企业在特许经营期限内单独享有在特许经营范围内投资、建设、运营、维护建筑固废清运、处置、利用项目，依据许昌市人民政府批准制定的收费标准收取建筑固废清运费用的权利，并承担建筑固废处理厂建设，实现建筑固废资源化再利用，完成市政府下达的公益性任务等义务。因为权利义务明确，特许经营企业获得了快速的发展，处置能力逐步提高，产品种类丰富、质量可靠，市场空间不断扩大，许昌市的建筑固废资源化产业达到了较高水平。

4）部门联合实现有效监管

许昌市建立了执法联动机制，由市政府牵头，城管、公安、住建、交通、公路等部门开展联合执法，以整治施工工地、渣土运输车辆、商用混凝土运输车辆为重点，完善督查考核、奖惩问责机制，加大巡查处罚力度，有效解决了建筑固废抛撒、车辆带泥上路污染路面现象的发生。同时特许经营企业与管理部门强化协作，联合组成治理小组，增加日常管理巡查频率，保证建筑固废全部运送到处置场。正是由于部门甚至与企业间的联动，真正实现许昌市建筑固废流向的有效控制，规范的运营方案和源头管理也保证了许昌市的市容环境卫生水平。

5）科技创新驱动行业发展

金科公司作为特许经营企业，成立了国内第一家专业开展建筑固废研发的省级工程技术研究中心，在建筑固废的分类收集、处置技术、关键工艺技术、新产品的开发等方面展开研究，完成了建筑固废资源化行业的技术、工艺、设备、管理的模块化，2014 年起连续四次被认定为国家高新技术企业。同时，加强国内外合作交流，积极开展河南省重大科技专项等项目的研发工作，攻克了多项技术难题。目前，已申请并被受理自主研发专利 192 项，获得授权专利 33 项，参编了建筑固废资源化利用相关国标、行标。目前，金科公司已研发并生产的再生产品有 8 大类 50 多种，出厂产品质量合格率 100%的再生产品已被河南省住房和城乡建设厅认定为"新型墙体材料"，被河南省发展和改革委员会认定为"资源综合利用产品"。

6）政策技术确保市场应用

市政府通过财政、税收、投资等经济杠杆支持建筑固废的综合利用，将建筑固废再生产品纳入政府采购范围，并将其作为结算和资金拨付的依据之一，对没有按照设计要求利用建筑固废再生产品的各类工程，不得进行竣工备案验收。首先在政策上打开再生产品市场应用的通道。同时，特许经营企业依靠技术进步，研发适应本地工程建设需求的再生产品，产品质量保证和绿色环保水平获得了社会的广泛认可。基于政策和技术的双重保障，许昌市建筑固废再生产品广泛应用于市区道路、游园、广场、房屋、河道、水利等工程的建设之中。

8.3.3　深圳市建筑固废产业化应用案例

1. 深圳市建筑固废资源化产业概况

深圳是中国南部海滨城市，位于珠江口东岸，下设 10 个区（6 个行政区、4 个功能区）。全市面积 1991.64km²，2014 年末全市常住人口 1077.89 万人。深圳是中国对外交往的重要国际门户，是中国改革开放和现代化建设的精彩缩影。深圳是中国经济中心城市，是内地经济效益最好的城市之一，在 2015 年中国社会科学院发布的城市综合竞争力榜单上位居第一，连续四次获得"中国文明城市"称号，并被评为"国家园林城市""国家卫生城市""中国绿化模范城市"。

2014 年，深圳市建筑工程弃土约 4825 万 t，固废约 1122 万 t，其中新建房屋建筑所产生的固废 260 余万 t。按 2009 年 10 月实施的《深圳市建筑废弃物减排与利用条例》规定，深圳市、区建设行政管理部门是建筑固废减排与回收利用的主管部门，城市管理部门负责建筑固废清运、收纳的监督管理工作。基于深圳市在建筑固废减排与综合利用方面做出的积极有益探索，2012 年 3 月被住房和城乡建设部认定为"建筑废物减排与综合利用试点城市"。

深圳市开展建筑固废资源化工作较早，近年来围绕建筑固废的管理发布了一系列政策，涉及建筑固废源头的分类、建筑固废运输、建筑固废处置、再生产品应用等建筑固废资源化的多个环节。2009 年 10 月实施了《深圳市建筑废弃物减排与利用条例》，该条例的制定以减少建筑固废的排放、提高建筑固废的利用水平、促进循环经济发展为目的，在国内率先提出建筑固废的管理要遵循减量化、再利用、资源化的原则，并在减排、再利用和资源化方面做出多条具体的规定，明确提出建筑固废排放实行收费制度。2014 年 1 月实施的《深圳市建筑废弃物运输和处置管理办法》对建筑固废的运输受纳场的设立、建筑固废受纳许可证的核发、受纳场的管理、处置收费等做了全面而详细的规定，同时明确了违反办法应承担的法律责任。2014 年《深圳市城市管理局关于进一步加强建筑废弃物管理工作的指导意见》等文件将建筑固废资源化情况纳入了政府考核内容。在财政补贴方面，《深圳经济特区建筑节能条例》《深圳市建筑废弃物减排与利用条例》等文件提出市政府要设立建筑节能发展专项资金、财政资金用以支持建筑固废技术研发、示范工程建设等，同时为鼓励和支持建筑固废资源化产业的发展，在土地租金、税收等方面提供了激励政策。

深圳市建筑固废源头管理在中国范围内率先提出了减量化的理念，明确了立项、设计、施工、拆除等各个环节的减排要求，并提出了一些减排的具体措施，具体内容列入 2009 年 10 月实施的《深圳市建筑废弃物减排与利用条例》中。在建筑固废收集方面提出了定点、分类的要求，并对建筑固废运输车辆出入情况做到实时监控。

为了积极应对征收建筑固废排放费之后可能出现的非法倾倒行为，进一步管理和控制建筑固废的流向，同时也为有效地遏制目前泥头车多拉快跑的现象，深圳市提出了联单管理的基本构想，并于 2013 年 11 月颁布实施《深圳市建筑废弃物运输和处置管理办法》，建立建筑固废运输联单管理制度。为加强运输管理，规定不得将余泥渣土的运输费与受纳处置费捆绑招标。此外，深圳市建立了专门的泥头车安全管理信息互通平台，并将深圳市的余泥渣土受纳场信息在网上进行了公布。要求土石方工程施工单位与建筑固废运输企业签订建筑固废运输合同进行备案。

深圳市政的建筑固废处置实行许可制度，设立受纳场所的需要向城管部门申请办理建筑固废受纳许可证。工地内部或者工地之间进行土石方平衡回填的，无须办理建筑固废受纳许可证，由建设部门按照有关规定进行监管。鼓励投资兴办建筑固废回收利用企业，在建筑固废受纳场所从事建筑固废回收利用的企业由市主管部门招标确定。政府鼓励建筑固废资源化新技术、新装备、新产品的研发，并在财政上给予资金支持。在建筑固废资源化处置设施建设方面，一方面提出建设要求，另一方面给予财政政策优惠。

此外，深圳市还致力于建筑固废现场资源化项目示范和推广，鼓励回收利用企业进入施工现场，利用建筑固废移动处理设备回收利用建筑固废。典型范例南方科技大学的建筑固废项目取得非常好的效果，达到了社会效益和经济效益双赢。深圳市《关于进一步加强建筑废弃物减排与利用工作的通知》指出，项目占地面积在 1.5 万 m^2 以上的拆除重建类城市更新项目应当在拆除阶段引入建筑固废综合利用企业，在项目现场实施建筑固废综合利用。《关于新开工房屋建筑项目全面推行绿色建筑标准的通知》指出，鼓励有条件的城市更新项目，参照南方科技大学建筑固废处理模式，开展建筑固废"零排放"的试点示范。《深圳市建设工程质量提升行动方案(2014—2018 年)》提出，在城市更新项目、政府工程中优先推广南方科技大学建筑固废综合利用模式，将产生的土石方、淤泥渣土"变废为宝"、就地利用，生产再生骨料、透水砖、广场砖等再生建材产品。

为促进建筑固废再生产品的推广应用，2009 年以来，深圳市陆续出台了一系列政策措施，从定性的规定到定量的要求，政策的可操作性逐步提高，实施效果明显，从而保证了建筑固废再生产品的市场，促进建筑固废资源化进程。总体来看，深圳市在再生产品推广应用政策的完整性和实施效果方面都走在了中国前列。

2007 年，深圳市在国内率先启动规模化建筑固废资源化工作，塘朗山建筑固废综合利用项目投入建设使用。目前深圳市已拥有华威环保建材、绿发鹏程、汇利德邦、永安环保、华全科技等 5 家建筑固废综合利用处理企业，年处理能力达 520 万 t，建筑固废综合利用率达 50% 以上，居中国领先水平。除建设固定式建筑固废综合利用处理基地外，深圳市还大力推广建筑固废现场资源化项目。在南方科技大学校园建设中，深圳市进行了首个建筑固废就地绿色消化、再生利用试点工作，100多万t建筑固废实现就地处理利用，建筑固废资源化再生利用率达到90%以上，节省建筑固废外运及填埋处置费用4000多万元。

2. 深圳市建筑固废资源化先进经验

深圳市建筑固废产业化利用的成功经验主要可总结为以下几点。

(1)建筑固废减排与利用有法可依。2009年10月1日，深圳市发布了《深圳市废弃物减排与利用条例》，此法规明确了九大创新制度，包括施工图设计文件中建筑固废内容审查备案、建筑固废减排及处理方案备案、建筑固废再生产品标识、建筑固废排放收费、建筑工业化、住宅一次性装修、建筑固废回收利用产品的强制使用、建筑余土交换利用、建筑固废现场分类。为建筑固废的源头减量、建筑固废再生产品的回用提供了明确的法律依据。

(2)政策配套，监管有力。在地方性法规保障下，建立建筑固废减排与利用两大备案制度。建筑固废内容审查备案制度明确规定设计单位须有减排设计，施工图审图机构对相关内容审查通过后报建设行政主管部门予以备案；建筑固废减排及处理方案备案制度规定新建工程项目的建设和既有建筑物、构筑物、市政道路的拆除，建设单位均需编制建筑固废减排设计及处理方案，并在工程项目开工前报主管部门备案。备案制度对有效监管建筑固废的源头具有重要作用。深圳市建筑固废减排与利用在激励机制方面，通过"零地价"、免收增值税、所得税三免三减半等财政政策支持建筑固废资源化利用，并通过循环经济与节能减排专项、市环境保护专项、市建筑节能发展资金对建筑固废资源化予以补贴支持。此外，深圳市实行建筑固废排放联单管理制度，建立建筑余土调剂信息平台，也为实现建筑固废的有效监管和调配使用发挥了重要作用。

(3)市场驱动，产业升级。深圳市先后培育了五家建筑固废综合利用企业，探索不同的建筑固废综合利用商业模式，即场-厂联合模式、临时用地模式、现场处理模式。场-厂联合模式：资源化处置设施与受纳场合建，主要消纳存量垃圾，再生产品自产自销；临时用地模式：资源化处置设施用地为临时用地，主要消纳街道拆除垃圾，再生产品自产自销；现场处理模式：资源化设施建于拆建现场，实现建筑固废"零排放"，再生产品回用项目建设。

(4)技术支撑，创新提升。2012年颁布实施中国第一部建筑固废排放技术规范，明确建筑固废排放定额标准，规定设计减排、施工减排具体要求，对指导设计单位优化建筑设计、减少建筑材料的消耗和建筑固废的产生、引导施工单位现场分类回收建筑固废具有重要的现实意义。深圳市发布了《深圳市再生混凝土制品技术规范》地方标准，该标准是一部绿色再生建材产品生产使用规范，适用于深圳市再生骨料混凝土制品的生产控制及应用，并针对特定再生产品，按照检测→鉴定→标识的程序,作为该产品在特定项目使用的依据。深圳市依托企业,成立了建筑废弃物综合利用技术研发中心,围绕重大、关键、前瞻性项目研发及产业化开展工作,并参与国家、行业及省市技术标准制定,组织协调资源整合互动,研究行业发展动态,促进科技成果推广应用,为产品、技术发展决策提供咨询和建议,为行业培养和造就高素质技术管理人才。

(5)宣传引导,社会认可。深圳市重视建筑固废资源化的宣传引导工作,通过报纸杂志多种渠道,推出专版报道,向公众展示建筑固废危害、资源化的社会环境效益、资源化技术及再生产品。通过国际绿色建筑大会宣传"建设绿色城市,打造美丽深圳"的城市建设发展理念,并把建筑固废减排与资源化作为其中的一个重要方面。通过宣传引导,提高了建筑固废资源化的社会认可度和再生产品的市场接受能力。

8.4 本 章 小 结

基于我国现有国情,由于建筑固废年排放量巨大,且将长期持续保持在较高水平,如何对建筑固废进行有效而合理的处置,是我国发展绿色可持续发展技术的关键,对环境、社会和经济有影响重大。本章是对前面各章内容的综合,通过对建筑固废资源化各个环节进行分析,阐述建筑固废资源化产业链构建和产业化推广的重要意义,并提出保证建筑固废资源化产业推广的措施。以上海市、许昌市和深圳市建筑固废资源化产业推广和产业链构建为案例,介绍了建筑固废资源化产业在全国范围内进行推广的可行性。

参 考 文 献

[1] 苏东水. 产业经济学[M]. 2 版. 北京: 高等教育出版社, 2005.

[2] 张宇, 卢荻. 当代中国经济[M]. 2 版. 北京: 中国人民大学出版社, 2012.

[3] Yan W Z, Niu J, Su H Y. The fuzzy-entropy approach for techno-economic analysis of the green construction energy-saving structure system[C]//IEEE International Conference on Industrial Engineering and Engineering Management, Singapore, 2007: 133-138.

[4] 高青松, 谢龙. 建筑垃圾资源化产业链关键节点及产业发展驱动力研究[J]. 生态经济, 2014, 30(6): 137-141.

[5] 闫文周, 赵彬, 朱亮亮. 建筑垃圾资源化产业的运作与发展研究[J]. 建筑经济, 2009, (4): 17-19.

[6] 张仕廉, 李腾. 基于 PPP 模式的建筑垃圾资源化产业发展研究[J]. 建筑经济, 2011, (10): 73-77.

[7] 何天琦. 建筑垃圾产业链构建与演变分析[J]. 城乡建设, 2015, (3): 57-59.

[8] 周笑绿. 循环经济与中国建筑垃圾管理[J]. 建筑经济, 2005, (6): 14-16.

[9] 刘桦, 雒新杰. 我国城市建筑垃圾回收利用管理体系研究[J]. 建筑技术, 2012, 43(4): 313-315.

[10] 中华人民共和国住房和城乡建设部. 混凝土结构设计规范(GB 50010—2010)[S]. 北京: 中国建筑工业出版社, 2011.

[11] 中华人民共和国住房和城乡建设部, 中华人民共和国国家质量监督检验检疫总局. 建筑抗震设计规范(GB 50011—2010)[S]. 北京: 中国建筑工业出版社, 2010.

第9章 全过程管理模式与制度创新

建筑固废具有量大面广、成分复杂等特点,其管理和资源化利用牵涉面广、政策性强。实现建筑固废资源化的全过程管理是达到其规模化应用和产业化推广的保证,全过程管理模式注重建筑固废的全过程减量、建筑固废的再利用和再循环、再生产品的推广和销售以及整个过程对环境造成的影响,最终形成建筑固废源头减量化、收集过程资源化和处置无害化的多目标管理模式。本章从建筑固废产生阶段、清运阶段、回收阶段、资源化阶段到资源化产品销售阶段对全过程循环管理模式进行分析,并给出具体的制度建议。

9.1 全过程循环管理模式

以往对于建筑固废资源化仅仅注重将建筑固废变成再生资源的单一过程,忽略了源头、运输和后期运营管理的诸多环节,进而造成了我国现阶段建筑固废资源化模式粗放和资源化率低的状况。同时,只重视"建"、不重视"拆"的管理模式的弊端逐渐显现出来,天然资源消耗越来越多,建筑固废越堆越多,与绿色发展、可持续发展的理念相违背,这种不考虑生态环境的生产方式已不再适用[1,2]。从全过程管理和产业链构建角度出发,形成基于建筑固废资源化的全过程管理模式是解决资源化突出问题的有效手段。借鉴循环经济理论、综合生态平衡和科学发展的理念,建立基于建筑固废资源化的可持续经济发展模式,是一种依靠资源循环使用而发展的经济模式,是"资源—产品—再生资源"的物质循环利用模式[3]。

9.1.1 基于全过程建筑固废资源化产业化管理

1)我国建筑固废管理与利用现状

(1)环境价值未充分体现。建筑固废的存在对环境危害巨大,占用土地,影响空气质量、污染水域,且破坏市容环境卫生,甚至造成安全事故。资源化利用是建筑固废处理的最好方式,既减少环境危害,又降低原生资源消耗。但建筑固废产生量区域性波动较大、成分复杂、运距不宜过长等特点决定了资源化处置的高成本,需要全社会加大投入,近期应以政府的公共投入为主,发展成熟后可逐步过渡到市场化管理。

(2)法律法规体系不健全。目前国家层面并没有指导建筑固废资源化利用的专项法律法规,一些相关法律法规中涉及建筑固废处置的规定不成体系、缺乏衔接,欠缺可操作性。一些地方出台了建筑固废资源化利用的地方性法规，但由于缺乏上位法的指导和支撑，执法机构不统一、不明确，执法权限有限等问题大量存在，在很大程度上削弱了法律的效力和执行力。

(3)源头管理不够。源头管理涵盖了以建筑固废减量化为目的的建筑生命周期管理。在现阶段，源头管理的突出问题主要体现在：一是工程设计者进行工程设计时缺少对建筑固废的考虑，只想建而不考虑最终形成固废时的影响和处置方法，没有源头控制和减量的概念；二是产生量统计体系不健全，缺乏统计渠道，没有统一的核算标准；三是拆除管理不规范，缺少建筑物拆除管理办法，缺乏对建筑物拆除必要性的评估和拆除过程的精细化管理；四是拆除与回收利用脱节，分类与收集管理不到位，在《房屋建筑与装饰工程预算定额》中没有建筑固废处置费用。

(4)处置与利用有待加强。一是对建筑固废资源化项目用地的保障不足，建筑固废运输高成本决定了资源化利用对就近用地的依赖，但目前很多城市未将建筑固废资源化用地列入城市建设发展规划予以保障，而建筑固废资源化利用本身的投资强度不能达到市场化用地的门槛；二是环评难，当前建筑固废资源化的定位多为一般建材工业，没有视为公益环保产业，环境排放标准要求过高；三是技术支撑不足，建筑固废来源复杂且分类不够，工业生产缺少专业设计，专用设备及工艺不成熟；四是再生产品推广难，建筑固废处置成本高，再生产品附加值低，标准体系不健全，缺乏有效的政策支持，公众传统观念落后，市场认可度不高；五是违法成本过低，部分地方部门监管责任不清，执法权限低，执法不严，企业普遍规模较小。

2)建筑固废资源化产业化管理内涵与特点

建筑业产生的固废在所有工业废物中占比超过50%，根据部分行业协会组织测算，我国目前总建筑固废年产生量可达35亿吨。传统的建筑固废管理侧重于建筑固废的末端治理，忽略了建筑固废资源化处置的全过程管理，无法从根本上解决我国建筑固废处置难的问题。目前，不少国家实行了建筑固废的全过程管理，做到防患于未然，从产生、清运、中间处理与回收再利用四个阶段对建筑固废进行全过程管理，使传统的"大量生产-大量消费-大量废弃"经济形态迈向"循环经济形态"。

基于全过程建筑固废资源化产业化管理模式的指导思想是3R1H原则，即减量化、再利用、再循环、无害化，与传统仅以减少固废存量为目标的粗放管理模式不同，基于全过程建筑固废资源化产业化管理模式注重的是建筑固废的全过程减量、建筑固废的再利用和再循环、再生产品的推广和销售以及整个过程对环境造成的影响，是能实现建筑固废源头减量化、收集过程资源化和处置无害化的多目标建筑固废管理模式。

基于全过程建筑固废资源化产业化管理模式，应实现系统化、全过程的科学有效管理，其管理流程主要包括以下五个方面：①源头减量化，尽量少产生建筑固废；②高效资源化，建筑固废的再利用和再生利用；③环境无害化，控制建筑固废拆除、运输、资源化过程中对环境的污染；④处置无害化，对无法利用的固废进行无害化填埋处置；⑤末端产业化，加大再生产品的推广力度，制定再生产品的行业规范。

全过程建筑固废资源化产业化管理模式以建筑固废的走向为主线，如图 9.1 所示，分五个阶段进行管理，即建筑固废产生阶段的管理、建筑固废清运阶段的管理、建筑固废回收阶段的管理、建筑固废资源化阶段的管理、资源化产品销售阶段的管理，五个阶段相互影响和作用，单一环节的缺失与不足都会影响全过程建筑固废资源化的推进。

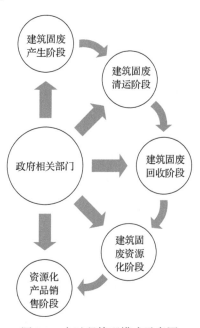

图 9.1　全过程管理模式示意图

9.1.2　建筑固废产生阶段的管理

随着建筑行业的快速发展，建筑拆除量和产生的建筑固废逐年增加；而且由于前端规划和管理的缺失，大多数建筑达不到设计服役寿命便进行拆除，亦是现阶段我国建筑固废急剧增长的主要原因。除此之外，在建筑的设计、施工、维护等阶段也会直接或间接产生建筑固废，如在设计时没有考虑到施工条件而导致的设计变更、管理人员在施工管理过程中的疏忽大意和工人使用材料时的随意性，均会造成建筑固废的产生。据估计，由于建筑固废的相关管理制度严重缺失，在工程建设所采购的建筑材料中有 10%～30%被浪费，产生了大量建筑固废。还有建筑类型结构的变化和地下工程的开发建设，都新产生了大量的建筑固废。因此，应从建设项目立项开始严格控制建筑固废的产生。因此，本节从拆除阶段前和拆除阶段两个环节进行建筑固废产生阶段的减量化管理。

1. 拆除阶段前的建筑固废管理

建筑固废的产生与建筑供应链存在一定的联系。建筑供应链是以业主对建设项目的要求为目标，从业主产生项目的需求开始，经过项目定义、项目融资、项目设计、项目施工、项目竣工交付使用和运行维护等阶段，直至改建、扩建和最后拆除这一系列建设和运行过程中所有涉及的有关组织机构组成的功能性网链结构，其中包括政府机构、承包商、材料和设备供应商、建设单位、设计单位等，它们被称为建筑供应链上的节点单位[4]。

Dainty 等[5]对英国相关产业链的问卷调查表明，供货商与回收商联盟、工厂预制和标准化设计是三条最有效的建筑固废管理措施。①建立供货商与回收商联盟，能够使尚且完好而未使用的材料再次进行销售，重新投入使用，避免直接当成垃圾浪费掉；②进行工厂预制，不仅能够减少建筑固废的产生以及现场施工对环境的损害，而且保证了施工质量、提高了施工效率，从某种意义上说，减少了投入的材料以及浪费，是对建筑固废的源头减量；③实现标准化设计，提高工程质量，提高生产效率，减少切割浪费，降低工程造价，也是一种源头减量的措施。这三条措施所涉及的单位均是建筑供应链上的节点单位，即实现建筑供应链对建筑固废的高效资源化管理具有重要意义。

基于建筑供应链，对拆除阶段前所产生的建筑固废进行管理，应联合项目各参与方(如政府机构、建设单位、设计单位、施工单位、材料设备供应商五个参与单位[6])共同进行建筑固废的管理，从而减少建筑固废的产生。各责任主体及其相互关系如图 9.2 所示。

1)政府机构

政府机构是建筑固废资源化的管理机构，具有典型的引导性和强制性，是建筑固废资源化进程的方向标，政府机构主要可从以下三个方面进行建筑固废资源化前端的管理工作：①政府应尽快出台相关的标准和法律法规，加大立法力度，完善建筑固废管理申报、审批、处理程序，建立建筑固废排放标准，让建筑企业有法可依。建立建筑固废资源化评估机制，对建筑固废进行可资源化程度评估，以确定其资源化利用价值。颁布激励政策，鼓励设计单位采用先进的信息技术，对于采用多种信息技术进行设计校核的设计单位，给予一定的奖励，如提高薪资待遇，增强其对结构优化设计的积极性。提高建筑固废的处理成本，加大奖惩力

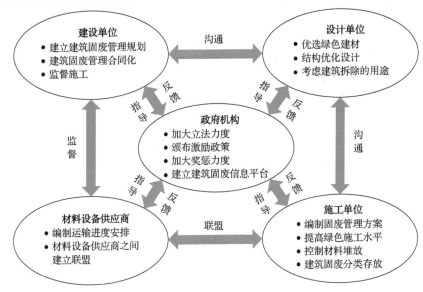

图 9.2　各责任主体及其相互关系

度。对能够控制在建筑固废排放标准内完成建设的企业给予一定的奖励，并降低建筑固废处理收费标准；对超出建筑固废排放标准的企业加大罚款力度，并提高建筑固废处理收费标准，从经济或财务上控制建筑固废产生。②建立专门的建筑固废信息平台，及时确定和发布建筑固废的产生地点及产生时间，以便建筑固废的回收、分类工作能及早介入，在拆除阶段就进行建筑固废的分类分选工作是最具效率、成本最低的方式。③加大宣传力度，定期开展绿色建筑、绿色施工等教育培训，要求企业相关人员必须参加并通过培训，树立企业的环保意识，使其能够自觉主动地进行控制建筑固废的产生。

2) 建设单位

建设单位作为项目的投资方和拥有方，应该积极采取措施，减少建筑固废的产生，提高经济效益，主要可以从以下三个阶段进行建筑拆除前阶段的减量化控制：①项目前期可行性研究阶段，应委托相应的咨询机构进行环境评估，并根据评估结果和相关规定制定建筑固废管理的总规划；②招投标阶段，需将建筑固废管理条款纳入建设工程施工合同，建筑固废管理条款包括建筑固废的产生、运输和处理办法，要谨慎考察建筑固废管理条款是否符合建筑固废管理的总规划，并以此作为选择施工单位的依据之一；③施工阶段，要自行或委托监理单位监督施工单位严格按照建筑固废管理条款执行，严厉禁止违规行为，若出现违规行为，建设单位要负连带责任。

3) 设计单位

通过理念宣传和培训教育、进行项目研究、编制相关技术规范等措施，设计单位和设计人员在设计方案时就会考虑减少建筑固废的产生和增加直接回收利用的措施。设计单位主要对建筑功能性和结构安全性进行核算，但是设计单位也应充分考虑建筑材料合理使用以及可能产生的建筑固废，即基于减量化概念的建筑设计，进而从设计阶段减少建筑固废的产生。主要可从以下三个部分进行设计优化：①设计单位要在设计中充分考虑建筑物未来的可改造性，并选用耐久、可循环利用的材料或部品，进行预制装配式结构体系设计，减少不必要的装修，或考虑提供拎包入住式住宅的设计，在符合要求的情况下尽可能选用再生产品，促进全过程建筑固废资源化产业化闭环系统的形成；②对结构进行优化设计，减少材料的投入，运用信息化技术进行施工过程的模拟，充分考虑施工的合理性，减小施工的难度和施工的费用；③必须要在考虑建筑拆除后其拆除物用途(直接使用、资源化处理等)的基础上设计建筑的拆除方案，为建筑拆除阶段的拆除工作提供一定的依据，减少不必要的破坏和浪费；④加强与建设单位、施工单位的沟通与协调，及时接收建设单位和施工单位的反馈，并体现在设计中，提高设计的耐久性和合理性，减少设计的变更。

4) 施工单位

施工单位是建筑固废的主要产生单位，应优化管理模式，实现施工的标准化与减量化控制；在项目开工前，应编制建筑固废处置、减量方案，并考虑纳入工程项目管理和相关预算；在施工过程中，实行绿色施工，将产生的建筑固废分类存放，并利用移动式等设备，尽可能现场直接回用或利用，减少建筑固废外运；将建筑固废分类存放、无污染存放和现场利用要求纳入文明施工工地等考核指标。具体来讲，施工单位可以从以下三个方面进行优化，进而减少建筑固废的产生：①招投标阶段，施工单位要仔细研究业主提出的建筑固废管理的总规划，给出具体的建筑固废管理条款，并将其纳入投标方案，作为竞争的一个指标。定期组织员工参加绿色建筑、绿色施工等教育培训，并作为一项员工考察标准，激励员工节约材料，减少浪费。②施工准备阶段，施工单位应依据建筑固废管理条款制定相应的固废管理计划，包括：建筑固废产生的种类、数量、时间；建筑固废的堆放方案；建筑固废的运输方案；建筑固废的处理方案；施工场地的环境保护方案；审计、监督、控制计划；向渣土管理部门申报建筑固废包括工程渣土的排放计划，建筑固废的种类、数量、运输路线及处置场所等事项，并与渣土管理部门签订环境卫生责任书。③施工阶段，施工单位应进行二次施工图设计，结合工程实际情况，优化完善。尽可能采用先进的材料、工艺、施工机械和技术方法，提高绿色施工水平，同时不盲目追求新技术、新方法，不脱离目前建筑行业的实际情况，切实可行。这样不仅可以减少建筑固废，还有助于实现成本控制、质量控制以及进度控制。合理控制施工现场堆放的材料，降低库存，根据材料的使用量进行合理的订购,既减少了土地的占用面积,又减少了因现场保管不当而产生建筑固废。加强与设计单位的沟通、协调,及时反映施工中的问题,提高效率;使用可循环使用的现场施工材料,减少工程固废的产生;建立与材料设备供应商和固废回收商的联盟关系,加快材料机械的供应和周转,加速建筑固废的清运,不仅能够加快建造速度,而且能够使建筑固废资源化产业链更快进入下一阶段。对现场产生的建筑固废直接进行加工利用并进行分类,建筑固废按源头分类,可大大提高它的利用潜力,增加它的利用空间。

5)材料设备供应商

要保证材料设备在运输过程中不发生遗失、损坏,有明确的运输进度安排;材料设备供应商之间建立联盟,以方便就近为原则来安排发货,控制运输距离,不仅能够节约运输成本,而且减小了运输对环境造成的污染;应建立与回收单位和施工单位的联盟,避免材料的直接浪费。

2. 拆除阶段的建筑固废管理

拆除阶段是产生建筑固废的主要阶段,拆除阶段的建筑固废排放量远远超出建造阶段的建筑固废排放量。传统的建筑拆除往往采用爆破拆除和机械拆除等粗放的拆除方式,存在严重的噪声、粉尘以及灰沙等环境污染问题;大量尚且完好的建筑构件得不到利用便进行强制性拆除;由于监管不当或者工作疏忽而导致人员伤亡、建筑坍塌的例子也层出不穷。在处理建筑拆除固废过程中,也由于建筑固废分类不到位、建筑固废计量模糊以及建筑固废调配随意等方面的客观因素限制,建筑固废的回收利用率较低。对建筑进行合理的拆除,不仅能够减少对环境的污染,也能起到减少建筑固废排放、提高建筑固废资源化利用效率的作用。

此阶段的建筑固废管理主要涉及政府机构和施工单位,并以施工单位为主。对于政府机构,应充分发挥政府机构的政策性和审核职能,建立和完善建筑物拆除评估制度,实行建筑报废拆解审核制度,参与审核的建筑要有合理的建筑拆除方案和建筑固废处理方案,并尽可能将拆除与资源化利用单位捆绑在一起招标,在招标条件中增加建筑固废处理方案的评审项,择优选择。对于施工单位,第一,在建筑拆除准备阶段,要充分结合实际情况制定建筑拆除方案,改变传统的拆毁式拆除方式,采用拆解式拆除、分类拆除等新型拆除技术;第二,建筑物拆除应当由具备安全拆除资质的施工单位承担,并按照合理的拆除程序进行,严禁违章拆除;第三,采取必要的环境保护措施,整个拆除过程要最大化降低对环境造成的影响;第四,对考虑再次利用的结构构件进行整体拆除,对其他不可直接利用的建筑固废按照预先估计的种类和数量分门别类进行堆放,建筑固废按源头分类,可大大简化后续工作,提高其利用潜力。

9.1.3　建筑固废清运阶段的管理

各地政府应按当地经济发展水平，制定合理的动态运输指导价格。建筑固废运输企业应根据当地主管部门要求，统一安装运输车辆密闭装置、行车记录仪、计量监控和相应的卫星定位等设施。政府要推广使用新型智能环保运输车辆，支持组建大型专业化建筑固废运输公司，实现统一经营、调度和管理。利用互联网+、联单制等手段，严防建筑固废遗撒、未按规定地点乱倒造成二次污染等现象的发生。除此之外，还要加强驾驶人员培训，严禁超载、超速和闯信号灯行驶。有关部门要加大联合执法力度，实行对运输企业和驾驶人员的动态管理。

建筑固废的清运工作难以开展是由建筑固废的复杂特性决定的，目前建筑固废清运阶段主要存在以下三个方面问题：①建筑固废的来源复杂，建筑固废的初步分类大多是依靠人工进行挑选，分类并不充分，各种组分的产量难以明确统计，杂质含量较多的建筑固废也增加了后端资源化处置的难度和费用，所以提升清运阶段的建筑固废分类运输程度可以有效提高后期资源化效率；②建筑固废的产生地点和时间没有一定的规律，具有空间上的离散性和时间上的随机性，给收集和清运工作的安排带来了极大的不便；③建筑固废运输过程中的监管严重缺失，同时由于相关知识普及度不高，随意倾倒的现象也普遍存在，均对建筑固废的清运造成了不利影响。针对建筑固废清运工作高度的复杂性和不确定性，利用信息化技术强大的处理能力，是解决建筑固废清运阶段管理的有效手段，在某些城市已经有比较成熟的运用，如柳州市的渣土车运输车辆卫星定位智能监管系统[7]。

信息技术是实现建筑固废高效清运的重要途径，结合地理信息系统技术，能够将建筑固废清运区域的地图矢量化，搭建图像与数据之间的桥梁，直观地对与建筑固废清运有关的各种信息进行管理，如对建筑固废种类、产量、产地的统计，并根据这些信息绘制建筑固废分布图；提供建筑固废的各种属性信息；对建筑固废运输的动态跟踪；对资源化处理站剩余处置容量及其位置的直观显示；对清运路线及可调配的清运车辆的筛选；服务分区图的辅助制定和绘制等。

基于信息化技术的建筑固废清运阶段的管理模式能够方便对建筑固废进行统计和管理，决策者能够依据信息化系统分析大量数据整理出来的建议，做出具有直观性、可操作性和实用性的管理决策，大大提高了建筑固废清运阶段管理的现代化、科学化水平，为环境卫生产业与城市社会经济的可持续发展做出重要贡献[8]。①管理的基础：建筑固废清运阶段的管理在信息化平台上实现，涉及数据库、管理信息系统、控制中心和客户端四个部分。信息化平台结合了实际的管理工作流程与最新的城市基础地理信息系统，并叠加建筑工地、拆迁工地、资源化工厂等专题地理信息数据，充分利用建筑固废行政主管部门现有的软硬件平台和数据资源，为建筑固废清运阶段的管理提供高效、实时、快捷的空间数据资源[8]。

②管理的实现:基于信息化技术的建筑固废清运阶段的管理模式[9],运用地理信息系统技术、计算机网络技术、数据库技术,将空间地理信息赋予建筑固废,通过强大的信息处理能力,建筑固废清运阶段的管理从传统的大量的人工操作到计算机自动统计、自动出图分析转变,从而大大提高了建筑固废管理的效率,不仅节约了决策者的时间,而且可以有效地控制建筑固废的走向,有效避免随意倾倒建筑固废。整个管理系统分为用户注册、网上申报、招投标、在线监控、统计分析、诚信评价6个模块,如图9.3所示。

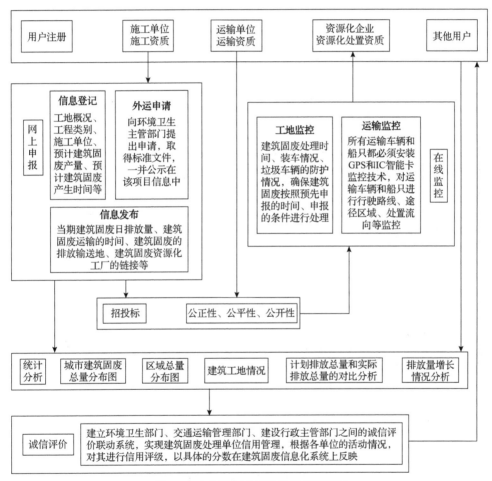

图 9.3 建筑固废清运阶段管理流程图

9.1.4 建筑固废回收阶段的管理

建筑固废的回收是其资源化处置的前端环节,主要责任单位是建筑固废回收企业,高效而系统的建筑固废回收是后端高效资源化顺利进行的保障,对于建筑固废在回收阶段的管理主要从以下四个方面进行：①建立回收企业与施工单位、材料供应商的联盟，加快回收速度，提高回收效率，避免材料的直接浪费；②在进行建筑固废回收前，必须分选出建筑固废中有毒、有害的成分，如建筑固废中的含汞荧光灯泡、涂含铅油漆的木材（门框、窗沿）以及其他如油漆等废弃的有毒化学产品，进行无害化处理；③对建筑固废进行分类回收，通过简单分拣提取出来的组分尽量直接投入使用，减少建筑固废的排放，余下不能直接分拣的建筑固废要运送至不同的资源化工厂，进行建筑固废的资源化生产；④严禁将建筑固废混入生活垃圾或将生活垃圾混入建筑固废中，建筑固废与生活垃圾具有不同的利用价值，其处理方法各不相同，要分开堆放，分开回收。为促进建筑固废的源头分类，对违规行为必须进行严厉处罚。

9.1.5　建筑固废资源化阶段的管理

建筑固废的组分十分混杂，通常含有钢筋混凝土、短钢筋、砖块、木料和玻璃等，有些只需经过简单分拣就可以再利用，如短钢筋、木料、玻璃和一些包装料等，而大多数还需要进行专门的破碎、分离和再加工才能使用，如钢筋混凝土、砖块等。建筑固废资源化阶段的管理基于多级利用和多级分拣模式[10]，可大大提高资源的再生利用率。建筑固废多级利用模式如图 9.4 所示。

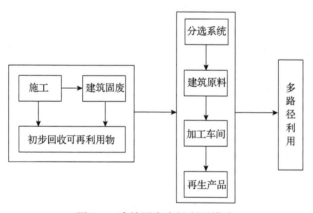

图 9.4　建筑固废多级利用模式

传统的国内外资源化处理技术大多采用“先破后筛”工艺，无法处置来源和成分复杂的建筑固废，仅仅适用于废弃混凝土的破碎加工。基于我国建筑固废现状，应对传统资源化处理技术进行优化，目前有学者提出了一整套高效资源化处理技术，即基于“先筛再分后破”、因地制宜的指导思想，根据建筑固废来源情况的不同，施以不同的资源化工艺和设备，生产出高品质再生原料和再生建材。建筑固废资源化阶段的管理分为三个阶段[9,10]。

（1）施工现场初步回收利用。对于建筑固废中的短钢筋、木材、玻璃、石膏板、矿棉板、保温材料以及各种材料包装件等较易分离的组分，可根据在建工程需要，尽量将回收后的建筑材料在施工现场进行使用。

(2)建筑固废资源化工厂处置。①初选后剩余的建筑固废必须运往废物资源化企业，经过分离处理和分类收集后，按照不同的类别和用途送往相应的专业加工车间进行加工，制成资源化产品；②生产的过程中必须要分离出建筑固废中的有害、有毒成分，并进行专门的无害化处理，对建筑固废的资源化处理必须以技术成熟、质量稳定为原则；③生产的资源化产品应有相关的质量检测报告，资源化企业需建立建筑固废资源化产品质量的企业标准，以此来规范资源化产品的质量。

(3)无害化后的资源化管理。对于经过多次筛选后剩余的无法利用的建筑固废(如建筑渣土)或筛分出的危险组分，可进行填埋处理。对于无害化处置后可资源化利用部分，应根据制备出的不同再生原料，同时结合市场需要，制备不同品种和品质的再生制品，实现再生原料和再生建材的多路径应用，以减少对环境的影响。尤其应在传统再生建材品质进行提升的同时，优化资源化应用路径，提升再生建材的品质和应用范围，实现更高的生态效益和社会效益；同时基于再生建材的精细化应用，可生产出预拌再生材料和预制再生构件，建立再生建材产业化推广模式；也可以结合我国绿色可持续发展模式，推进透水型再生建材和组合再生建材的研发应用，最终达到多品类高附加值再生原料和再生建材的资源化利用。

9.1.6　资源化产品销售阶段的管理

资源化产品的销售情况直接关系到建筑固废资源化企业的生存和产业链的完整，畅通的资源化产品销售环节可以进一步促进前端资源化过程的进行，同时也是资源化企业良好生存能力的保障。在资源化产品销售阶段，应充分发挥政府的指导作用，如提出优惠政策推进再生产品的销售，一方面可鼓励建设单位使用再生产品，如采取税收优惠和财政补贴等方式；另一方面可采用政府采购等方式进行调节。

社会公众对建筑固废资源化产业的认知程度也是决定该产业能否顺利进行的关键因素，若资源化产品得不到市场的认可或没有市场竞争力，将导致资源化产业全过程的产能下滑，阻碍行业进程。因此，加大再生产品的宣传力度，呈现再生技术的可靠性，消除大众对再生产品的畏惧和抵触心理，有利于再生产品的销售，也有利于建筑固废资源化产业的发展；同时，应推进政府部门、传媒机构、行业协会和教育机构的多方位合作，实施建筑固废回收再利用的教育推广，加大公众的认知度，广泛宣传建筑固废是一种可利用的资源，消除公众的误解；应大力宣传建筑固废资源化技术，推广资源化产品，鼓励全社会接受和使用再生产品；积极创建建筑固废回收利用宣传教育基地，培养广大民众的环保意识；也可将研发成果或考察资料告知建筑固废回收再利用的相关单位与业者，促进彼此间的意见交流，提升回收再利用的效益[11,12]。

9.2　新型管理模式探讨

我国建筑固废排放量逐年增加，环境恶化、资源枯竭问题日益显著。但是，由于建筑固废处理存在资金不足、管理不到位；信息统计不及时，缺乏综合管理平台；建筑固废资源化行业的福利性与公益性高于营利性，企业资源化处理的积极性较低等问题，我国建筑固废资源化行业的规模化应用和产业化推广遭到了限制。采用新型管理模式，如 PPP（public-private-partnership）模式、基于可交易证书的管理模式、基于信息化的管理模式等，可以一定程度上改善这种被动的处境。合理应用新型管理模式能极大地推动建筑固废资源化产业的进程。

9.2.1　基于 PPP 模式的建筑固废资源化管理模式

PPP 模式能够缓解政府部门的融资压力及管理风险，同时为私营企业提供一定的利润，有助于"共赢"合作理念的实现，为推动我国建筑固废资源化产业的发展，解决日益增加的建筑固废处理问题提供了一个有益的、可操作性强的方式。

9.2.2　基于可交易证书机制的建筑固废资源化管理模式

基于可交易证书的管理模式，通过控制建筑固废的源头产生和建筑固废资源化利用来推动建筑固废减量化和资源化的发展进程。由于引入了可交易证书机制，有助于提高行业相关利益主体的建筑固废减量化和资源化意识，推动建筑企业自身技术水平和管理水平进步。

施行强制性政策法规是建筑固废减量化、资源化最直接、最有效的方法，但是该方法虽然简单、直接，却制约了建筑企业参与的积极性，缺乏针对性，无法针对个体进行有效的调节，强制性政策法规在建筑固废管理上的执行难度大，建筑固废管理较为被动。因此，发展可交易证书机制的建筑固废资源化管理机制，可提高建筑固废管理方式的灵活性和有效性，大大激发企业参与的活力。以下从基于可交易证书机制的建筑固废资源化管理模式的内涵、责任主体、运行模式和保障措施四个方面进行论述。

1. 内涵

可交易证书机制是通过对特定的责任主体设置配额，并要求责任主体在规定的期限内按照交易机制完成配额任务的一种基于市场的政策组合，没能完成配额任务的责任主体将会受到相应的惩罚[13]。可交易证书机制最早起源于欧美发达国家，当时是作为治理工厂排污而采用的一种环境规制手段，后来逐渐被推广应用于碳排放[14]、二氧化硫排放[15]、污水废水排放[16]、能源消费领域[17]等方面。近年来，许多国家制定了针对能源消费的白色证书机制[18]和绿色证书机制[19]。白色证书机制主要针对不可再生能源的节约，相关责任企业必须承担节能责任，超出规定标准的节能量可以白色证书的形式进入交易市场；绿色证书机制则是针对可再生能源的利用，相关责任企业必须承担使用可再生能源的义务，超过规定标准的消耗量可以绿色证书的形式进入交易市场。

意大利、英国、法国等利用白色证书机制，有效节约了能源消耗；德国、美国、荷兰等则对绿色证书机制运用得比较成功，极大地促进了可再生能源产业的发展[20]。借鉴发达国家成功的实践经验，将可交易证书机制应用于建筑固废的资源化产业链中，可实现建筑固废减量化、资源化、无害化指标的宏观控制和微观调控[13]。可交易证书在建筑固废减量化应用中的运行模式如图 9.5 所示。

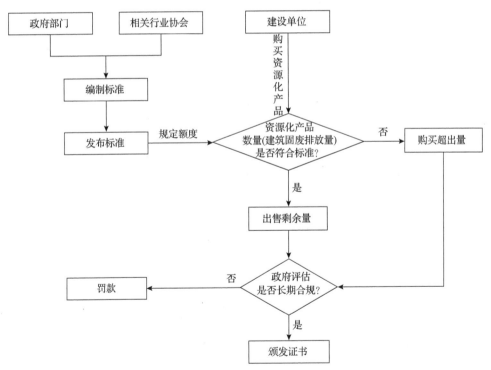

图 9.5　可交易证书在建筑固废减量化应用中的运行模式

2. 责任主体

建筑固废资源化产业链由政府、建设单位、设计单位、施工单位、运输企业、建筑固废资源化企业等组成。可交易证书机制模式下的责任主体应该居于主导地位且易于管理和监督，所以将建设单位作为责任主体。首先，在建筑固废处理问题上，建设单位占据主导地位，设计单位、施工单位、建筑固废资源化企业服务于建设单位；其次，建设单位数量相对较少，易于监督和管理，同时，建设单位拥有专业素质过硬的团队，解读和把握政策的能力也比较强[13]。

3. 运行模式

建筑固废资源化是有效化解建筑固废管理的方式，将可交易机制应用于建筑固废资源化产品的利用过程中，可以实现对再生产品的大范围利用，推动建筑固废的资源化发展。基于可交易证书机制的建筑固废资源化管理模式的核心在于将建筑固废和资源化产品价值化，等价于可交易证书，并以可交易证书的走向为线索，其运行模式如图 9.6 所示[13]。

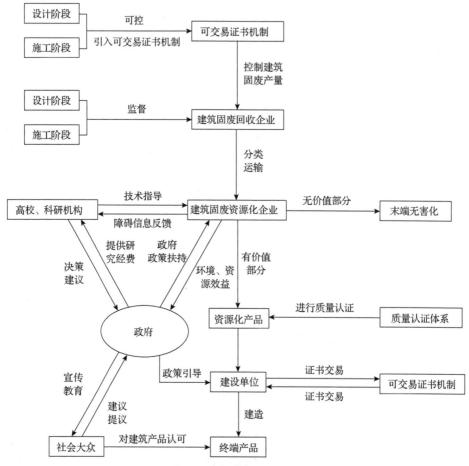

图 9.6　基于可交易证书机制的建筑固废资源化产业链运行模式[13]

4. 保障措施

可交易证书机制由传统的政府强制性控制转向市场导向为主，能极大地调动企业的积极性，化被动为主动，具有非常好的应用前景，但是可交易证书机制在我国还处于摸索阶段，相关的政策法规尚不健全，实施过程中难免会有障碍。为推动可交易证书机制在建筑固废资源化产业链中的应用，实现建筑固废的减量化、资源化、无害化，有必要采取一些保障性措施[13]。

（1）标准制定。政府和行业协会应落实和完善两个标准的制定：一个是建设项目在建造过程中建筑固废资源化产品的强制性消费标准，用以衡量责任主体是否达到所必须消费的资源化产品数量；另一个是建设项目在建造过程中建筑固废的强制性排放标准，用以衡量责任主体是否超出所规定的建筑固废排放量。

（2）平台建立。建立证书交易平台，责任主体可以自由进入此交易平台，并以证书的形式进行交易。根据自身实际情况，出售资源化产品超额量或建筑固废排放剩余量来获得利益，以及购买资源化产品差额量或建筑固废排放超出量来达到标准。

（3）政府认证。在工程项目竣工前，建设单位需要先自行核对是否达到规定的标准，资源化产品消费量、建筑固废排放量是否达标，超出标准的部分需要到证书交易平台购买相应的证书，以此来满足标准的要求。政府或相关机构通过对工程项目进行实地考察，复核其是否符合标准的要求，对于符合标准要求的予以认可，对于不符合要求但有足够可交易证书来替代的也予以认可，其他情况不予认可。

（4）证书颁发。对超量完成资源化产品消耗标准和建筑固废排放标准且已通过政府或相关机构认可的责任主体颁发可交易证书，以证明责任主体在工程项目竣工前达到了规定的标准，责任主体可到证书交易平台进行证书交易，以此来获取更多的利益。

（5）违规惩罚。建设单位不能过度追求经济效应而违背相关规定，也不能存在侥幸心理，对于工程项目竣工前未达到相应标准且没有购买相应可交易证书的责任主体，要进行严厉的经济处罚，增加违规成本。同时，该企业其他项目的建筑固废资源化产品使用量要加上此项目未完成的消耗量、建筑固废排放量要减去此项目超出的排放量，通过提高标准来加以约束。

9.2.3　基于信息化技术的建筑固废资源化管理模式

基于信息化的管理模式集成了建筑生命周期各阶段、各参与方的各种信息，能协助各级管理者做出适当的决策，快捷、直观、有效，但缺乏一定的市场活力。而升级版的信息化管理模式引入了市场机制，克服了原有的缺点，将建筑固废的价值"定量化"，能极大地调动企业的积极性。

　　我国每年都会产生巨量的建筑固废，但是由于在建筑固废产生过程中大量的信息无法获取，无法预先对建筑固废进行分类和统计，我国建筑固废资源化产业化的后续阶段难以得到较好的推广和应用。

　　BIM 集成了大量的建筑信息，在建筑固废资源化产业中具有非常大的应用潜力。在建筑的设计阶段，进行施工图纸深化设计和施工方案模拟，避免因设计失误造成建筑固废产生和返工，实现减量化设计[21]。预先考虑建筑的拆除方法，进行建筑固废种类、数量的预估，能够提前与建筑固废资源化产业化后续阶段进行信息交互，推动整个循环的进程。在建筑拆除阶段，能够提供及时更新的信息数据，不仅为业主减少了错误，还降低了业主的财务风险，为业主带来巨大的收益，例如，在制定建筑物拆除计划、拆除成本计算、建筑碎石管理、优化建筑拆除计划以及数据管理等方面，都可以进行 BIM 技术的相关运用并获得巨大的效益。在资源化产品销售阶段，进行资源化产品种类、数量、产地的统计，在网上发布各种资源化产品的信息，进行线上线下交易，打通资源化产品的销路。由此看来，研发基于 BIM 技术的建筑固废管理系统显得尤为必要和迫切，基于 BIM 技术的建筑固废管理系统能够集成建筑生命周期各阶段、各参与方的各种信息，能协助各级管理者做出适当决策[22]。

　　1. 体系设定

　　(1)体系角色设定。随着 BIM 技术在建筑业的推广和发展，建筑物各构件的种类、数量、位置等信息能够集成于 BIM 中，同理，建筑固废的相关信息（如种类、数量、产地、产生时间等）也可以通过一定的技术手段集成于 BIM 中。

　　基于 BIM 技术的建筑固废管理体系以建筑固废资源化为主线，围绕建筑固废资源化产业链的整个过程，并辅助各个阶段的建筑固废管理决策，因此建筑固废管理相关的政府主管部门或其委托授权的管理机构应作为建筑固废管理系统的管理者。此外，建筑固废资源化产业链中还涉及主管部门、设计单位、拟拆建筑业主单位、拆除单位、运输单位、资源化处理单位、资源化产品采购单位等利益相关者，如图 9.7 所示。

　　(2)体系结构设定。基于 BIM 技术的建筑固废管理系统共有八个模块，分别为五个基本信息模块（建筑固废基本信息模块、建筑拆除单位信息模块、建筑固废运输信息模块、建筑固废资源化信息模块、资源化产品信息模块）和三个功能模块（建筑拆除进度计划决策模块、建筑固废运输调配管理决策模块、资源化产品交易模块）。其中，工作基础和工作重点是建筑固废基本信息模块，工作难点是建筑拆除进度计划决策模块和建筑固废运输调配管理决策模块，创新点是资源化产品交易模块。建筑固废管理系统中各模块的协同关系如图 9.8 所示。

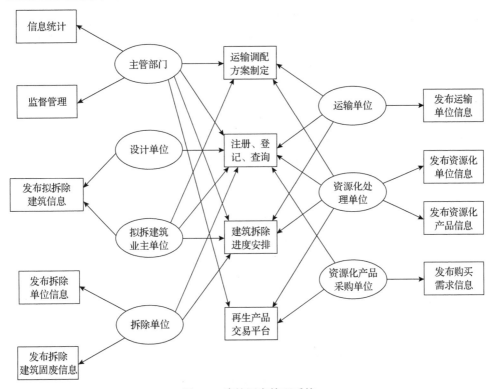

图 9.7　建筑固废管理系统

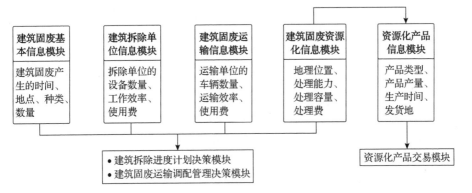

图 9.8　建筑固废管理系统中各模块的协同关系

2. 功能需求

(1)信息发布的及时性和公开性。在建筑固废管理系统中,信息的及时性和公开性是影响管理决策最为关键的因素,只有在掌握较为全面的信息的前提下,决策管理者才能做出科学合理的管理决策。信息整合平台能够及时发布建筑固废排放的种类、排放地点、排放时间、排放量等信息,是搭建建筑固废信息流和物质流的关键环节。与此同时，建筑固废资源化企业能够及时收到建筑固废产生的各项信息，提前为建筑固废资源化工作做准备。建筑固废基本信息发布流程如图 9.9 所示。

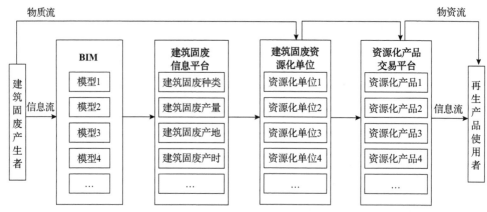

图 9.9　建筑固废基本信息发布流程

（2）决策管理功能的实现。建立建筑固废管理系统有三个目的：一是进行建筑固废的运输调配，通过借助 BIM 中的数据，初步计算建筑固废的排放量，再结合建筑固废资源化企业的处理能力，综合考虑经济、环境和社会等因素的影响，实现协助制定建筑拆除进度计划的功能；二是建筑拆除的进度安排，针对具体要实施的建筑拆除工程，综合考虑建筑固废产量、运输路况、运输单位基本情况、资源化企业地址等信息制定最优建筑固废运输调配方案；三是资源化产品的在线交易，通过构建网上交易平台，实现资源化产品的实时在线交易。

3. 整体功能架构

结合对建筑固废管理系统的定义及基本功能需求分析，建筑固废管理系统功能架构如图 9.10 所示。其中涉及 5 个不同角色的参与方，即 BIM、拆除单位、运输单位、资源化处理单位、资源化产品采购单位。数据中心用于存储建筑固废处理过程中涉及的 5 个参与方的各种基本数据，包括 BIM 数据、建筑拆除设备、建筑拆除费用、建筑拆除效率、建筑固废运输车辆、建筑固废运输费用、建筑固废运输效率、建筑固废资源化处理费用、建筑固废资源化处理容量、建筑固废资源化产品数据、建筑固废资源化产品采购需求等方面的基础数据；信息平台用于对数据中心中大量的数据进行结构化管理；应用服务是针对用户的服务界面，用户能及时查询最新信息、获取相关数据的分析报告、实现资源化产品的交易等，管理者能及时进行信息的更新和维护。

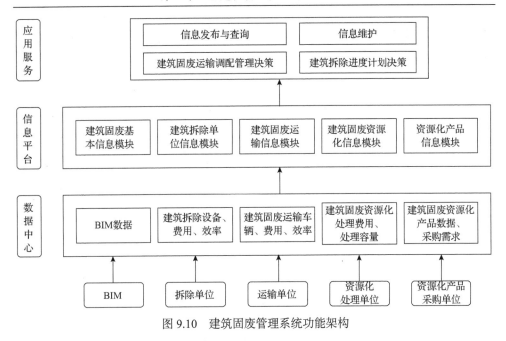

图 9.10 建筑固废管理系统功能架构

4. 基于市场机制的建筑固废管理系统

基于 BIM 技术的建筑固废管理系统是基于决策者对资源的调配模式,实现建筑固废从产生者到资源化企业的"转移"过程,缺乏市场活力,难以调动企业的自主性和积极性。为了改善这种矛盾,让建筑固废产生者能"主动"去处理建筑固废,而不是迫于规定的压力,引入市场机制,把建筑固废的基本信息放到交易平台上,让资源化企业自由选择、购买建筑固废,并由建筑固废产生方支付一定运输费用或由资源化企业自行支付运输费用,让已经取得建筑固废运输资格证的公司组织运输,形成互联网与物联网的联动。

在这种基于市场机制和信息化技术的建筑固废资源化管理模式中,真正意义上体现了建筑固废的"价值",建筑固废产生者能够通过出售建筑固废来获得一定的利益,而不是支付建筑固废处理费,能极大地调动建筑固废产生者合法处置建筑固废的积极性,资源化企业也不用担心没有足够的原料(建筑固废)来源以维持产业的运行,不仅能够破解"饥饱矛盾",而且能增强市场的活力,更加有利于行业的发展。

9.3 建筑固废资源化产业化制度创新

为了逐步完善我国的资源化产业化法律制度体系,本节对我国现有的资源化产业化制度进行汇总和分析，并针对现存的问题提出完善建议。同时，本节还对国外的资源化产业化制度进行整理和分析，为我国的资源化产业化制度创新提供借鉴。

9.3.1　我国建筑固废资源化产业化制度现状

随着建筑固废资源化的推广和实行，我国相继发布了一系列法律、法规和政策，不断规范建筑固废回收、利用和资源化处置行为，逐步形成了建筑固废资源化利用的法律制度体系，但是由于建筑固废资源化起步时间较晚，其制度体系仍不完善，许多问题亟待解决。针对目前建筑固废资源化产业化利用法律制度中存在的几个问题，分别从生产者责任延伸制度、管理制度、公众参与制度和激励制度几个方面进行分析，并给出建筑固废资源化产业化制度建设上的建议。

1. 生产者责任延伸制度

生产者责任延伸是以生产者作为主导，消费者、销售者、政府以及非政府组织等作为补充，对产品使用完毕后的回收、再利用和处理等方面必须承担相应的环境保护责任。目前，生产者责任延伸制度在我国建筑固废处置领域已达成共识，要求建筑固废的产生单位必须承担建筑固废资源化利用的责任。

生产者责任延伸制度最早出现在 1989 年的《旧水泥纸袋回收办法》，1996 年施行的《中华人民共和国固体废物污染环境防治法》是我国的第一部固体废弃物管理法律，明确规定了责任主体，对于列入强制回收目录的产品和包装物，相关生产企业必须承担回收的责任，对生产者责任延伸制度做了原则性的规定。2008年 8 月 29 日通过的《中华人民共和国循环经济促进法》以"减量化、再利用、资源化"为主线，正式以立法方式对生产者责任延伸制度做出规定。我国虽然在建筑固废处置领域基本确立了生产者责任延伸制度，但仍处于萌芽时期，存在以下不足。

(1)缺乏系统、全面的规定，建设单位、设计单位、施工单位、建筑固废运输单位、建筑固废资源化处理单位等主体所应承担的责任模糊不清。

(2)生产者责任延伸制度涉及范围较窄，仅限于强制回收和综合利用责任的规定，而且由于缺乏配套的实施细则和标准，生产者责任延伸制度的实施举步维艰。

(3)生产者责任延伸制度的有效对象仅限于列入国家强制回收名录的产品和包装物，但是国家强制回收名录至今尚未发布，不仅影响到建筑固废回收制度的实施效果，而且对于那些未被列入国家强制回收名录的产品和包装物，也缺乏实质性的约束措施。

(4)没有明确生产者责任延伸制度中的经济责任和信息公开责任，导致建筑固废的产生得不到有效约束，建筑固废资源化处理企业和社会公众也无法及时获取有效信息、参与建筑固废处置活动。

2. 管理制度

目前，我国已在建筑固废资源化利用领域开始实施申报制度、现场检查制度、环境保护与卫生制度、安全生产管理制度、全过程监控管理制度等，对提高建筑固废资源化利用率起着重要作用，但是仍然存在一些问题。

1) 申报制度

建筑固废资源化利用的申报制度是指建筑固废的产生单位需要依法向相关的主管部门提出包括建筑固废基本信息以及建筑固废回收、运输、处置计划等信息的书面申报，经主管部门核准后方可实施的一项制度，其有利于相关部门了解建筑固废的类型、数量、质量、堆放地点等信息，有利于改善建筑固废对环境的消极影响。《城市建筑垃圾管理规定》《国务院对确需保留的行政审批项目设定行政许可的决定》等规范性文件对建筑固废资源化利用申报流程进行了规定：首先，建筑固废的产生单位应向辖区内的市容环境卫生主管部门提出书面申请，包括预计产量、种类、运输单位、处理厂等信息；其次，提交分类回收方案、运输方案、资源化利用方案等相关材料；最后，由市容环境卫生主管部门对材料进行审核，并对符合要求的申请给予核准。与此同时，地方政府也制定了相应的申报制度，如《临汾市城市扬尘污染防治管理办法》从防治扬尘污染的角度出发，规定建筑施工单位必须在开始施工前 15 日内向辖区环保部门申报排污种类、数量等信息，并严格按照核准意见进行排污活动；西安市严格执行排放许可与每日申报制度，排放建筑固废的单位必须向辖区市容部门申请办理并取得《西安市建筑垃圾处置（排放）证》。

申报制度是计量排污费的法定依据，建筑固废产生单位需要根据申报中的建筑固废排放量来缴纳排污费，但是某些建筑固废产生单位为了一己私利，通过拒报或谎报建筑固废产生量、运输、处置等情况来达到少交、拖交甚至不交排污费的目的，逃避履行缴纳排污费的义务，不仅给环境监督管理提供了错误的信息，而且造成不良的社会、环境影响。并且，由于监督、审核体系的缺失，即使环保部门发现了建筑固废产生单位的谎报行为，也没有足够的证据进行执法。因此，建立和完善必要的监督、审核措施势在必行。

2) 现场检查制度

建筑固废资源化产业化的现场检查制度是指环境保护行政主管部门依法进入管辖区内建设施工现场对施工单位的建筑固废产生情况、回收情况、运输情况、处置情况进行检查，以此来监督建筑固废产生单位行为的一项制度。《中华人民共和国环境保护法》第十四条对现场检查制度做出了明确规定，并要求施工单位必须无条件接受环境保护行政主管部门的现场检查。现场检查制度是对建筑固废产生单位的一种督促和考察，要求建筑固废产生单位有效执行环境保护法律法规的要求；提高环境保护意识和环境法治观念，自觉履行保护环境的义务，减少建筑固废的产生；加强环境管理，采取积极的环境污染防治措施，消除建筑固废的环境污染事故隐患。

对施工单位开展现场检查有利于环境保护主管部门对建筑固废的产生、运输、资源化等行为的监管，减少建筑固废非法处置现象。虽然法律法规对建筑固废现场检查制度进行了规定，但相应的实施细则并未出台，如现场检查的时间间隔、检查次数等，导致执法人员有空可钻，出现产生污染才检查或者上级检查时才突击检查的应付现象，不仅是对自己的工作不负责，也不能对建筑固废产生单位起到有效的约束作用。

3) 环境保护与卫生制度

建筑固废资源化产业化的环境保护与卫生制度是指施工单位在划定的范围内履行城市市容、环境卫生、绿化、秩序等管理义务的一项制度。《城市市容和环境卫生管理条例》规定了建筑固废责任主体的环境卫生责任。在建筑固废资源化产业化的全过程中，环保部门需要时刻监督其对市容市貌、环境卫生等造成的危害，并根据危害的严重性，给予适当的经济惩罚，对其行为进行一定的约束。《排污费征收使用管理条例》明确规定，直接向环境排放污染物的企业和个体工商户应当缴纳排污费。建设施工单位作为直接向环境排放建筑固废的单位应当缴纳排污费，如上海市规定对建筑固废收取 0.5 元/t 的排污费和 0.5 元/t 的处置费。

虽然有明确的罚款条款，但是由于收费标准偏低，对建筑固废资源化产业化过程中的相关单位督促力度不够，很难调动整个行业治理环境污染的积极性，难以达到从源头上控制建筑固废污染的效果。《企业会计制度》规定，建筑固废的产生单位缴纳的排污费应作为间接费用计入合同成本，不利于激励建筑固废的产生单位积极主动治理污染、减少排污费支出。环境保护与卫生制度能够提高企业的环保意识，减少建筑固废的排放量，建筑固废资源化产业化上的节点单位必须严格遵守，但是仅靠环境保护与卫生制度并不能完全解决建筑固废围城的困境，必须与其他制度配套使用，才能减轻建筑固废的危害。

4) 安全生产管理制度

建筑固废资源化产业化的安全生产管理制度是指资源化企业生产过程中保障生产人员生命财产安全的制度。近年来，我国每年因安全事故造成的伤亡人数和经济损失值得引起深思[23]。安全生产是我国一项基本国策，是国家经济与社会发展中的一件大事，要从根本上改变这种被动局面，必须将其列为各级管理者的头等大事。《中华人民共和国安全生产法》明确强调了安全生产的重要性，并且确定了生产经营单位是安全生产的责任主体。

目前，建筑固废资源化企业大部分都制定了一系列安全生产管理制度，明确了安全生产职责,但在安全生产管理方面还存在以下问题[23]:①仅仅停留在管理思想上,没有有效的管理制度及安全措施;②缺乏对现代企业安全生产管理本质的理解,一味照搬照抄他人的管理模式,没有针对性,没有企业特色,应用效果不佳;③经济增长与安全生产基础投入不成比例,经济性差,导致生产现场的管理处于静态;④某些企业一味追求经济效益,其安全生产管理制度往往只是为了应付检查,只做表面文章;⑤缺乏科学系统的管理标准以及事故应急预案、安全预警机制,往往等到出现问题才来想办法,但是在问题发生后又束手无策,安全生产工作难以落实;⑥基层安全员素质不高,考核处罚力度也不够,企业安全生产管理仍然停留在日常行政事务中,难以提高到战略高度;⑦缺乏有效的培训机制,安全生产得不到落实,建立"以人为本"的安全管理思想困难重重,员工的主动性和积极性也得不到有效调动。

5) 全过程监控管理制度

建筑固废资源化产业化全过程监控管理要求政府加强全过程监控,要求相关企业进行科学、规范的管理。具体管理要求如下:①对占用农田、绿地、河渠以及待开发建设用地等待处理的建筑固废存量,要制定切实可行的治理计划,有序开展治理工作,有效解决建筑固废围城、填河等问题;②控制施工工地的环境质量,设置相关防污、降尘设施,设置车辆冲洗、保洁设施,配备待运建筑固废覆盖设施;③建筑固废必须分类存放,密闭储存,相关部门要将建筑固废的存放情况纳入文明施工工地管理考核,作为考察依据,促进源头分类;④建筑固废必须分类运输,按照工程弃土、可回收利用金属、轻质材料(木料、塑料、布料等)、混凝土、砌块砖瓦等分别投放,禁止将其他有毒有害的垃圾以及生活垃圾混入建筑固废,也禁止将建筑固废混入生活垃圾;⑤建筑固废运输企业必须经所在地区(市)相关部门核准,并取得建筑固废运输资质后,方可从事建筑固废运输经营业务;⑥建筑固废运输车辆应当在核定载荷范围内装载,严禁超载,随车携带建筑固废运输资质证明和建筑固废处置核准证明,并按指定的时间、时速、路线行驶;⑦运输车辆必须是密闭空间,运输途中不得泄漏、遗撒,为了确保运输渣土、泥浆、砂石等流散物体不外溢,行驶中不垮土,需配备防止垮土的保险装置;⑧建筑固废的处置必须经过所在地区(市)政府相关部门的核准,建筑固废排放单位应当按照建筑固废处置核准的要求和范围处置建筑固废,并最终运往具有建筑固废资源化利用资质的资源化企业来进行资源化生产,禁止擅自处置建筑固废。目前,我国建筑固废全过程监控制度仍不完善,需要政府和社会的共同努力。

3. 公众参与制度

建筑固废资源化产业化的公众参与制度是指任何单位和个人都可以通过一定

的程序和途径参与建筑固废资源化相关活动中的一项制度。公众参与制度实现的
三个必备条件为信息公开、相关利害关系人的参与、意见反馈。贯彻公众参与制
度，首先要提高公众的参与意识，加大环境保护宣传力度；其次要扩大公众的知
情权，建立信息公开制度；最后要尽量发展民间组织，加强社会监督作用。《中华
人民共和国宪法》第二条第三款、《中华人民共和国环境保护法》第六条第一款分
别为社会公众参与建筑固废资源化相关活动提供了宪法依据和法律依据，在此基
础上，《中华人民共和国固体废物污染环境防治法》第九条规定了社会公众享有对
建筑固废非法处置行为的检举权和控告权。

　　建筑固废资源化产业化的公众参与制度能够有效监督相关企业进行资源化活
动，但是仍然存在一些不足：①公众缺乏环保意识，参与环境保护的积极性并不
强，对政府倡导的可持续发展战略也缺乏积极的响应；②对于建筑固废资源化的
监督，公众基本还停留在被动阶段，一般采取对排放建筑固废污染环境的企业进
行举报等事后参与行为，事前主动参与的积极性不高；③信息公开程度不够，公
众对于环境信息及决策信息的知情权没有得到有效保障，无法正常行使监督权；
④目前，接受调查以及参加相关的听证会、论证会为我国公众参与的主要形式，
而调查、听证会、论证会的参与阶层绝大多数由组织者自行决定，显然失去了公
正性，没有涵盖所有阶层的公众。

4. 激励制度

　　建筑固废资源化产业化激励制度是指通过专项资金支持、税收优惠、绿色采
购、表彰奖励等措施来促进建筑固废资源化行业发展的一项制度。资源化产品相
对于同类其他产品虽然带有环保公益性质，但是环保的成本较高、资源化费用较
高、经济效益较差，没有竞争力，销售受到很大的阻碍，需要政府的大力扶持[24]。
《中华人民共和国循环经济促进法》第五章对激励制度进行了明确规定，建筑固
废资源化产业化的激励制度有利于经济、环境、社会的可持续发展，调动全社会
的积极性，引导和支持建筑固废资源化企业，促进建筑固废资源化行业的长期稳
定的发展。

　　我国虽然设立了激励制度，但仍然存在一定的不足：①缺乏配套的细则和标
准，没有明确激励机制如何实施、如何选取实施对象以及实施力度等问题，使激
励机制无法在实践中得到有效落实；②缺乏激励制度的监督措施，政府部门及相
关工作人员实施激励制度的情况无法得到有效监督；③某些企业只是打着建筑固
废资源化的噱头获取政府的优惠政策，而不落实行动，阻碍建筑固废资源化产业
化的进程。

5. 我国建筑固废回收利用政策汇总

我国建筑固废回收利用政策汇总如表 9.1 所示。

表 9.1　我国建筑固废回收利用政策汇总

序号	类别	名称	内容
1	法律	《中华人民共和国环境保护法》（1989.12）	相关内容：国务院环境保护主管部门根据国家环境质量标准和国家经济、技术条件，制定国家污染物排放标准 省、自治区、直辖市人民政府对国家污染物排放标准中未作规定的项目，可以制定地方污染物排放标准；对国家污染物排放标准中已作规定的项目，可以制定严于国家污染物排放标准的地方污染物排放标准。地方污染物排放标准应当报国务院环境保护主管部门备案 企业事业单位和其他生产经营者，在污染物排放符合法定要求的基础上，进一步减少污染物排放的，人民政府应当依法采取财政、税收、价格、政府采购等方面的政策和措施予以鼓励和支持
2		《中华人民共和国固体废物污染环境防治法》（1995.10）	对工业固体废物对公众健康、生态环境的危害和影响程度等作出界定，制定防治工业固体废物污染环境的技术政策，组织推广先进的防治工业固体废物污染环境的生产工艺和设备
3		《中华人民共和国建筑法》（1997.11）	建筑施工企业应当遵守有关环境保护和安全生产的法律、法规的规定，采取控制和处理施工现场的各种粉尘、废气、废水、固体废物以及噪声、振动对环境的污染和危害的措施 房屋拆除应当由具备保证安全条件的建筑施工单位承担，由建筑施工单位负责人对安全负责
4		《中华人民共和国节约能源法》（1997.11）	国家鼓励节能服务机构的发展，支持节能服务机构开展节能咨询、设计、评估、检测、审计、认证等服务 国家支持节能服务机构开展节能知识宣传和节能技术培训，提供节能信息、节能示范和其他公益性节能服务 用能单位应当按照合理用能的原则，加强节能管理，制定并实施节能计划和节能技术措施，降低能源消耗
5		《中华人民共和国清洁生产促进法》（2002.6）	企业应当对生产和服务过程中的资源消耗以及废物的产生情况进行监测，并根据需要对生产和服务实施清洁生产审核 污染物排放超过国家和地方规定的排放标准或者超过经有关地方人民政府核定的污染物排放总量控制指标的企业，应当实施清洁生产审核
6		《中华人民共和国企业所得税法》（2007.3）	企业的下列所得，可以免征、减征企业所得税，从事符合条件的环境保护、节能节水项目的所得 企业购置用于环境保护、节能节水、安全生产等专用设备的投资额，可以按一定比例实行税额抵免
7		《中华人民共和国循环经济促进法》（2008.8）	建设单位应当对工程施工中产生的建筑废物进行综合利用；不具备综合利用条件的，应当委托具备条件的生产经营者进行综合利用或者无害化处置

序号	类别	名称	内容
8	法规	《建设项目环境保护管理条例》（1998.11）	建设项目的初步设计，应当按照环境保护设计规范的要求，编制环境保护篇章，落实防治环境污染和生态破坏的措施以及环境保护设施投资概算。建设单位应当将环境保护设施建设纳入施工合同，保证环境保护设施建设进度和资金，并在项目建设过程中同时组织实施环境影响报告书、环境影响报告表及其审批部门审批决定中提出的环境保护对策措施
9	部门规章	《建设部关于纳入国务院决定的十五项行政许可的条件的规定》（2004.9）	建设单位、施工单位或者建筑垃圾运输单位申请城市建筑垃圾处置核准，需具备以下条件，具有建筑垃圾分类处置的方案和对废混凝土、金属、木材等回收利用的方案
10		《城市建筑垃圾管理规定》（2005.3）	建筑垃圾处置实行减量化、资源化、无害化和谁产生、谁承担处置责任的原则。国家鼓励建筑垃圾综合利用，鼓励建设单位、施工单位优先采用建筑垃圾综合利用产品
11		《地震灾区建筑垃圾处理技术导则》（2008.5）	地震灾区的建筑废物应分类装运，建筑废物的处理处置分为回填利用、暂存堆放和填埋处置等三种方法
12		《关于建筑垃圾资源化再利用部门职责分工的通知》（2010.10）	制定建筑废物资源化再利用的整体规划和政策措施，综合协调建筑废物资源化再利用工作；制定建筑废物集中回收处置的政策措施并监督实施；组织协调建筑废物资源化再利用技术创新和示范工程
13	专项规划	《关于实行城市生活垃圾处理收费制度促进垃圾处理产业化的通知》（2002.6）	各地要按照城市总体规划和建设计划，制定生产垃圾处理设施专项规划和建设计划，处理设施布局和规模要合理。城市稠密地区，可按市场化运作方式建设区域性处理设施。垃圾处理设施的建设，要符合国家或有关部门颁发的产业政策、技术政策、建设标准和环境标准。要逐步关闭过渡性的简易处理设施，不断提高垃圾处理水平 生产垃圾处理要坚持"无害化、减量化、资源化"的原则，积极推进垃圾分类收集，鼓励废物回收和综合利用
14		《"十二五"资源综合利用指导意见》（2011.12）	推广建筑和道路废物生产建材制品、筑路材料和回填利用，建立完善建筑和道路废物回收利用体系
15		《大宗固体废物综合利用实施方案》（2011.12）	到2015年，全国大中城市建筑废物利用率提高到30%，通过实施重点工程新增4000万t的年利用能力
16		《关于加快推动我国绿色建筑发展的实施意见》（2012.4）	积极推进地级以上城市全面开展建筑废物资源化利用，各级财政、住房和城乡建设部门要系统推行垃圾收集、运输、处理、再利用等各项工作，加快建筑废物资源化利用技术、装备研发推广，实行建筑废物集中处理和分级利用，建立专门的建筑废物集中处理基地
17		《"十二五"绿色建筑科技发展专项规划》（2012.5）	研发一批绿色建筑新产品、新材料、新工艺及新型施工装备。研发新型建材和废弃物再生建材，开发绿色建筑关键设备产品，完成传统施工技术的绿色化改造

续表

序号	类别	名称	内容
18		《国务院办公厅关于转发发展改革委住房和城乡建设部绿色建筑行动方案的通知》(2013.1)	落实建筑废物处理责任制,按照"谁产生、谁负责"的原则进行建筑废物的收集、运输和处理;推行建筑废物集中处理和分级利用;地级以上城市要因地制宜地设立专门的建筑废物集中处理基地 绿色建造环境保障技术研究与示范。研究绿色建造过程环境影响评价体系,研究建造现场废弃物减量化及再生利用技术,研究工程降水与地下水环境保护技术,开发满足绿色施工要求的低排放和低噪声施工装备和机具,开展绿色建造与绿色施工技术工程示范
19		《"十二五"绿色建筑和绿色生态城区发展规划》(2013.4)	建立建筑报废审批制度,不符合条件的建筑不予拆除报废;需拆除报废的建筑,所有权人、产权单位应提交拆除后的建筑废物回用方案,促进建筑废物再生回用
20	专项规划	《重要资源循环利用工程(技术推广及装备产业化)实施方案》(2014.12)	关键技术与装备研发:研究建(构)筑物的拆除技术、建筑废物的分类与再生骨料处理技术、建筑废物资源化再生关键装备、新型再生建筑材料应用技术工艺 先进技术与装备推广:推广再生混凝土及其制品制备关键技术、再生混凝土及其制品施工关键技术、再生无机料在道路工程中的应用技术
21		《关于组织申报资源节约和环境保护2015年中央预算内投资备选项目的通知》(2015.3)	循环经济示范。循环经济示范城市实施方案中的重点项目以及资源循环利用产业化示范("城市矿产"开发示范项目,国家再制造试点和再制造产业示范基地内的示范项目,建筑废弃物资源化示范项目)
22		《2015年循环经济推进计划》(2015.4)	把循环经济要求贯穿到国家实施的重大区域发展战略中,京津冀地区重点推动大宗废弃物循环利用及产业与生活系统的循环链接。长江经济带、珠三角地区要以园区循环化改造为重点,把"一带一路"作为国际大循环的突破口,提高资源的循环高效利用水平。对东北等老工业基地加大园区循环化改造力度。研究制定循环经济示范市(县)建设管理及验收规范,开展2015年国家循环经济示范市(县)建设工作
23		《促进绿色建材生产和应用行动方案》(2015.8)	以建筑废物处理和再利用为重点,加强再生建材生产技术和工艺研发,提高固体废弃物消纳量和产品质量
24	优惠政策	《资源综合利用产品和劳务增值税优惠目录》(2015.6)	纳税人销售自产的资源综合利用产品和提供资源综合利用劳务,可享受增值税即征即退政策。根据综合利用资源的不同,享受不同的税收优惠政策

9.3.2　完善我国建筑固废资源化产业化制度的建议

发挥法律的指导和威慑作用,为依法行政提供法律依据,由于多年对建筑固废的忽视,在相关法律中很少或根本未提及建筑固废,而生活垃圾的管理在相关法律中却专有论述,因此建议对建筑固废像生活垃圾一样在相应法律中给予重视,如《中华人民共和国环境保护法》《中华人民共和国固体废物污染环境防治法》。

此外，在主要法律中增加对建筑固废的要求，如建议在《中华人民共和国建筑法》开工许可条件中加入"有完善的建筑固废处理方案并向有关主管部门备案"的前置条件和"国家推行在新建建筑中利用建筑固废再生产品"的条文。在《城市建筑垃圾管理规定》基础上制定《建筑垃圾管理条例》，明确谁产生、谁承担处置责任的具体措施；将统筹规划、基础设施建设、全过程管理、资源化处置、再生产品应用等内容纳入或进一步明确，使其具备可操作性；加大各种违法行为的处罚力度，提高建筑固废法治化水平。针对目前只管建不管拆、底数不清的状况，建立建筑物拆除评估和备案管理制度，建立基础数据统计系统，将建筑固废管理与现行建设项目行政许可管理相关联，在建设项目的一书两证中增加对建筑固废管理和资源化利用的相应审查要求；与现有的建筑档案馆资料结合起来，设立建筑物的"死亡证"。建筑固废资源化利用是缓解环境污染问题、实现建筑固废资源价值的有效途径，对解决我国资源瓶颈问题起着重要作用。

首先应捋顺建筑固废资源化相关制度，在国家层面，统一建筑固废的称谓与内涵，目前，关于建筑固废在中国有两个称谓，一个是建筑垃圾，这是住房和城乡建设部主管部门的名称，以历史传承和行业分类命名，另一个是建筑固废，这是国家发展和改革委员会的名称，从循环经济和固废角度来命名，建议通过制定标准统一其定义，避免歧义。最初中央机构编制委员会办公室的分工是基于当时对建筑固废资源化的理解，随着近几年的实践，当时的分工还是不能完全适应建筑固废资源化的管理。例如，当时是把建筑固废资源化企业作为一个新型建材企业来对待，由工业和信息化部管理是恰当的。但目前看，建筑固废资源化设施应是城市基础设施的一部分，由市政部门管理更合理。因此，需要按行业定位从全产业链角度进一步明确各部委的职责范围，处理好工作交叉与节点，建议由住房和城乡建设部及各地下属机构统管建筑固废处置设施（含资源化设施），实施资质许可，一体化管理。另外，由住房和城乡建设部建立固定和有效的部级协调机制，定人定时召开会议，解决部门之间协调的问题。在地方层面，积极发挥地方政府的主导作用，发挥省级住房和城乡建设部门的一体化管理职能，明确建筑固废管理与资源化的责任和管理目标，在市级政府设立和明确专门的建筑固废管理机构或联合机构，目前一般由城市管理部门负责，建设责权统一的一体化管理机制，从建筑固废产生到再生产品利用实行全链条封闭管理，与公安、交通等部门实现信息共享和联动执法，各负其责、密切配合、形成合力，完善社会监督和群众举报手段。

完善的建筑固废资源化制度为建筑固废资源化利用提供了保障。建筑固废资源化制度包括建筑固废从产生阶段到最终处置阶段所实施的一系列制度，包括建筑固废分类制度、申报制度、监控制度、预缴费制度、运输管理制度、资源化工厂建设制度、信息平台制度。

(1)分类制度。建筑固废分类包括建筑固废产生阶段的初步分类和建筑固废资源化利用阶段的系统分类，现从这两方面分别进行阐述。

建筑固废产生阶段的初步分类发生在施工现场，其分类制度主要包括以下几个方面内容：第一，任何规模的工程项目都必须对建筑固废进行现场初步分类，将工程弃土、废混凝土、砌块砖瓦、金属、木料及塑料等其他各类建筑固废分类存放及运输；第二，施工单位必须派专人负责建筑固废的初步分类，按照污染程度和资源化利用成本，将建筑固废进行分类，禁止将有毒有害垃圾、生活垃圾混入建筑固废；第三，拆除化工、金属冶金、农药、电镀和危险化学品生产、储存、使用企业的建筑物、构筑物时，要经当地环保部门进行环境风险评估和专项验收后方可拆除；第四，对分类不好的建筑固废，接收单位可以按市场机制提高收费标准，以补偿再分类成本；第五，按照不同的分类对建筑固废进行处理，对于污染程度低、资源化利用成本低的建筑固废在工程现场直接利用，对于污染程度高、资源化利用成本高的建筑固废则运往建筑固废资源化工厂进行处理。

建筑固废资源化利用阶段的系统分类发生在建筑固废资源化工厂，经初步分类运往资源化工厂的建筑固废仍然具有成分复杂的特点，建筑固废资源化工厂需根据建筑固废的污染程度和资源化利用成本进一步分类。通常采取人工捡拾、破碎、筛选、磁选、风选等方法进行分类处理并投入资源化生产，对暂时无法资源化利用的建筑固废经过无害化处理后进行填埋和堆放，等待技术革新后再重新投入资源化生产。

(2)申报制度。严格建筑固废的申报核准，实行建筑固废申报登记制度。产生建筑固废的单位必须向所在地县级以上地方人民政府建筑固废处置行政主管部门提供建筑固废的种类、产生量、流向、储存、处置等有关资料；各地建筑固废处置行政主管部门要加强对建筑固废产生、运输和处置行为的监管，对提交的书面申请材料严格审查；产生建筑固废的建设单位、施工单位以及从事建筑固废运输和处置的企业获得核准后方可开展有关工作。

(3)监控制度。完善建筑固废监控制度，按照不同的类型对建筑固废进行跟踪监控，达到准确掌握建筑固废资源化利用情况的目的。第一，在工程项目申报之后，工程主管部门应根据建设施工单位预估的建筑固废排放量对该工程的建筑固废进行追踪；第二，建设施工单位在工程开始之前应向工程主管部门提交建筑固废处置计划书，其内容包括建筑固废的预估种类、数量、产生时间、运输路线、资源化工厂等信息；第三，建设施工单位必须严格按照处置计划书上的条款操作，工程主管部门对其进行实时监督，对于违规行为，应给予相应惩罚；第四，实行月度考核和年终综合评比，量化打分；第五，建立第三方评价核准机构，对各个环节进行核查，包括委托建筑固废运输的企业名称、资质，接收建筑固废的转运调配、消纳场或综合利用企业的名称、地点、资质及建筑固废分类处置或者综合利用方案等，产生建筑固废的建设单位、施工单位以及从事建筑固废运输和处置的企业获得核准后方可开展有关工作。

(4)预缴费制度。建设施工单位按照建筑固废的预计排放量，预先向行政主管部门缴纳一部分费用，这些费用包含两部分：一是建筑固废资源化利用基金，用于建筑固废资源化利用的辅助措施；二是建筑固废资源化利用的保证金。当建设施工单位按照建筑固废处理计划书处置建筑固废时，将获得工程主管部门退还的保证金，反之，没收保证金，用于建筑固废资源化利用的辅助措施上，并责令其整改。

(5)运输管理制度。建立交通、环境、市容卫生等主管部门对建筑固废运输活动的联合监管制度。第一，取缔非法的建筑固废倾倒场所；第二，建筑固废处理计划书中必须注明建筑固废运输单位的相关信息，并对运输单位的运输资质进行审核；第三，建筑固废运输单位必须具备运输资质，拥有一定数量的符合要求的运输车辆、专门的停车场地、经过培训的驾驶员、专业的管理人员等，并经过交通、环境、市容卫生等主管部门的批准后才能投入运营，杜绝非法营运现象；第四，规范运输行为，如运输路线的事前申报、运输许可证的申请、运输车辆机械式全密闭装置及 GPS 的安装、运输车辆驾驶员的培训等。

(6)资源化工厂建设制度。建筑固废资源化工厂建设施工前必须按照相关规定进行环境影响评价。通过对建筑固废资源化工厂周边环境的考察，结合其可能造成的环境影响，对建筑固废资源化工厂的选址进行生命周期评估分析，对于符合条件的上报环境主管部门予以批准。在建筑固废资源化工厂建设施工阶段，对于临时堆放建筑固废的地区应采取防渗、收集、导排等措施，防止对环境造成污染。在建筑固废资源化工厂投入运营后，应对其生产情况进行实时监控，并有应对突发情况的措施。

(7)信息平台制度。通过环境、工程、市容卫生等主管部门的联合行动以及建筑固废产生单位、运输单位和资源化单位的积极配合，建立建筑固废信息平台，创建建筑固废电子档案，将其产生、运输、处置情况纳入监管系统，并在网络平台上及时发布和更新。除此之外，该平台还包括相关政策法律法规、建筑固废运输单位和资源化单位的相关信息、各主管部门许可证审批流程、国内外建筑固废资源化利用设备介绍和先进技术、先进设备的引进信息等。

9.3.3　建筑固废资源化产业化国外制度借鉴

与我国建筑固废资源化产业化制度相比，国外有更为全面的建筑固废资源化产业化制度，在"谁产生、谁负责、谁付费"的指导原则下，减少建筑固废产量、提高建筑固废资源化利用率逐渐得到人们的重视，不少国家和地区都先后采取了相应的措施，明确了相关责任主体在建筑固废资源化利用中的责任和义务，建立起了覆盖建筑固废产生、分类、回收、运输、资源化的全过程控制体系，具有代表性的国家有德国、美国、日本等。

1. 德国

德国是世界上首个大量利用建筑固废的国家，在第二次世界大战后的重建期间，循环利用建筑固废不仅降低了现场清理费用，而且大大缓解了建材供需矛盾。在德国，每个地区都有大型的建筑固废再加工综合工厂。目前，德国建筑固废再生利用率几乎达到 90%，建筑固废资源化利用年营业额高达 20 亿欧元。德国固废处置的实践和立法一直走在世界前沿，固废管理政策贯穿整个社会、经济、环境管理中，并由传统的末端治理逐步走向可持续性的资源化利用道路，形成了一系列建筑固废资源化产业化制度。德国政府大力倡导通过采取预防措施来避免固废的产生、促进废物资源化利用，以此减少固废对环境造成的影响。德国社会各界也被要求履行自己应尽的义务，分工合作，积极参加固废资源化利用活动，推动建筑固废资源化产业化的进程。

德国固废管理政策考虑到了资源的可持续发展，以及固废排放对未来环境造成的影响，侧重于资源保护和固废的有效处理，以实现一种面向未来的、可持续的循环经济的目标，是一种环境友好、人性化的管理政策。建筑固废作为固废中比较重要的一种，必须适用固废管理政策。德国建筑固废资源化产业化制度主要表现在以下几个方面。

(1) 生产者责任延伸制度。1972 年，德国颁布了《废物处理法》，制定了关闭不合理的废物堆放场、污染付费、废物无害化及规范化处理等措施，开启了废物处置的末端治理历史。1986 年，《废物处理法》被修订为《废物防止与管理法》，强调从源头上避免或减少废物的产生、对废物进行资源化利用等，增加了生产者责任延伸制度的规定，开启了源头预防、源头控制之路，并衍生出废物资源化产业化制度的雏形。1991 年颁布了《包装废物条例》，要求生产者和销售者对产品承担环境责任。1994 年，发布了《循环经济和废物清除法》，并在 1998 年进行了修订，细化了生产者责任延伸制度，具体包括：第一，设计、生产、销售的产品能够满足循环利用的可能性；第二，设计、生产、销售的产品在使用后具有资源化利用或无害化处置的可能性；第三，产品说明书必须注明产品包含污染物质、产品回收途径以及押金返还方式等信息；第四，产品使用后的废物或剩余部分需进行资源化利用或者无害化处理。

(2) 管理制度。《循环经济和废物清除法》规定了废物管理的基本原则和义务。第一，废物管理的基本原则是尽量避免废物的产生，减少其危害；第二，废物应当独立保存和处置；第三，废物产生者对资源浪费和环境污染问题负有责任，有义务采取缓解措施；第四，根据不同的类型对废物进行分类、回收及资源化利用；第五，回收处置相关设施必须符合《联邦准入法》的规定；第六，所有处置行为必须符合公共利益等。

（3）计划责任制度。《循环经济和废物清除法》规定，废物产生单位必须制定合法的废物管理计划书，开发和建设适合废物处理的场所，并对废物处置行为进行监督和管理。同时，该法还制定了废物管理计划的批准和规划许可程序等，相关部门需要按照规定对废物管理计划书进行审核和监督。

（4）信息公开制度。《循环经济和废物清除法》规定政府有提供相关资讯的义务，包括废物咨询、教育公众、余热回收和废物处理进展等。同时，为保护企业权益，政府在提供相关资讯时应当保护商业机密。

（5）监管制度。《循环经济和废物清除法》规定，社会各界特别是产品制造者要对产品从产生到资源化利用的全过程进行监管，并对废物处置的监管条款进行了具体的规定，包括受监管废物的类型、监管报告程序、运输许可、中介业务、听证会、罚款程序、没收程序等。

（6）押金返还制度。押金返还制度是指对存在潜在环境污染的产品预缴一定费用，如果使用者将产品的包装或者其产生的固废返还到收集系统或者生产者，使用者将会被返还预缴费用的一项制度，包括自发性的押金返还制度和强制性的押金返还制度。押金返还制度首先应用于包装材料上，截至目前颇有成效。建筑固废中也含有包装固废的成分，将押金返还制度引入建筑固废资源化产业化领域，可在一定程度上减少建筑固废的排放，做到源头减量。德国的押金返还制度是政府监管和市场机制的有效融合，有利于引导社会进行自我管理。

（7）中介制度。1990年9月28日，德国成立了第一家绿点公司（德国回收利用系统股份公司），专门从事包装固废回收活动。绿点公司是没有营利企图的非营利性中介组织，生产商、经销商、固废处理公司等相关企业自愿组成，其经营活动所需资金来源于向企业颁发"绿点"商标许可证来收取的绿点使用费。绿点公司的固废资源化利用中介服务机制，在市场经济的背景下发挥了极大的促进作用，极大地提高了德国固废的回收利用率，有利于德国建筑固废资源化产业化制度的实施。

（8）公众参与制度。在德国政府的支持下，社会各界积极参与固废资源化利用活动，促进了资源的节约和环境的保护。主要表现在：①企业自律性强，由于企业在社会公众面前的声誉与固废处置责任进行了绑定，企业必须努力在固废处置方面做出成绩；②德国政府设立了专门的监督机构，对固废产生企业和资源化利用企业进行监督和管理，固废产生企业和资源化利用企业的自觉性和积极性都非常高；③德国宣传、教育措施到位，公众的环保意识强，责任感强。德国的居民区都设有不同功能的垃圾桶，公众能够自觉将垃圾进行分类投放。

2. 美国

美国每年产生城市垃圾8亿t，其中建筑固废3.25亿t，占城市垃圾总量的40%，为了有效控制建筑固废的排放，减少建筑固废对市容、环境、人体造成的危害，美国环境资源保护主管部门构建了一套针对建筑固废从产生到资源化利用全过程的完整、全面、有效的管制机制和政策法规，包括预防固废的产生、促进再生利用和购买再生产品等措施，并通过联邦、州及地方政府实施。通过实施全过程管理机制，经过分类、回收、加工、资源化处理进行转化，建筑固废资源化利用率达到70%以上，其余30%"填埋"在需要的地方。

美国的固废处置大致经历了三个阶段：第一阶段是基于政府主导的命令和控制，旨在通过行政手段实现污染控制，如美国1965年制定的《固体废弃物处置法》；第二阶段是基于市场的经济刺激手段，强调企业在建筑固废产生方面的源头削减作用，如美国1970年修订发布的《资源回收法》，该法在1976年修订更名为《资源保护及回收法》，其后又分别经历多次修订；第三阶段是基于政府倡导和企业自律，在进一步完善政策的基础上，提高公众参与意识和参与能力，如1980年制定的《超级基金法》和1990年制定的《污染预防法》。具体来说，美国建筑固废资源化产业化制度主要表现在以下几个方面。

(1)生产者责任延伸制度。1980年，美国政府在《超级基金法》中规定：任何生产有工业废弃物的企业，必须自行妥善处理，不得擅自随意倾卸。

(2)环境目标制度。1969年，美国国会颁布《环境政策法》，宣布了国家环境政策和环境保护目标，确立了国家环境政策的法律地位，制定了环境影响评价制度，设立了国家环境委员会等。其中，国家环境政策和环境保护目标是保护人类身体健康和自然环境，实现人与自然和谐共处，包括使易耗竭的资源实现最大限度的利用价值、采取各种措施和技术提高资源化产品的质量等。

(3)源头削减制度。1984年修订了《资源保护和回收法》，主张污染预防政策，明确了联邦政府与各州政府的责任分工，改变了美国长期以来的末端治理现状。1990年，美国国会通过了《污染预防法》，首次将源头削减纳入法律条款。美国各州也积极响应源头削减制度，1989年加利福尼亚州通过了《综合废弃物管理法令》，要求积极采取源头削减措施，并对未达标城市每天处罚一万美元，结果减少了50%的废弃物产生。

(4)经济激励制度。为了调动社会各主体参与环境保护和资源节约的积极性，美国政府大力实施经济激励制度，对于能主动使用资源化产品的建筑企业给予税收优惠，如在亚利桑那州，企业在购买再生资源及污染控制型设备时采用分期付款的方式可得到减少销售税的优惠；在康涅狄格州，建筑固废资源化企业能够获得低息小额的商业贷款，并可以得到所得税、设备销售税及财产税的优惠。政府每年给建筑固废资源化企业的研发活动提供大量的资金和技术支持，来促进建筑固废的资源化利用，如为了支持工业界开发化学工艺新方法，1995 年设立了"总统绿色化学挑战奖"。

(5)公众参与制度。1969 年颁布的《环境政策法》在原则上确立了公众参与制度，规定每个人都有责任参与改善和保护环境的活动，并在此基础上将国家环境政策和目标纳入行政机关的决策过程，改善行政决策制定环境影响评价制度，使社会公众有权对行政机关有关的环境行政行为发表意见，合法、有序、有效地参与到政府的环境管理中，对政府的环境行政行为起到监督和制约的作用。具体体现为：①政府行为，美国联邦政府、州政府和地方政府通过法律制度、政策扶持、经济刺激、教育宣传等手段引导社会各界的消费行为，并逐步提高人们资源节约、环境保护的意识；②非政府行为，通过成立非政府组织、制定行业标准、加强对成员技术支持等方法在固废资源化利用领域发挥作用，如 1978 年成立的全国再生循环联合会；③企业自律性，美国大部分污染企业积极制定削减策略来减少固废排放和环境污染，并希望以此树立企业在公众心目中的形象。

3. 日本

日本国土面积狭小，资源储备量小，加之在发展经济的过程中又消耗了大量的资源，资源匮乏问题成为制约日本经济社会发展的重要因素。为解决资源匮乏问题，日本政府一方面大量进口国外资源，缓解资源危机；另一方面也注意节约本国资源，并对建筑固废进行资源化利用。行之有效的宏观法律手段和微观管理技术手段为日本建筑固废的资源化提供了保证，使得日本建筑固废资源化率不断提高。目前，日本的建筑固废资源化率已经达到97%以上。

日本的废物处置大致经历了四个阶段：第一阶段，20 世纪 50 年代到 70 年代末期，日本开始了以公害控制和治理为主的末端治理模式，形成了公害法律体系，奠定了废物管理的基础；第二阶段，20 世纪 80 年代，公害问题得到缓解，日本开始了源头预防模式的探索，在生产、流通、消费等各环节对废物进行控制；第三阶段，20 世纪 90 年代，公害问题得到基本控制，日本开始采取更加主动的管理措施，制定了《环境基本法》《资源有效利用促进法》，并在《资源有效利用促进法》中初步引入了生产者责任延伸制度；第四阶段，2000 年开始，日本正式开始在固废处置领域应用生产者责任延伸制度，通过了《循环性社会形成推进基本法》和《建筑再利法》等一系列相关法律法规，使固废在建筑全寿命期得到有效控制。日本始终贯彻减少环境负荷、节约资源以及永续利用的理念，不断摸索形成了一套适合建筑固废资源化产业化的制度，主要表现在以下四个方面。

（1）管理票制度。建筑固废产生者有义务处理其产出的建筑固废，可以自行处理，也可以委托专门的处理单位进行处理。在委托处理的情况下，建筑固废处理单位必须具有优良的建筑固废处理资质，建筑固废产生者有义务监督处理单位是否对建筑固废进行了恰当的处理，以避免非法投弃现象的产生。为了督促建筑固废产生者履行监督的义务，日本设立建筑固废管理票制度，1970 年颁布的《废弃物处理法》对建筑固废管理票进行了规定，建筑固废的产生单位在委托处理的整个过程中有签发、回收、核对建筑固废管理票的权利和义务，该制度出台后日本建筑固废随意丢弃的现象大大减少。

（2）事前呈报制度。《废弃物处理法》规定，废弃物产生单位在自行处置废弃物前必须向相关部门报备，且要求相关部门必须事先掌握并核对废弃物产生单位废弃物保管的场所、处置场地及相应数量等信息，以应对事后无法发觉不正当处理的情况，有效解决了企业自行处理废弃物时不正当处置的漏洞。

（3）公害调解制度。在日本，公害案件的受害者主要有两种手段来维护自身权益，一是公害诉讼，二是公害调解，建筑固废非法投弃事件的受害者也不例外。依据《日本民法》规定，对生命、身体造成侵害和对生活环境造成破坏行为，受害者可以提请赔偿。依据此条规定，日本公民有权对公害案件提起诉讼，但是往往由于诉讼所需费用巨大、诉讼经历的时间过长、因果关系难以举证等原因，受害者不愿意选择这种方式。相比而言，公害调解具有灵活运用专业知识、调查收集资料便捷机动、费用低、解决迅速等特点，受害者更愿意选择公害调解的方式，把建筑固废非法投弃事件交给公害调解委员会，由委员会进行斡旋、调解、仲裁、裁定，以此来获得有效的解决，保证自身的权益。通过公害调解制度，不仅可以迅速解决纠纷，还能提高社会公众对非法投弃行为危害性的认识，一举两得。

（4）公众参与制度。日本社会各界积极参与废弃物资源化利用活动，促进环境保护和资源节约。主要表现在：①日本政府积极制定相关法律制度，对地方公共团体、企业、公众行为进行监督，对企业和公众开展宣传教育，向社会公众及时发布建筑固废相关信息，引导企业的经营行为和公众的消费行为向废弃物资源化利用方向发展，如 2011 年日本林野厅鼓励市、町、村和企业购买利用地震灾区倒塌房屋产生的建筑固废进行生物质发电的设备，并给予一定的财政补贴；②建筑固废产生单位和处置单位，在政府的引导下进行自我管理，承担建筑固废资源化利用义务，在经营过程中自觉采取措施减少建筑固废排放量和对环境的污染，向公众发布本企业与建筑固废有关的信息，提升企业在社会公众心目中的形象；③国民作为社会监督者和直接参与者，积极协助企业对废弃物进行分类，缴纳特殊废弃物的处理费，行使知情权和监督权，对政府、企业的建筑固废处置行为进行监督，并协助政府对建筑固废进行处置。

4. 其他国家

1) 新加坡

新加坡于 2002 年 8 月开始推行《绿色宏图 2012 废物减量行动计划》，将垃圾减量作为重要发展目标，在 2012 年前建筑固废回收回用比例达到 98%，60%的建筑固废实现循环利用。在建筑领域，建筑工程广泛采用绿色设计、绿色施工理念，优化建筑流程，大量采用预制构件，减少现场施工量，延长建筑设计使用寿命并预留改造空间和接口，以减少建筑固废产生；对每吨建筑固废收取 77 新元的堆填处置费，增加建筑固废排放的成本，以减少建筑固废排放；严禁随意倾倒建筑固废，对非法丢弃建筑固废者，最高罚款 50000 新元或监禁不超过 12 个月或两者兼施，并没收建筑固废运输车辆；承包商一般在工地内就将可利用的废金属、废砖石分离，自行出售或用于回填和平整地面，其余则付费委托给建筑固废处置公司，以减少建筑固废处理费用。在建筑固废综合利用场所内，对建筑固废实施二次分类：已拆卸的建筑施工防护网、废纸等将被回收打包，用于再生利用；木材用于制作简易家具或肥料；混凝土块被粉碎后加工用于制作沟渠构件；粉碎的砂石出售用于工程施工；未进入综合利用厂的其他建筑固废被用于铺设道路或运送至实马高岛堆填区填埋。

新加坡对建筑固废处理实行特许经营制度。新加坡有 5 家政府发放牌照的建筑固废处理公司，专门承担全国建筑固废的收集、清运、处理及综合利用工作。建筑固废处置公司须遵守有关环境法规，未达到服务标准的，国家环境局可处以罚金，严重的可吊销其牌照。为了激励建筑固废回收回用，新加坡设立了循环工业园，采用低租金、长租期策略对园内企业进行扶持，并每年提供大量的创新项目研究基金。为了约束建筑固废回收回用的有效实施，新加坡建设局等部门也介入综合利用与处理过程中的管理。例如，将建筑固废处置情况纳入验收指标体系范围，建设管理部门在工程竣工验收时，对于建筑固废处理未达标的，不予发放建筑使用许可证；在绿色建筑标志认证中，也将建筑固废循环利用纳入考核范围。

2) 韩国

韩国政府于 2003 年颁布了《建筑固废再生促进法》，2005 年、2006 年先后经过了两次修订，该法提出了提高现场实际再利用率、建筑固废减量化、妥善处理建筑固弃三大政策，明确了政府、企业的义务，明确了对建筑固废处理企业资本、规模、设施、技术能力的要求。与此同时，韩国交通运输部制定了《建筑固废再利用要领》，根据不同利用途径对质量和施工标准做了规定；环境部制定了《再生骨料最大值以及杂质含量限定》，对废混凝土用在回填土等场合时的粒径、杂质含量均做了限定。韩国成功开发了从废弃的混凝土中分离水泥并使这种水泥能再生利用的技术，据报道每 100t 废弃混凝土中能够获得 30t 左右与普通水泥强度几乎一样的再生水泥，这项技术已在韩国申请专利，不仅有利于解决建设中的固废问题，对于混凝土原料的不断枯竭，还能一定程度上缓解资源短缺问题。目前，韩国已有建筑固废处理企业 300 余家，主要从事再生骨料和再生水泥生产。

3）法国

法国建筑科学技术中心专门统筹欧洲的"废物及建筑业"业务。该中心建筑固废管理整体方案的两大目标为：①通过对新设计建筑产品的环保特性进行研究，从源头控制建筑固废的产量；②在施工及拆除工程中，通过对建筑固废的产生及收集做出预测评估，以确定有关的回收应用程序，从而提升建筑固废管理的层次。该中心重视对软件的应用，重视信息化技术，以强大的数据库为基础，对建筑固废资源化产业化的全过程进行分析控制，以便辅助决策者在建筑全寿命期内的不同阶段做出有效、合理的决策。例如，可依据建筑产品所采用的再生材料以及绿色设计，评估其整体的环保性能；可对建筑所需的资源化产品数量以及施工过程中产生的建筑固废进行预估；可依据有关执行过程、维修类别以及不同的建筑物拆除类型，对减少使用某种产品所带来的建筑固废减排效益进行评估；可根据建筑固废的类别、产量、产地、最终用途等信息制定运输方案；可就资源化产品的新工艺，对技术、经济及环境方面的可行性做出评价，估计产品的性能等。

4）荷兰

荷兰建筑业每年产生的建筑固废大多数是拆毁和改造旧建筑物的产物，垃圾管理市场规模大约有 60 亿欧元，已有 70% 的建筑固废可以被循环再利用。荷兰各级政府职责明确：中央政府制定法律政策；省级政府制定规划、颁发许可证、对垃圾管理进行控制；市级政府负责政策的实施和垃圾的收集；企业负责垃圾的处理。早在 20 世纪 90 年代，荷兰政府就基于可持续性考虑提出了集成链管理政策，在这一政策的指导下，建筑公司可以从减少建筑固废产量来缩减处理成本和购买天然建材成本，以此来获利，这一政策促使了建筑公司对建筑固废的源头减量化。

5）丹麦

1997 年丹麦建筑固废排放量约为 340 万 t，约占各种垃圾总量的 25%。自从采用废物税收政策以来，建筑固废循环利用的比例明显增加，建筑固废循环再生利用率得到很大的提高。美国环保署（Environmental Protection Agency, EPA）进行的一项分析表明，税收在建筑固废再循环方面起着主要作用。从 1987 年 1 月 1 日起，分配到焚烧或填埋场的每吨垃圾的税收约为 5 欧元，至 1999 年，填埋税增加了 900%，建筑固废循环率也提高到 90%。在短短的几年时间里，丹麦建立了一个以技术、方法、科学和组织结构以及管理工具密切结合的联合系统，并成功把 BIM 技术应用于建筑固废的减量和再利用方面,确保了对主要建筑固废流动的控制和对大部分建筑固废的循环利用。

6)英国

英国的建筑废弃物管理的政策由联邦内各政治实体(下文中地区)制定,即除了英格兰会执行英国政府制定的建筑废弃物管理策略,苏格兰、威尔士和北爱尔兰均制定了各自的策略。虽然这导致各地区在建筑废弃物管理的具体方式上有所差异,但英国全国的建筑废弃物管理目标都是一致的,即减少建筑废弃物的产生量与填埋处置量、提高建筑废弃物的再利用与能量回收,并同时减少建筑废弃物管理过程的温室气体排放量。目前,循环利用是英国整体建筑废弃物管理工作中最受重视的环节,英国政府陆续通过了《建筑业可持续发展战略》《废弃物战略》《工业废弃物管理计划 2008》等政策,已在 2020 年实现建筑废弃物零填埋,且循环利用率上升至 50%以上(按重量计算)。

5. 国外建筑固废回收利用政策汇总

国外建筑固废回收利用法律政策体系汇总如表 9.2～表 9.4 所示。

表 9.2　国外建筑固废回收利用的相关法规

国家	法规名称	主要内容	主要特点
德国	《废物处理法》《垃圾法》《支持可循环经济和保障对环境无破坏的垃圾处理法规》等	垃圾产生者或拥有者有义务回收利用;回收利用应作为处理垃圾的首选;垃圾应进行分类处置	最早开展循环经济立法,与垃圾处理有关的法规有 180 多个
英国	《建筑业可持续发展战略》《废弃物战略》《工业废弃物管理计划 2008》	2020 年实现建筑废弃物零填埋;投资超过 30 万英镑的建筑项目,将建筑废弃物从直接填埋转移出来	采用规范、经济和自愿协议相结合的方法,推动废弃物管理日常工作
美国	《固体废弃物处置法》《超级基金法》	任何生产有工业废弃物的企业,必须自行妥善处理,不得随意倾卸	工业废弃物产生企业须在源头上减少垃圾的产生
日本	《废弃物处理法》《资源有效利用促进法》《建筑再利用法》	规定垃圾资源化回收方式,明确责任主体	规定垃圾资源化回收方式,在分类拆除和资源化利用方面明确各个主体的责任
新加坡	《绿色宏图 2012 废物减量行动计划》	在 2012 年前建筑固废回收回用比例达到 98%,60%的建筑固废实现循环利用;收取建筑固废堆放处置费	纳入验收指标体系,将建筑固废循环利用纳入绿色建筑标志认证
韩国	《建筑固废再生促进法》	提高循环骨料建设现场的实际再利用率;建筑固废减量化;妥善处理建筑固废	明确政府、企业的义务,明确建筑固废处理企业资本、规模、技术要求

表 9.3 国外建筑固废回收利用的优惠政策

国家	政策类别	主要内容
德国	多层级的建筑固废收费价格体系	收费体系分成四个层级：大城市和小城市；未分类的建筑固废与分类的建筑固废；受到污染的建筑固废与未受到污染的建筑固废；经过回收处理后的建材与原生建材
英国	填埋税、财政补贴	征收填埋税，并从中拿出一部分以政府资助形式用于废弃物管理措施
美国	低息贷款、税收减免和政府采购	资源循环利用企业在各州除可获得低息贷款，还可相应减免其他税；对使用再生材料的产品实行政府采购
日本	财政补贴、贴息贷款或优惠贷款	鼓励企业增加对污染防治设备、技术的研发投入；鼓励建设单位使用再生产品，《建筑再利用法》规定了处罚措施，可以判处一年以下有期徒刑和 50 万日元以下罚款
新加坡	财政补贴、研究奖励、特许经营、高额惩罚	降低建筑固废回收利用企业租金成本；提供建筑固废回收利用企业创新项目研究基金；收取高额的建筑固废随意倾倒罚款

表 9.4 国外建筑固废回收利用的监管机制

监管环节	国家	监管模式
建筑固废的排放环节	英国、丹麦	"税收管理型"模式
	德国、瑞典、奥地利	"收费控制型"模式
	美国	政府倡导和企业自律相结合，采取准入制度和传票制度，保障建筑固废的正常回收
建筑固废再生产品的生产环节	美国、新加坡	建立建筑固废处理的行政许可制度，实行特许经营；将建筑固废处置情况纳入验收指标体系，促进建筑固废资源化利用
建筑固废再生产品的使用环节	韩国	规定了建筑固废再生产品使用义务，强制推行部分类别的再生产品的使用
全过程管理	日本	对建筑固废的产生、收集和处理的过程进行全过程管理；保障建筑固废的正常回收，并掌握资源信息

6. 国外建筑固废资源化产业化制度对我国的启示

纵观国外建筑固废资源化产业化制度的立法现状，各国都建立了比较系统的建筑固废资源化利用法律制度体系，而我国发展相对较晚，缺乏完整的制度体系，国外经验对完善我国建筑固废资源化产业化制度有着重要的借鉴价值。

（1）发挥生产者责任延伸制度的基础作用。国外生产者责任延伸制度存在三种模式，分别为强制式的实施模式、自愿式的实施模式和协定式的实施模式。强制式的实施模式是指法律明确规定责任主体、责任内容、最低回收利用率、限期淘汰产品中的有害物质和相应罚则的模式，欧盟成员国和日本采取的是这种实施模式。自愿式的实施模式是指法律对责任主体、责任内容等不做明确规定，企业在完全自愿的基础上对其废弃后的产品进行回收、资源化利用的模式,美国采取的是这种实施模式。协定式的实施模式是指企业组成行业协会自愿与政府在协商的基础上签订企业承担废弃产品环境责任协议的模式。我国经济发展极不平衡、环境保护硬件设施相对落后、公众参与环境保护的意识薄弱,结合我国的基本国情,应优先选择生产者责任延伸制度的强制式的实施模式。将生产者责任延伸制度应用于建筑固废资源化产业化领域,需要通过立法明确规定各责任主体所应担负的责任,建设施工单位不仅要对建筑物负责,还要对建筑物设计、施工、维修、拆除运输、资源化利用等生命周期中各个阶段对环境造成的影响负责。

(2)重视中介组织在建筑固废回收方面的功用。建筑固废资源化利用的有效实施依赖于高效率的分类和回收,可借鉴德国中介组织的经营模式,成立建筑固废处置中介组织,并引入市场机制进行运作。首先,建设单位在支付许可费并通过中介组织的审查后,可在该中介组织的平台上发布建筑固废的相关信息;然后,建筑固废资源化利用企业可通过中介组织发布的建筑固废信息,与建设单位达成协议;最后,由中介组织负责对建设单位在建设施工过程中产生的建筑固废进行分类、回收,并运送至资源化利用企业进行资源化利用。

(3)鼓励社会公众参与建筑固废资源化利用活动。政府应该积极出台政策,明确奖惩条款,以此来鼓励建设施工单位主动承担社会责任,加大宣传力度,定期举办建筑固废资源化活动,增强公众的环保意识,提高其参与的热情;建筑固废资源化产业领域的行业协会应制定严格的行业标准,规范建筑固废资源化利用企业的行为,给其提供技术支持,使资源化产品的质量得到不断提高;建设施工单位应主动承担社会责任,通过源头削减战略减少建筑固废的产出,进而提高政府、企业在公众心目中的形象。

9.4　建筑固废资源化产业化政策扶持

9.4.1　建筑固废资源化利用的管理及推广建议

1. 建筑固废源头控制管理政策

1)健全相关法律体系

修订和完善《中华人民共和国建筑法》和《中华人民共和国固体废物污染环境防治法》对建筑固废资源化利用的相关要求,制定建筑固废资源化产业化的专项法律,明确建筑固废产生、分类、运输、资源化,以及再生产品生产、交易、工程应用等各环节中各主体的法律责任和义务;将资源化处置要求纳入各阶段的审核中;设立建筑固废资源化处置行业准入条件;在建筑固废排放、填埋以及资源开采和排放给环境带来有害影响等方面应加大法律约束力度，提高处罚力度[25]。尽快研究出台我国《城市建筑垃圾资源化利用管理法》，解决目前行业无法、无规、无标，乱放、乱堆和市场混乱的状态[26]。该法律内容应涵盖八个部分，如表 9.5 所示。

表9.5　我国城市建筑垃圾资源化利用管理法立法建议

条文归类	条文目的
立法目标	详述建筑垃圾资源化利用的重大意义；目标实现"零堆放、全利用"
范围和责任分工	明确范围，对政府、企业、社区居民等的责任具体分工
分类和处理方法	分类具体化，逐步减少或取消原始处理方式；做到谁生产谁清理；责任到人，监管到位
技术和设备水平	通过生产标准、产品规格、设备工艺要求和定期检测等途径规范行业
资金鼓励和民营参与	通过法律准入和资金鼓励，逐步引导民营企业进入
地方配套政策落实	国务院相关部门、地方各级政府出台配合法规落地的各项政策、实施规划和计划步骤
落实管理条例	各地方管理条例不但要有明确的管理、存放要求，还要对收集、运输、生产、销售各环节中对社会和环境造成危害的行为有严厉的管理措施
罚则	对不符合管理措施的行为人要有必要的惩罚手段，确保法规执行到位和树立法律的严肃性

尽快出台《建筑垃圾资源化企业经营许可证管理规定》，就企业资金、设施规模、技术人员数量等做出明确规定。对无证经营者规定严格的处罚措施，并严格监督执行，坚决取缔不合格的处理企业。《建筑垃圾资源化企业经营许可证管理规定》的施行可确保产业主体的专业性和规模性，有利于提升产业整体生产力，加速产业发展。

出台《建筑垃圾分类回收办法》，明确各级建筑垃圾综合管理机构垃圾分类收集管理职能，建立明确的奖励制度。由于建筑垃圾分类收集的经济效益不佳，建筑企业一般不会主动承担建筑垃圾分类收集的义务，可以在条例中规定鼓励性条款，对垃圾分类回收的建筑企业予以奖励，具体费用从建筑垃圾处理费中扣除，以减少建筑企业对垃圾进行分类的成本，运用经济杠杆的作用，保证垃圾分类收集的顺利实施。立法体系要城乡统一，仅规范城市建筑垃圾处理的法律法规会使农村建筑垃圾管理和综合利用缺乏法律依据，甚至不少违法企业将农村作为非法倾倒建筑垃圾的场所。但鉴于农村与城市情况不同，在具体的管理体制上应充分考虑农村的实际情况[27]。

同时，建议在《中华人民共和国建筑法》中明确将建筑垃圾处理作为建筑工程施工许可条件之一，并加入"有完善的建筑垃圾处理方案并向有关主管部门备案"和"国家推行在新建建筑中利用建筑垃圾再生产品"等条文；与生活废弃物同理，在《中华人民共和国环境保护法》中将建筑垃圾的分类处置、回收利用写入该法；在《中华人民共和国固体废物污染环境防治法》中增加建筑固废的定义，并与生活垃圾类似，加入一节有关建筑固废污染环境的防治内容；修订《城市建筑垃圾管理规定》，尽快制定《城市建筑垃圾管理条例》，将统筹规划、基础设施建设、全过程管理、资源化处置、再生产品应用等内容纳入，并具备可操作性；尽快出台《建筑垃圾管理与资源化利用指导意见》，意见内容应考虑表 9.5 的重点建议；出台《建筑垃圾资源化行业规范条件》；将建筑垃圾纳入"环境保护税"的征收范围，但对允许填埋和资源化处置的建筑垃圾取税率为零；"房屋建筑与装饰工程预算定额"中增加建筑固废处置子目；完善建筑垃圾收费制度，由建筑垃圾产生单位承担建筑固废收集、运输和处置相关费用；建筑垃圾资源化利用设施规划应纳入城市总体规划、土地利用规划、循环经济发展规划和市容环卫专业规划，确保设施用地；发布《建筑垃圾资源化基本术语标准》《建筑垃圾资源化利用技术规范》《建筑垃圾减量化技术规范》等基础标准；制定《建筑垃圾再生微粉》《建筑垃圾再生渗滤功能材料》等产品标准，进而完善建筑垃圾管理与资源化标准体系。

2）编制中长期专项规划

《混凝土与水泥制品行业"十四五"发展指南》确定了 5 项绿色低碳混凝土技术创新重点领域。鼓励企业发展尾矿、建筑固废再生骨料和辅助型胶凝材料加工产业。充分发挥水泥混凝土材料与制品的生产和应用在环保利废、发展循环经济、建设生态文明中的重要作用。建立规模化、高值化利用固废矿物材料技术和标准体系，最大限度降低水泥熟料用量、提高固废利用率。以高强高性能混凝土技术为支撑，向高性能、干法连接、易拆卸、可多次重复使用的标准化建筑部品发展，在装配式建筑、市政工程以及土木工程生命周期内能最大限度多次重复利用通用型部品，通过节约实现低碳节能和资源利用最大化。加快推进绿色工厂、绿色产品、低碳产品认证工作，开展行业"绿色低碳零碳混凝土技术推荐目录"工作。"十四五"期末，通过绿色评价的企业占比超过 20%，代表行业产能规模超过 30%。

3）完善政府责任考核体系

为了提高各级政府对建筑固废资源化利用工作的重视程度，要将建筑固废资源化利用目标纳入节能减排考核目标，并建立专门的考核体系，明确政府各部门在城市建设、城市管理、公安交管、运输管理、环保等方面的职责，建立建筑固废资源化利用的合作工作机制。

4）建立方案编制与审核制度

对于新建项目、拆建项目、改建项目、装饰装修项目的审批工作，要有建筑固废资源化利用方案，否则不予批准。建筑垃圾资源化利用方案应包括以下五项基本内容：①项目名称、地点、施工时间、建筑面积或者拆除面积；②建设单位、设计单位、施工单位、运输单位、资源化单位的名称及其法定代表人姓名；③建筑固废的种类、数量以及预计排放时间；④建筑固废减量、堆放、分类、运输、污染防治措施；⑤建筑固废直接利用比率及资源化利用比率。除建筑垃圾资源化利用方案的基本要求外，对于新建项目，还应将拆除费、污染防治费、安全防护费、建筑固废运输费及处置费等列入投资估算。

5）强化随意倾倒费用制度

在《城市建筑垃圾管理规定》现有惩罚条款的基础上加大惩罚力度，并严格执行。对于随意倾倒建筑固废的个人，给予一定罚金，情节特别严重者对其进行行政拘留；对于随意倾倒建筑固废的单位，吊销其生产资质和运输资质，并给予高额的经济处罚等。同时，建议将建筑固废处置费设为行政事业性收费，并参照德国做法，依据城市规模、经济发展水平、分类收集情况、是否有害等因素，设置多等级的建筑固废处置费；将有关建筑固废的管理内容纳入合同文件，实行保证金返还制度，待项目竣工验收时，根据建筑固废回收利用的实际情况和有关规定，返还保证金或予以处罚，甚至不予通过验收。

6）建立统计报送制度

加快实现统计渠道确立、分类标准制定、相关数据收集、信息平台搭建等目标，最终实现精细化管理的目标：从国家层面制定建筑固废统计标准，包括建筑固废的分类标准、计算核算标准、资源化利用统计标准等；从国家层面制定建筑固废统计报送制度，包括建筑固废统计数据的报送内容、报送时间、报送周期等；建立建筑固废公示制度，搭建建筑固废统计和信息平台，及时更新和发布报送结果。

2. 建筑固废资源化过程中的管理政策

(1)建立资源化企业用地审批及管理制度。目前建筑固废资源化利用企业用地大部分为租赁用地或临时用地，并且部分企业在设厂申请用地时无法及时办理相关手续。针对这种情况，政府应规划建筑固废资源化利用专项用地，积极利用以往的建筑固废填埋场用地，建设建筑固废资源化利用场所，不仅解决了用地问题，还可以就地消化利用建筑固废存量；充分利用各地土地储备中心的空闲地块，综合考虑地理位置等因素，设立建筑固废临时消纳中转储运点，并配置破碎、筛选机械，对建筑固废进行初步破碎、分离，便于分类和运输；减少堆放场用地，并将其提供给资源化企业，实行减免等地价优惠。

(2)完善标准体系。目前在建筑固废资源化领域仅有一部技术规范，即《工程施工废弃物再生利用技术规范》(GB/T 50743—2012)，而其他的多为行业标准，对于拆除、装饰装修等其他领域缺乏相应的技术规范，建议进行建筑固废资源化的标准框架体系研究，逐步完善建筑固废资源化产业化标准体系。

(3)完善准入管理制度。在大力鼓励企业参与的同时,需要完善准入管理制度,严格审核企业资质,规范企业经营行为,从源头进行产业的管理。建立建筑固废运输行业准入制度、建筑固废资源化处置行业准入制度等一系列制度,建立拆除、回收、运输、资源化利用一体化的管理模式,规范建筑固废资源化利用行业。

(4)建立绿色示范工厂。《中华人民共和国国民经济和社会发展第十三个五年规划纲要》中明确要求"研发、示范、推广一批节能环保先进技术装备","大幅提高资源利用综合效益",《绿色制造 2016 专项行动实施方案》中也明确提出要"创建一批特色鲜明的绿色示范工厂"。为积极响应国家号召,应建立再生利用一体化厂房,将建筑固废资源化生产中的各个模块(建筑固废无害化处理模块、资源化再生模块、混凝土搅拌模块等)放置于同一个圆形工厂,并设置防尘罩和隔声罩等多级防尘、防噪措施,提高厂房综合效益,其处置出来的再生材料既可以自身利用,也可以送往其他材料加工企业进行利用。

(5)开展示范工程。针对建筑固废资源化利用不同发展阶段,实施三种不同的示范工程:第一阶段,建筑固废资源化利用典型企业生产经营模式示范阶段,重点开展特许经营权、公私合营等建筑固废回收利用的企业化生产模式,鼓励资源化利用企业结合当地实际情况创新生产经营模式;第二阶段,建筑固废资源化利用典型城市管理模式示范阶段,重点开展以城市为主体的面向城区的建筑固废回收回用典型城市经验,鼓励城市结合基础设施建设和节能减排要求,创新管理模式;第三阶段,建筑固废资源化利用新技术示范阶段,重点对建筑固废回收回用的新技术、新产品进行示范,旨在有效提升行业的总体技术水平。

3. 建筑固废资源化产品使用过程中的管理政策

(1)资源化产品认证及推广制度。2014 年,住房和城乡建设部、工业和信息化部颁布了《绿色建材评价标识管理办法》,强调了绿色建材标识。 建议增加建筑固废资源化产品的单独门类,并编制相应的评价技术细则;对现有建筑固废资源化产品进行评价与细分,并对投入使用的再生建材建筑进行后续的跟踪和检测;规范市场,提升消费者对建筑固废资源化产品的认可度。

(2)强制性使用条款。除绿色建筑广泛应用满足"绿色建材评价标识"的建筑固废资源化产品外,全部或部分使用财政性资金的工程应当率先在砌筑型围墙、人行道板、公路垫层、路缘石等工程部位全面使用符合技术指标的建筑固废资源化产品。

(3)强化资源化利用条款。2014 年颁布的《绿色建筑评价标准》对资源化产品使用量、建筑固废的分类处理和资源化利用做出了明确的规定,但是力度过小。建议在设计阶段,提高资源化产品的使用比例;在施工阶段,提高建筑固废资源化利用的比例；在运营阶段，对建筑固废资源化产品使用量、建筑固废资源化利用率等进行专项核查。同时，增大资源化利用措施在各阶段的评分权重。

9.4.2　经济支持政策建议及激励制度

1. 财政补贴政策

(1) 示范工程的财政补贴。针对不同阶段的示范工程项目，实行相应的财政补贴政策，激励其示范引领作用。建筑固废资源化利用典型企业生产经营模式示范阶段，对相关企业开展"国家建筑固废资源化利用企业示范基地"工作认定，对于获得认定的企业给予相应的补贴；建筑固废资源化利用典型城市管理模式示范阶段，根据重点城市有关建筑固废资源化利用管理的政策标准、示范工程等方面的开展情况给予相应的补贴；建筑固废资源化利用新技术示范阶段，通过后补贴方式对建筑固废资源化利用新技术研发项目给予补贴。补贴的形式包括立项补贴，生产补贴，土地租赁补贴，供水、供电价格优惠等。

(2) 资源化产品使用的财政补贴。根据建设单位在工程项目中使用经相关部门标识的资源化产品的比例，给予一定的财政补贴，返还一定的建筑固废处置费，以资鼓励，但是需要派专人对建设单位的落实情况进行审查，以防钻空子的情况发生。

2. 税收优惠政策

(1) 税收减免。2011 年，财政部、国家税务总局颁布的《关于调整完善资源综合利用产品及劳务增值税政策的通知》规定"生产原料中掺兑废渣比例不低于30%的特定建材产品""再生沥青混凝土""建筑砂石骨料"免征增值税。为了提高资源化产品的使用率，建议扩大产品范围，放宽申请条件，在保持税收总量不变的前提下，调整税收结构，增加非再生产品的税收，减少再生产品的税收，划分各资源化产品的减免等级，实行增值税的分级减免，使符合要求的建筑固废资源化生产企业都能享受到增值税减免政策。

(2) 税收优惠。重视建筑固废资源化科技研发工作从业者，将"建筑固废处理和综合利用技术"纳入国家重点支持的高新技术领域中，从事建筑固废综合利用技术开发的企业可依法申请认定高新技术企业，相应项目可依法申请认定高新技术项目，经认证的企业和项目同样享有 15% 的税率优惠。

3. 金融支持政策

(1) 优惠贷款。加大符合要求的企业和项目的信贷支持力度，对于生产的产品符合绿色建材产品认证或采用新型产品生产经营方式的建筑固废回收利用资源化处理企业，金融机构应给予相应的低息贷款；建立财政投入与银行贷款、社会资金的组合使用模式；鼓励符合条件的地方融资平台公司拓宽再生企业投资融资渠道和社会多渠道建立建筑固废资源化发展基金。

（2）贷款贴息。2008 年颁布的《再生节能建筑材料生产利用财政补助资金管理暂行办法》规定，满足住房和城乡建设部会同财政部发布的技术、经济等相关条件的再生节能建筑材料生产企业，可向当地财政部门申请不长于 3 年的中央财政贴息资金。对于具有建筑固废资源化利用资质并采用新型产品生产经营方式的建筑固废资源化企业，建议也给予 3 年贷款贴息优惠政策。

4. 科技研发政策

科研工作是建筑固废资源化的基础，没有合适的技术方案，建筑固废的资源化无从谈起。2020 年后的未来 30 年间，全球在能源、资源、农业、食品、信息技术、制造业和医药领域将出现"十大新兴技术"，其中有关"建筑固废混杂料再生利用技术装备"的新兴技术列在第二位。国家十分重视科技创新，在《战略性新兴产业重点产品及服务指导目录》(2016 版)中，明确把"建筑废弃物混杂料再生利用技术装备"，"建筑废弃物生产道路结构层材料、节能保温墙体材料、人行道透水材料、市政设施复合材料等技术"，"废旧砂灰粉的活化和综合利用技术"列为我国战略性新兴产业重点产品和技术，在《国家创新驱动发展战略纲要》中，明确要求"采用系统化的技术方案和产业化路径，发展污染治理和资源循环利用的技术与产业"，且"必须依靠创新驱动打造发展新引擎"。

国外建筑固废的再生技术已经成熟，而我国在此方面刚刚起步，在国家的大力倡导下，应该开展全面系统的研究和开发工作，提出符合我国实际的建筑固废资源化战略和技术方案：①科研工作应集中于建筑固废资源化利用技术、再生材料与环境相容性的分析方法、再生产品的技术标准和规范、再生技术的经济性评定等方面；②推行资源化企业与科研单位的研发合作，鼓励建筑固废资源化企业进行自主技术创新，将建筑固废资源化技术的研发工作列入各级政府产业发展和科研攻关计划中，增加技术研发资金，并将其纳入财政预算；③推进科研体制改革，打破科研单位与资源化利用企业、高等院校的分割局面，推动科研机构企业化发展，支持科研院所与资源化利用企业、高等院校结成联盟，允许个人或单位以技术专利权、资金或设备等形式入股，形成以专业化联合攻关以及成果有偿使用为核心的技术研发平台，提高科技创新能力，减少低效重复劳动。

9.4.3　政府推动与参与

1. 落实责任

各级人民政府是建筑固废管理和资源化利用工作的责任主体，要积极承担社会责任，加强组织领导，确定主管部门，明确相关部门职责，建立由住房和城乡建设(市容环境卫生)行政主管部门牵头，国家发展改革委、工业和信息化部、科技部、财政部、生态环境部、国土资源部、公安部、交通运输部等部门各负其责、密切配合的工作机制，形成工作合力，协调解决问题；广泛开展调研工作，研究制定政策，推动建筑固废规范化管理、资源化利用，促进建筑固废资源化行业的发展。

2. 示范引领

积极推进建筑固废资源化利用示范工程项目建设，研究制定建筑固废资源化示范省市和示范项目管理办法。建成若干个示范省市和示范项目，发挥典型示范作用，大力开展建筑固废资源化利用示范城市和示范项目的推广工作，不断总结经验，以点带面，同步推进。

3. 监督考核

加强对建筑固废管理和资源化利用的监督考核，将建筑固废资源化利用工作纳入政府节能减排、循环经济考核范围，制定年度考核责任目标，以及将建筑固废资源化利用率列入人居环境奖、园林城市等考核指标。从各个角度出发，全力推进建筑固废资源化的进程，提高公众的自主环保意识。

4. 宣传教育

充分利用报刊、广播、电视等传统媒体，以及车载传媒与网络等新媒体的优势，加强建筑固废资源化示范工程和示范项目的宣传，建立建筑固废资源化利用教育示范基地；大力宣传和推广建筑固废资源化的最新技术和工艺方法，鼓励全社会利用再生建材或产品；普及建筑固废资源化产品和建筑固废危害性的知识，或者组织公众参观建筑固废资源化企业；对建设行业从业人员进行专业培训，提高其责任感和使命感；不断提高社会对建筑固废再生产品的认可度，营造公众理解、支持和共同参与建筑固废资源化利用的良好氛围。

9.5　本章小结

本章系统地介绍了建筑固废从产生、清运、回收、资源化处理、资源化产品销售的全过程循环管理模式；同时将 PPP 模式、可交易证书模式、信息化模式引入建筑固废资源化管理中；并通过对比分析国内外建筑固废资源化产业化的制度，给出我国建筑固废资源化产业化的发展建议，旨在提升我国资源化行业管理水平，推动资源化行业进程。

参 考 文 献

[1] 陈家珑, 高振杰, 周文娟, 等. 对我国建筑垃圾资源化利用现状的思考[J]. 中国资源综合利用, 2012, 30(6): 47-50.

[2] 陈家珑. 对我国建筑垃圾资源化利用技术的认识与希望[J]. 建设科技, 2016, (23): 15-17.

[3] 任勇, 吴玉萍. 中国循环经济内涵及有关理论问题探讨[J]. 中国人口·资源与环境, 2005, 15(4): 131-136.

[4] 王挺, 谢京辰. 建筑供应链管理模式(CSCM)应用研究[J]. 建筑经济, 2005, (4): 45-49.

[5] Dainty A R J, Brooke R J. Towards improved construction waste minimisation: A need for improved supply chain integration[J]. Structural Survey, 2004, 22(1): 20-29.

[6] 陈建国, 谭晓洪, 闵洲源. 基于建筑供应链的全面建筑废物管理[J]. 建筑管理现代化, 2006, (6): 13-16.

[7] 黎林峰. 互联网+北斗: 实现建筑垃圾全过程监管[J]. 中国建设信息化, 2016, (13): 12-14.

[8] 杨海鹰, 郭志涛, 鲜艳艳. 基于 GIS 的城市建筑垃圾管理系统[J]. 中国资源综合利用, 2009, (8): 14-16.

[9] 曹小琳, 刘仁海. 建筑固废资源化多级利用模式研究[J]. 建筑经济, 2009, (6): 91-93.

[10] 高青松, 雷琼嫦, 何花. 我国建筑垃圾循环利用产业发展迟缓的原因及对策研究[J]. 生态经济, 2012, (12): 128-131, 135.

[11] 伍锐, 黄长松. 建筑垃圾资源化利用产业链分析[J]. 四川建材, 2016, (2): 125-127.

[12] 刘桦, 雒新杰. 我国城市建筑垃圾回收利用管理体系研究[J]. 建筑技术, 2012, 43(4): 313-315.

[13] 齐宝库, 刘帅, 马博, 等. 基于可交易证书机制的建筑垃圾减量化和资源化研究[J]. 建筑经济, 2015, (10): 100-104.

[14] Linares P, Santos F J, Ventosa M, et al. Incorporating oligopoly, CO_2, emissions trading and green certificates into a power generation expansion model[J]. Automatica, 2008, 44(6): 1608-1620.

[15] Dudek D J, Zipperer B, 王昊, 等. 中国长江三角洲地区电力行业 SO_2 排放控制的经济分析[J]. 环境科学研究, 2005, 18(4): 1-10.

[16] 邓涛, 韩百灵, 战晓燕. 北部湾建立排污权交易制度的理论分析[J]. 改革与战略, 2010, 26(10): 34-37.

[17] 马辉, 王建廷. 绿色建筑产品相关可交易证书机制研究[J]. 生态经济, 2012, (1): 128-130.

[18] Bertoldi P, Rezessy S. Tradable white certificate schemes: Fundamental concepts[J]. Energy Efficiency, 2008, 1(4): 237-255.

[19] Verhaegen K, Meeus L, Belmans R. Towards an international tradable green certificate system—The challenging example of Belgium[J]. Renewable and Sustainable Energy Reviews,

2009, 13（1）：208-215.

[20] 史娇蓉, 廖振良. 欧盟可交易白色证书机制的发展及启示[J]. 环境科学与管理, 2011, 36（9）：
11-16.

[21] 于海申, 宁传红, 亓立刚, 等. 基于BIM的超高层建筑垃圾减量化探索[J]. 施工技术, 2016,
（S1）：796-798.

[22] 王廷魁, 罗春燕, 张仕廉. 基于BIM的建筑垃圾决策管理系统架构研究[J]. 施工技术, 2016,
（6）：58-62, 77.

[23] 苏维勇. 谈再生资源回收企业安全生产管理问题的解决对策和建议[J]. 企业科技与发展,
2010, （22）：236-238.

[24] 陈家珑. 建筑垃圾资源化利用若干问题的再认识[J]. 建设科技, 2015, （7）：58-59.

[25] 陈家珑. 我国建筑垃圾资源化利用现状与建议[J]. 建设科技, 2014, （1）：9-12.

[26] 李浩, 翟宝辉. 中国建筑垃圾资源化产业发展研究[J]. 城市发展研究, 2015, （3）：119-124.

[27] 吴胜利. 城市化进程中建筑垃圾处理法律制度的完善[J]. 城市发展研究, 2012, （8）：
120-124.

第10章 资源化产业化标准体系

本章讨论相对完备的建筑固废资源化产业化技术标准体系的架构，以再生混凝土为核心，指出需要继续从再生原料、再生建材、再生结构等多个层面完善现有的技术标准；对目前我国再生混凝土相关技术标准进行简要介绍，涵盖废混凝土等建筑固废从拆除废弃到再生利用的各个阶段，还介绍世界各个国家的再生混凝土相关技术标准，最后介绍资源化技术。

10.1 资源化技术标准体系框架

普通混凝土相关的技术标准经过发展逐渐完善，从混凝土结构的规划设计到施工再到养护检测和最终使用都制定了相应的技术标准，奠定了我国建筑行业高速发展的基础。目前普通混凝土的技术标准体系种类齐全，内容比较完善；强制性标准和推荐性标准相结合，国家标准、行业标准、协会标准和地方标准相结合。但是从混凝土生命周期来看，混凝土建筑物和构筑物的拆除以及再生利用缺乏相关标准，是被明显遗漏的部分。混凝土建筑物和构筑物拆除产生了大量废混凝土，要使废混凝土不再成为建筑固废，而是转变为对经济发展、社会进步有益的再生混凝土，必须有一个完善的技术标准体系加以保障。

1. 标准分类

标准按标准化对象可分为技术标准、管理标准和工作标准。技术标准是指对标准化领域中需要协调统一的技术事项所制定的标准，可细分为基础标准、产品标准、方法或工艺标准、安全卫生与环境保护标准四类。管理标准是指对标准化领域中需要协调统一的管理事项所制定的标准，包括管理基础标准、技术管理标准、经济管理标准、行政管理标准、生产经营管理标准等。工作标准是指对工作的责任、权利、范围、质量要求、程序、效果、检查方法、考核办法所制定的标准，一般包括部门工作标准和岗位(个人)工作标准。

2. 标准化框架

标准体系是一定范围内的标准按其内在联系形成的有机整体，即由标准组成的系统。

标准体系的结构是标准体系内部标准应按照一定的结构进行逻辑组合，而不

是杂乱无序的堆积。由于标准化对象的复杂性，体系内不同的标准子系统的逻辑
结构可能体现出不同的表现形式，主要有以下两种。

(1)层次结构。层次结构是表达标准化对象内部上级与下级、共性与个性等关
系的良好的表达形式。层次结构类似树结构，父节点层次的标准侧重于反映标准
化对象的抽象性和共性，子节点层次的标准侧重于反映事物的具体性和个性。层
级深度也体现了对标准化对象的管理精度。标准层次结构的完备性标志着标准体
系的灵活与弹性，是标准体系能否适应现实多样性的一个重要特征。

(2)线性结构。线性结构又叫程序结构，是指各标准按照过程的内在联系和顺
序关系进行结合的结构形式。该结构主要体现了标准化对象在活动流程中的时间
性，前一阶段的标准是后续阶段标准得以实施的前提。

3. 标准化体系框架

从工程建设总体来看，建筑固废回收与再利用是工程建设领域重要的一环，
是工程生命周期的重要组成。建筑固废回收与再利用本身也是一个复杂的系统工
程，要经历产生、清理、运输、存放、处理、形成产品、市场推广等一系列环节，
涉及范围广，处理周期长，牵涉部门多。在这种情况下，要保证建筑固废回收与
再生利用的质量和效果，首要任务是构建一个覆盖全产业链的标准体系，制定一
系列的标准规范，一为厘清和界定各个部门、各个环节、各个工序之间的关系提
供参考，二为给建筑固废再生产品的质量控制提供保障，三为建筑固废再生产品
在市场上的准入应用提供依据等。

在调研了国外建筑固废再生利用先进国家标准的基础上，结合我国建筑固废
资源化具体实践，同时顺应目前国家标准化改革的要求，从以下几个方面综合考
虑构建建筑固废回收与再利用标准体系框架。

1)体系框架的结构

建筑固废成分复杂，回收与再利用涉及面广、产业链长，既需技术支撑，又
要政策保障，标准之间不存在单纯的时间关联，因此框架的构建不适合用线性结
构，应选择层次结构。

2)标准类别的设置

建筑固废回收与再利用需要技术支撑的同时，更需要管理层面的推进，因此
标准体系中不仅涵盖技术标准，还包括为不同角度的管理提供依据的管理类标准。
技术标准主要包括以下几个方面的标准。

(1)对建筑固废回收与再利用的共性问题进行规定的技术标准，如术语、减量
化等标准。

(2)对建筑固废回收与再利用各阶段做出技术性内容规定的标准，如拆除、分
类、产品、再生技术。

(3) 建筑固废再利用的环境评价技术标准，如绿色评价标准等。

(4) 规范建筑固废处置收费的经济管理标准。同时响应国家标准化改革的要求，能参考既有标准的不再制定专用标准，主要包括对建筑固废再利用方式评估的基础标准。

3) 标准内容的布局

建筑固废回收与再利用是一个复杂的系统工程，标准内容需全部覆盖以上产业链全过程，对各环节的技术和管理进行规范，才能构建起完善的标准体系。

(1) 产业链前端，主要内容包括建筑固废产生、收集与运输阶段。在建筑固废产生阶段，建筑固废产生量大、成分复杂，源头管理缺乏依据，因此需要制定涉及规划、设计、施工、拆除的减量化技术标准，为源头削减、预防建筑固废的产生提供依据；在建筑固废收集与运输阶段，通过分类收集与运输标准的制定，提高建筑固废的洁净程度，服务于建筑固废高效再生利用；在整个产业链前端的管理收费方面，根据"谁产生谁负责"的原则，制定科学合理的收费标准，为各地建筑固废处置收费提供依据。

(2) 产业链中端，主要内容包括建筑固废再生处置和资源化处理。一方面通过有关标准的编制，为建筑固废再生处置方式、工艺选择、场地建设提供技术依据，提升建筑固废再生处置设施的建设水平；另一方面结合建筑固废资源化技术水平和工程建设对建材产品的需求特征，制定一系列专用建筑固废再生产品标准，如再生骨料、再生混凝土制品、道路用材料及产品的绿色评价标准；同时为用作建筑结构的再生混凝土提供设计类技术标准。

(3) 产业链后端，主要内容包括再生建材产品应用与推广阶段。该阶段的主要工作是为再生建材产品的使用提供技术支持的应用技术类标准（如再生骨料、再生渗蓄材料应用技术规程）和为再生建材大量推广所需的管理类标准（如再生产品推广应用办法）。

4) 标准层级的选择

在标准体系框架中，整个标准体系分为两个层次，即国家/行业标准和团体/地方标准。考虑到建筑固废资源化利用本身为复杂系统，建筑固废再生产品类型众多，且随着建筑固废原料的变化、技术的发展不断有新的再生建材产品出现，仅靠国家与行业标准难以形成完整体系，迫切需要鼓励建筑固废协会等社会团体补充相应具体标准。国家/行业标准主要针对术语、分类技术、建筑固废源头减量化、再生处理技术、设施建设及混凝土结构安全等基础标准制定；团体/地方标准则侧重制定各类建材产品及应用标准，包括管理标准。只有将国家/行业标准与团体/地方标准有机结合，相互完善补充，才能形成覆盖完整产业链的产生、清理、运输、存放、处理、产品的标准体系，使整个建筑固废资源化产业链良好运转。

5) 建筑固废回收与再利用标准体系框架

综合以上分析,从建筑固废全产业链出发,提出建筑固废回收与再利用标准体系框架,如图 10.1 所示。建筑固废回收与再利用标准体系总体框架中,既包含外延标准,也包括专用标准。外延标准是其他标准体系中的标准,但涉及建筑固废回收与再利用的内容,主要包括规划、设计、施工、拆除、填埋、回填等标准;专用标准是专门以建筑固废回收和再利用为对象的标准。标准体系中包括 15 个标准类别,其中 9 个类别基本空白,其他 6 个类别也亟待补充和完善。已有标准中,强制性条文不多,因此产业发展在一定程度上受到了制约。

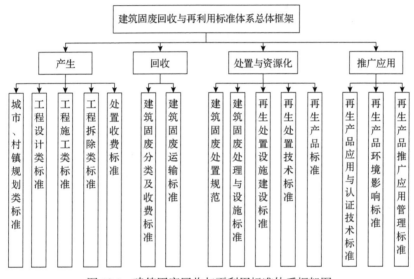

图 10.1　建筑固废回收与再利用标准体系框架图

我国建筑固废资源化技术标准汇总如表 10.1 所示。

表 10.1　我国建筑固废资源化技术标准汇总

标准分类	标准名称	发布时间
国家标准	《混凝土和砂浆用再生细骨料》(GB/T 25176—2010)	2010 年
	《混凝土用再生粗骨料》(GB/T 25177—2010)	2010 年
	《再生沥青混凝土》(GB/T 25033—2010)	2010 年
	《工程施工废弃物再生利用技术规范》(GB/T 50743—2012)	2012 年
	《建筑废弃物再生工厂设计标准》(GB 51322—2018)	2018 年
行业标准	《再生骨料应用技术规程》(JGJ/T 240—2011)	2011 年
	《再生骨料地面砖和透水砖》(CJ/T 400—2012)	2012 年
	《固体废物处理处置工程技术导则》(HJ 2035—2013)	2013 年

续表

标准分类	标准名称	发布时间
行业标准	《公路水泥混凝土路面再生利用技术细则》(JTG/T F31—2014)	2014 年
	《道路用建筑垃圾再生骨料无机混合料》(JC/T 2281—2014)	2014 年
	《再生骨料透水混凝土应用技术规程》(CJJ/T 253—2016)	2016 年
	《建筑垃圾再生骨料实心砖》(JG/T 505—2016)	2016 年
	《废混凝土再生技术规范》(SB/T 11177—2016)	2016 年
	《再生混凝土结构技术标准》(JGJ/T 443—2018)	2018 年
	《再生混合混凝土组合结构技术标准》(JGJ/T 468—2019)	2019 年
	《固定式建筑垃圾处置技术规程》(JC/T 2546—2019)	2019 年
	《建筑固废再生砂粉》(JC/T 2548—2019)	2019 年
	《建筑垃圾处理技术标准》(CJJ/T 134—2019)	2019 年
	《混凝土和砂浆用再生微粉》(JG/T 573—2020)	2020 年
团体标准	《再生骨料混凝土耐久性控制技术规程》(CECS 385: 2014)	2014 年
	《水泥基再生材料的环境安全性检测标准》(CECS 397: 2015)	2015 年
	《钢管再生混凝土结构技术规程》(T/CECS 625—2024)	2024 年
地方标准	《上海市建筑废弃混凝土资源化利用管理暂行规定》(沪建管联〔2015〕643 号)(上海)	2015 年
	《再生骨料混凝土砌块(砖)技术要求》(DB31/T 1170—2019)(上海)	2019 年
	《再生骨料混凝土技术要求》(DB31/T 1128—2019)(上海)	2019 年
	《建筑垃圾运输安全管理要求》(DB31/T 398—2023)(上海)	2023 年
	《建筑垃圾运输车辆标识、监控和密闭技术要求》(DB11/T 1077—2020)(北京)	2020 年
	《城镇道路建筑垃圾再生路面基层施工与质量验收规范》(DB11/T 999—2021)(北京)	2021 年
	《建筑垃圾再生骨料路面基层应用技术标准》(DB32/T 4060—2021)(江苏)	2021 年
	《建筑垃圾填筑路基设计与施工技术规范》(DB32/T 4031—2021)(江苏)	2021 年
	《再生块体混凝土组合结构技术规程》(DBJ/T 15-113—2016)(广东)	2016 年
	《建筑垃圾再生集料路面基层施工技术规程》(DB13(J)/T 155—2014)(河北)	2014 年
	《公路水泥混凝土路面 再生利用技术规范》(DB13/T 5086—2019)(河北)	2019 年
	《建筑垃圾再生集料水泥稳定混合料》(DB43/T 1798—2020)(湖南)	2020 年
	《建筑废弃物减排技术规范》(SJG 21—2011)(深圳)	2011 年
	《深圳市再生骨料混凝土制品技术规范》(SJG 25—2014)(深圳)	2014 年
	《再生混凝土结构技术规程》(DBJ 61/T 88—2014)(陕西)	2014 年
	《建筑垃圾再生材料公路应用设计规范》(DB61/T 1175—2018)(陕西)	2018 年

续表

标准分类	标准名称	发布时间
地方标准	《建筑垃圾再生材料挤密桩施工技术规范》（DB61/T 1159—2018）(陕西)	2018 年
	《道路用建筑垃圾再生材料加工技术规范》（DB61/T 1160—2018）(陕西)	2018 年
	《水泥稳定建筑垃圾再生集料基层施工技术规范》（DB61/T 1150—2018）(陕西)	2018 年
	《建筑垃圾再生材料路基施工技术规范》（DB61/T 1149—2018）(陕西)	2018 年
	《道路用建筑垃圾再生粗集料技术规范》（DB61/T 1148—2018）(陕西)	2018 年
	《福建省建筑废弃物再生砖和砌块应用技术规程》（DBJ/T 13-254—2024）(福建)	2024 年
	《旧水泥混凝土路面微裂式破碎再生技术规程》（DB41/T 963—2014）(河南)	2014 年
	《水泥稳定就地冷再生路面基层》（DB64/T 1058—2014）(宁夏)	2014 年

10.2　我国现有建筑固废处置与再生标准

本节概括性地介绍涉及建筑固废资源化处置和再生利用的相关国家标准、行业标准和团体标准，详细地介绍相关标准的主要编制目的和适用范围，便于读者对相关知识的获取和学习。

10.2.1　国家规范和标准

1) 《混凝土和砂浆用再生细骨料》（GB/T 25176—2010）[1]

《混凝土和砂浆用再生细骨料》（GB/T 25176—2010）[1]适用于配制混凝土和砂浆的再生细骨料，规定了混凝土和砂浆用再生细骨料的术语和定义、分类和规格、要求、试验方法、检验规则、标志、储存和运输。

2) 《混凝土用再生粗骨料》（GB/T 25177—2010）[2]

《混凝土用再生粗骨料》（GB/T 25177—2010）[2]适用于配制混凝土的再生粗骨料，规定了混凝土用再生粗骨料的术语和定义、分类和规格、要求、试验方法、检验规则、标志、储存和运输。

3) 《再生沥青混凝土》（GB/T 25033—2010）[3]

《再生沥青混凝土》（GB/T 25033—2010）[3]适用于国内各级公路和城市道路沥青路面用沥青混凝土旧料的热拌再生利用，规定了道路沥青路面用再生沥青混凝土的术语和定义、分类和应用范围、材料要求及试验方法、再生沥青混凝土的技术要求及试验方法、检验规则和运输。

4) 《工程施工废弃物再生利用技术规范》（GB/T 50743—2012）[4]

《工程施工废弃物再生利用技术规范》（GB/T 50743—2012）[4]是我国第一部针对建筑固废处理的国家标准，标志着建筑固废处理进入了新阶段。这部规范的主要内容包括废混凝土再生利用、废模板再生利用、再生骨料砂浆、废砖瓦再生利用、其他工程施工废弃物再生利用以及工程施工废弃物管理和减量措施。废混凝土再生利用部分包括一般规定、废混凝土回收与破碎加工、再生骨料、再生骨料混凝土配合比设计、再生骨料混凝土基本性能、再生骨料混凝土构件、再生骨料混凝土空心砌块、再生骨料混凝土道路。废混凝土按回收方式分为现场分类回收和场外分类回收，而破碎加工设备可分为固定式和移动式。最后的管理以及减量措施也是 3R1H 原则中减量化的体现，减少施工废弃物的产生，则可以省去后面一系列过程。

5)《建筑废弃物再生工厂设计标准》(GB 51322—2018)[5]

《建筑废弃物再生工厂设计标准》(GB 51322—2018)[5]的制定过程中，编制组经广泛调查研究，认真总结实践经验，并在广泛征求意见的基础上，最后经审查定稿，具有广泛的实践经验和现实意义。该标准共分 12 章，主要技术内容包括总则、术语、基本规定、总图运输、建筑废弃物处置、再生产品生产系统、信息化与自动化、辅助生产设施、公用工程、节能、环境保护、劳动安全与职业健康。

10.2.2　行业规范和标准

1)《建筑垃圾处理技术标准》(CJJ/T 134—2019)[6]

《建筑垃圾处理技术标准》(CJJ/T 134—2019)[6]主要内容为总则、术语、基本规定、产量、规模及特性分析、厂(场)址选择、总体设计、收集运输与转运调配、资源化利用、堆填、填埋处置、公用工程、环境保护与安全卫生，对建筑固废从源头到末端的处理方式提出了概括性的要求，建筑固废主要应用于资源化综合利用并确保安全。

2)《再生骨料应用技术规程》(JGJ/T 240—2011)[7]

《再生骨料应用技术规程》(JGJ/T 240—2011)[7]是编制组经广泛调查研究，认真总结实践经验，参考有关国际标准和国外先进标准，并在广泛征求意见的基础上编制而成的。为贯彻执行国家有关节约资源、保护环境的经济政策，保证再生骨料在建筑工程中的合理应用，做到安全适用、技术先进、经济合理、确保质量，制定本规程。该规程主要技术内容包括总则、术语和符号、基本规定、再生骨料的技术要求、进场检验、运输和储存、再生骨料混凝土、再生骨料砂浆、再生骨料砌块和再生骨料砖。

3)《再生骨料地面砖和透水砖》(CJ/T 400—2012)[8]

《再生骨料地面砖和透水砖》(CJ/T 400—2012)[8]适用于再生骨料地面砖和透水砖的生产和检验，规定了再生骨料地面砖和透水砖的术语和定义、缩略语、分类、原材料、要求、试验方法、检验规则、产品合格证、包装、运输和储存。

4)《固体废物处理处置工程技术导则》(HJ 2035—2013)[9]

《固体废物处理处置工程技术导则》(HJ 2035—2013)[9]提出了固体废物处理处置工程设计、施工、验收和运行维护的通用技术要求，该标准为指导性文件，供有关方面在固体废物处理处置工作中参考采用。

5)《公路水泥混凝土路面再生利用技术细则》(JTG/T F31—2014)[10]

《公路水泥混凝土路面再生利用技术细则》(JTG/T F31—2014)[10]的编制以强化科技成果推广、注重资源节约利用、保护生态环境为理念，主要规范了多锤头碎石化、共振碎石化、冲击压裂碎石化及板式打裂等关键技术在旧水泥混凝土路面改造工程中的应用。该细则分 7 章，主要包括总则、术语、旧路调查与分析、再生利用设计、就地碎石化施工、就地发裂施工和集中破碎再生等内容，对旧水泥混凝土路面再生决策、方案选择、设计、施工及检查验收等都做了具体的规定。

6)《道路用建筑垃圾再生骨料无机混合料》(JC/T 2281—2014)[11]

《道路用建筑垃圾再生骨料无机混合料》(JC/T 2281—2014)[11]适用于城镇道路路面基层及底基层用建筑垃圾再生骨料无机混合料，公路各等级道路可参照该标准执行。该标准规定了道路用建筑垃圾再生骨料无机混合料的术语和定义、分类、原材料、技术要求、配合比设计、制备、试验方法、检验规则以及订货和交货。

7)《再生骨料透水混凝土应用技术规程》(CJJ/T 253—2016)[12]

《再生骨料透水混凝土应用技术规程》(CJJ/T 253—2016)[12]是为贯彻国家节约资源、保护环境的方针政策，推动再生建筑材料的应用，规范再生骨料透水水泥混凝土在路面工程中的应用，做到安全适用、技术先进、经济合理、确保质量而制定的。该规程适用于人行道、步行街、非机动车道、广场和停车场工程中再生骨料透水水泥混凝土路面的设计、施工、验收和维护，主要包括总则、术语、基本规定、原材料、混凝土性能和配合比、结构组合及构造、施工、质量验收和维护。

8)《建筑垃圾再生骨料实心砖》(JG/T 505—2016)[13]

《建筑垃圾再生骨料实心砖》(JG/T 505—2016)[13]适用于以建筑垃圾再生骨料为主要原料、水泥等作为胶凝材料制成的非烧结实心砖，规定了建筑垃圾再生骨料实心砖的术语和定义、分类与标记、原材料、要求、试验方法、检验规则、养护、标志、包装、运输和储存。

9)《废混凝土再生技术规范》(SB/T 11177—2016)[14]

《废混凝土再生技术规范》(SB/T 11177—2016)[14]适用于建筑物及构筑物在拆除、改建和扩建活动中产生的废混凝土的再生利用，规定了废混凝土的术语和定义、基本要求以及废混凝土再生骨料、废混凝土切割材料、废混凝土再生粉料的技术要求。规范内容表明废混凝土的再生利用方向为再生骨料、切割材料以及再生粉料，即主要作为应用于结构的中间产品。

10)《再生混凝土结构技术标准》（JGJ/T 443—2018）[15]

《再生混凝土结构技术规程》（JGJ/T 443—2018）[15]是为规范再生混凝土在建筑结构中的应用，保证再生混凝土结构安全，做到技术先进、安全可靠、经济合理、保证质量而制定的。该标准适用于再生混凝土房屋建筑结构的设计、施工及验收，主要包括总则、术语和符号、基本规定、再生混凝土配合比设计、承载能力极限状态计算、正常使用极限状态验算、多层和高层再生混凝土房屋、低层再生混凝土房屋、施工及质量验收。

10.2.3 团体标准

1)《再生骨料混凝土耐久性控制技术规程》（CECS 385：2014）[16]

《再生骨料混凝土耐久性控制技术规程》（CECS 385：2014）[16]是为规范再生骨料混凝土耐久性控制技术，满足设计和施工要求，保证再生骨料混凝土工程质量，做到安全适用、技术先进和经济合理而制定的。该规程适用于再生骨料混凝土耐久性控制，主要内容包括总则、术语、基本规定、原材料控制、混凝土性能要求、配合比设计、生产与施工和质量检验。

2)《水泥基再生材料的环境安全性检测标准》（CECS 397：2015）[17]

《水泥基再生材料的环境安全性检测标准》（CECS 397：2015）主要内容包括总则、术语和符号、基本规定、水泥基再生材料及其制品的环境安全性检测、建筑工程的环境安全性检测、结果评定。

3)《地震灾区建筑垃圾处理技术导则（试行）》[18]

《地震灾区建筑垃圾处理技术导则（试行）》[18]主要内容包括建筑垃圾处理的评估、清运、处理处置、资源化利用、二次污染控制、劳动安全保护、管理措施。其中二次污染控制尤为重要，标准规定对二次污染控制有以下要求：①灾区建筑垃圾在清运、回填、暂存或填埋过程中应采取必要的措施防止二次污染；②应将建筑固废与其他垃圾进行分流，去除建筑垃圾中的生活垃圾和特种垃圾，以减少建筑垃圾处理场所的二次污染；③建筑垃圾处理作业时，应根据需要进行消毒处理，对混有生活垃圾的建筑固废处理场还应进行杀虫、灭鼠处理；④建筑垃圾分类分拣作业场地应洒水喷淋，以减少扬尘的产生和污染。

10.3 国外建筑固废处置与再生标准

许多国家已经建立起了相对完善的再生混凝土技术标准体系(如丹麦、荷兰、英国等)，建筑固废的资源化率也远远高于中国，这些国家的再生混凝土发展具有起步早、技术先进、标准全面的特点。目前国际上主要的再生混凝土骨料技术标准体系包括日本再生骨料技术标准、欧洲国际材料与结构研究实验联合会(The International Union of Laboratories and Experts in Construction Materials, Systems and Structures, RILEM)再生骨料标准、德国再生骨料技术标准等。

1. 西方国家技术标准

RILEM 从 20 世纪 80 年代起先后提出了三项关于再生混凝土的专项工作：混凝土的拆除与回收利用(TC37-DRC)，混凝土和灰浆的拆除、再利用指南(TC121-DRG)和再生材料的使用(TC198-URM)。1993 年 10 月提出并讨论了《使用再生骨料的混凝土标准》草案，依据意见对标准进行了相关修订，于 1994 年发布为 RILEM 的推荐性标准。该标准至今仍为欧洲乃至世界在该领域最有影响力的标准之一，也是欧洲各国制定相关标准的主要参考依据。RILEM 标准将再生骨料分为 I 类、II 类、III 类，其中，I 类主要来源于碎砖石，II 类主要来源于废混凝土块，III 类为再生骨料与天然骨料的混合物，且天然骨料须占骨料总质量的 80%以上，同时，I 类再生骨料占骨料总质量的比例不得超过 10%。

德国在再生骨料和再生混凝土的制备及应用领域有以下两个规范：

(1)德国规范委员会于 2017 年颁布了《混凝土用再生骨料 第 101 部分：危险物质的种类及管制》(DIN 4226-101：2017-08)和《混凝土用再生骨料 第 102 部分：试验测试及生产控制》(DIN 4226-102：2017-08)主要在再生骨料分类、配方、制造、鉴定和供货等方面做了详细规定。

(2)德国钢筋混凝土委员会于 2004 年颁布的《再生骨料混凝土应用指南第一部分》，主要内容包括再生骨料的应用范围、要求、混凝土生产、扩展的初步试验、生产监控、混凝土标识和供货单，主要对再生混凝土在钢筋混凝土结构中的应用问题做出了详细的说明和规定，为再生混凝土在土木工程中的广泛应用提供了可靠依据。西方国家再生混凝土相关法令与技术标准简介如表 10.2～表 10.5 所示。

表 10.2　西方国家再生混凝土相关法令与技术标准简介

国家	相关法令与技术标准	实行时间
德国	固体废弃物处理法	1978 年
	循环经济和废弃物清除法	1994 年
	垃圾焚烧灰渣标准(RAL-RG501/3)	1996 年
	受污染土壤、建筑材料和矿物材料再利用加工标准(RAL-RG501/2)	1998 年
	限定的非受污染泥土再利用处理标准(RAL-RG501/4)	1998 年
	在混凝土中采用再生骨料的应用指南	1998 年

续表

国家	相关法令与技术标准	实行时间
德国	联邦水土保持与旧废弃物保持法令	1999 年
	公路循环材料标准(RAL-RG501/1)	1999 年
	社区垃圾合乎环保放置及垃圾处理场令	2001 年
	持续推动生态税改革法	2002 年
	《再生骨料混凝土应用指南第一部分》	2004 年
	《混凝土用再生骨料 第 101 部分:危险物质的种类与管制》(DIN 4226-101:2017-08)	2017 年
	《混凝土用再生骨料 第 102 部分:试验测试及生产控制》(DIN 4226-102:2017-08)	2017 年
法国 西班牙 比利时	RILEM 标准:使用再生骨料的混凝土标准	1994 年
荷兰 丹麦 英国	参考 RILEM 标准制定本国标准	1994 年
美国	固体废弃物处理法	1965 年(1996 年修订)
	超级基金法	1980 年
	混凝土骨料标准 ASTM C-33-82	1982 年

表 10.3 RILEM 标准中混凝土用再生粗骨料等级分类要求

项目名称	Ⅰ类	Ⅱ类	Ⅲ类
最小干表观密度/(kg/m³)	1500	2000	2400
最大吸水量(质量比)/%	20	10	3
饱和面干密度小于 2200kg/m³ 物质最大含量(质量比)/%	—	10	10
饱和面干密度小于 1800kg/m³ 物质最大含量(质量比)/%	10	1	1
饱和面干密度小于 1000kg/m³ 物质最大含量(质量比)/%	1	0.5	0.5
杂质(金属、玻璃、软物质、沥青)最大含量(质量比)/%	5	1	1
金属最大含量(质量比)/%	1	1	1
有机物最大含量(质量比)/%	1	0.5	0.5
填料(<0.063mm)最大含量(质量比)/%	3	2	2
砂(<4mm)最大含量(质量比)/%	5	5	5
硫酸盐最大含量(质量比)/%	1	1	1

表 10.4　德国 DIN 4226-101 标准中再生骨料组成、密度与吸水率要求

项目名称	再生骨料			
	1 类	2 类	3 类	4 类
混凝土和骨料含量(质量比)/%	≥90	≥70	<20	两项合计 ≥80
砖、非多孔砌块含量(质量比)/%	<10	<30	≥80	
沥青含量(质量比)/%	≤1	≤1	≤1	<20
杂质含量(质量比)/%	<1	<2	<2	<2
木材、塑料等轻物质含量(体积比)/%	<2	<2	<2	<5
饱和面干表观密度最小值/(kg/m³)	2000	2000	1800	1500
饱和面干表观密度的变动范围/(kg/m³)	±150	±150	±150	无规定
(10min 后)最大吸水率(质量比)/%	10	15	20	无规定

表 10.5　丹麦再生骨料技术标准

项目名称	GP1	GP2
饱和面干表观密度/(kg/m³)	2200 以上	1800 以上
饱和面干密度<2200kg/m³ 含量(质量比)/%	10 以下	—
饱和面干密度<1800kg/m³ 含量(质量比)/%	1 以下	5 以下
饱和面干密度<1000kg/m³ 含量(质量比)/%	0.5 以下	2 以下
氯化物含量(质量比)/%	—	—
全材料吸水率/%	—	—
粒度分布	—	—

2. 日本、韩国国家技术标准

日本从 20 世纪 60 年代末开展建筑固废的管理工作, 先后发布了相应的政治措施, 制定了相应的法律法规。1977 年, 日本建筑业协会(Building Contractors Society of Japan, BCSJ)提出了建议标准《再生骨料和再生骨料混凝土的使用标准》, 定义了包括原混凝土、再生骨料和再生骨料混凝土的部分重要术语。现行的技术标准包括《混凝土用再生骨料(高品质)》(JIS A5021:2024)、《混凝土用再生骨料(中等品质)》(JIS A5022:2024)、《混凝土用再生骨料(低品质)》(JIS A5023:2024), 涵盖了再生骨料相关的全部技术要求。标准中再生骨料按制备方法分为三个等级(分别为 H 级、M 级、L 级), H 级骨料为加热碾磨法制成, 完全除去了老砂浆, 所以该再生骨料可以和天然骨料同时使用, 不受任何限制; M 级骨料多为破碎方法制成, 含有老砂浆, 允许在基础垫层、施工道路等次要位置使用; L 级骨料杂质含量更多, 允许在回填标高等位置使用。日本、韩国再生混凝土相关技术标准及要求如表 10.6～表 10.8 所示。

表 10.6　日本、韩国再生混凝土相关技术标准简介

国家	技术规范	发布时间
日本	《废弃物处理法》	1970 年(2010 年修订)
	《再生骨料和再生混凝土使用规范》	1977 年
	《再循环法》	1991 年(1997 年修订)
	《环境基本法》	1993 年
	《推进废弃物对策行动计划》	1994 年
	《不同用途下混凝土副产物暂定质量规范》	1994 年
	《建设再循环指导方针》	1998 年
	《推进建筑副产物正确处理纲要》	1998 年
	《建筑工程用材再资源化》	2000 年
	《资源有效利用促进法》	2000 年
	《循环型社会形成推进基本法》	2001 年
	《资源有效利用促进法》	2001 年
	《建设回收再利用法》	2002 年
	《建筑再利用法》	2002 年
	《混凝土用再生骨料(高品质)》(JIS A5021：2024)	2024 年
	《混凝土用再生骨料(中等品质)》(JIS A5022：2024)	2024 年
	《混凝土用再生骨料(低品质)》(JIS A5023：2024)	2024 年
韩国	《再生骨料最大值以及杂质含量限定》	—
	《建筑固废再生促进法》	2003 年(2005、2006 年修订)
	《再生骨料质量认证与管理条例》	2012 年
	《建筑废弃物再利用要领》	2014 年

表 10.7　日本再生骨料技术标准

项目名称	再生骨料 H (JIS A5201)		再生骨料 M (JIS A5202)		再生骨料 L (JIS A5203)	
	再生粗骨料	再生细骨料	再生粗骨料	再生细骨料	再生粗骨料	再生细骨料
表观密度/(kg/m³) (JIS A1109)	2500 以上	2500 以上	2300 以上	2200 以上	—	—
吸水率/% (JIS A1110)	3.0 以下	3.5 以下	5.0 以下	7.0 以下	7.0 以下	13.0 以下
填充率/% (JIS A5005)	55 以上	53 以上	55 以上	53 以上	—	—

续表

项目名称	再生骨料 H（JIS A5201）		再生骨料 M（JIS A5202）		再生骨料 L（JIS A5203）	
	再生粗骨料	再生细骨料	再生粗骨料	再生细骨料	再生粗骨料	再生细骨料
颗粒级配 （JIS A5005）	标准粒度	标准粒度	标准粒度	标准粒度	标准粒度	附属 A
微粉含量/% （JIS A1103）	1.0 以下	7.0 以下	1.5 以下	7.0 以下	2.0 以下	—
磨耗损失率/% （JIS A1121）	35 以下	—	—	—	—	—
杂质含量/% （JIS A5021）	合计 3.0 以下	—	合计 3.0 以下	—	—	—
碱骨料反应 （JIS A1145） （JIS A1146） （JIS A1804）	无害	无害	无害	无害	无害	无害
氯化物含量/% （JIS A5002）	0.04 以下	0.04 以下	0.04 以下	0.04 以下	0.04 以下	0.04 以下

表 10.8　韩国再生骨料技术标准

项目名称	粗骨料			细骨料	
	Ⅰ级	Ⅱ级	Ⅲ级	Ⅰ级	Ⅱ级
干表观密度/(kg/m³)	2200 以上	2200 以上	2200 以上	2200 以上	2200 以上
吸水率/%	3.0 以下	5.0 以下	7.0 以下	5.0 以下	10 以下
微粉含量/%	1.5 以下	1.5 以下	1.5 以下	5 以下	5 以下
安定性/%	12 以下	12 以下	—	10 以下	6 以下
填充率/%	55 以上	55 以上	55 以上	53 以上	53 以上
磨耗损失/%	40 以下	40 以下	40 以下	—	—

从表 10.3～表 10.8 可以看出，各个国家根据各自的国情所制定的技术标准存在许多差异。RILEM 技术标准针对粒径不小于 4mm 的混凝土用再生粗骨料，规定了最小干表观密度、最大吸水量等 14 项指标；德国根据来源形式将再生骨料分为 4 类：1 类来源于废混凝土块，2 类来源于拆除物块体，3 类来源于废砖石，4 类来源于废瓦砾，并规定了组成、密度、吸水率方面的要求；丹麦则将再生骨料分为 GP1 和 GP2 两类，规定了饱和面干表观密度、吸水率等 7 项指标；日本根据品质将再生骨料分为高、中、低品质类别，每个分类下面再根据骨料粒径的大小分为粗骨料和细骨料，并规定了需要满足的表观密度、吸水率、填充率、颗粒级配、微粉含量等 9 项指标；韩国将再生骨料首先分为粗骨料和细骨料，粗骨料又

分为Ⅰ级、Ⅱ级、Ⅲ级，细骨料又分为Ⅰ级、Ⅱ级，规定了干表观密度、吸水率等6项指标。前面介绍的我国《混凝土用再生粗骨料》将再生骨料分为粗骨料和细骨料，再细分为3个等级，规定了表观密度、空隙率、微粉含量等12项指标。虽然各国对再生混凝土骨料的分类有差别，但是均依据骨料的特性来决定骨料的等级划分，对每一种骨料都有各方面特性的具体规定，进而决定了骨料的不同用途；而这些骨料性能指标的要求基本与普通混凝土用骨料的性能指标相近。

建筑固废再生骨料应用的发展具有以下几个特点。

(1)再生骨料早期主要用于掩埋工程和路基工程，发展至今可用于混凝土等建筑材料制备。早期由于建筑固废加工处理的设备工艺落后，无法获得品质良好的再生骨料。掩埋工程和路基工程目前仍是再生骨料的主要用途之一。

(2)相对于再生细骨料，再生粗骨料的应用更为广泛。国际上已经达成了共识，再生粗骨料可以用于制备较低强度等级的混凝土。例如，在RILEM标准中，只针对粒径4mm以上的再生粗骨料做出相关规定，虽然我国和日本等国也有将再生细骨料应用于混凝土制备的做法，但是会对混凝土的强度等级进行严格的限制。

(3)目前对于建筑固废再生骨料的研究主要集中在经济发达、国土面积狭小、国内资源非常有限的国家，如欧洲国家以及日本、韩国等。这些国家需要通过对建筑固废再生利用来节约本国资源、发展经济，因此它们对于建筑固废再生利用研究要比我国更加深入，再资源化率也非常高。而像我国和美国这样国土面积较大的国家，虽然地大物博，但是人口众多，人均资源量不高，同样需要发展建筑固废再生利用技术。

(4)建筑固废再生骨料的性能要求都是参考普通混凝土用骨料来确定的，而且由于再生骨料品质始终与天然骨料有差距，目前再生骨料主要用来制备低强混凝土，而非高强混凝土，品质较差的再生骨料甚至不能用来制备混凝土，更不能应用到混凝土结构中，这也限制了目前建筑固废的再资源化率。此外，部分建筑固废由于施工、使用、拆除过程中被污染，目前无法被再生利用。

10.4　资源化技术展望

资源化技术是建筑固废处置和再利用的关键环节，随着建筑行业及科学技术的发展，更多创新的和高效的资源化技术逐渐得到发展，进而促进建筑固废资源化进程。本节结合国内外建筑固废资源化技术现状，分别从再生混凝土智能建造技术、结构安全功能型再生材料和组合再生混凝土衍生结构三个方面进行了展望。

10.4.1 再生混凝土智能建造技术

1. 基于 3D 打印的再生技术

3D 打印是一种增材建造技术，它通过将材料逐层叠加的方式完成实体部件的制造，如图 10.2 所示。与传统的去除材料加工（减材制造）技术不同，3D 打印没有剪裁过程，因此不会产生边角料，从而使原材料的使用率增加。目前 3D 打印运用较多的方法为挤压法和铺层法，前者是利用机械喷嘴将"油墨"材料挤压喷出，循环往复成型，后者则是将"油墨"材料一层一层堆叠成型。随着超高延性水泥基材料的出现，无筋建筑的 3D 打印成为可能。3D 打印这种新型的施工方式可以有效地解决组合混凝土结构施工难的问题。运用不同的"油墨"材料，即不同种类的混凝土，可以很容易形成组合混凝土结构在材料和构件层次上的组合。考虑到再生原料的高附加值应用，可以将高品质再生骨料和再生微粉作为"油墨"材料，实现再生建材与 3D 打印技术的有效结合，具有典型的工程示范作用。

图 10.2　3D 打印混凝土

2. 基于工业 4.0 和大数据的再生技术

工业 4.0 概念的目标是建立一个高度灵活的个性化和数字化的产品与服务生产模式，包含由集中式控制向分散式增强型控制的基本模式转变。在这种模式中，传统的行业界限将消失，并会产生各种新的活动领域和合作形式。创造新价值的过程正在发生改变，产业链分工将被重组。依靠工业 4.0 的高自动化和高信息化技术，可实现建筑固废资源化应用和产业化推广；将工业 4.0 概念应用到建筑固废处置全过程，可实现从传统的粗放资源化模式向新型高效、高附加值和高信息化模式转变，进而升级我国现阶段建筑固废资源化技术。

信息化的重要手段是大数据技术，而建筑行业的数据就是一种典型的大数据。近年来，随着建筑行业数据获取手段由传统的人工观测到如今基于信息设备观测的革命性变化,建筑行业数据量呈现爆炸性增长。在当今大数据时代,建筑行业大数据的高效管理是实现建筑行业信息化的基础。建筑行业大数据具有海量性、实时性、多样性、敏感性、空间性等属性特征,其对数据存储具有很高的要求,建筑行业数据存储系统需满足海量存储空间、高安全性、高可扩展性、高可靠性等要求。适合建筑行业大数据高效存储的模式是目前研究的热点,信息领域的这些技术储备为建筑行业大数据的存储提供了理论支撑和技术手段。

随着建筑技术的快速发展,建筑固废量出现了大量化、不均性和时间地点变异性等特点,仅仅利用粗放式的数据统计理论知识无法从根本上改变现有的管理模式。网络大数据的快速发展为科学而准确地分析和挖掘建筑固废数据提供了有效手段,深入探究建筑固废资源化过程演化及最终行为的原动力和本质特征,对提高建筑固废资源化管理的科学化水平具有广泛的现实意义。引入大数据概念,考虑对建筑固废资源化模式和再生技术安全性进行分析,结合大数据处理分析技术,可以为建筑固废收集和有效利用提供一种新的研究手段,最终建立适合建筑固废资源化管理和评价的大数据系统,建成信息系统化的建筑固废资源化产业链。同时,针对再生骨料质量的波动性,实现再生混凝土制品和再生混凝土结构的安全控制。关键核心技术包括:建筑固废相关数据的采集和实时监控,获得达到大数据要求的数据量;基于计算机相关技术,并结合建筑固废特点,开发出适合建筑固废大数据存储及分析的云计算平台和管理系统;对建筑固废全链数据进行分析,优化建筑固废管理方法和资源化利用途径,控制再生产品的质量波动,实现高附加值和安全高效利用。

3. 基于可持续性评价的再生技术

1)生命周期评价

生命周期评价,也称生命周期分析,是被标准化的产品环境影响评价和环境决策支持工具。国际环境毒理学和化学学会、国际标准化组织将其定义为:生命周期评价是一个评价与产品、工艺或行动相关的环境负荷的客观过程,它通过识别、量化能源与材料的使用量及环境排放量,来评价这些能源与材料使用和环境排放的影响,并实施改善环境的措施。该评价涉及产品、工艺或活动的整个生命周期,包括原材料提取和加工,生产、运输和分配,使用、再使用和维护,再循环以及最终处置。ISO认为生命周期评价是对一个产品系统的生命周期中输入、输出及其潜在环境影响的汇编和评价,在ISO 14040的系列标准[19]中把生命周期评价实施步骤分为目标和范围定义(ISO 14040)、清单分析(ISO 14041)、影响评价(ISO 14042)和结果解释(ISO 14043)四个部分。目前,生命周期评价作为可持续评价的有力工具,已经得到了广泛的应用。

将生命周期评价体系应用于再生混凝土的环境影响分析,可建立再生混凝土生命周期评价模型和评价指标；同时，通过对再生混凝土环境影响认识的局限性分析，可建立科学的方法以完善再生混凝土的环境影响评价，为决策者提供参考。引入以 CO_2 排放量为再生混凝土生命周期的评价指标，主要技术路线如图 10.3 所示。通过对全过程数据测算分析，可以得出如下结论。

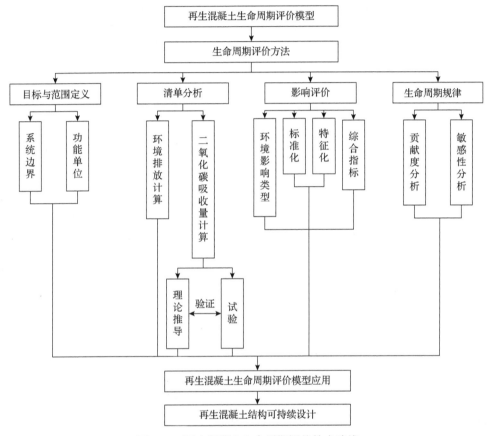

图 10.3 再生混凝土生命周期评价技术路线

(1)随着再生粗骨料取代率的增加，再生混凝土 CO_2 吸收量逐渐增大，当再生粗骨料取代率为 30%、50%、70%、100%时，$1m^3$ 的 C30 再生混凝土对应的 CO_2 吸收量分别为 12.3kg、17.0kg、21.9kg、29.3kg。对比普通混凝土，各个再生粗骨料取代率下的再生混凝土 CO_2 吸收量均大于普通混凝土。再生粗骨料 CO_2 吸收效果显著，当再生粗骨料取代率为 30%、50%、70%、100%时，再生粗骨料 CO_2 吸收量分别为 5.5kg、9.8kg、14.3kg、21.3kg，再生骨料部分的 CO_2 吸收量达到了再生混凝土 CO_2 总吸收量的 44.7%～72.7%。

(2)当再生粗骨料取代率为 30%、50%、70%、100%时，$1m^3$ C30 的再生混凝土生命周期碳排放量分别为 411.8kg、404.2kg、396.4kg、385.7kg，约为普通混凝土的98.0%、96.2%、94.3%、91.8%。再生混凝土CO_2吸收能力高于普通混凝土，CO_2吸收量约为全过程CO_2排放量的2.9%~7.1%。从各过程数据来看，再生混凝土碳排放量降低的原因主要是原材料运输和碳化吸收能力的差异。为保证再生混凝土的环境效益，当再生粗骨料取代率为30%、50%、70%、100%时，对应的再生粗骨料运距应不大于259.6km、290.3km、307.4km、310.9km。

(3)对于4类环境影响类型指标，各取代率的再生混凝土相比普通混凝土均具有一定的优势，再生混凝土的全球增温潜能值(GWP)为普通混凝土的91.6%~97.9%，酸化潜能值(AP)为普通混凝土的91.6%~97.9%，富营养化潜能值(EP)为普通混凝土的74.3%~92.4%，一次能源消耗(PED)为普通混凝土的82.9%~95.0%。随着再生混凝土取代率的增加，4类指标值均逐渐下降，即对环境影响逐渐降低。再生混凝土生命周期评价模型能够应用于可持续性结构设计中，利用再生混凝土替代普通混凝土，能够实现再生混凝土"减量化"和"再循环"的潜在环境效益。

2)可持续性评价

混凝土结构可持续性是指在从混凝土材料开采与运输、混凝土结构设计与建造、混凝土结构使用与维护一直到混凝土结构拆除与资源化的生命周期内，混凝土结构在满足安全性和适用性的前提下，具备资源消耗最小、环境影响最低、经济和社会因素相协调的总能力。

尤其对于再生混凝土结构，在材料设计、构件设计、结构设计和施工上，所有环节均是对建筑固废资源化的再利用，也是寻求最佳经济效益的途径，其概念完全符合混凝土结构可持续性的要求。对于再生混凝土的可持续性评价主要包括以下几点。

(1)再生混凝土结构的结构性能评价。通过对再生混凝土构件的力学和结构性能分析可以看出，经过合理的设计及施工，再生混凝土结构可以达到现行混凝土结构强度与耐久性的标准，并能得到良好的使用效果，安全性有较高的保障。

(2)再生混凝土结构的生态环境评价。再生混凝土结构使用的原材料大多来源于建筑固废资源化后的再生产品，从而使对环境有害的建筑固废转变为可再生利用的再生材料和结构，大幅度降低了环境危害；同时，与天然砂石建材的开采相比，再生材料的生产明显降低了生产和运输过程中的能耗，具有较高的生态环境效益。

(3)再生混凝土结构的经济效能评价。再生混凝土结构的原材料来源于建筑固废资源化产品，因此原材料生产成本较低；在运输方面，再生材料的原料大多就近甚至就地取材，避免了材料长途运输过程，在一定程度上也降低了再生混凝土结构的整体成本；在施工方面，虽然再生混凝土材料需要特定的配合比设计和拌和施工工艺，但是费用并未显示出比天然骨料混凝土有大幅度提高。综上所述，再生混凝土结构具有良好的经济效能。

综合上述结构、环境、经济上的评价，再生混凝土结构相对于一般混凝土结构，具有更好的可持续性，其具体分析还需结合结构生命周期、生命周期成本等方法，对再生混凝土结构的可持续性进行更为具体的评价。

10.4.2 结构安全功能型再生材料

1. 安全型再生材料

1)商品预拌再生混凝土

研发出高性能再生骨料混凝土制备所需要的专门外加剂，提出了高性能再生混凝土制备方法。采用预湿和多次搅拌工艺及优化外加剂等措施，充分考虑再生混凝土中胶凝体系水化进程规律和二次水化机理，解决了再生骨料混凝土的坍落度随时间变化损失增大的问题，率先实现了结构再生混凝土商品化供应和泵送化施工。基于该创新技术制备的预拌再生混凝土，坍落度达到 180mm，允许偏差在 5mm 左右，且根据工程需要，通过配合比优化可调整坍落度实际值。商用预拌再生混凝土技术指标优于国家标准规定值，具有较好的施工和易性。"高性能再生混凝土研究与应用"和"废弃混凝土再生及高效利用关键技术研究"成果通过技术鉴定，分别达到国际领先水平和国际先进水平。

2)高品质干粉再生砂浆

综合考虑不同应用途径及功能需要，通过配合比设计，研发出再生骨料砌筑砂浆、再生骨料抹灰砂浆、再生骨料地面砂浆和再生微粉砂浆；综合考虑保水率、抗压强度、拉伸黏结-滑移强度等关键指标，优化干粉砂浆制备工艺；对成品外观开裂情况进行测定和分析，完善干粉砂浆施工工艺和养护制度。

利用高品质再生粉料和再生细骨料，结合复掺技术，得到兼具良好力学性能和施工性能的再生砌筑砂浆和再生抹面砂浆，实现了干粉再生砂浆和预拌再生砂浆的工业化生产。同时，研发出用于干粉再生砂浆收缩的检测装置。经国家建筑工程质量监督检验中心检测，项目研发的预拌干粉再生砂浆粉料组成均匀无结块，具有较好的外观性能；保水率控制在 95%左右(规范要求大于 88%)；稠度偏差小于 8mm，2h 稠度损失率为 18.8%(规范要求小于 30%)；凝结时间约为 6.4h(规范要求 3~9h)；抗冻性即 25 次冻融循环的质量损失率为 0(规范要求小于 5%)，强度损失率为 7.9%(规范要求小于 25%)；可制备出强度等级大于 M25 或抗渗等级达到 P10 的高性能预拌干粉再生砂浆。产品技术指标均优于国家标准规定值，具有良好的力学性能和施工和易性能。

3)预制装配式再生混凝土构件

基于综合考虑强度和耐久性的配合比设计，优化预拌再生混凝土配合比和制备工艺；测定分析养护形式对预制再生混凝土构件的影响；通过开展半预制和全预制再生混凝土结构的静力加载和模拟地震振动台试验，研究再生原料取代比例和结构形式的影响，研究结果证明了预制再生混凝土的安全性，为预制再生混凝土的推广提供了可靠依据。

建立了预制再生混凝土构件质量保障和评价体系，提出并改善了装配式再生混凝土构件的制备工艺与品质提升技术，完善了装配式再生混凝土结构设计方法、抗震设计理论与施工技术，实现其性能提升、设计优化、质量调控与产业化推广。基于本创新技术研发的预制再生混凝土构件具有较好的结构性能和外观特征，构件尺寸偏差均小于 5mm，侧向弯曲控制在 15mm 以内。

2. 功能型再生材料

充分利用建筑固体废物再生骨料混凝土的孔结构特征和孔隙率大等特点，基于结构-功能一体化设计理念，对功能型再生材料完成了保温、耐火、隔声和装饰等功能化设计优化；结合市场对生态和环保的要求，开发出具有高附加值的再生建材，拓展了再生建材的应用领域。基于功能型再生建材概念，研发出隔声再生建材，如梯度再生混凝土声屏障板，实测隔声量控制在 45dB 以内（见图 10.4）；预制再生混凝土夹芯保温剪力墙、再生骨料混凝土保温砌块、再生混凝土保温隔音墙板等保温类再生建材（见图 10.5），实测传热系数在 0.1～0.6W/(m·K)，优于相同类型的传统保温建材；具有良好耐火性能的叠合板式剪力墙等耐火类再生建材；再生骨料混凝土装饰板等装饰类再生建材。此外，还可将再生建材与特种砂浆相结合，研发出具有保温、黏结、防水和饰面作用的特种再生砂浆。

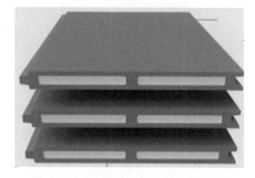

图 10.4　再生骨料混凝土道路声障屏　　　图 10.5　再生骨料混凝土保温隔音墙板

相关技术的推广不仅解决了我国天然砂石骨料供应困难等问题，同时大幅度消纳了建筑固废，推进了我国建筑固废资源化进程，产生了巨大的经济效益、社会效益和环境效益。

3. 生态环保型再生材料

1) 堆山造景用再生建材

综合考虑生态效益和社会效益，开创并研究完善了堆山造景用再生建材的生产、设计、施工、评价的完整应用路线，提出了建筑固体废物简单处置后人工山体的构建技术路线图，形成了人工山体结构形式和整体稳定的设计方法，架构了建筑固体废物人工山体的危害物溢出和控制评价体系，优化了不同级配再生原料在人工山体构建中的配制方法，规划了人工山地堆砌方式和周围景观的布置形式，实现了人工山体堆砌与内部停车场、建筑固体废物资源化厂、科普基地等功能一体化设计理念。基于再生材料在堆山造景中的无害化和规模化技术，河南省许昌市已应用建筑固废建成生态示范公园(见图 10.6)，取得了较好的社会反响。实践证明，堆山造景再生建材可以大幅度提高资源化率，降低处置能耗，具有更突出的生态效益和经济效益，是未来再生建材应用的一个重要方向。

(a) 再生仿石假山　　　　　　　　　　　　　　(b) 生态美景

图 10.6　建筑固废堆山造景示范公园(河南省许昌市)

2) 生态透水再生建材

基于生态建设理念的引导和再生建材的特性，研发出生态再生建材。基于"海绵城市"建设需求，研发出蓄导型透水再生建材，根据再生建材的太阳能反射性能、低热容量性能、高绝热蒸发冷却性能和保水性能，完成了蓄导型透水再生建材在城市透水铺装中的应用及对雨水径流量控制与径流峰值削减效果评价。基于本创新技术研发的透水再生混凝土砖，经国家建筑工程质量监督检验中心检测，15℃时透水系数可达到 2.8×10^{-2}cm/s，连续孔隙率大于 15%，抗压强度损失率为12.9%，经测定，相同条件下再生骨料混凝土透水性能优于天然骨料混凝土。利用再生混凝土透水性，制备出具有较高吸水性和蓄水性的再生混凝土生态植草砖和护坡砖。通过配合比优化、边坡稳定设计和生态效益评价，明确了再生混凝土生态植草砖和护坡砖的结构形态。再生混凝土生态植草砖和护坡砖不仅可以有效固定边坡，同时减少了冲刷引起的不稳定性，如图 10.7 所示。此外，针对混凝土防浪块体量大和强度要求不高等需求特点，研发了大粒径再生骨料防浪块。

图 10.7　再生混凝土生态植草砖和护坡砖

10.4.3　组合再生混凝土衍生结构

1. 组合再生混凝土结构

结合再生混凝土特点，Xiao 等[20]提出了再生混凝土叠合梁的应用形式（见图 10.8），完成了 C 型叠合梁与 U 型叠合梁的抗弯与抗剪试验。出于受力与耐久性考虑，预制梁段采用天然骨料或较低取代率的再生粗骨料。抗弯试验中，预制段采用普通混凝土，后浇段采用再生粗骨料取代率为 100%的再生混凝土；抗剪试验中，预制段采用再生粗骨料取代率为 70%的再生混凝土，后浇段采用再生粗骨料取代率为 100%的再生混凝土。试验结果表明，再生混凝土叠合梁截面

(a) C型叠合梁预制段　　　　　　　　　(b) U型叠合梁预制段

图 10.8　再生混凝土叠合梁

的形状与梁的力学性能无明显相关，叠合面未发生对承载力和变形不利的破坏，连接完好。

结合柱截面的受力特点，柱芯处采用再生混凝土，Xiao 等[21]完成了半预制再生混凝土柱的抗震试验与分析。如图 10.9 所示，柱的口型外壳采用普通混凝土并配置钢筋，柱芯采用再生混凝土。试验结果表明，在低周反复荷载作用下，普通混凝土柱、再生混凝土柱和半预制叠合柱的破坏模式均表现为明显的弯曲破坏特征，即柱子根部受拉纵筋屈服，受压区混凝土压碎破坏；以上三类柱的刚度退化趋势相似，普通混凝土柱的初始刚度略高于其他试件。试验表明，改变芯柱大小对柱承载力有影响，而外部预制或内部预制的施工方式对承载力影响不大，各类柱均具有良好的耗能性能。因此，组合柱的形式可以改善再生混凝土的力学性能，起到施工改性的作用。

(a) 外部预制口型柱　　　　　　　　　　　(b) 内部预制口型柱

图 10.9　组合混凝土柱

Xiao 等[22]考虑再生粗骨料取代率这一关键因素，制作了沿截面取代率按一定梯度分布的混凝土板，开展了再生混凝土梯度板的试验研究。如图 10.10 所示，再生混凝土梯度板沿板厚方向分为三层，从上到下各层的再生粗骨料取代率分别

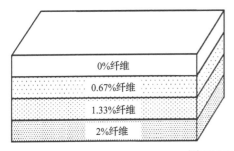
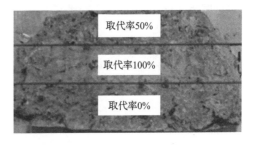

图 10.10　组合混凝土板

为 50%、100%、0%。试验结果显示,不同混凝土层间没有发生滑移,仍符合平截面假定。一般再生混凝土的弹性模量随着再生粗骨料取代率的增加而降低,当受压区浇筑的混凝土弹性模量较高时,板的刚度会有所提升。

2. 可拆装再生混凝土结构

将再生混凝土应用在建筑物上,是混凝土结构设计再循环原则的体现。再生混凝土技术一方面减轻了由于废弃混凝土填埋而导致的环境和生态压力,另一方面降低了配制普通混凝土时对天然砂石的需求,节约了天然资源。但同时,应用再循环原则的再生混凝土技术也有其局限性,如建筑固废的分选困难、多级骨料不易破碎均匀、骨料强化改性带来的额外人力与物力的消耗等。因此,目前国际社会已达成普遍的共识,若能够将废弃混凝土材料的再生拓展到混凝土构件的再利用,必将大大增加混凝土结构的可持续性。这就要求在混凝土结构设计时融入可拆装设计的理念,即混凝土结构的构件在设计时即定义为可拆构件,从而使整体结构拆除时部分可拆装构件能够在新建筑上再次安装利用,实现混凝土构件的二次使用。相对于建筑固废的再生利用,可拆装的混凝土结构不仅从根本上减少了建筑固废的产量,同时也大幅降低了新建筑对资源和能源的需求,是实现混凝土可持续的重要途径之一。

图 10.11 为典型的可拆装节点三维连接示意图。Xiao 等[23]提出了一种混凝土框架结构可拆装的设计方案,并通过框架节点反复荷载试验和有限元数值模拟相结合的方法,分析了混凝土可拆装框架节点的抗震性能;并且基于生命周期评价方法,完成了对可拆装混凝土结构的可持续性定量评价。研究结果表明,将可拆装设计的概念应用在混凝土结构中具有充分可行性,可拆装混凝土的研究将会推动混凝土可持续利用的发展;可拆装框架节点设计既要实现拆装的方便性,又要保证结构在地震作用下的安全性;要实现混凝土框架结构的可拆装性,结构设计中将不可避免出现构件间的非连续性和结构的多界面特点。

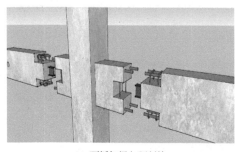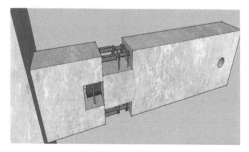

(a) 可拆卸梁与预制柱　　　　　　　　　　(b) 可拆卸梁与预制柱的连接

图 10.11　可拆装节点三维连接示意图

10.5　本　章　小　结

　　本章主要介绍了建筑固废资源化产业化利用的相关技术标准，这是建筑固废实现资源化和产业化的基础。从建筑行业可持续发展的角度来看，以再生混凝土为主的资源化利用废混凝土等建筑固废的方式，是实现闭环生态系统的必要组成部分。对于建筑固废资源化利用的研究目前已有大量成果，初步建立了技术标准的基本框架。目前的技术标准主要是关于以下几个方面：①建筑固废利用技术，即如何对建筑固废进行处理以生产出各种产品，如再生骨料混凝土等，包括建筑固废运输、转运、加工处理技术；②建筑固废再生产品的技术要求，如配合比的设计、含水率的要求及尺寸的要求；③建筑固废资源化的用途，主要包括制备混凝土、砖块、砌体、道路基层、混凝土结构。对于再生混凝土技术标准体系，还缺乏关于测试、检验、施工、养护环节的技术标准，目前在相关的技术标准体系中，都是采用普通混凝土、普通砖等技术标准进行规定的，没有专门针对再生混凝土的标准。建筑固废经过资源化处理后，需要达到相应级别普通建筑材料的技术标准才能够应用到实际工程中。应编制针对再生建材产品测试、检验、施工及养护和再生混凝土结构的技术标准，促进其工程应用。此外，应探究建筑固废在地下结构应用的潜力与可行性。与国外再生混凝土技术标准体系相比，我国的研究起步较晚，技术标准体系尚不够完善，同时与许多国家的建筑固废资源化率都在 90%以上相比，我国建筑固废资源化率也不高。要提高我国建筑固废资源化的水平，需要不断深入研究来完善技术标准体系，为行业发展提供技术标准支持。

参 考 文 献

[1] 中华人民共和国国家质量监督检验检疫总局, 中国国家标准化管理委员会. 混凝土和砂浆用再生细骨料(GB/T 25176—2010)[S]. 北京: 中国标准出版社, 2011.

[2] 中华人民共和国国家质量监督检验检疫总局, 中国国家标准化管理委员会. 混凝土用再生粗骨料(GB/T 25177—2010)[S]. 北京: 中国标准出版社, 2010.

[3] 中华人民共和国国家质量监督检验检疫总局, 中国国家标准化管理委员会. 再生沥青混凝土(GB/T 25033—2010)[S]. 北京: 中国标准出版社, 2011.

[4] 中华人民共和国住房和城乡建设部. 工程施工废弃物再生利用技术规范(GB/T 50743—2012)[S]. 北京: 中国计划出版社, 2012.

[5] 中华人民共和国住房和城乡建设部. 建筑废弃物再生工厂设计标准(GB 51322—2018)[S]. 北京: 中国计划出版社, 2018.

[6] 中华人民共和国住房和城乡建设部. 建筑垃圾处理技术规范(CJJ/T 134—2019)[S]. 北京: 中国建筑工业出版社, 2019.

[7] 中华人民共和国住房和城乡建设部. 再生骨料应用技术规程(JGJ/T 240—2011)[S]. 北京: 中国建筑工业出版社, 2011.

[8] 中华人民共和国住房和城乡建设部. 再生骨料地面砖和透水砖(CJ/T 400—2012)[S]. 北京: 中国标准出版社, 2012.

[9] 中华人民共和国环境保护部. 固体废物处理处置工程技术导则(HJ 2035—2013)[S]. 北京: 中国环境科学出版社, 2013.

[10] 中华人民共和国交通运输部. 公路水泥混凝土路面再生利用技术细则(JTG/T F31—2014)[S]. 北京: 人民交通出版社, 2014.

[11] 中华人民共和国工业和信息化部. 道路用建筑垃圾再生骨料无机混合料(JC/T 2281—2014)[S]. 北京: 建材工业出版社, 2015.

[12] 中华人民共和国住房和城乡建设部. 再生骨料透水混凝土应用技术规程(CJJ/T 253—2016)[S]. 北京: 中国建筑工业出版社, 2016.

[13] 中华人民共和国住房和城乡建设部. 建筑垃圾再生骨料实心砖(JG/T 505—2016)[S]. 北京: 中国标准出版社, 2017.

[14] 中华人民共和国商务部. 废混凝土再生技术规范(SB/T 11177—2016)[S]. 北京: 中国标准出版社, 2017.

[15] 中华人民共和国住房和城乡建设部. 再生混凝土结构技术标准(JGJ/T 443—2018)[S]. 北京: 中国建筑工业出版社, 2018.

[16] 中国建筑科学研究院. 再生骨料混凝土耐久性控制技术规程(CECS 385：2014)[S]. 北京: 中国计划出版社, 2015.

[17] 中国工程建设标准化协会. 水泥基再生材料的环境安全性检测标准(CECS 397：2015)[S]. 北京: 中国计划出版社, 2015.

[18] 中华人民共和国住房和城乡建设部. 地震灾区建筑垃圾处理技术导则(试行)[S]. 北京: 中国标准出版社, 2008.

[19] Finkbeiner M, Inaba A, Tan R, et al. The new international standards for life cycle assessment: ISO 14040 and ISO 14044[J]. The International Journal of Life Cycle Assessment, 2006, 11: 80-85.

[20] Xiao J Z, Pham T L, Wang P J, et al. Behaviors of semi-precast beam made of recycled aggregate concrete[J]. Structural Design of Tall and Special Buildings, 2013, 23(9): 692-712.

[21] Xiao J Z, Huang X, Shen L M. Seismic behavior of semi-precast column with recycled aggregate concrete[J]. Construction and Building Materials, 2012, 35(10): 988-1001.

[22] Xiao J Z, Sun C, Jiang X H. Flexural behaviour of recycled aggregate concrete graded slabs[J]. Structural Concrete, 2015, 16(2): 249-261.

[23] Xiao J Z, Ding T, Zhang Q T. Structural behavior of a new moment-resisting DfD concrete connection[J]. Engineering Structures, 2017, 132: 1-13.

致　谢

本书中的许多观点源于作者二十余年来同国内外同行的交流、切磋和探索，得益于许多同行的指点和帮助，也逐步成熟于同建筑固废资源化一线技术人员的相互沟通、失败总结和成功实践之中。

感谢国家杰出青年科学基金项目(51325802)、国家自然科学基金项目(51178340、51438007、52078358)、国家自然科学基金国际合作项目(51661145023)、国家科技支撑计划课题(2006BAK13B07、2008BAK48B03、2008BAJ08B04、2008BAJ08B06)、国家重点研发计划项目(2016YFE0118200、2022YFE0198300、2022YFC3803400)、教育部新世纪优秀人才支持计划(NCET-06-0383)和上海市科技创新行动计划项目(02DZ12104、04DZ05044、10231202000、14231201300、22dz1207300)等的资助，使作者相继开展了一系列基础科研、示范应用和实践探索。基于这些工作的深入思考和梳理，形成了本书的逻辑脉络。

本书引用了诸多国内外学者的研究文献及工程实践资料，感谢这些科研、工程技术人员和管理工作者的实验室数据和工程实践经验，支撑并丰富了本书的内容。

感谢同济大学绿色建造研究中心和广西大学双碳科学与技术研究院以及北京建筑大学的支持！

感谢同济大学土木工程学院建筑工程系再生混凝土结构与建造研究室的老师和研究生们，在本书的成稿过程中，马志鸣、梁超锋、雷颖、刘超、陈祥磊、张鹏、郭琛、徐昊、肖宇、陈立浩、郑巍、王紫玥、俞才华、周子晗等老师和同学提供了文献分析、资料准备、插图绘制和修改意见。感谢本书责任编辑刘宝莉编审的辛勤付出。